量子计算、优化与学习

焦李成 李阳阳 刘芳 马文萍 尚荣华 著

科学出版社

北京

内 容 简 介

本书对近年来量子计算智能领域常见理论及技术进行较为全面的阐述和总结，并结合作者多年的研究成果，对相关理论及技术在应用领域的实践情况进行展示和报告。全书从优化和学习两个方面展开，主要内容包含：量子计算物理基础、量子搜索与优化、量子学习、量子进化组播路由、量子粒子群优化、量子进化聚类、基于核熵成分分析的量子聚类、量子粒子群数据分类、量子进化聚类图像分割、量子免疫克隆聚类 SAR 图像分割与变化检测、量子粒子群医学图像分割和量子聚类社区检测等。

本书可作为计算机科学、信息科学、人工智能、自动化技术等领域及交叉领域中从事量子计算、进化算法、机器学习及相关应用研究的技术人员的参考书，也可作为相关专业高年级本科生和研究生的教材。

图书在版编目(CIP)数据

量子计算、优化与学习/焦李成等著. —北京：科学出版社，2017. 3

ISBN 978-7-03-052346-4

Ⅰ. ①量… Ⅱ. ①焦… Ⅲ. ①量子力学-信息技术 Ⅳ. ①TP387②O413.1

中国版本图书馆 CIP 数据核字（2017）第 053214 号

责任编辑：宋无汗 杨 丹／责任校对：刘亚琦
责任印制：苏铁锁／封面设计：陈 敬

科 学 出 版 社 出版
北京东黄城根北街 16 号
邮政编码：100717
http://www.sciencep.com

北京凌奇印刷有限责任公司 印刷

科学出版社发行 各地新华书店经销

*

2017 年 3 月第 一 版 开本：720 × 1000 1/16
2022 年 2 月第六次印刷 印张：19 1/4
字数：390 000

POD定价： 180. 00元
（如有印装质量问题，我社负责调换）

前　言

作为20世纪最具革命性的理论成果，量子力学改变了人们对物质结构及其相互作用的认识，推动人类社会生产中的方方面面发生着深刻变化。同样，作为当下最活跃的技术领域，信息技术正在飞速发展，并催生了一大批智能化的技术和产品，改变着人类的生活和思维习惯。虽然量子力学和信息技术这两个领域的出发点不同，但随着相关理论和技术的不断更新，越来越多的研究成果表明，这两个看似毫无关联的领域，正逐渐碰撞出火花。

从20世纪90年代开始直至目前的一些研究成果均表明：人脑信息处理的过程可能与量子现象有关。英国牛津大学Penrose教授对量子理论和人脑意识的研究证明了人体内的某些细胞对单个量子敏感，因此大脑中可能存在量子力学效应；1994年美国亚利桑那大学Hameroff教授指出：在神经元细胞内架的微管之中或周围，意识是作为一个宏观量子态由量子级事件相干的一个临界极突现出来的；1996年Perus博士提出：量子波函数的坍缩十分类似于人脑记忆中的神经模式重构现象。所有研究结果均表明：量子系统是所有物理过程的微观系统基础，同样也应该是生物和心理过程的基础，量子系统具有和生物神经网络相似的动力学特征。

同时，国内的诸多学者在量子信息、量子通信等信息科学和量子力学的交叉领域内取得杰出成果。2003年，中国科技大学潘建伟教授所在的实验室实现了自由传播光子的隐形传态，使得量子隐形传态能应用在更加广泛的量子通信和量子计算中；2004年，在首次实现五光子纠缠的基础上，实现了一种更新颖的量子隐形传态，即终端开放的量子隐形传态，为奠定分布式量子信息处理的基础作出了贡献；2006年，首次实现了两光子复合系统量子隐形传态；2008年，首次实现了光子比特与原子比特间的量子隐形传态。2016年8月16日，中国发射世界首颗量子科学实验卫星，为量子信息、量子通信等领域的发展奠定基石。

从1996年开始，在国家“973”计划项目(2013CB329402、2006CB705707)，国家“863”计划项目(863-306-ZT06-1、863-317-03-99、2002AA135080、2006AA01Z107、2008AA01Z125和2009AA12Z210)，国家自然科学基金创新研究群体科学基金项目(61621005)，国家自然科学基金重点项目(60133010、60703107、60703108、60872548和60803098)及面上项目(61272279、61473215、61371201、61373111、61303032、61271301、61203303、61522311、61573267、61473215、61571342、61572383、61501353、61502369、61271302、61272282、61202176、

61573267、61473215、61573015、60073053、60372045 和 60575037)，国家部委科技项目资助项目(XADZ2008159 和 51307040103)，高等学校学科创新引智计划(“111”计划)项目(B07048)，国家自然科学基金重大研究计划项目(91438201 和 91438103)，教育部“长江学者和创新团队发展计划”项目(IRT_15R53 和 IRT0645)，陕西省自然科学基金项目(2007F32 和 2009JQ8015)，国家教育部高等学校博士点基金项目(20070701022 和 200807010003)，中国博士后科学基金特别资助项目(200801426),中国博士后科学基金资助项目(20080431228 和 20090451369)及教育部重点科研项目(02073)的资助下，我们对量子智能计算理论、算法及应用进行了较为系统的研究，尤其对量子优化、量子学习、量子粒子群优化及其应用、量子聚类及其应用方法等进行了较为深入的探讨。

鉴于量子智能信息处理技术展现的广阔前景，以及对社会各个方面产生的重要影响，本书作者在该领域进行了深入而有成效的研究工作。在十多年的探索研究中，取得了一些成果，并在广泛的应用领域进行了尝试。从量子智能信息处理的角度，对很多复杂问题提出了新颖的解决思路和方法。本书结合国内外的发展动态，集合了当前量子智能信息处理的相关内容，不仅包含量子计算、智能信息处理以及交叉领域的基础理论介绍，更加入了许多最新技术在不同领域的应用工作解析。

本书是西安电子科技大学智能感知与图像理解教育部重点实验室，智能感知与计算教育部国际联合实验室，国家“111”计划创新引智基地，国家“2011”信息感知协同创新中心，“大数据智能感知与计算”陕西省 2011 协同创新中心及智能信息处理研究所近十年集体智慧的结晶。特别感谢保铮院士多年来的悉心培养和指导；感谢中国科技大学陈国良院士和 IEEE 计算智能学会副主席、英国伯明翰大学姚新教授、英国埃塞克斯大学张青富教授、英国诺丁汉大学屈嵘教授的指导和帮助；感谢国家自然科学基金委信息科学部的大力支持；感谢西安电子科技大学田捷教授、高新波教授、石光明教授、梁继民教授的帮助；感谢王洋、王东、陆高、白小玉、梁晓旭、周林浩、柴英特、冉坤、卢玉静、陈正寒、徐娜娜、侯小菊等智能感知与图像理解教育部重点实验室全体成员付出的辛勤劳动。

感谢作者家人的大力支持和理解。

由于作者水平有限，书中不妥之处在所难免，恳请读者批评指正。

作　者

2016 年 10 月 28 日

目　　录

第 1 章　量子计算物理基础

1.1　量 子 算 法

随着电路集成度的不断提高，量子效应开始影响电子的正常运动，经典计算机硬件的发展面临瓶颈，摩尔定律将会失效。作为突破当前计算极限的重要技术之一，量子计算成为世界各国紧密跟踪的前沿学科之一。自诺贝尔物理学奖获得者 Richard Philips Feynman 提出量子计算的概念后，相关的研究被不断推进。量子计算的并行性、指数级存储容量和指数加速特征展示了其强大的运算能力[1,2]。

1994 年 Shor[3]提出了分解大数质因子的量子算法，并吸引了众多研究者的目光。大数质因子分解的难度确保了 RSA 公钥密码体系的安全，该问题至今仍属于 NP(non-deterministic polynomial, 非确定多项式)难题，在经典计算机上需要指数时间才能完成。但是 Shor 算法表明，在量子计算条件下，这一问题可以在多项式时间内得到解决。它仅需几分钟就可以完成用 1600 台经典计算机需要 250 天才能完成的 RSA-129 问题（一种公钥密码系统），使当前公认为最安全的、经典计算机不能破译的公钥密码系统 RSA 可以被量子计算机容易地破译。这就意味着目前广泛应用于政府、军事以及金融机构等重要方面的 RSA 公钥密码体系的安全性可能面临着致命的威胁。Shor 算法的基本思想是:首先利用量子并行性通过一步计算获得所有的函数值，并利用测量函数得到相关联的函数自变量的叠加态，然后对其进行快速傅里叶变换。其实质为:利用数论相关知识将大数质因子分解问题转化为利用量子快速傅里叶变换求函数的周期问题。

1996 年，Grover 提出 Grover 量子搜索算法，该算法适宜于解决在无序数据库中搜索某一个特定数据的问题。在经典计算中，对待这类问题只能逐个搜索数据库中的数据，直到找到为止，算法的时间复杂度为 $O(N)$。而 Grover 量子搜索算法利用量子并行性，每一次查询可以同时检查所有的数据，并使用黑箱技术对目标数据进行标识，成功地将时间复杂度降低到 $O(\sqrt{N})$ 。现实中有许多问题，如最短路径问题、图的着色问题、排序问题及密码的穷举攻击问题等，可以利用 Grover 量子搜索算法进行求解。用 Grover 量子搜索算法，可以仅用 2 亿步代替经典计算机的大约 3.5×10^{16} 步，破译广泛使用的 56 位数据编码标准 DES(一种被用于保护银行间和其他方面金融事务的标准)。

自 Shor 算法和 Grover 量子搜索算法提出以后，量子计算方法表现出的独特计算方式以及在信息处理方面展现的巨大潜力引起了研究者的广泛关注。以这两种算法为基础，产生了大量的讨论并有很多改进的算法被提出。Grover 量子搜索算法提出不久后有研究者提出量子态不必翻转，只需旋转一个适当的角度便可以获得与 Grover 量子搜索算法等同的效果[4]。Long 等[5]提出了量子搜索的相位匹配条件。Grover 量子搜索算法在搜索过程中没有使用具体问题的特殊结构信息，为了在搜索中利用问题的结构信息，Hogg[6]提出了基于结构的搜索算法——约束满足算法。为了能使 Grover 量子搜索算法在连续变量的全局优化问题中运用，Bulger 等[7]给出了一种用 Grover 量子搜索算法实现纯适应的搜索 (pure adaptive search, PAS) 算法，称为 Grover 适应搜索。

同时量子算法对算法设计领域产生着深刻影响。如何将量子计算强大的存储和计算优势引入到现有的算法体系中，成为广泛关注的焦点。而智能算法向来是算法研究领域的一个热点，量子智能计算将量子理论原理与智能计算相结合，利用量子并行计算特性很好地弥补了智能算法中的某些不足，如加快算法的收敛速度及避免早熟现象等。

目前，已有的量子智能算法有(包括但不限于以下算法)：量子退火算法、量子进化算法、量子神经网络、量子贝叶斯网络、量子小波变换、量子聚类算法等。这些算法的共同点都是应用了量子计算的机制或是受到量子机制的启发，按照某种符合量子力学行为特点的方式进行算法设计，有鲜明的量子计算的特点，或多或少延续了量子计算的优势。但是，由于量子计算设备的发展相对滞后，目前看来，这些算法并未能在真正的量子计算机上运行检验。但是通过模拟量子计算的过程，与传统的智能算法比较，这些量子智能算法广泛地展现出了较强的竞争力。

从算法功用的角度，本书将智能算法分为两大类：一类以优化为目的，称为智能优化算法；另一类以学习为目的，称为智能学习算法。以此为基础，本书将量子退火算法、量子进化算法等统称为量子优化算法；将量子神经网络、量子贝叶斯网络、量子小波变换、量子聚类算法等统称为量子学习算法。并将在第 2 章和第 3 章对这两类算法进行简单介绍。

1.2　量子系统中的叠加、相干与坍缩

在经典数字计算机中，信息被编码为位链(bit)，1bit 信息就是两种可能情况中的一种：0 或 1，假或真，对或错。例如，电容器的板极间的电压可以代表 1bit 信息：带电的电容表示 1，而放电的电容表示 0。不同于经典计算模式，在量子世界中，微观粒子的状态是不可确定的，系统以不同的概率处于不同状态的叠加之中。

量子系统中，态的叠加定义为：已知系统的两个态$|A\rangle$和$|B\rangle$，如果存在这样一种系统态$|R\rangle$，使得在其上的测量，有一定概率获得$|A\rangle$，一定概率获得$|B\rangle$，除

此之外没有其他的结果，那么$|R\rangle$称为$|A\rangle$与$|B\rangle$的叠加，记为

$$|R\rangle = c_1|A\rangle + c_2|B\rangle \tag{1-1}$$

式中，c_1和c_2称为概率幅，且$c_1^2+c_2^2=1$，c_1^2和c_2^2分别为取得状态$|A\rangle$和$|B\rangle$的概率。

由态的叠加定义可得如下推论。

推论 1：一个态与自己叠加的结果仍是原来的态。

推论 2：若$|R\rangle$上还有别的测量结果，则$|R\rangle$无法只由$|A\rangle$和$|B\rangle$叠加而成。

态$|A\rangle$和$|B\rangle$的加和与数乘满足如下运算规则。

乘法结合律：$c_1(c_2|A\rangle)=(c_1c_2)|A\rangle=c_1c_2|A\rangle$

乘法分配律：$(c_1+c_2)|A\rangle=c_1|A\rangle+c_2|A\rangle$

加法交换律：$|A\rangle+|B\rangle=|B\rangle+|A\rangle$

加法结合律：$|A\rangle+(|B\rangle+|C\rangle)=(|A\rangle+|B\rangle)+|C\rangle$

加法分配律：$c|(A\rangle+|B\rangle)=c|A\rangle+c|B\rangle$

对于量子寄存器，每一个量子位是一个双态系统。例如，半自旋或两能级原子：自旋向上表示$|0\rangle$，向下表示$|1\rangle$，以$|\phi_i\rangle$表示一个量子位的状态，则$|\phi_i\rangle$可以由状态$|0\rangle$和$|1\rangle$叠加表示为

$$|\phi_i\rangle = c_0^i|0\rangle + c_1^i|1\rangle \tag{1-2}$$

式中，c_0^i 和 c_1^i分别为状态$|\phi_i\rangle$处于基态$|0\rangle$和$|1\rangle$的概率幅，即该量子位以概率$(c_0^i)^2$和$(c_1^i)^2$处于状态$|0\rangle$和$|1\rangle$，并且$(c_0^i)^2+(c_1^i)^2=1$。

更进一步，设 n 位量子比特的系统所处的状态为$|\phi\rangle$，则$|\phi\rangle$可以表示为

$$|\phi\rangle = |\phi_0\rangle\otimes|\phi_1\rangle\otimes\cdots\otimes|\phi_{n-1}\rangle \tag{1-3}$$

式中，$\otimes$表示各个状态的张量积。将式(1-2)代入式(1-3)，可得

$$\begin{aligned}|\phi\rangle =& (c_0^0|0\rangle + c_1^0|1\rangle)\otimes(c_0^1|0\rangle + c_1^1|1\rangle)\otimes\cdots \\ &\otimes(c_0^{n-1}|0\rangle + c_1^{n-1}|1\rangle) \\ =& (c_0^0c_0^1\cdots c_0^{n-1})|00\cdots0\rangle + (c_0^0c_0^1\cdots c_1^{n-1})|00\cdots1\rangle + \cdots \\ &+ (c_1^0c_1^1\cdots c_1^{n-1})|00\cdots1\rangle \\ =& \sum_{i=0}^{2^n-1} c_i|\phi_i\rangle\end{aligned} \tag{1-4}$$

式中，n 位量子比特系统所处的状态$|\phi\rangle$由 2^n 个基态的叠加组成，且处于每一个基态的概率为c_i^2，易得$\sum_{i=0}^{2^n-1}c_i^2=1$。

相干与坍缩是与态的叠加紧密相关的概念，一个量子系统如果处于其基态的线性叠加中，那么此量子系统是相干的。当一个相干的系统和它周围的环境发生相互作用（测量）时，线性叠加就会消失，由此所引起的相干损失就叫做坍缩。以式(1-4)为例，系统坍缩到某个基态$|\phi_i\rangle$的概率由$|c_i|^2$决定。

1.3　量子态的干涉

干涉是一种常见的现象，是由于相位关系而产生的波的幅度增强或减弱的现象[8]。量子计算的一个主要原理为：使构成叠加态的各个基态通过量子门的作用发生干涉，从而改变它们之间的相对相位。

以叠加态式(1-5)为例，将式(1-6) Handamard 门算子$\hat{H}$代入，可得式(1-7)：

$$|\phi\rangle=\frac{2}{\sqrt{5}}|0\rangle+\frac{1}{\sqrt{5}}|1\rangle=\frac{1}{\sqrt{5}}\begin{pmatrix}2\\1\end{pmatrix} \tag{1-5}$$

$$\hat{H}=\frac{1}{\sqrt{2}}\begin{pmatrix}1&1\\1&-1\end{pmatrix} \tag{1-6}$$

$$\begin{aligned}|\phi'\rangle&=\hat{H}|\phi\rangle\\&=\frac{1}{\sqrt{2}}\begin{pmatrix}1&1\\1&-1\end{pmatrix}\frac{1}{\sqrt{5}}\begin{pmatrix}2\\1\end{pmatrix}\\&=\begin{pmatrix}\dfrac{3}{\sqrt{10}}\\\dfrac{1}{\sqrt{10}}\end{pmatrix}\\&=\frac{3}{\sqrt{10}}|0\rangle+\frac{1}{\sqrt{10}}|1\rangle\end{aligned} \tag{1-7}$$

可以看出，基态$|0\rangle$的概率幅增大，而$|1\rangle$的概率幅减小。

对于单个量子位的变换，除了上述的 Handamard 门算子，还有一些常用的变换算子，如式(1-8)～式(1-10)等。其中，$\hat{I}$实现了恒等变换，即$|0\rangle\to|0\rangle$, $|1\rangle\to|1\rangle$，$\hat{X}$实现了求非变换，即$|0\rangle\to|1\rangle$, $|1\rangle\to|0\rangle$，$\hat{Z}$实现了相位移动，即$|0\rangle\to|0\rangle$, $|1\rangle\to-|1\rangle$。

$$\hat{I}=\begin{pmatrix}1&0\\0&1\end{pmatrix} \tag{1-8}$$

$$\hat{X}=\begin{pmatrix}0&1\\1&0\end{pmatrix} \tag{1-9}$$

$$\hat{Z}=\begin{pmatrix}1 & 0\\ 0 & -1\end{pmatrix} \tag{1-10}$$

在量子状态空间上，任何幺正变换都是合法的变换；反之，任何量子门$\hat{U}$必须满足幺正限制，即$\hat{U}^{+}\hat{U}=I$。其中，$\hat{U}^{+}$为$\hat{U}$的共轭转置矩阵，I为单位矩阵。容易验证，以上提及的各个量子门均满足幺正限制。

1.4　量子态的纠缠

从计算角度来看，纠缠态是指发生相互作用的两个子系统中所存在的一些态，它们不能表示为两个子系统态的张量积，而是表现为子系统中态的某种纠缠形式[8]。在数学上，纠缠可以使用密度矩阵来表示。量子状态$|\phi\rangle$的密度矩阵ρ_{ϕ}定义为

$$\rho_{\phi}=|\phi\rangle\langle\phi| \tag{1-11}$$

以下以三个量子态为例。

(1) $|\phi_1\rangle=\frac{1}{\sqrt{2}}|00\rangle+\frac{1}{\sqrt{2}}|01\rangle=\frac{1}{\sqrt{2}}\begin{pmatrix}1\\1\\0\\0\end{pmatrix}$，相应的密度矩阵为

$$\begin{aligned}\rho_1=|\phi_1\rangle\langle\phi_1|&=\frac{1}{2}\begin{pmatrix}1&1&0&0\\1&1&0&0\\0&0&0&0\\0&0&0&0\end{pmatrix}\\&=\frac{1}{\sqrt{2}}\left(\begin{pmatrix}1&0\\0&0\end{pmatrix}\otimes\begin{pmatrix}1&1\\1&1\end{pmatrix}\right)\end{aligned} \tag{1-12}$$

(2) $|\phi_2\rangle=\frac{1}{\sqrt{2}}|00\rangle+\frac{1}{\sqrt{2}}|11\rangle=\frac{1}{\sqrt{2}}\begin{pmatrix}1\\0\\0\\1\end{pmatrix}$，相应的密度矩阵为

$$\rho_2=|\phi_2\rangle\langle\phi_2|=\frac{1}{2}\begin{pmatrix}1&0&0&1\\0&0&0&0\\0&0&0&0\\1&0&0&1\end{pmatrix} \tag{1-13}$$

(3) $|\phi_3\rangle=\frac{1}{\sqrt{3}}|00\rangle+\frac{1}{\sqrt{3}}|01\rangle+\frac{1}{\sqrt{3}}|11\rangle$，相应的密度矩阵为

$$\rho_3 = |\phi_3\rangle\langle\phi_3| = \frac{1}{3}\begin{pmatrix} 1 & 1 & 0 & 1 \\ 1 & 1 & 0 & 1 \\ 0 & 0 & 0 & 0 \\ 1 & 1 & 0 & 1 \end{pmatrix}$$

$$= \frac{1}{\sqrt{3}}\left(\begin{pmatrix} 1 & 1 \\ 1 & 1 \end{pmatrix} \otimes \begin{pmatrix} 0 & 0 \\ 0 & 1 \end{pmatrix} \oplus \begin{pmatrix} 1 & 1 & 0 & 1 \\ 1 & 0 & 0 & 0 \\ 0 & 0 & 0 & 0 \\ 1 & 0 & 0 & 0 \end{pmatrix}\right) \tag{1-14}$$

如上所述，$|\phi_1\rangle$ 可以分解为两个子系统的态的张量积，因此$|\phi_1\rangle$ 不处于纠缠态。而$|\phi_2\rangle$ 和$|\phi_3\rangle$都无法分解为子系统态的张量积，因此它们处于纠缠态。其中，$|\phi_2\rangle$ 因为无法分解，其纠缠程度最高，$|\phi_3\rangle$处于部分纠缠状态。

1.5　量子计算的并行性

在经典计算机中，信息的处理是通过逻辑门进行的。量子寄存器中的量子态则是通过量子门的作用进行演化，量子门的作用与逻辑电路门类似，在指定基态的条件下，量子门可以由作用于希尔伯特空间中向量的矩阵$\hat{U}_f$ 描述。由于量子门的线性约束，量子门对希尔伯特空间中量子状态的作用将同时作用于所有基态上，对应到 n 位量子计算机模型中，相当于同时对 2^n 个数进行运算，这就是量子并行性。量子并行性是量子计算的一个基本特性，可以简单理解为，量子的并行计算可以同时计算一个函数 $f(x)$ 的很多个不同 x 处的函数值。以式(1-15)为例：

$$|\phi\rangle = \frac{1}{\sqrt{2^n}}\left(|00\cdots0\rangle + |00\cdots1\rangle + \cdots + |11\cdots1\rangle\right)$$

$$= \frac{1}{\sqrt{2^n}}\sum_{x=0}^{2^n-1} x \tag{1-15}$$

该叠加态可以看做是在 0～2^n–1 的所有整数的一个叠加态，由 $\hat{U}_f$ 的线性性质可得

$$\hat{U}_f\left(\frac{1}{\sqrt{2^n}}\sum_{x=0}^{2^n-1}|x,0\rangle\right) = \frac{1}{\sqrt{2^n}}\sum_{x=0}^{2^n-1}\hat{U}_f|x,0\rangle$$

$$= \frac{1}{\sqrt{2^n}}\sum_{x=0}^{2^n-1}|x, f(x)\oplus 0\rangle$$

$$= \frac{1}{\sqrt{2^n}}\sum_{x=0}^{2^n-1}|x, f(x)\rangle \tag{1-16}$$

其中$f(x)$即是所要计算的函数。由于n个量子位允许同时对2^n个状态进行处理，量子门的一次操作，即可计算2^n个位置的函数值。

参 考 文 献

[1] DEUTSCH D, JOZSA R. Rapid solution of problems by quantum computation[J]. Proceedings of the Royal Society A Mathematical Physical & Engineering Sciences, 1992, 439(439): 553-558.

[2] BARENCO A, DEUTSCH D, EKERT A, et al. Conditional quantum dynamics and logic gates[J]. Physical Review Letters, 1995, 74(20):4083-4086.

[3] SHOR P W. Algorithms for quantum computation: Discrete logarithms and factoring[C]// Symposium on Foundations of Computer Science. IEEE Computer Society, 1994: 124-134.

[4] GROVER L K. Quantum computers can search rapidly by using almost any transformation[J]. Physical Review Letters, 1998, 80(19): 4329.

[5] LONG G L, LI Y S, ZHANG W L, et al. Phase matching in quantum searching[J]. Physics Letters A, 1999, 262(1): 27-34.

[6] HOGG T. Quantum search heuristics[J]. Physical Review A, 2000, 61(5): 052311.

[7] BULGER D, BARITOMPA W P, WOOD G R. Implementing pure adaptive search with Grover's quantum algorithm[J]. Journal of Optimization Theory and Applications, 2003, 116(3): 517-529.

[8] 周日贵. 量子信息处理技术及算法设计[M]. 北京：科学出版社, 2013.

第 2 章　量子搜索与优化

2.1　Grover 搜索算法

本节首先介绍 Grover 搜索算法。考虑从 N 个数据中搜索某一个特定数据的问题，经典计算机上实现的时间复杂度为 $O(N)$，而在量子计算机上，Grover 搜索算法将该问题的时间复杂度降低到 $O(\sqrt{N})$，起到了对经典搜索算法的二次加速作用，显著提高了搜索效率。

Grover 搜索算法主要是通过变换量子基态的概率幅，使求解结果对应的量子基态的概率幅达到最大，同时，不满足条件的基态的概率幅不断减小。然后，对量子态进行观测时，就会以较大概率获得所要搜索的基态，即搜索成功。具体过程如下。

步骤 1：制备等概率幅叠加态 $|s\rangle$ 如下：

$$|s\rangle = \frac{1}{\sqrt{2^n}}\sum_{x=0}^{2^n-1}|x\rangle \tag{2-1}$$

其中 n 代表所用的量子系统中的量子位的个数。该叠加态可以由 $H^{(n)} = H\otimes H\otimes\cdots\otimes H$ 对 n 位的初始态 $|00\cdots 0\rangle$ 作用得到，H 为 Handamard 门算子。

步骤 2：利用黑箱算子 O 检验每个元素是否为搜索问题的解，该算子可以使目标态 $|a\rangle$ 的相位反转，任何与目标态正交的态的符号保持不变，即 $O|a\rangle = -|a\rangle$，如果 $\langle a|v\rangle = 0$，则 $O|v\rangle = |v\rangle$。

步骤 3：构造幺正变换 U_s 如下：

$$U_s = 2|s\rangle\langle s| - I \tag{2-2}$$

设 c_x 是当下基态 $|x\rangle$ 的概率幅，对于叠加态 $|\phi\rangle = \sum_{x=0}^{2^n-1} c_x|x\rangle$，用 U_s 对其进行变换，可得

$$\begin{aligned}U_s|\phi\rangle &= 2|s\rangle\langle s|\phi\rangle - |\phi\rangle \\ &= 2|s\rangle\sqrt{N}\langle c_x\rangle - |\phi\rangle \\ &= \sum_{x=0}^{2^n-1}\left(2\langle c_x\rangle - c_x\right)|x\rangle\end{aligned} \tag{2-3}$$

其中$\langle c_x\rangle = \frac{1}{2^n}\sum_{x=0}^{2^n-1}|x\rangle$。由上式可得，$U_s$将各态的概率幅相对于平均概率幅进行了反转，概率幅由原来的$c_x \to 2\langle c_x\rangle - c_x$。

步骤 4：迭代步骤 2 和步骤 3，经过大约$\frac{\pi}{4}\sqrt{N}$次迭代，对最后结果进行量子测量就能以大于 50%的概率搜索到目标$|a\rangle$。

2.2　量子进化算法

量子进化算法是结合量子计算机制的一种新的进化算法。1996 年，Narayanan 等[1]首次将量子理论与进化算法相结合，提出了量子遗传算法的概念。相较于传统的进化算法，量子进化算法具有种群分散性好，全局搜索能力强，搜索速度快，易于与其他算法结合等优点。之后的 20 年间，量子进化算法得到了广泛的关注，并产生了大量研究成果。2000 年，Han 等[2]提出了一种遗传量子算法，然后又扩展为量子进化算法，实现了组合优化问题的求解。随后，Sun 等[3]又提出了具有量子行为的粒子群优化算法，将量子机制与群智能结合。Wang 等[4]将基于量子粒子群的进化算法推广到多目标优化领域。

根据解的编码及再生方式的不同，量子进化算法可分为两类：一类是基于量子旋转门的量子进化算法；另一类是基于吸引子的量子进化算法。

2.2.1　基于量子旋转门的进化算法

基于量子旋转门的量子进化算法以 Han等[2]提出的为代表，该算法以量子比特对种群中的每一个个体进行编码。例如，以$Q(t)=\{q_1^t,q_2^t,\cdots,q_n^t\}$表示一个量子种群，其中$t$表示当前的迭代代数，$n$表示种群规模，则第$t$代第$j$个个体的编码可以表示为

$$q_j^t = \begin{bmatrix} \alpha_{j1}^t & \alpha_{j2}^t & \cdots & \alpha_{jm}^t \\ \beta_{j1}^t & \beta_{j2}^t & \cdots & \beta_{jm}^t \end{bmatrix} \tag{2-4}$$

式中，对于任意一列α和β，满足$\alpha^2+\beta^2=1$，其中α表示该位取 0 的概率幅，β表示该位取 1 的概率幅。这种编码的方式使一条量子染色体可以表示2^m个基态的概率幅，扩展了进化算法中染色体的信息容量。当α或者β趋近于 0 或者 1 时，量子染色体以大概率坍缩到一个确定的解。

量子进化算法(quantum-inspired evolutionary algorithm，QEA)的工作流程可以描述为下列步骤。

步骤 1：初始种群$Q(t)$，$t=0$。将初始量子种群$Q(t)$中的每一个量子染色体的

每一个量子位的 α 和 β 都初始为 $\frac{1}{\sqrt{2}}$。

步骤 2：测量每一条量子染色体。对每一条量子染色体 q_j^t 进行测量，得到一个状态 x_j^t， x_j^t 为一条 m 位的串，且每一位或者为 0 或者为 1。测量过程为：对 q_j^t 的每一位，在[0,1]之间产生一个随机数 r，如果 r 大于该位对应的 α^2，则 x_j^t 中该位设置为 1；否则， x_j^t 中该位设置为 0。

步骤 3：用测试函数 f 评测步骤 2 中产生的 n 个状态，并将其中最好的状态(记为 b_j^t)与当前最好的状态(记为 b)对比。如果 b_j^t 的函数值优于 b 的函数值，则将 b_j^t 赋给 b。

步骤 4：利用量子门 $U(\Delta\theta)$ 更新 $Q(t)$中每一个量子染色体的每一个量子比特位，从而得到 $Q(t+1)$，其中 $U(\Delta\theta)$ 表示如下：

$$U(\Delta\theta)=\begin{bmatrix}\cos\Delta\theta & -\sin\Delta\theta\\ \sin\Delta\theta & \cos\Delta\theta\end{bmatrix} \tag{2-5}$$

式中，$\Delta\theta$ 根据具体问题设定，通常由 x_j^t 及其对应的函数值与 b 及其对应的函数值的相对关系设计。

步骤 5：如果停机条件满足，输出状态 b 及其对应的函数值，否则 $t\leftarrow t+1$，跳转至步骤 2。

基于量子门的量子进化算法采用量子编码，在原有最优状态的基础上，通过量子门更新，以较大概率产生性能更优的下一代种群，因为采用了容量更大的量子染色体作为种群的构造单元，基于旋转门的量子进化算法具有如下优势。

(1) 易于并行处理。因为量子染色体之间交流较少，算法本身并行程度较高，所以具有处理大规模数据的潜力。

(2) 寻优性能鲁棒。因为算法中存在多个量子染色体同时进行搜索，而且每一个量子染色体相对独立，所以对搜索空间覆盖较完整，能够有效降低局部最优的影响，提高鲁棒性。

2.2.2　基于吸引子的进化算法

相较于基于旋转门的量子进化算法，基于吸引子的量子进化算法更适合于连续优化问题。此类算法的代表成果有 Sun 等[3]提出的量子粒子群算法。

按照经典力学，一个粒子在确定了位置和速度向量之后，将沿着一个确定的轨道运动。因此，经典的粒子群优化可以用如下过程描述。

步骤 1：随机初始化粒子的当前位置集合 P，并初始化局部最优解集 $S=P$，全局最优解为 b。

步骤 2：L 适应度最好的解如果比 b 的适应度值好，则用 S 中最好的解更新 b 。

步骤 3：更新速度 v ，再通过速度 v 与 P 中解组合产生新解，并更新 P 中对应的解。

步骤 4：若产生的新解比相应的 S 中的解具有更好地适应度值，则将 S 中相应的解用新解更新。

步骤 5：若停机条件满足，则输出 b ；否则转到步骤 2 继续运行算法。

在步骤 4 中，更新速度 v 的常用算式如下：

$$v(t+1)=wv(t)+w_1(l-p)+w_2(b-p) \tag{2-6}$$

式中，w，w_1，w_2 为常数；t 表示迭代代数；l 是 S 中的元素；p 是相应的 P 中的元素。新解按照式(2-7)所示产生：

$$x(t+1)=x(t)+v(t+1) \tag{2-7}$$

如式(2-7)所示，传统的粒子群优化算法，在经典力学空间中，粒子的移动状态由速度和当前状态决定了规定的运动轨迹。但是在量子力学中，粒子的运动是不确定的，没有运动轨道的概念，采用波函数来描述粒子的状态。在一个三维空间中，波函数可以由式(2-8)表示：

$$|\psi|^2\,\mathrm{d}x\mathrm{d}y\mathrm{d}z=Q\mathrm{d}x\mathrm{d}y\mathrm{d}z \tag{2-8}$$

式中，$Q\mathrm{d}x\mathrm{d}y\mathrm{d}z$ 表示粒子在时刻 t 出现在位置(x,y,z)的概率；$|\psi|^2$ 是概率密度函数，并且满足如下条件：

$$\int_{-\infty}^{\infty}|\psi|^2\,\mathrm{d}x\mathrm{d}y\mathrm{d}z=\int_{-\infty}^{\infty}Q\mathrm{d}x\mathrm{d}y\mathrm{d}z=1 \tag{2-9}$$

$\psi(\bar{x},t)$ 与时间的关联函数可以由如式(2-10)所示的薛定谔方程给出：

$$\mathrm{i}h\frac{\partial}{\partial t}\psi(x,t)=\hat{H}\psi(x,t) \tag{2-10}$$

式中，$\hat{H}$ 是汉密尔顿算子；h 为普朗克常量。对于一个质量为 m 的处于势场 $V(x)$ 的单个粒子，汉密尔顿算子可以表示为

$$\hat{H}=-\frac{h^2}{2m}\nabla^2+V(x) \tag{2-11}$$

对于量子粒子群系统，假设粒子处于 δ 势井中，势井的中心为 p 。简单起见，以一维空间的粒子为例，势能函数可以表示为

$$V(x)=-\gamma\delta(x-p)=-\gamma\delta(y) \tag{2-12}$$

其中 $y=x-p$ ，那么汉密尔顿算子可以表示为

$$\hat{H}=-\frac{h^2}{2m}\frac{\mathrm{d}^2}{\mathrm{d}y^2}-\gamma\delta(y) \tag{2-13}$$

则针对此模型的薛定谔方程可以变换为

$$\frac{\mathrm{d}^2\psi}{\mathrm{d}y^2}+\frac{2m}{h^2}\left[E+\gamma\delta(y)\right]\psi=0 \tag{2-14}$$

通过 $\int_{-\varepsilon}^{\varepsilon}\mathrm{d}x$ ，$\varepsilon\to 0^+$ ，可得

$$\psi'(0^+)-\psi'(0^-)=-\frac{2m\gamma}{h^2}\psi(0) \tag{2-15}$$

对于 $y\neq 0$ ，式(2-14)可以表示为

$$\begin{cases}\dfrac{\mathrm{d}^2\psi}{\mathrm{d}y^2}-\beta^2\psi=0\\ \beta=\sqrt{-2mE/h} \qquad (E<0)\end{cases} \tag{2-16}$$

在满足如下约束条件的情况下：

$$|y|\to\infty,\quad \psi\to 0 \tag{2-17}$$

式(2-16)的解可以表示为

$$\psi(y)\approx \mathrm{e}^{-\beta|y|} \tag{2-18}$$

考虑如下所示的解的形式：

$$\psi(y)=\begin{cases}C\mathrm{e}^{-\beta y} & y>0\\ C\mathrm{e}^{\beta y} & y<0\end{cases} \tag{2-19}$$

式中，C 为一个常量。根据式(2-15)，可得

$$-2C\beta=-\frac{2m\gamma}{h^2}C \tag{2-20}$$

则

$$\beta=\frac{m\gamma}{h^2} \tag{2-21}$$

并且

$$E=E_0=-\frac{h^2\beta^2}{2m}=-\frac{m\gamma^2}{2h^2} \tag{2-22}$$

由于波函数需要满足归一条件，则式(2-23)成立：

$$\int_{-\infty}^{+\infty}|\psi(y)|^2\mathrm{d}y=\frac{|C|^2}{\beta}=1 \tag{2-23}$$

可得 $|C|=\sqrt{\beta}$ 。令 $L=1/\beta=h^2/m\gamma$ ，L 叫做势井的特征长度。那么归一化的波函数可以表示如下：

$$\psi(y)=\frac{1}{\sqrt{L}}\mathrm{e}^{-|y|/L} \tag{2-24}$$

相应的概率密度函数 Q 可以表示为

$$Q(y)=|\psi(y)|^2=\frac{1}{L}\mathrm{e}^{-2|y|/L} \tag{2-25}$$

式(2-25)给出了粒子在量子空间中态的波函数，用蒙特卡罗法模拟量子态的坍缩过程，即由量子态得到经典力学空间中粒子的位置。令 s 为 $[0,1/L]$ 之间均匀分布的随机数，则有

$$s=\frac{1}{L}\mathrm{rand}(0,1)=\frac{1}{L}u,\quad u=\mathrm{rand}(0,1) \tag{2-26}$$

用 s 代替式(2-25)中的 Q，可得

$$s=\frac{1}{\sqrt{L}}\mathrm{e}^{-|y|/L} \tag{2-27}$$

进而可得

$$y=\pm\frac{L}{2}\ln(1/u) \tag{2-28}$$

因为 $y=x-p$，所以可得

$$x=p\pm\frac{L}{2}\ln(1/u) \tag{2-29}$$

式中，u 为 0 到 1 之间均匀分布的随机数。式(2-29)实现对量子空间中粒子准确位置的测量。它是量子粒子群算法的核心迭代公式，通过不断更新吸引子 p 和特征长度 L，实现了粒子按照量子力学的运动形式在整个决策空间的高效搜索。

吸引子和特征长度有多样的构造方式。在很多算法中，粒子的局部最优常被用来作为吸引子[4,5]。在文献[5]中，粒子当前位置和局部最优的距离，当前位置与局部最优的平均值的距离都被尝试用来构建特征长度。对于多目标优化问题，在文献[4]中，子问题的全局最优和局部最优被用来构造特征长度。

算法流程方面，量子粒子群算法与经典粒子群算法并没有显著差别，只是在步骤 3 中，不需要更新速度 v，也不以式(2-7)产生新解，而是通过波函数得来的概率模型式(2-29)来产生新解。

近十年，量子粒子群(quantum-behaved particle swarm optimization，QPSO)算法获得了长足的发展。粒子群(particle swarm optimization，PSO)算法创始者 Kennedy 称之为最具有发展潜力的 PSO 改进算法[6]，越来越多的学者对 QPSO 算法进行研究，提出了各种基于 QPSO 算法的改进算法及应用。针对 QPSO 算法中控制参数的选择，文献[7]指出 QPSO 算法的控制参数即收缩-扩张因子的值小于 1.78 时能够保证算法收敛，并提出两种参数控制方法：线性递减和自适应调整；文献[8]提出了另一种基于种群多样性的参数选择方法；文献[9]使用高斯概率分布产生随机数替代原算法中的不同参数，能够有效改进粒子的早熟问题；文献[10]对 QPSO 算法的全局收敛性进行了分析证明，并给出三种不同取值策略的控制参数对算法性能的影响。QPSO 算法的应用已经渗透到自然科学的各个领域，包括生物信息、组

合优化、自动控制、分类聚类、模糊系统、图形图像、参数辨识、神经网络、生产调度和机器学习等[11]。

2.3 量子退火算法

量子退火算法是一类新的量子优化算法。不同于经典模拟退火算法利用热波动来搜寻问题的最优解，量子退火算法利用量子波动产生的量子隧穿效应来使算法摆脱局部最优。

自 1982 年有学者将退火思想引入到优化领域并提出模拟退火算法后，Kadowaki[12]利用量子退火算法研究了最优化问题，并把这种思想应用于横向伊辛(Ising)模型和旅行商问题，综合讨论了量子退火相对于模拟退火的优越性及其原因；Trugenberger[13]利用量子退火算法对组合优化问题进行了研究；Martonak 等[14]提出了关于对称旅行商问题的路径积分蒙特卡罗量子退火，并和标准的热力学模拟退火进行比较。综合来看，与模拟退火算法相比较，量子退火在退火收敛速度和避免陷入局部极小方面有一定优势，这主要是因为量子的隧道效应使得粒子能够穿过比其自身能量高的势垒直接达到低能量状态。

量子退火主要利用量子涨落的机制，即量子跃迁的隧道效应，来完成最优化过程。设无外力作用时体系的汉密尔顿量为 H_0， $H'(t)$ 表示外力作用的结果，则体系的汉密尔顿量可表示为

$$H = H_0 + H'(t) \tag{2-30}$$

在具体的应用中，最优化问题被编码为 H_0， $H'(t)$ 为外加场，通常被设定为横向场 $\tau(t)\sum_i \delta_i^x$ [15]，则体系的汉密尔顿量可表示为

$$H = H_0 + \tau(t)\sum_i \delta_i^x \tag{2-31}$$

通过路径积分蒙特卡罗方法，可以将经典的势能转换为量子势能的形式，如式(2-32)所示[15]：

$$\varphi_P = \left(\frac{Pm}{2\beta^2 E^2}\right)\sum_{i=1}^{N}\sum_{i=1}^{P}\left|r_{i,t} - r_{i,t+1}\right|^2 + \frac{1}{P}\sum_{t=1}^{P} V\left(\{r;t\}\right) \tag{2-32}$$

式中， $r_{i,t}$ 表示三维向量中(由上面的过程很容易拓展到 N 维空间)第 i 个粒子在第 t 个时间片上的坐标；E 是一个类似于模拟退火中 T 的可调参数，由一个初值逐渐减小到零，从而控制动能项逐渐减小到零； $\beta = 1/kT$ 是反转温度。

基于上述过程，路径积分蒙特卡罗量子退火的工作流程如下。

步骤 1：选定 Trotter 数 P 并设定初始的算法执行次数和初始的动能值。

步骤 2：根据式(2-32)将经典系统的势能(也即优化目标)量子化，得到量子化的

势能如下：

$$H = H_q + H_{\text{kim}}(t) \tag{2-33}$$

步骤 3：对式(2-33)运用蒙特卡罗方法进行采样，寻找最优解(产生新解的移动策略可以是局部移动、全局移动等移动策略)。

步骤 4：按照某一策略衰减 E，如果未达到算法的执行次数或者 E 的下限，返回步骤 3。

步骤 5：得到量子化的能量最优解。

步骤 6：将步骤 5 得到的最优解转化为经典能量的形式，就得到搜索到的目标最优解。

该算法在一些应用问题上取得了较好的效果。例如，经典的 LJ(Lennard-Jones)团簇问题的基态结构求解[16]；随机 Ising 模型[17]、随机场 Ising 模型的基态问题[18]；TSP 问题(travelling salesman problem) [14]等。

参 考 文 献

[1] NARAYANAN A, MOORE M. Quantum-inspired genetic algorithms[C]//International Conference on Evolutionary Computation. IEEE, 1996:61-66.

[2] HAN K H, KIM J H. Genetic quantum algorithm and its application to combinatorial optimization problem[C]//Evolutionary Computation. IEEE, 2000: 1354-1360.

[3] SUN J, FENG B, XU W. Particle swarm optimization with particles having quantum behavior[C]//Evolutionary Computation. CEC2004, 2004:1571-1580.

[4] WANG Y, LI Y, JIAO L. Quantum-inspired multi-objective optimization evolutionary algorithm based on decomposition[J]. Soft Computing, 2015: 1-16.

[5] SUN J, FANG W, WU X, et al. Quantum-Behaved Particle Swarm Optimization: Analysis of Individual Particle Behavior and Parameter Selection[J]. Evolutionary Computation, 2012, 20(3):349-393.

[6] KENNEDY J. Some issues and practices for particle swarms[C]//Swarm Intelligence Symposium. SIS2007, 2007. 162-169.

[7] KANG Y, SUN J. Parameter selection of quantum-behaved particle swarm optimization[M]// Advances in Natural Computation. Heidelberg Springer, 2005:2225-2235.

[8] SUN J, XU W, FENG B. Adaptive parameter control for quantum-behaved particle swarm optimization on individual level[C]// IEEE International Conference on Systems, Man and Cybernetics. IEEE, 2005(4):3049-3054.

[9] COELGHO L S. Novel Gaussian quantum-behaved particle swarm optimizer applied to electromagnetic design[J]. Iet Science Measurement Technology, 2007, 1(5):290-294.

[10] 方伟, 孙俊, 谢振平,等. 量子粒子群优化算法的收敛性分析及控制参数研究[J]. 物理学报, 2010, 59(6):3686-3694.

[11] 赵晶. 量子行为粒子群优化算法及其应用中的若干问题研究[D]. 无锡：江南大学博士学位论文, 2013.

[12] KADOWAKI T. Study of optimization problems by quantum annealing[J]. Small, 2002, 10(20): 4200-4206.

[13] TRUGENBERGER C A. Quantum optimization for combinatorial searches[J]. New Journal of Physics, 2001, 4(1):26.

[14] MARTONÁK R, SANTORO G E, TOSATTI E. Quantum annealing of the traveling-salesman problem[J]. Physical Review E Statistical Nonlinear & Soft Matter Physics, 2004, 70(5): 057701.

[15] 杜卫林，李斌，田宇. 量子退火算法研究进展[J]. 计算机研究与发展，2008, 45(9):1501-1508.

[16] LIU P, BERNR B J. Quantum path minimization: An efficient method for global optimization[J]. Journal of Chemical Physics, 2003, 118(7):2999-3005.

[17] SANTORO G E, MARTOŇÁK R, TOSATTI E, et al. Theory of quantum annealing of an Ising spin glass[J]. Science, 2002, 295(5564):2427-2430.

[18] SARJALA M, PETÄJÄ V, ALAVA M. Optimization in random field ising models by quantum annealing[J]. Journal of Statistical Mechanics Theory & Experiment, 2005, 16(1):79-107.

第3章 量 子 学 习

3.1 量 子 聚 类

聚类分析在数据挖掘领域中扮演着非常重要的角色，是数据分析与知识发现的重要工具。聚类分析的目的是将抽象出来的对象或数据集合分成若干具有特殊意义的团或者类，而这种划分的依据就是样本对象之间的相似程度，相似度高的样本归为一类，而相似度低的样本则分别属于不同类。聚类分析揭示了数据间的差异与联系，发现样本的分布情况，在海量的数据面前，这尤为重要。一般情况下，聚类并不需要使用训练数据进行学习，是一种无监督学习，它可以作为独立的工具来使用，也可以作为一种前期预处理步骤，为进一步的科学研究做准备。

作为一类新兴的聚类算法，量子聚类吸引着越来越多研究者的热情，并产生了一批优秀的理论成果并在诸多领域中取得了广泛的成功。Nasios 等[1]得出势能场与数据的分布相关的结论，因此他们采用 K 近邻统计分布来估计波函数尺度参数，并将量子聚类与局部 Hessian、区域生长法相结合，应用于 SAR 图像的分割上。Li 等[2,3]提出了一种改进的量子聚类方法对核宽度调节参数进行估计，以及基于度量距离改变的量子聚类，以克服量子聚类的缺陷，获得更好的聚类效果。随后，Zhang 等[4]在距离函数中采用指数形式，取代原算法中的欧氏距离，提高了量子聚类的迭代效率，并获得比原算法好的聚类效果。Gou 等[5]将量子聚类与多精英免疫算法相结合，避免了算法陷入局部最优。文献[6]和文献[7]分别将量子聚类应用于合成孔径雷达(synthetic aperture radar, SAR)图像分割和医学图像的分割。Niu 等[8]提出基于量子机制的复杂网络社团检测方法。Sun 等[9]将量子聚类应用于模糊神经网络模型。Buccio 等[10]利用动态的量子聚类算法进行关联文本的提取。

根据算法设计思想的不同，量子机制的聚类算法，大体又可以分为基于优化的量子聚类算法和基于量子力学启发的量子聚类算法。

(1) 在基于优化的量子聚类算法中，需要预先设定寻优目标函数，利用量子搜索机制搜索目标函数的极值点。这种搜索机制与传统的基于优化的聚类方法截然不同，它能够增强解空间的遍历性，种群的多样性，并能够将最优解在搜索空间中的多种表述形式用量子位的概率幅表述，进一步增加获得全局最优解的概率。这类算法将聚类作为一个优化问题，利用量子优化算法来得到最优解。

(2) 在基于量子力学启发的聚类算法中，基本思想为：聚类研究的是样本在尺度空间中的分布，而量子力学研究的是粒子在量子空间的分布，以量子力学的方式研究聚类问题。基本的思路为：已知波函数，用薛定谔方程求解势能函数，从势能能量点的角度来确定聚类中心。相较于传统的聚类算法，文献[11]中总结了量子力学启发的聚类算法的若干优势如下：① 算法的重点放在聚类中心的选取而不是聚类边界的查找；② 聚类的中心并非简单的几何中心或随机确定，而是完全取决于数据自身的潜在信息；③ 样本分布模型和聚类类别数等都不需要预先假定。

3.1.1　基于优化的量子聚类

一般认为聚类问题属于无监督学习问题，在聚类过程中对于聚类效果没有了解，所以为了更好地描述聚类过程的划分效果，通常需要采用一些评价标准评价算法聚类效果和真实类别的相似程度。这样聚类问题就转化为如下的优化问题:

$$P(C^*) = \min_{C\in\Omega} P(C) \tag{3-1}$$

式中，Ω 是可行的聚类结果集合；C 是对给定数据集的一个划分；P 是准则函数，通常是对数据点间的相似性或不相似性程度的反映。通过寻找聚类过程中 P 的最小值，将它作为最终划分结果。这样分类问题就被转换为优化问题。

通常情况下，在基于优化的量子聚类算法中，第 2 章中的量子优化算法会被用来处理如式(3-1)所示的优化问题，得到的最优解即为分类结果。

3.1.2　基于量子力学启发的聚类

量子力学描述了微观粒子在量子空间的分布，而这与聚类是研究数据样本在尺度空间中的分布情况是等价的。聚类过程相当于：在波函数已知时，利用薛定谔方程反过来求解势能函数，而这个势能函数决定着粒子的最终分布，这就是量子聚类的物理思想依据。该算法中，不显含时间的薛定谔方程被表述为

$$H\psi = \left(-\frac{\sigma^2}{2}\nabla^2 + V(p)\right)\psi = E\psi \tag{3-2}$$

式中，ψ 为波函数；$V(p)$ 为势能函数；H 为汉密尔顿算子；E 为算子 H 的能量特征值；∇ 为劈形算子；σ 为波函数宽度调节参数。

在量子聚类中，使用带有 Parzen 窗的高斯核函数估计波函数(即样本点的概率分布)，如式(3-3)所示：

$$\psi(p) = \sum_{i=1}^{N} \mathrm{e}^{-\|p-p_i\|^{2/2\sigma^2}} \tag{3-3}$$

式(3-3)对应于尺度空间中的一个观测样本集 $\{p_1, p_2, \cdots, p_i, \cdots p_N\} \subset R^d$，$p_i = (p_{i1}, p_{i2}, \cdots, p_{id})^T \in R^d$。高斯函数可以看做是一个核函数，它定义了一个由输入空间到希尔伯特空间的非线性映射。因此可认为 σ 是一个核宽度调节参数。

因此，当波函数 $\psi(p)$ 已知时，若输入空间只有一个单点 p_1，即 N=1，通过求解薛定谔方程，势能函数可以表示为

$$V(p)=\frac{1}{2\sigma^2}\left(p-p_1\right)^T\left(p-p_1\right) \tag{3-4}$$

根据量子理论可知，式(3-4)是粒子在谐振子中的调和势能函数的表达形式，此时 H 算子的能量特征值为 $E=d/2$，其中 d 为算子 H 可能的最小特征值，可以用样本的数据维数来表示。

对于一般情况，进一步把式(3-3)代入式(3-2)，得到样本服从高斯分布的势能函数的计算式：

$$V(p)=E+\frac{(\sigma^2/2)\nabla^2\psi}{\psi}=E-\frac{d}{2}+\frac{1}{2\sigma^2\psi}\sum_i\|p-p_i\|^2\exp\left[-\frac{\|p-p_i\|^2}{2\sigma^2}\right] \tag{3-5}$$

假定 V 非负且确定，即 V 的最小值为零，E 可以通过求解式(3-5)得到：

$$E=-\min\frac{(\sigma^2/2)\nabla^2\psi}{\psi} \tag{3-6}$$

利用梯度下降法找到势能函数的最小点作为聚类的中心。其迭代如下：

$$y_i(t+\Delta t)=y_i(t)-\eta(t)\nabla V(y_i(t)) \tag{3-7}$$

式中，初始点设为 $y_i(0)=p_i$；$\eta(t)$ 为算法的学习速率；∇V 为势能的梯度。最终，粒子朝势能下降的方向移动，即数据点将逐步朝其所在的聚类中心的位置移动，并在聚类中心位置处停留。因此，可以利用量子方式确定聚类的中心点，距离最近的某些点被归为一类。

3.2　量子神经网络

20 世纪 50 年代以来，随着心理学、神经科学、计算机信息科学、人工智能和神经影像学技术的发展，用自然科学方法探索人类意识的条件趋于成熟。世界各国不少学者开始投身神经计算的研究，并取得不少有价值的研究成果。1943 年，芝加哥大学的生理学家 McCulloch[12]使用阈值逻辑单元模拟生物神经元，提出了著名的 M-P 神经元模型，拉开了神经网络研究的序幕。为了模拟起连接作用的突触的可塑性，神经生物学家 Hebb[13]于 1949 年提出了连接权值强化的 Hebb 法则，这一法则告诉人们，神经元之间突触的联系强度是可变的，为构造有学习功能的神经网络模型奠定了基础。1958 年 Rosenblatt[14]在原有 M-P 模型的基础上增加了学习机制。他提出的感知器模型，首次把神经网络理论付诸工程实现。1982 年，Hopfield[15]对人工神经网络信息存储和提取功能进行了非线性数学概括，提出了动力方程和学习方程，还对网络算法提供了重要公式和参数，使人工神经网络的构造和学习有了理论指导。经过近半个世纪的发展，人工神经网络在众多领域取得

了广泛成功，如模式识别、自动控制、信号处理、辅助决策、人工智能等[16]。

1995 年美国 Louisiana 州立大学的 Kak[17]教授首次提出了量子神经计算(quantum neural computation)的概念，明确提出将神经计算与量子计算结合起来形成新的计算范式，开创了该领域的先河，并且还提到了这可能对研究人类的意识会有很大的帮助。1996 年，Perus[18]提出了量子并行性和神经网络有非常有趣的相似性，量子波函数的坍缩(collapse)十分类似于人脑记忆中的神经模式重构现象。1999 年 Menneer[19]在他的博士论文中从多宇宙的观点第一次深入、全面地探讨了量子人工神经网络，比较了提出的各种量子神经网络的性能并与传统的神经网络作了比较，认为量子神经网络的性能要优于传统的神经网络。随后，又有大量的量子神经网络模型被提出。2000 年 Ventura 等[20]提出了基于 Grover 量子搜索算法的量子联想记忆(quantum associative memory)模型；2005 年 Kouda 等[21]利用量子相位提出了量子比特神经网络等。

本章主要介绍两种量子神经网络模型：量子 M-P 模型和量子 Hopfield 神经网络。

3.2.1 量子 M-P 模型

神经元的每一个输入都有一个加权系数 w_i，称为权重值，其正负模拟了生物神经元中突触的兴奋和抑制，其大小则代表了突触的不同连接强度。作为人工神经网络的基本处理单元，必须对全部输入信号进行整合，以确定各类输入作用的总效果，s_j 表示组合输入信号的总和，神经元激活与否取决于此总和值是否超过某一阈值。以 O_j 表示该神经元的输出，则输出与输入之间的关系可由转移函数 f 表示，转移函数一般为非线性的。M-P 模型如图 3-1 所示。

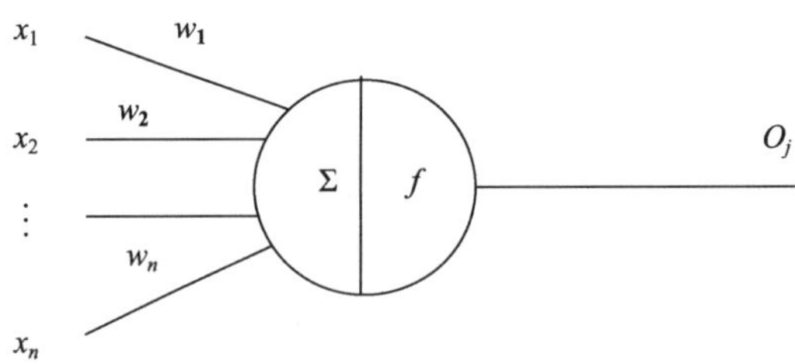

图 3-1 M-P 模型

上述内容可由式(3-8)和式(3-9)表示：

$$s_j = \sum_i x_i w_i \tag{3-8}$$

$$O_j = f\left(s_j - \theta\right) \tag{3-9}$$

量子 M-P 模型的概念模型如图 3-2 所示。

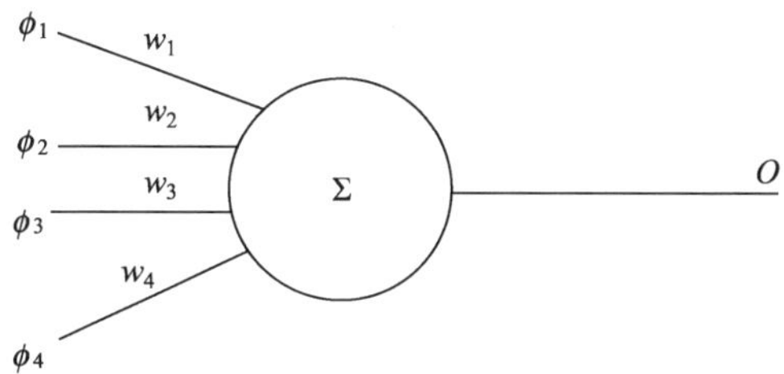

图 3-2　量子 M-P 模型

相应的神经元的输出表示为

$$O=\sum_j w_j\phi_j,\qquad j=1,2,\cdots,2^n \tag{3-10}$$

式中，2^n 表示输入的总个数；ϕ_j 表示一个量子态；$w_j=\left(w_{j1},w_{j2},\cdots,w_{j2^n}\right)$为一个向量。用狄拉克符号来表示量子状态，量子 M-P 模型的计算输出就可以表示为

$$O=\sum_i O_i=\sum_j w_{ji}\left|x_1x_2\cdots x_n\right\rangle \tag{3-11}$$

$$j=1,2,\cdots,2^n，\ i=1,2,\cdots,2^n$$

其中

$$O_i=w_{1i}\left|00\cdots0\right\rangle+w_{2i}\left|00\cdots1\right\rangle+\cdots+w_{2^n i}\left|11\cdots1\right\rangle \tag{3-12}$$

(1) 若状态 ϕ_j 之间相互正交，则 w 可以正交矩阵，输出可以表示为如式(3-13)的量子幺正变换：

$$O=\begin{Bmatrix} w_{11} & w_{12} & \cdots & w_{12^n} \\ w_{21} & w_{22} & \cdots & w_{22^n} \\ \vdots & \vdots & & \vdots \\ w_{2^n1} & w_{2^n2} & \cdots & w_{2^n2^n} \end{Bmatrix}\begin{Bmatrix} \left|00\cdots0\right\rangle \\ \left|00\cdots1\right\rangle \\ \cdots \\ \left|11\cdots1\right\rangle \end{Bmatrix} \tag{3-13}$$

(2) 若状态 ϕ_j 之间没有互相正交，则需把网络的输入和输出进行关系进行修改，按照下式进行：

$$O_{ik}=\sum_j w_{ij}(\phi_j\cdot\phi_k),\quad j=1,2,\cdots,2^n \tag{3-14}$$

其中 $\phi_j\cdot\phi_k$ 表示两个状态的内积。输出可以表示为

$$O=\begin{Bmatrix} w_{11} & w_{12} & \cdots & w_{12^n} \\ w_{21} & w_{22} & \cdots & w_{22^n} \\ \vdots & \vdots & & \vdots \\ w_{2^n1} & w_{2^n2} & \cdots & w_{2^n2^n} \end{Bmatrix}\begin{Bmatrix} \phi_1\cdot\phi_1 & \phi_1\cdot\phi_2 & \cdots & \phi_1\cdot\phi_{2^n} \\ \phi_2\cdot\phi_1 & \phi_2\cdot\phi_2 & \cdots & \phi_2\cdot\phi_{2^n} \\ \vdots & \vdots & & \vdots \\ \phi_{2^n}\cdot\phi_1 & \phi_{2^n}\cdot\phi_2 & & \phi_{2^n}\cdot\phi_{2^n} \end{Bmatrix}\begin{Bmatrix} \left|00\cdots0\right\rangle \\ \left|00\cdots1\right\rangle \\ \vdots \\ \left|11\cdots1\right\rangle \end{Bmatrix} \tag{3-15}$$

对于 ϕ_j 正交和没有正交两种情况，选择一定的 w 都可以实现一定的功能。基于上述的量子 M-P 模型，权值更新可以按照如下步骤进行。

步骤 1：准备一个初始权值矩阵 w^0。

步骤 2：根据实际问题准备输入—输出对 $\left(|\phi\rangle,|O\rangle\right)$。

步骤 3：计算实际输出 $|\Theta\rangle = w^t|\phi\rangle$，其中 t 为迭代代数，自 0 开始。

步骤 4：更新网络权值 $w_{ij}^{t+1} = w_{ij}^t + \eta\left(|O\rangle_i - |\Theta\rangle_i\right)|\phi\rangle_j$，其中 η 为学习控制因子。

步骤 5：反复执行步骤 3 和步骤 4 直到满足误差允许的范围。

3.2.2　量子 Hopfield 神经网络

在 20 世纪 80 年代初期，神经网络研究的重新兴起可归功于 Hopfield 的工作。作为著名的物理学家，Hopfield 的名声和科学资历使研究者对神经网络的研究恢复了信心，他在该网络中引入了"能量函数"的概念，建立了神经网络稳定性判据，使反馈神经网络可以成为一个具有反馈的动力学系统，解决动态问题和一些优化问题。仿照经典的 Hopfield 神经网络，量子 Hopfiled 神经网络(quantum Hopfiled neural networks, QHNN)的概念模型如图 3-3 所示。

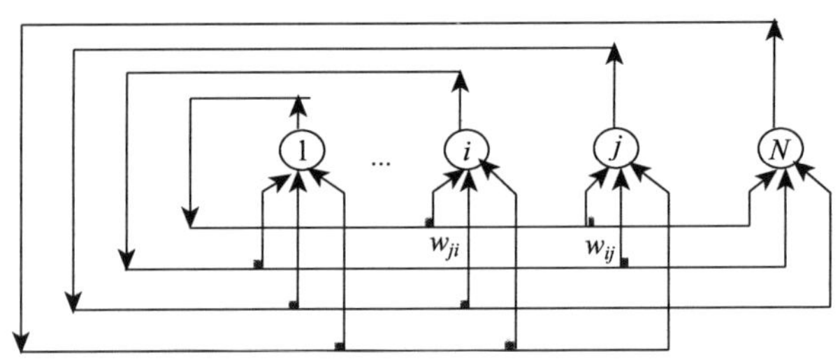

图 3-3　QHNN 的概念模型

从图中可以看到网络有 N 个神经元，每个神经元的输出都反馈到其他神经元作为它们的一个输入，但不反馈到自身作为输入。所有的模式或图像都是存储在网络的权值 w_{ij} 里，所以确定网络的权值是主要工作。QHNN 网络没有自反馈的，即满足式(3-16)：

$$w_{ii} = w_{jj} = 0 \tag{3-16}$$

从图 3-3 可以看出 $w_{ij}=w_{ji}$，权值矩阵 W 是一个对角阵，且对角线上的元素为 0。

基于 Feynman 路径积分的类量子 Hopfield 网络工作原理[22]，可得

$$\psi_m^{\text{output}} = \sum_{n=1}^{N} J_{mn}\psi_n^{\text{input}} \tag{3-17}$$

式中，$J_{mn} = \sum_{k=1}^{P_S}\phi_m^k\left(\phi_m^k\right)^*$ (*表示复共轭，P_S 表示网络存储的模式数，J_{mn} 是网络存

储矩阵，m 和 n 分别表示矩阵的行和列)，相当于传统的 Hopfield 神经网络的权值矩阵，即 Lyapunov 函数，或二次性能函数。基于类似的思想，以量子思维处理 Hopfield 神经网络的网络权值。根据薛定谔方程和量子线性叠加原理，QHNN 的权值可以写为

$$W=\frac{1}{P_S}\sum_{i}^{P_S}|\phi_i\rangle\langle\phi_i|=\sum_{i}p_iW_i \tag{3-18}$$

式中，p_i 是 W 坍缩到 W_i 的概率；P_S 是 QHNN 中存储的图像或模式总数，也是能够识别的图像或模式总数；$|\phi_i\rangle(W_i)$ 是存储的单个图像或模式；$|\phi_i\rangle$ 是 $\langle\phi_i|$ 的复共轭。当给网络输入一个外界待识别的图像时，网络经过量子测量就可以以一定的概率坍缩到它的一个存储图像或模式中，这样即实现了图像识别的功能。

根据量子线性叠加原理和由量子状态或向量构成的矩阵，通过量子幺正演化来确定权值的量子学习算法如下。

步骤 1：根据提供的图像或模式进行网络学习计算权值矩阵 W。为了满足幺正性，要求提供的图像或模式向量是正交向量，由于一般情况下它们不是正交的，所以必需变换成正交向量，其变换可以采用 Gram-Schmidt 正交化方法进行。

步骤 2：先把步骤 1 计算得到的矩阵 W 的元素 w_{ij} 看成是一种随机变量或随机数值，再根据 w_{ij} 的数值大小在一个坐标轴上划分成若干等份 $x_1,x_2,\cdots,x_n$。设矩阵元素 w_{ij} 属于 x_i 的概率为 p_{ij}，那么，属于 x_{i+1} 的概率大小为 $1-p_{ij}$，其中

$$p_{ij}=(x_{i+1}-w_{ij})/(x_{i+1}-x_i) \tag{3-19}$$

步骤 3：因为每个 w_{ij} 都有两种可能的取值，根据神经元的个数 N，就会有 2^N 个不同的 W_i，即为存储在 QHNN 中的图像或模式，网络训练后输入的待识别图像就是经测量坍缩到不同的 W_i，从而达到图像识别的目的。从这里可以看出由 N 个神经元构成的 QHNN 可以识别 2^N 个图像。识别容量，即存储容量比传统的 Hopfield 神经网络有了指数级的提高。

步骤 4：按照式(3-20)计算 W_i 的概率 p_i：

$$p_i=\sum_{i,j=1}^{N}\left|p_{ij}\right|\Big/N\left(N-1\right)2^{N-1} \tag{3-20}$$

传统的 Hopfield 神经网络能存储的图像或模式数一般为 P=0.14N, N 为神经元个数，由于 Hopfield 神经网络在识别大量的图像或模式时遇到巨大困难，所以研究者们一直在寻找新的方法。而量子 Hopfield 神经网络能识别的图像或模式为 2^N，存储容量或记忆容量有了指数级提高。

3.3　量子贝叶斯网络

贝叶斯网络(Bayesian network, BN)是表示变量间概率分布及关系的有向无环

图。节点表示随机变量，包括对事件、状态和属性等实体的描述；弧表示变量之间的相互依赖关系。贝叶斯网络用图形模式描述变量集合间的条件独立性，而且允许将变量间依赖关系的先验知识和观察数据相结合，为属性子集上的一组条件独立性假设提供了更强的表达能力。

20 世纪 80 年代以来，贝叶斯网络的研究已经引起了人们相当大的兴趣。80 年代早期，贝叶斯网络成功地应用于专家系统中对不确定性知识的表达；80 年代后期，贝叶斯推理得到了迅速发展。进入 90 年代，面对信息爆炸的局面，研究人员开始尝试直接从数据中学习并生成贝叶斯网的方法，在医学诊断、自然语言理解、故障诊断、启发式搜索、目标识别、不确定推理和预测等方面实现了很多成功的应用。

贝叶斯网络提供了一种把联合概率分布分解为局部分布的方法，是用它的图形结构编码了变量间概率依赖关系，这样就具有了清晰的语义特征。

设一组有限集合 $\{Y_1,Y_2,\cdots,Y_n\}$ 表示一组离散随机变量，它们分别取值 $\{y_1,y_2,\cdots,y_n\}$ 的联合概率如下：

$$P(y_1,y_2,\cdots,y_n)=\prod_{i=1}^{n}P\left(y_i \mid Pa(Y_i)\right) \tag{3-21}$$

式中，$Pa(Y_i)$是节点 Y_i 的父母节点组。构建贝叶斯网络的主要任务就是学习它的结构和参数。

贝叶斯量子网是贝叶斯网引入量子机制后在量子学习中的一种推广，目的是根据给出的普通贝叶斯网，构造出适用于量子机制的贝叶斯量子网。图 3-4 所示的 Asia 网络(也称 Chest-clinic 网)是一个小型的用在医疗诊断的贝叶斯网络，共有 8 个节点和 8 条弧。

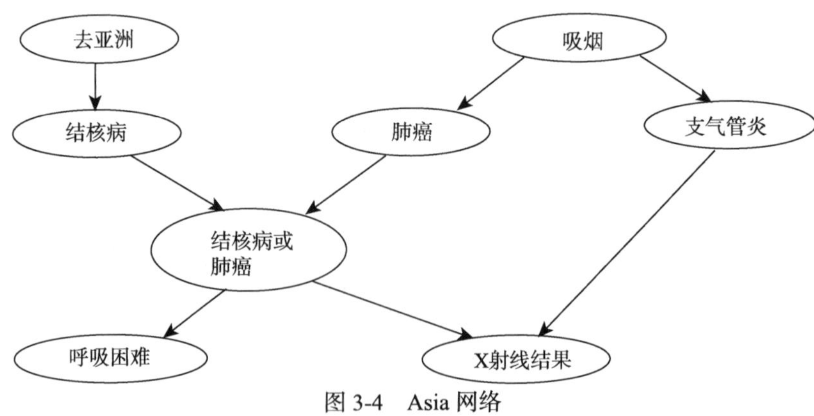

图 3-4　Asia 网络

对于上述网络，依次按从左到右，从上到下的顺序对每个节点编号为 1 到 8，也可以用一个矩阵 A 来表示上面的网络如下:

$$A=\begin{pmatrix}0&0&1&0&0&0&0&0\\0&0&0&1&1&0&0&0\\0&0&0&0&0&1&0&0\\0&0&0&0&0&1&0&0\\0&0&0&0&0&0&0&1\\0&0&0&0&0&0&1&1\\0&0&0&0&0&0&0&0\\0&0&0&0&0&0&0&0\end{pmatrix} \tag{3-22}$$

如果用量子形式来表示 A，即可得如下形式:

$$a_{ij}=\alpha_{ij}\left|0\right\rangle+\beta_{ij}\left|1\right\rangle \tag{3-23}$$

式中，a_{ij} 为 A 中元素，$\alpha_{ij}^2+\beta_{ij}^2=1$。用量子叠加态来表示贝叶斯网络，利用量子态概率幅的变化来学习整个的网络结构。

构造出适用于量子机制的贝叶斯量子网(BQ-net)后，可以通过 BQ-net 中每个节点所依附的概率幅矩阵来计算网络的条件概率。结合机器学习的方法通过对量子态实现一系列的酉算子操作，就可以实现量子学习过程。特别值得注意的是，各个量子态之间所产生的影响和变化就如同由微小粒子与液体分子之间的碰撞所引起的布朗运动一样，是在一个随机的过程中完成的。量子学习的最终结果，也是在随机的学习过程中各中间量子态的相互叠加、相互纠缠、相互干涉的总和，因此，设计相应的随机学习算法，也是实现量子学习的一个不可忽视的手段。一个通用的量子贝叶斯网络工作流程如图 3-5 所示[23]。

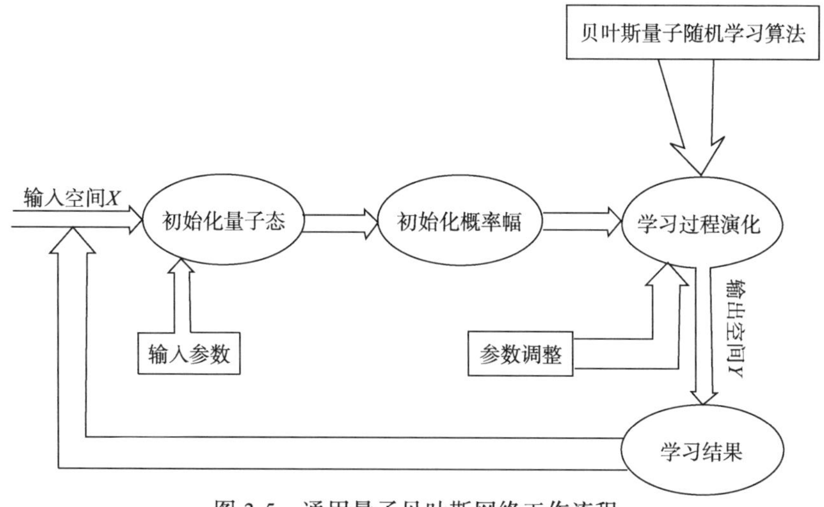

图 3-5 通用量子贝叶斯网络工作流程

3.4　量子小波变换

小波变换分析方法是当前数学物理中一个迅速发展的新领域，同时具有理论深刻和物理运用广泛的特点。小波变换是一个时间和频率的局域变换，因而能有效地从信号中提取信息，通过伸缩和平移等运算对函数或信号进行多尺度细化分析。

数学上，具有实参数 x 的小波 $\psi(x)$ 须满足式(3-24)的条件：

$$\int_{-\infty}^{\infty}\psi(x)\,\mathrm{d}x=0 \tag{3-24}$$

小波变换是将信号用一系列双参数的函数基展开，同时得到信号在时域和频域上的信息。具体而言，就是从某一个母小波函数 $\psi(x)$ 出发，通过膨胀和平移变换，构建一组子小波 $\psi_{\mu,s}(x)$ 如下：

$$\psi_{\mu,s}(x)=\frac{1}{\sqrt{\mu}}\psi\left(\frac{x-s}{\mu}\right) \tag{3-25}$$

式中，$\mu>0$，为膨胀系数；s 为平移参量。利用子小波 $\psi_{\mu,s}(x)$ 可以对信号函数 $f(x)$ 进行小波积分变换：

$$W_{\psi}f(\mu,s)=\frac{1}{\sqrt{\mu}}\int_{-\infty}^{\infty}f(x)\psi\left(\frac{x-s}{\mu}\right)\mathrm{d}x \tag{3-26}$$

相应地，量子力学态矢量的小波变换可以定义为如下形式：

$$W_{\psi}f(\mu,s)=\frac{1}{\sqrt{\mu}}\int_{-\infty}^{\infty}\left\langle\psi\left|\frac{x-s}{\mu}\right.\right\rangle\langle x|f\rangle x=\langle\psi|U(\mu,s)|f\rangle \tag{3-27}$$

式中，$\langle\psi|$ 是母小波态矢；$|f\rangle$ 是需要做变换的量子力学态矢；$|x\rangle$ 是坐标本征矢；$U(\mu,s)$ 是压缩平移算符，并可表示为

$$U(\mu,s)=\frac{1}{\sqrt{\mu}}\int_{-\infty}^{\infty}\left|\frac{x-s}{\mu}\right\rangle\langle x|\mathrm{d}x \tag{3-28}$$

由式(3-27)易得，已知母小波态矢 $\langle\psi|$，对于任意态矢 $|f\rangle$ 求得的矩阵元 $\langle\psi|U(\mu,s)|f\rangle$ 就对应于信号的小波变换。

在文献[24]中，通过数值计算，得到对相干态、Fock 态和二项式态的量子态小波变换谱，即 $W_{\psi}f(\mu,s)$ 随 (μ,s) 的变化结果，从中可以得出，量子态的小波变换谱均呈现出峰值狭窄、局域分布的小波变换的共同特征，且这些峰值的位置和形状都随各量子态参数的变化而变化。

更进一步，将一维小波变换推广到二维情况，即构造对二维信号 $f(\eta)$ 的复小

波变换，如下所示：

$$\begin{cases} W_{\psi}f(\mu,\delta)=\dfrac{1}{\mu}\displaystyle\int\frac{\mathrm{d}^2\eta}{\pi}f(\eta)\psi\left(\frac{\eta-\delta}{\mu}\right) \\ \eta=\eta_1+\mathrm{i}\eta_2,\quad \mathrm{d}^2\eta=\mathrm{d}\eta_1\mathrm{d}\eta_2 \end{cases} \tag{3-29}$$

式中，$\mu>0$，为膨胀系数；δ 是复数，表示二维平移参量。对应一维局域波条件式(3-24)，二维母小波 $\psi(\eta)$ 应该满足如下条件：

$$\int\frac{\mathrm{d}^2\eta}{2\pi}\psi(\eta)=0 \tag{3-30}$$

需要注意的是，母小波 $\psi(\eta)$ 不是两个单模母函数的简单直积。

相应地，对于量子力学复小波变换，利用纠缠态表象 $\langle\eta|$，可将式(3-29)重写为

$$W_{\psi}f(\mu,\delta)=\frac{1}{\mu}\int\frac{\mathrm{d}^2\eta}{\pi}\left\langle\psi\middle|\frac{\eta-\delta}{\mu}\right\rangle\langle\eta|f\rangle=\langle\psi|U_2(\mu,\delta)|f\rangle \tag{3-31}$$

式中，$\langle\psi|$ 对应于给定的母小波态矢；$|f\rangle$ 是需要做变换的量子力学态矢；$U_2(\mu,s)$ 是双模压缩平移算符，可表示如下：

$$U_2(\mu,\delta)=\frac{1}{\mu}\frac{\mathrm{d}^2\eta}{\pi}\left|\frac{\eta-\delta}{\mu}\right\rangle\langle\eta| \tag{3-32}$$

矩阵元 $\langle\psi|U_2(\mu,\delta)|f\rangle$ 就是量子力学态矢的复小波变换。

参 考 文 献

[1] NASIOS N, BORS A G. Non-parmetric clustering using quantum mechanics[C]//Proceedings of the IEEE International Conference on Image Processing. IEEE, 2005, 3:820-823.

[2] LI Z H, WANG S T. Improved algorithm of quantum clustering[J]. Computer Engineering, 2007, 33(23):189-189.

[3] LI Z H, WANG S T. Parameter-estimated quantum clustering algorithm[J]. Journal of Data Acquisition & Processing, 2008, 23(2):211-214.

[4] ZHANG Y, WANG P, CHEN G Y, et al. Quantum clustering algorithm based on exponent measuring Distance[C]//IEEE International symposium on knowledge acquisition and modeling workshop. Kam Workshop, 2008:436-439.

[5] GOU S, ZHUANG X, JIAO L. SAR image segmentation using quantum clonal selection clustering[C]// IEEE Synthetic Aperture Radar. APSAR 2009, 2009:257-282.

[6] NASIOS N, BORS A G. Kernel-based classification using quantum mechanics[J]. Pattern Recognition, 2007, 40(3):875-889.

[7] GOU S, ZHUANG X, LI Y, et al. Multi-elitist immune clonal quantum clustering algorithm[J]. Neurocomputing, 2013, 101(3):275-289.

[8] NIU Y Q, HU B Q, ZHANG W, et al. Detecting the community structure in complex networks based on quantum mechanics[J]. Physica A Statistical Mechanics & Its Applications, 2008, 387(24):6215-6224.

[9] SUN J, HAO S N. Research of fuzzy neural network model based on quantum Clustering[C]// IEEE International workshop on knowledge discovery and data mining. IEEE, 2009:133-136.

[10] BUCCIO E D, NUNZIO G M D. Distilling relevant documents by means of dynamic quantum

Clustering[M]//Advances in information retrieval theory. Berlin Heidelberg Springer: 2011:360-363.

[11] 王玉瑛. 量子聚类及其在社团检测中的应用[D]. 西安：西安电子科技大学硕士学位论文, 2014.

[12] MCCULLOCH W S, PITTS W H. A logical calculus of the ideas imminent in nervous activity[J]. Bulletin of Mathematics Biophysics, 1943, 5(4): 115-133.

[13] HEBB D O. The organization of behavior[J]. Journal of Applied Behavior Analysis, 1949, 25(3):575-577.

[14] ROSENBLATT F. The perceptron: a probabilistic model for information storage and organization in the brain[J]. Psychological Review, 1958, 65(6): 386-408.

[15] HOPFIELD J J. Neural networks and physical systems with emergent collective computational abilities[J]. Proceedings of the National Academy of Sciences, 1982, 79(8): 2554-2558.

[16] 朱大奇. 人工神经网络研究现状及其展望[J]. 江南大学学报:自然科学版, 2004, 3(1):103-110.

[17] KAK S. On quantum neural computing[J]. Information Sciences-Intelligent Systems An International Journal, 1995, 83(3-4):143-160.

[18] PERUS M. Neuro-quantum parallelism in brain-mind and computers[J]. Informatica(Ljubljana), 1996, 20(2): 173-184.

[19] MENNEER, IA T S. Quantum artificial neural networks[D]. Exter: University of Exter, 1999.

[20] VENTURA D, MARTINEZ T. Quantum associative memory[J]. Information Sciences, 2000, 124(1): 273-296.

[21] KOUDA N, MATSUI N, NISHIMURA H, et al. Qubit neural network and its learning efficiency[J]. Neural Computing & Applications, 2005, 14(2): 114-121.

[22] 周日贵. 量子神经网络模型研究[D]. 南京：南京航空航天大学博士学位论文, 2008.

[23] 茅伟强. 贝叶斯量子随机学习算法及应用研究[D]. 苏州：苏州大学硕士学位论文, 2007.

[24] 宋军. 量子态小波变换和若干表象变换[D]. 合肥：中国科学技术大学博士学位论文, 2012.

第 4 章　量子进化组播路由

4.1　量子进化多维背包算法

4.1.1　基本理论

进化算法(evolutionary algorithm, EA)是一种基于自然生物进化的随机搜索优化算法。相对于传统的优化算法，进化算法有更好的鲁棒性和全局搜索能力。目前研究的进化计算主要有三种典型的算法：Fraser[1]、Bremermann[2]和 Holland[3]提出的遗传算法，Fogel[4]提出的进化规划，Rechenberg[5]和 Schwefel[6]提出的进化策略。

进化算法主要是通过对一个近似最优解的个体进行一系列操作以取得最优解，其主导思想是利用适者生存的原理逐渐地逼近最优解。在进化算法中的每一代中，一组新的近似解是根据个体与问题主要方面的适应度来选取的并不断对其进行变异操作。这一过程有可能使种群中的新个体相对于初始产生的个体更能适应环境，如同自然界中进化的生物对自然环境的适应。

进化算法的特点在于对解的个体的表示，用评价函数来表示个体的适应度水平。种群规模、变异算子、双亲选择、复制和遗传和生存竞争的方法等这些都是在动态变化的。在平衡算法的搜索能力和复杂度之间的矛盾中，上面所提到的都需要很好的设计，特别是本章对个体的表示方法。本章的算法使用较少的个体（甚至只使用一个个体）通过相应的变异算子能够更好地搜索解空间，且花费很少的时间获得全局最优解。上述效果的取得，主要是因为在进化算法中引进了量子计算的概念。

量子计算机在 20 世纪 80 年代初被提出[7]，具体描述和成型是在 80 年代末[8]。现在已经提出了许多著名的量子算法，如 Shor 的量子因式分解[9,10]和 Grover 数据库搜索算法[11,12]。90 年代末已开始研究将进化计算和量子计算进行融合。它们主要分为两类：一类是利用自动规划技术产生新的量子算法，如遗传规划[13]；另一类是在传统的计算机上应用量子进化算法[14,15]，其中一个分支是将量子计算中的原理，如叠加性、相干性、纠缠性和并行性等应用在进化计算中。在文献[16]和文献[17]中，叠加性就包含在了交叉算子中。

1. 量子比特的状态表示

在量子系统中，最小的信息单元为一个量子位(即量子比特)。一个量子位的状

态可以取值 0(记为$|0\rangle$)或 1(记为$|1\rangle$)，或者是两者的任意叠加态记为$|\psi\rangle$，可以表示为

$$|\psi\rangle = \alpha|0\rangle + \beta|1\rangle \tag{4-1}$$

2. 量子比特个体的编码方式

进化算法的常用编码方式有二进制、十进制和符号编码。在进化算法中，使用一种新颖的基于量子比特的编码方式。这里用一对实数定义一个量子比特来表示一个基因位，一个具有 N 个量子比特的系统(个体)可以描述为

$$\begin{pmatrix} \alpha_1 & \alpha_2 & \cdots & \alpha_N \\ \beta_1 & \beta_2 & \cdots & \beta_N \end{pmatrix} \tag{4-2}$$

其中$|\alpha_l|^2 + |\beta_l|^2 = 1, (l = 1,2,\cdots,N)$，且$\alpha_l$和$\beta_l$取值为 0 到 1 之间的实数。$|\alpha_l|^2$表示第 l 个基因位取值为 0 的概率，$|\beta_l|^2$表示第 l 个基因位取值为 1 的概率。因此，这种表示方法可以表征任意的线性叠加态。例如，一个具有如下三对概率幅的 3 量子比特系统：

$$\begin{pmatrix} \frac{1}{\sqrt{2}} & \frac{1}{\sqrt{2}} & \frac{1}{2} \\ \frac{1}{\sqrt{2}} & -\frac{1}{\sqrt{2}} & \frac{\sqrt{3}}{2} \end{pmatrix} \tag{4-3}$$

则系统的状态可以表示为

$$\frac{1}{4}|000\rangle + \frac{\sqrt{3}}{4}|001\rangle - \frac{1}{4}|010\rangle - \frac{\sqrt{3}}{4}|011\rangle + \frac{1}{4}|100\rangle + \frac{\sqrt{3}}{4}|101\rangle - \frac{1}{4}|110\rangle - \frac{\sqrt{3}}{4}|111\rangle \tag{4-4}$$

其中结构表示状态$|000\rangle,|001\rangle,|010\rangle,|011\rangle,|100\rangle,|101\rangle,|110\rangle$和$|111\rangle$出现的概率分别为$\frac{1}{16},\frac{3}{16},\frac{1}{16},\frac{3}{16},\frac{1}{16},\frac{3}{16},\frac{1}{16}$和$\frac{3}{16}$。因此，这个 3 量子比特系统表示了八个状态叠加的信息，即它可以同时表示出八个状态的信息。

由于使用量子比特个体能够表征叠加态，因此一个量子个体携带了丰富的信息，作用在其上的操作就具有并行性。例如，在上例中，一个量子比特个体足以表示八个状态，而在传统进化算法至少需要八个个体(000)，(001)，(010)，(011)，(100)，(101)，(110)和(111)来表示；同时采用这种方式的编码具有好的收敛性，随着α和β趋于 1 或 0，量子比特个体会收敛于一个状态，这时多样性消失。

3. QEA 的整体结构

将上述编码方式运用到进化计算当中，具体步骤如下[18]。

步骤 1：初始化 $Q(t)$。

步骤 2：通过观测状态 $Q(t)$产生 $P(t)$。

步骤 3：评价 $P(t)$。

步骤 4：将 $P(t)$中最优解存放到 $B(t)$中，当不满足停止条件时，开始 $t \leftarrow t+1$。

步骤 5：通过观测状态 $Q(t-1)$产生 $P(t)$。

步骤 6：评价 $P(t)$。

步骤 7：通过使用量子门 Q-gates，更新 $Q(t)$。

步骤 8：将 $B(t-1)$和 $P(t)$中的最优解存放到 $B(t)$中。

步骤 9：将 $B(t)$中的最优解存放到 b 中。

步骤 10：如果满足迁移条件，那么分别通过全局迁移算子和局部迁移算子将 $B(t)$中的最优解变为 b。

本质上 QEA 是一种相似于其他进化算法的概率算法。然而 QEA 中的个体是由多个量子比特位构成的，将其称为量子染色体。种群 $Q(t)=\{q_1^t,q_2^t,\cdots,q_n^t\}$，$t$ 表示在第 t 代，n 是种群中个体数目，q_j^t 为量子染色体，并且定义如下：

$$q_j^t=\begin{pmatrix}\alpha_{j1}^t & \alpha_{j2}^t & \cdots & \alpha_{jm}^t \\ \beta_{j1}^t & \beta_{j2}^t & \cdots & \beta_{jm}^t\end{pmatrix} \tag{4-5}$$

式中，m 是个体中量子比特位个数，j=1，2，…，n。QEA 的具体流程如下。

(1) 在"初始化 $Q(t)$"中，α_i^0 和 β_i^0，i=1，2，…，m。所有的 $q_j^0=q_j^t\big|_{t=0}$，j=1，2，…，n，都初始化为$1/\sqrt{2}$。这意味一个量子染色体 q_j^0 由 α^n 个基态以等概率线性叠加而成，其概率如下：

$$\left|\Psi_{q_j^0}\right\rangle=\sum_{k=1}^{2^m}\frac{1}{\sqrt{2^m}}\left|X_k\right\rangle \tag{4-6}$$

其中，X_k 是表示的第 k 代状态，由$\left(x_1,x_2,\cdots,x_m\right)$组成，而 x_i 中，i=1，2，…，m。

(2) 通过观测 $Q(0)$ 的状态得到二进制字符串解 $P(0)$，其中 $P(0)=\left\{x_1^0,x_2^0,\cdots,x_n^0\right\}$ 在第 0 代。解 $x_j^0(j=1,2,\cdots,n)$ 是一个长度为 m 的二进制字符串。x_j^0 是通过分别观测 q_j^0 每一个量子比特位的状态$\left|\alpha_i^0\right|^2$ 或者$\left|\beta_i^0\right|^2$ (i=1，2，…，m)的概率大小得出的 0 或 1。如果是在量子计算机上，通过观测其量子状态将会很快并行坍缩到某一单一状态，得到一组二进制串 x_t。而由于实验是在传统计算机上运行的，所以在 QEA 中发生的方式会与上述情况有所不同。

(3) 将所有种群中的每个 x（二进制字符串）通过相应的处理并解码得到 b_t，用适应度函数进行评价。

(4) 在 $P(0)$ 中选择初始化中得到的最优解并储存到 $B(0)$ 中，其中 $B(0)=\left\{b_1^0,b_2^0,\cdots,b_n^0\right\}$，$b_j^0\left|(=b_j^t\right|_{t=0})$ 和 x_j^0 一样都在第 0 代。

(5) 在 while 循环中，在种群 $P(0)$ 中的量子染色体是由观测 $Q(t-1)$ 中状态矩阵得到的，具体方法同步骤 2 一样，解码后重新每个量子染色体的适应度。应当注意到 $P(t)$ 中的 x_j^t 可以通过多次观测 $Q(t-1)$ 中的 q_j^{t-1} 得到。在这种情况下，x_j^t 应当被 x_{jl}^t 取代，其中，l 为观测索引值。

(6) 通过量子旋转门更新 $Q(t)$ 中表示量子染色体状态矩阵。

定义 4.1 Q-gate 是 QEA 中的一种变异方法，在更新量子染色体中的比特位时要满足归一化条件 $|\alpha'|^2+|\beta'|^2=1$，α' 和 β' 就是更新其比特位时的状态值。

在 QEA 中 Q-gate 的具体形式如下：

$$U(\Delta\theta_i)=\begin{pmatrix}\cos(\Delta\theta_i) & -\sin(\Delta\theta_i)\\ \sin(\Delta\theta_i) & \cos(\Delta\theta_i)\end{pmatrix} \tag{4-7}$$

其中，$\Delta\theta_i$ (i=1，2，…，m)是每个量子比特位朝向 0 或 1 的旋转角度。$\Delta\theta_i$ 的设计是与实际问题密切相关的。在 4.1.2 小节将要讲到的背包问题中，$\Delta\theta_i$ 是根据最优解 b_j^t 中的第 i 个比特位和 x_j^t 第 i 个比特位之间的关系函数得到的。通过 Q-gate 可以调整表示 0 或 1 的概率大小使其变为 1 或 0，这样就避免了陷入局部最优。

(7) 最优解是在 $B(t-1)$ 和 $P(t)$ 中选择的并存储到 $B(t)$ 中，如果 $B(t)$ 中的最优解比 b 好，那么 b 将会被新产生的最优解所取代。

(8) 从 b_j^t 中挑选出全局最优解并用于指引下一代的变异。

4.1.2 量子进化多维背包算法

1. 背包问题描述

背包问题(knapsack problem)是运筹学中一个典型的优化难题[19]，在实践中有重要的应用，如预算控制、项目选择、材料切割、货物装载等，并且还常常作为其他问题的子问题加以研究。随着网络技术的快速发展，背包公钥密码在电子商务中的公钥设计中也起着重要的作用。在过去的几十年中，背包问题吸引了理论研究人员和实际工程人员的注意力，因而得到了深入的研究。理论方面研究兴趣来自于该问题简单的结构，这种特点可以深入探索许多组合特性，而更为复杂的优化问题可以通过求解一系列背包子问题来最终解决。

0-1 背包问题的数学模型可以表述如下：

$$\begin{cases} \max f(x_1, x_2, \cdots, x_n) = \sum_{j=1}^{n} p_j x_j \\ \text{s.t.} \sum_{j=1}^{n} a_{ij} x_j \leqslant c_i (i = 1, 2, \cdots, m) \\ x_j \in \{0, 1\} (j = 1, 2, \cdots, n) \end{cases} \tag{4-8}$$

式中，p_j 表示物品的价值；a_{ij} 表示物品占用的某种资源的数量；c_i 表示背包所能提供的某种资源的量。当 $m \geqslant 2$ 时，称为多维 0-1 背包问题。

背包问题在实践中有广泛的应用背景，如许多简单结构组合构成了复杂系统，对简单问题的深入探索也使复杂问题的求解变得相对容易。在设计解决大量的复杂组合优化问题算法时，背包问题往往会作为子问题出现，所以背包问题算法的改进，对复杂组合优化问题算法的改良是十分有益的。

背包问题属于 NP 难解问题，意味着基于 $\mathrm{P} \neq \mathrm{NP}$ 的，无法找到多项式时间算法求得该类问题。已有的求解方法可分为精确算法(如动态规划、回溯法、分支定界、隐枚举法等)和近似算法(如贪婪算法、搜索算法、模拟退火法等)两大类。

Dantzig[20]在 20 世纪 50 年代中期首先进行了开创性研究，利用贪婪算法求得了一个理想解，得出了 0-1 背包问题最优解的上界。1974 年，Horowitz[21]等首先利用分支定界技术改进了 Dantzig 上界。在 90 年代末，Pisinger 利用平衡技术[22]和“核膨胀”思想[23]设计的算法，结合动态规划技术，使解答背包问题的算法有了实质的进展。90 年代以后，生物仿生技术和互联网技术的飞速发展，使得模拟生物学规律的各种近似并行算法不断涌现，遗传算法已经在 0-1 背包问题上得到了很好的应用，蚂蚁算法和粒子算法等仿生算法也在各种组合优化问题中得到了应用。

2. 算法具体步骤

量子进化算法的本质是一种概率算法。对问题进行量子编码，用状态矩阵表示解在某一状态的概率大小，再通过量子旋转门对状态矩阵进行更新，使得在下一次坍缩时，得到最优解的概率更大，经过多次迭代后最终收敛到最优解。算法总体流程如图 4-1 所示。

算法中的各个算子的设计如下。

(1) 编码：对背包问题的解进行量子编码，用状态矩阵 $U = \begin{pmatrix} \alpha_1^t & \alpha_2^t & \cdots & \alpha_m^t \\ \beta_1^t & \beta_2^t & \cdots & \beta_m^t \end{pmatrix}$ 表示背包问题解的状态，其中 m 是物品的个数，t 表示在第 t 代。在 t=0 时，$\alpha = \beta = \dfrac{1}{\sqrt{2}}$。状态矩阵 U 坍缩后，编码 0 表示将对应物品未放入背包中，1 表示放入。

(2) 观测：对同一状态矩阵进行多次观测，这样的好处是可以增加解的多样性，因为如果只对状态矩阵中的一组 α 或 β 观测一次时，很难发现这一状态下能够产生的最优解，从而会影响对下一次迭代的指引，导致陷入局部最优。

(3) 计算适应度：适应度的计算方法为：$f(x)=\sum_{i=1}^{m}p_ix_i$，其中 $X=(x_1,\cdots,x_m)$，$x_i=0$ 或 1，p_i 是对应背包的价值。

(4) 修正染色体算子：由于初始群体随机性以及迭代过程中的观测操作都可导致不满足约束条件的染色体，所以在计算个体适应度之前要对不满足约束条件的染色体进行处理。

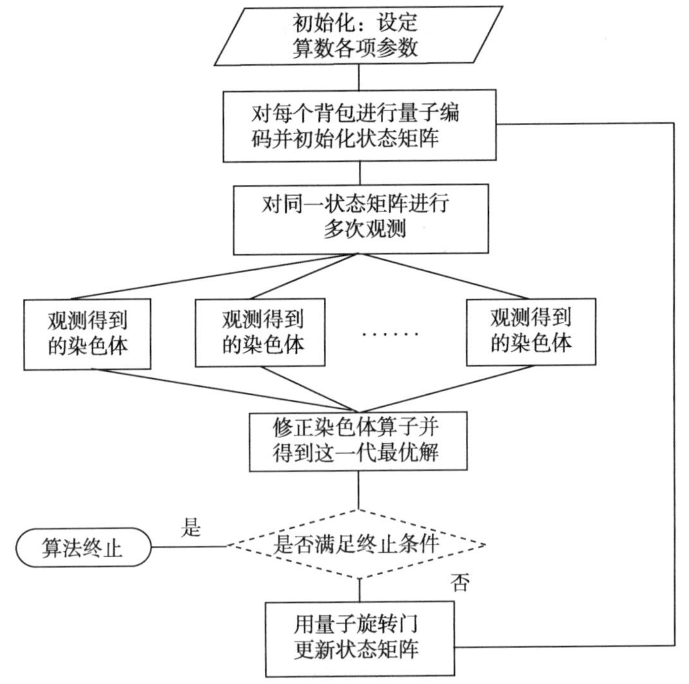

图 4-1　量子进化多维背包算法总体流程图

修正法主要有两种方法，即随机修正和贪婪修正。所谓随机修正就是对于不满足约束条件的染色体，随机将某些为 1 的比特位，将其变为 0。也就是说对于超出背包资源容量的，随机取出一些物品，直到满足约束条件为止。贪婪修正就是挑选那些性价比小的物品，将其取出，直到满足约束条件为止。实验证明，采用贪婪修正法的效果要好于其他方法[24]。

为了加快算法的收敛性，将采用贪婪法对满足约束的染色体进行进一步的优化，主要分为两步。

第一步，修正不满足约束条件的解。

步骤 1：通过计算 $\sum_{i=1}^{m} w_{ij}x_i \leqslant C_j$，其中 $X=(x_1,\cdots,x_m)$，$x_i=0$ 或 1，w 表示背包的体积，C_j 为第 j 维的约束条件，找出不满足约束条件的维数 j；

步骤 2：将 j 维中状态为“1”的第 i 个背包都计算 profit/cost[i]并按降序序排列；

步骤 3：将末位状态为“1”的背包设为“0”，并重新计算代价，如果满足结束条件，则终止，否则继续执行步骤 3。

第二步，添加满足约束条件的背包。

步骤 1：将状态为“0”的第 i 个背包计算 $\text{profit}[i]\Big/\sum_{j=0}^{n}\text{cost}[i]$，其中 j 表示维数，将所得结果按降序排列；

步骤 2：按序列顺序尝试将每一个背包状态设置为“1”，验证添加后是否满足每一维的约束条件，如果满足，则这个背包的状态为“1”，否则继续保持为“0”。

更新：

此算法利用上一代中的最优解(量子染色体)和量子旋转门更新状态矩阵 U。具体参照表 4-1。

表 4-1　旋转角 $\Delta\theta_i$ 选择策略

x_i	b_i	$f(x)\geqslant f(b)$	$\Delta\theta_i$
0	0	false	θ_1
0	0	true	θ_2
0	1	false	θ_3
0	1	true	θ_4
1	0	false	θ_5
1	0	true	θ_6
1	1	false	θ_7
1	1	true	θ_8

其中 $f(\cdot)$ 是背包的价值，x_i 和 b_i 分别对应新得到量子染色体和已知最优解中的第 i 个比特位，$\theta_1=0$，$\theta_2=0$，$\theta_3=0.02\pi$，$\theta_4=0$，$\theta_5=-0.02\pi$，$\theta_6=0$，$\theta_7=0$，$\theta_8=0$。

经量子旋转门更新操作后的量子状态矩阵中的比特变为

$$\begin{pmatrix}\alpha_i^{t+1}\\ \beta_i^{t+1}\end{pmatrix}=U(\Delta\theta_i^t)\cdot\begin{pmatrix}\alpha_i^{t}\\ \beta_i^{t}\end{pmatrix},\quad i=1,2,\cdots,N\times m \tag{4-9}$$

4.1.3 仿真实验及其结果分析

1. 实验数据说明

本次实验采用文献[25]提供的标准测试数据，对目前已经给出最优解的数据都进行了测试。具体的测试结果如表 4-2～表 4-4 所示，其中的一些测试指标描述如下：表 4-2 和表 4-3 中的 O_n 表示在 20 次独立实验中求得最优解的次数，表 4-4 中的 O_n 表示在 50 次独立实验中求得最优解的次数。m 表示背包的维数；n 表示物资的个数；$\overline{f_{\text{opt}}}$ 表示获得最优解的平均值；$f(x)$ 表示求得的最优解；T_{mean}、T_{max}、T_{min} 分别表示目标函数值的平均计算次数、最大计算次数、最小计算次数。平均百分误差 $\sigma=\sum_{i=1}^{50}\frac{(S_{Ti}-S_0)}{S_0}\times 100\%$，其中 S_{Ti} 是第 i 次实验得到的最优值，S_0 是已知最优值。实验均采用 C++语言在 Duo CPU 2.0GHz，2GB RAM 的电脑上完成。

表 4-2 QEA 测试结果 1

问题	m	n	S_0	$\overline{f_{\text{opt}}}$	T_{mean}	T_{max}	T_{min}	O_n
Weing1	2	28	141278	141278	1505	2461	771	20
Weing2	2	28	130883	130883	1994.8	4728	490	20
Weing3	2	28	95677	95677	957.8	1892	311	20
Weing4	2	28	119337	119337	806.3	1068	401	20
Weing5	2	28	98769	98769	661.8	1241	22	20
Weing6	2	28	130623	130623	1636	2550	341	20
Weing7	2	105	1095445	1095445	1887.7	2396	1436	20
Weing8	2	105	624319	624319	2739.2	5205	1907	20
Weish01	5	30	4554	4554	704.7	1088	39	20
Weish02	5	30	4536	4536	540.3	1031	22	20
Weish03	5	30	4115	4115	770.5	1177	356	20
Weish04	5	30	4561	4561	288.5	802	33	20
Weish05	5	30	4514	4514	97.1	251	4	20
Weish06	5	40	5557	5557	7790.6	19116	3579	20
Weish07	5	40	5567	5567	668.4	996	340	20
Weish08	5	40	5605	5605	7292.2	11828	2310	20
Weish09	5	40	5246	5246	404.9	747	5	20
Weish10	5	50	6339	6339	5085.8	17996	2124	20
Weish11	5	50	5643	5643	865.3	1118	190	20
Weish12	5	50	6339	6339	5221.4	16067	1977	20

2. 测试结果

该部分给出了在量子进化算法加入贪婪策略求得的结果，其中表 4-2 和表 4-3 是每次都找到已知最优解的结果，表 4-4 是某些时候没有找到最优解的结果。针对不同的问题，在算法使用的进化代数和在每一步中量子旋转门坍缩的次数都是不定的，但全部是以计算适应度函数的次数为评价标准的，终止条件为给定进化代数。

表 4-3　QEA 测试结果 2

问题	m	n	S_0	$\overline{f_{opt}}$	T_{mean}	T_{max}	T_{min}	O_n
Weish13	5	50	6159	6159	1962.2	3174	927	20
Weish14	5	60	6954	6954	1291.8	1848	963	20
Weish15	5	60	7486	7486	1974.4	5308	701	20
Weish16	5	60	7289	7289	2857.6	3813	2309	20
Weish17	5	60	8633	8633	4614.7	7547	3413	20
Weish19	5	70	7698	7698	3389.3	4796	2217	20
Weish20	5	70	9450	9450	4271.5	5265	3061	20
Weish21	5	70	9074	9074	3380.5	4982	2281	20
Weish23	5	80	8344	8344	7522.1	10059	5462	20
Weish25	5	80	9939	9939	4837.3	6845	3335	20
Weish26	5	90	9584	9584	12157.5	28530	1680	20
Weish27	5	90	9819	9819	4537.5	10196	4524	20
Weish28	5	90	9492	9492	28512	43677	20627	20
Weish29	5	90	9410	9410	18147	28213	10182	20
Weish30	5	90	11191	11191	6466.1	9910	5515	20
Pb1	4	27	3090	3090	1156.1	2216	560	20
Pb2	4	34	3186	3186	4641.3	7588	3147	20
Pb4	2	29	95168	95168	1565.5	2369	458	20
Pb5	10	20	2139	2139	1905	3413	946	20
Pet2	10	10	87016	87016	11.1	49	1	20
Pet3	10	15	4015	4015	112.2	427	20	20
Pet4	10	20	6120	6120	729.6	2573	88	20
Pet5	10	28	12400	12400	6649.9	11557	1167	20
Pet7	5	50	16537	16537	38897	54192	26271	20
Flei	10	20	2139	2139	3389.7	6743	783	20
Hp1	4	28	3418	3418	1646.4	2343	1031	20
Hp2	4	35	3186	3186	7315.9	12432	3621	20

表 4-4　QEA 测试结果 3

问题	m	n	S_0	$\overline{f_{opt}}$	O_n	σ
Weish18	5	70	9580	9574.12	9	0.07%
Weish22	5	80	8947	8944.48	7	0.20%
Weish24	5	80	10220	10215.3	3	0.048%
Sento1	30	60	7772	7486.84	2	1.71%
Sento2	30	60	8722	8709.52	2	1.145%
Pb7	30	37	1035	1034.24	12	0.096%

从表 4-4 可以看出，对于个别测试数据，结果不是很理想。这与问题本身的特点有关，需要具体分析。上述实验表明，量子进化算法解决 0-1 背包问题是有效的。与相应的传统进化算法相比，该算法仅需一个个体，操作简单搜索能力强，有效地避免了陷入局部最优值的情形，而且寻优效果明显，收敛速度快。

图 4-2 表明该算法较强的搜索能力和较快的收敛速度。实验中还发现，如果对于物品个数和维数限制较多，增加每一代中量子旋转门坍缩的次数比延长算法的进化代数更能加快其收敛的速度。对于 Weish 和 Wing 系列中的大多数问题的实验结果分析表明，进化代数为 150 次，而每代中量子旋转门坍缩的次数则在 20～200 次不等，就可取得最优值。

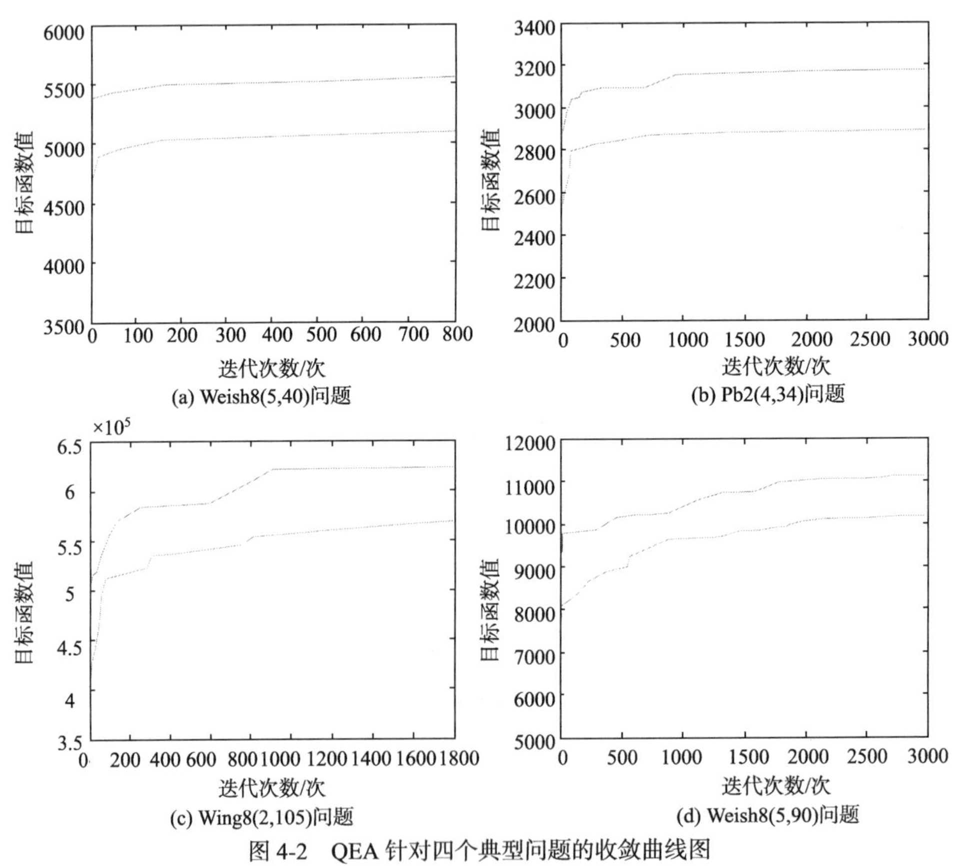

图 4-2　QEA 针对四个典型问题的收敛曲线图

3. 测试结果对比

在该部分，将量子进化算法(QEA)与免疫克隆算法(immune clonal algorithm, ICA)[26]作对比测试，ICA 的抗体种群规模为 40，克隆规模为 200，变异概率为编码长度的倒数，对抗体的修补采用贪婪策略。具体的结果如表 4-5 所示。

表 4-5　QEA 与 ICA 部分测试结果对比

问题	测试数据			平均计算次数 T_{mean}		最大计算次数 T_{max}		最小计算次数 T_{min}	
	m	n	S_0	QEA	ICA	QEA	ICA	QEA	ICA
Weing1	2	28	141278	1505	3426.5	2461	6137	771	1444
Weing8	105	2	624319	1798.8	36420.9	2428	86640	1134	14079
Weish01	30	5	4554	704.7	2021.6	1088	3610	39	361
Weish10	50	5	6339	5085.5	6678.5	17996	10108	2124	2888
Weish14	60	5	6954	1291.8	9548.5	1848	13718	963	5415
Weish19	70	5	7698	3389.3	9765	4796	16967	2217	5415
Weish27	90	5	9818	4937.5	24584	10196	61009	4524	12274
Pb1	27	4	3090	1156.1	7315	2216	15162	560	3249
Hp1	28	4	3418	1646.4	10545	2343	24909	1031	4332

与 ICA 相比，对于文献[25]给出的主要测试数据，在 50 次的独立实验中，Weish10 这个测试数据的结果 QEA 比 ICA 差，而其他的测试数据的结果 QEA 要好于 ICA。这说明量子进化算法较强的搜索能力和较快的收敛速度。

4.2　量子进化静态组播路由

4.2.1　量子进化算法

量子信息学是 20 世纪的一门新兴学科，是量子力学与经典信息学的交叉学科，也是当今世界各国紧密跟踪的前沿学科之一。量子计算是该学科中最为重要的概念之一。早在 1982 年，Benioff[27]和 Feynman[28]提出了将量子力学系统用于推理计算的可能，并且给出了量子计算的概念。不久，Deutsch[29]提出了第一个量子计算模型，之后，Shor[30]提出了离散对数问题和大整数质因子分解问题的量子算法，让人们第一次看到了量子计算独具优势的应用前景。相对于传统的计算而言，量子计算从本质上改变了传统计算的理念，利用量子态的叠加性、相干性以及量子比特之间的纠缠性等实现量子的并行计算，能快速并行地处理海量信息，使得大规模复杂问题能够在有限的指定时间内完成[31-33]。量子计算以其独特的计算性能成为当前信息领域的一个非常活跃的研究课题。

在上述背景下，量子机理和特性为计算智能的研究提供了新的思路，量子进化算法应运而生。量子进化算法的研究始于 20 世纪 90 年代，Narayanan 等[16]首先将量子理论与遗传算法结合，于 1996 年提出了量子遗传算法的概念。Han 和 Kim[14]在 2000 年提出了一种遗传量子算法，后来他们在遗传量子算法的基础上于 2002 年提出了量子进化算法，并在求解优化问题上获得了突破性结果[34]。量子进化算法与进化算法相比，能够更容易在探索与开发之间取得平衡，具有并行计算、种群规模小、收敛速度快以及全局寻优能力强等特点。本节基于量子进化算法的这些特点，结合组播路由问题求解遇到的瓶颈问题，研究基于量子进化算法的组播路由算法。

量子进化算法是量子计算与进化算法相融合的产物，已经成为解决数值优化[34,35]、组合优化、信号处理优化等问题的一种新方法[36,37]，它以量子计算的一些概念和理论为基础，如量子位和量子叠加态等。量子进化算法中采用量子比特位来对个体进行编码，通过量子更新、量子交叉、量子变异以及个体选择等算子来完成主要进化操作。下面将对这些概念和理论进行具体介绍。

1. 量子比特编码

相对于经典信息的基本存储单元比特(bit)，量子信息的基本存储称为量子比特(qubit)[38]。一个量子比特的状态可以处于两个极化状态，即取值 0 (记为 $|0\rangle$)或 1(记为 $|1\rangle$)，也可以处于两者的任意叠加态(记为 $|\psi\rangle$)，一个量子比特的状态可表示为

$$|\psi\rangle = \alpha|0\rangle + \beta|1\rangle \tag{4-10}$$

其中 α 和 β 为任意复数，代表相应状态的概率幅，且满足：

$$|\alpha|^2 + |\beta|^2 = 1 \tag{4-11}$$

其中 $|\alpha|^2$ 和 $|\beta|^2$ 分别表示量子位处于状态 0 和状态 1 的概率。

进化算法中常用的编码方式有二进制编码、十进制编码和符号编码。量子进化算法中，不再使用这些确定性的编码方式，而是根据量子的叠加性，使用一种新的基于量子比特的概率编码方式，使用量子比特编码的个体称为量子个体，一个具有 L 个量子比特位的个体可以表示成如下形式：

$$q = \begin{bmatrix} \alpha_1 & \alpha_2 & \cdots & \alpha_L \\ \beta_1 & \beta_1 & \cdots & \beta_L \end{bmatrix} \tag{4-12}$$

且满足 $|\alpha_l|^2 + |\beta_l|^2 = 1, (l = 1, 2, \cdots, L)$，其中 α_l 和 β_l 取值为 0 到 1 之间的实数。$|\alpha_l|^2$ 表示第 l 个基因位取值为 0 的概率，$|\beta_l|^2$ 表示第 l 个基因位取值为 1 的概率。这个个体处在 L 个量子比特的叠加状态，可以同时代表 2^L 种状态。所以对于上述具有 L 个量子比特位的量子个体的一次操作，相当于对传统系统中的 2^L 个信息单元同时操作，这就是量子的并行计算。

在量子进化算法中，若干个量子个体就构成了种群，第 t 代种群可以表示为

$$Q(t) = \{q_1^t, q_2^t, \cdots, q_n^t\} \tag{4-13}$$

式中，n 为种群规模；t 为进化代数；q_i^t 表示第 t 代种群中第 i 个量子个体，其具体形式可以表示为

$$q_i^t = \begin{bmatrix} \alpha_{i1}^t \Big| \alpha_{i2}^t \Big| \cdots \Big| \alpha_{iL}^t \\ \beta_{i1}^t \Big| \beta_{i2}^t \Big| \cdots \Big| \beta_{iL}^t \end{bmatrix} \tag{4-14}$$

其中 L 表示量子比特位的长度，即个体的长度，$i=1,2,\cdots,n$。

量子进化算法中采用量子比特的编码方式，一个个体可以代表任意线性叠加状态，一个量子个体能携带大量的信息，作用在个体上的操作就具有了并行性。而在进化算法中一个个体只能表示一个具体的状态，所以 QEA 比 EA 更容易保持种群的多样性。随着$|\alpha|^2$和$|\beta|^2$逐渐趋于 0 或者 1，量子个体也逐渐收敛到单一状态，多样性逐渐减少，算法收敛。

2. 量子观测

量子观测是指模拟量子的坍缩性对种群 $Q(t)$ 中的各个体进行一次测量，使得个体从叠加态转化到单一的确定状态。量子理论指出，对一个处于任意叠加态的量子比特进行观测时，能使该量子比特从某一叠加态退化到状态"0"或者"1"上，使量子个体状态确定，经过量子观测后的量子状态称为观测态，记为 $P(t)$，观测态种群 $P(t)$ 的具体形式可以表示为

$$P(t)=\{p_1^t,p_2^t,\cdots,p_n^t\} \tag{4-15}$$

其中观测态个体 $p_i^t(i=1,2,\cdots,n)$ 是长度为 L 的二进制串，根据量子比特的概率幅的取值情况得到，一般过程是：随机产生一个[0,1]的数 r_i，若 $r_i \geqslant \left|\alpha_i^t\right|^2$，则二进制串上第 i 位上取 1，否则取 0。

3. 量子评价

量子评价是指得到量子观测态后，对观测态个体进行好坏的评价。个体的好坏用适应度值来度量，量子的评价过程就是根据问题所设计的适应度函数计算个体的适应度大小。其中适应度函数的设计，在通常情况下，可直接将问题的目标函数转化成适应度函数，另外适应度函数还需尽可能符合以下几个要求：首先适应度函数是单值、连续、非负以及最大化函数；其次要求适应度函数要能合理的反映问题对应解的好坏程度；最后要求适应度尽可能简单，尽量减少时间和空间复杂度。适应度的大小直接反映个体的好坏，进化算法中遵循"优胜劣汰"的规则，适应度的评价直接影响算法搜索最优解的质量，对算法的收敛速度以及结果都起着关键作用。

4. 量子进化

量子进化是指量子进化算法中种群进化的机制，常用的量子进化操作有量子更新和个体选择、量子交叉、量子变异等。目前，以量子更新为种群进化是应用最广泛的方式也是最主要方式，结合量子交叉以及量子变异等辅助种群进化。

1) 量子更新

量子更新是指根据量子叠加特性及量子变迁的理论，通过适合问题的量子门来

转换量子位状态的过程，即将量子门作用于量子叠加态或纠缠态的基态，使其相互干涉，改变其相位，从而改变各基态的概率幅。由于量子比特的概率幅必须满足归一化条件，在进行量子门变换时要求变换矩阵必须是可逆的酉正矩阵，即满足 $U^*U = UU^*$,其中 U^* 为矩阵 U 的共轭转置，常用的量子变换矩阵有旋转门、异或门以及 Hadamard 门等。QEA 中主要采用的是量子旋转门，其矩阵形式表示如下：

$$U(\Delta\theta) = \begin{pmatrix} \cos(\Delta\theta) & -\sin(\Delta\theta) \\ \sin(\Delta\theta) & \cos(\Delta\theta) \end{pmatrix} \tag{4-16}$$

式中，$\Delta\theta$ 表示旋转角度。种群中的个体通过旋转门更新量子位来完成量子更新，具体过程如式(4-17)所示：

$$\begin{pmatrix} \alpha_i^{t+1} \\ \beta_i^{t+1} \end{pmatrix} = U(\Delta\theta_i) \times \begin{pmatrix} \alpha_i^t \\ \beta_i^t \end{pmatrix} = \begin{pmatrix} \cos(\Delta\theta_i) & -\sin(\Delta\theta_i) \\ \sin(\Delta\theta_i) & \cos(\Delta\theta_i) \end{pmatrix} \times \begin{pmatrix} \alpha_i^t \\ \beta_i^t \end{pmatrix} \tag{4-17}$$

式中，$\begin{pmatrix} \alpha_i^t \\ \beta_i^t \end{pmatrix}$ 表示第 t 代种群中某量子个体的第 i 个量子比特位；$\begin{pmatrix} \alpha_i^{t+1} \\ \beta_i^{t+1} \end{pmatrix}$ 表示更新后得到的第 $t+1$ 代种群中对应的那个量子个体的第 i 个量子比特位。$\Delta\theta_i$ 的定义如下：

$$\Delta\theta_i = \delta \times s(\alpha_i, \beta_i) \tag{4-18}$$

式中，$s(\alpha_i, \beta_i)$ 决定了旋转的方向，保证算法的收敛；δ 的取值与求解的问题相关，控制搜索的范围即旋转角度的步长，决定了算法的收敛速度。如果 δ 取值过小，将导致搜索空间小，会使更新操作慢甚至停滞；反之，则会使算法收敛慢以及容易使算法陷入局部最优。目前 δ 的取值没有明确的理论指导，一般都根据具体问题的实验进行取值，大小一般控制在 0.001π～0.05π [39]，常用的选择策略值可以通过表 4-6 查得。

表 4-6 旋转角选择策略值常用查询表

x_i	b_i	$f(x) \geqslant f(b)$	δ	$s(\alpha_i, \beta_i)$			
				$\alpha_i\beta_i > 0$	$\alpha_i\beta_i < 0$	$\alpha_i = 0$	$\beta_i = 0$
0	0	false	0	0	0	0	0
0	0	true	0	0	0	0	0
0	1	false	0	0	0	0	0
0	1	true	0.05π	0	+1	±1	0
1	0	false	0.01π	−1	+1	±1	0
1	0	true	0.025π	+1	−1	0	±1
1	1	false	0.005π	+1	−1	0	±1
1	1	true	0.025π	+1	−1	0	±1

表 4-6 中 x_i 为当前观测态个体的第 i 位，b_i 为当前最优个体观测态的第 i 位，$f(x)$ 表示当前个体的适应度值，$f(b)$ 表示当前最优个体的适应度值。表 4-6 中的值是目前常用的一组取值，如图 4-3 所示，直观的说明该策略能够使算法收敛到适应度值更高的个体。假设 $x_i=0$，$b_i=1$，$f(x)\geqslant f(b)$ 成立，此时满足表 4-6 中第四种情况，那么为了使当前解收敛到一个更高的适应度值，应当增加取状态"0"的概率，即增大 $\left|\alpha_i\right|^2$ 的值。根据图 4-3 可知，如果 (α_i,β_i) 在第一、三象限，$\Delta\theta_i$ 应该向顺时针方向旋转；如果 (α_i,β_i) 在第二、四象限，$\Delta\theta_i$ 应该向逆时针方向旋转。在每次对种群进行更新时，都加入了当前最优个体的信息，不断地指导种群向着最优个体的方向进化，从而加快了算法的收敛。

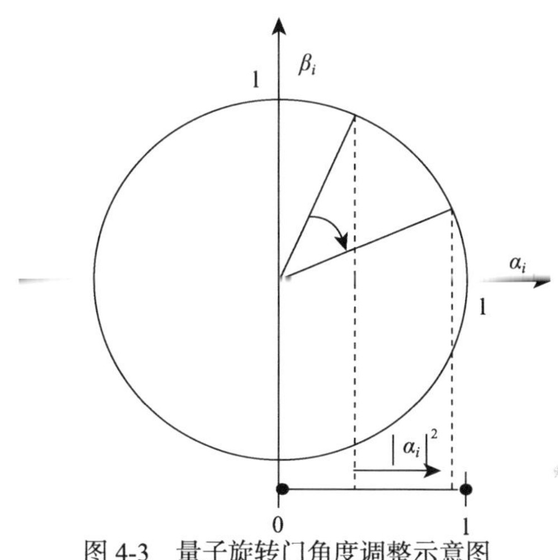

图 4-3　量子旋转门角度调整示意图

本节研究的基于进化算法的组播路由算法中对适合求解组播问题的旋转角选择进行了探讨，根据路由问题的特点引入了一个权值因子，控制旋转角的步长，加速了收敛速度，具体实现将在后文详细介绍。

2) 量子交叉

量子交叉是根据量子的相干性，使种群中的个体相互交换信息，改变了原来个体的结构，从而产生新的个体的过程。最常用的量子交叉算子是对角法的全干扰交叉，即按照对角线重新排列组合的交叉方式，充分交换种群中个体之间的信息，产生新的个体，阻止种群进化出现早熟。

3) 量子变异

量子变异的常用操作是通过量子非门对量子位进行的，将量子非门作用于需要变异的量子位使其状态发生翻转。前文介绍的量子更新其实也可以看作是一种量子变异，量子变异的主要目的是产生新的个体，增加种群的多样性。

5. 量子进化算法的流程

量子进化算法的一般算法流程如下。

步骤 1：初始化进化代数 $t=0$，初始化种群 $Q(t)$。将种群中个体的所有量子位的概率幅值均初始化为 $1/\sqrt{2}$，表示每个个体代表所有可能状态的等概率叠加。

步骤 2：对种群 $Q(t)$ 中的各个体进行量子观测，得到观测态 $P(t)$。

步骤 3：根据观测态种群 $P(t)$ 进行量子评价，并保留最优个体信息。

步骤 4：判断是否满足停机条件，若是，进化结束，输出当前最优个体；若否，跳转到下一步。

步骤 5：根据交叉变异条件，对种群中的个体进行量子交叉和量子变异等量子进化操作。

步骤 6：完成量子进化后对个体进行量子更新，得到新一代种群 $Q(t)$。

步骤 7：进化代数 $t \leftarrow t+1$，转到步骤 2。

4.2.2 时延受限组播路由问题定义

本节根据组播路由算法的特点，提出基于边编码的改进量子进化算法求解时延受限组播路由问题，下面首先给出时延受限组播路由问题的定义。

首先将网络抽象为无向连通图 $G(V,E)$，其中 V 为网络节点（路由器）的集合，E 为边（通信链路）的集合，在网络中的任意边 $(x,y)\in E$ 上定义权值函数 $C(x,y)$ 和 $D(x,y)$，其中 $C(x,y)$ 表示边的代价，$D(x,y)$ 表示边的延时。$P(a,b)$ 表示一条从 a 到 b 的路径，延时函数 $\mathrm{Delay}(a,b)$ 和代价函数 $\mathrm{Cost}(a,b)$ 可表示如下：

$$\mathrm{Delay}(a,b)=\sum_{(x,y)\in P(a,b)} D(x,y) \tag{4-19}$$

$$\mathrm{Cost}(a,b)=\sum_{(x,y)\in P(a,b)} C(x,y) \tag{4-20}$$

给定源节点 s 和目的节点集合 $M\subseteq\{V-\{s\}\}$，时延受限组播路由问题转化为寻找一棵组播树 $T(s,M)$ （$T\in G$）问题，满足如下条件：

$$\sum_{(x,y)\in P_T(s,a)} D(x,y)\leqslant \varDelta,\forall a\in M \tag{4-21}$$

$$\mathrm{Cost}(T(s,M))=\min\Big(\sum_{(x,y)\in P_T(s,a)} C(x,y)\Big) \tag{4-22}$$

式中，$P_T(s,a)$ 表示所求组播树上从源节点 s 到目的节点 a 的路径；$\varDelta$ 是最大允许延时。从式(4-21)和式(4-22)可以看出，求解时延受限组播路由问题实际上就是一个约束优化问题，即求解在满足式(4-21)的约束条件下来求解式(4-22)中代价的最小值。

4.2.3　量子进化组播路由算法

1. 问题描述

时延受限组播问题已经被证明了是 NP 完全问题[40]，针对这一问题已经存在多种启发式算法，在前面的章节也做了介绍。由于启发式算法存在的一些缺陷，导致出现了一些用智能算法求解该问题的算法。目前大多数智能算法都采取预处理备选路径集的方式，这种方式编解码过程复杂，且随着算法的时间复杂度以及搜索空间随网络规模的增大而剧烈增大，算法效率较低。本节结合文献[41]中给出的有效降低算法复杂度的编码策略，结合量子进化算法的优点和组播问题的特点，改进了常用的量子旋转门策略，提出了量子进化时延受限组播路由算法(improved quantum-inspired evolutionary algorithm, IQEA)，通过仿真实验证明，IQEA 在运行时间、收敛速度以及组播代价三个方面均优于文献[41]中的正交遗传算法求解的结果。

2. 算子设计

1) 编码策略

对于给定网络中的所有边，首先以列优先的顺序从 1 到 L 进行编号，那么整个网络就可用一个 L 量子比特位的量子个体进行编码，其中 L 表示网络中边的总数，量子个体上的每一个量子比特位表示对应边在组播树上的状态，当为状态“0”时，表示边不在组播树上；为状态“1”时表示边在组播树上，一个量子个体可以表示组播树上网络中边存在的状态。为了更清楚的说明编码策略，举例如图 4-4 所示的网络，根据编码策略对网络中的边进行编号，该网络中 $L=14$,那么就可以用一个长度为 14 的量子个体对该网络进行编码。假设源节点为 1，目的节点集合为{3，4，9}，网络中代价和时延权值均为 1，当观测得到的染色体串为“11010010010000”时，该个体对应于如图 4-5 所示的组播树。

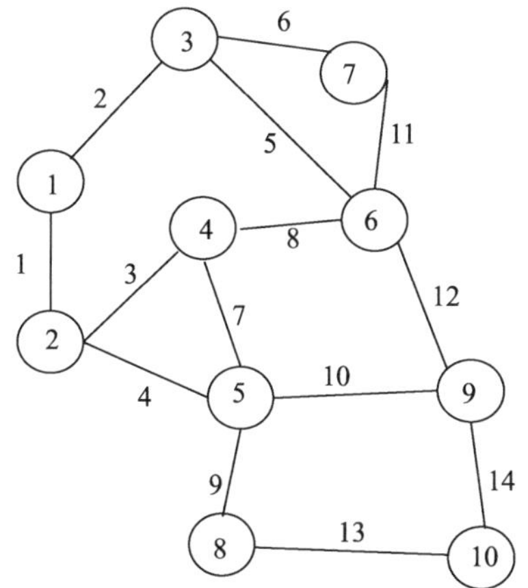

图 4-4　编码策略中编号和编码方法的网络

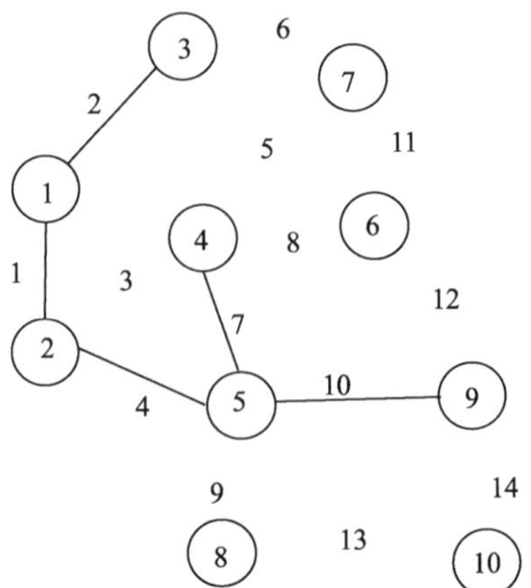

图 4-5　量子个体对应的组播树

对一般情况，量子个体的具体表达如下：

$$q_j^t = \begin{bmatrix} \alpha_1^t & \alpha_2^t & \dots & \alpha_L^t \\ \beta_1^t & \beta_2^t & \dots & \beta_L^t \end{bmatrix} \tag{4-23}$$

其中仍需满足$\left|\alpha_i^t\right|^2 + \left|\beta_i^t\right|^2 = 1$，$i = 1,2,\cdots,L$，$j = 1,2,\cdots,P$，$P$ 表示种群规模，t 表示进化代数。因此，量子种群 $Q(t)$ 可以表示为$\left\{q_1^t, q_2^t, \cdots, q_P^t\right\}$。这种编码方式简单，不用预处理备选路径集，大大降低了算法的复杂度，而且由于它包括了整个网络的信息，能快速反应网络中的变化情况，对于网络拓扑结构变化和组播成员变化的动态组播路由，这种编码方式均仍然适用，因此后面 4.3 节中以这种编码策略为基础，讨论了动态组播路由问题的求解。

2) 观测算子

算法中的观测算子就是量子进化算法中的量子观测算子，经过量子观测的操作，得到种群的观测态。设 $Q(t)$为第 t 代的量子个体种群，通过量子观测产生的确定解为 $P(t) = \{P_1^t, P_2^t, \cdots, P_P^t\}$，其中 P_i^t $(i = 1,2,\cdots,P)$ 是一个长度为$1 \times L$ 的二进制串。种群的观测态是一组二进制串，根据每一个二进制串 P_i^t 都可以得到一个原网络图 $G(V,E)$ 的子图 $G'(V',E')$，具体实现过程是对 P_i^t 的第 j 位($j = 1,2,\cdots,L$)进行判断，当第 j 位二进制取值为“1”时，则原图 G 中对应编号为 j 的边在子图 G' 中是存在的，若取值为“0”则该边不在子图中出现。这样就得到每个个体对应的子图 $G_i''^t(V_i''^t, E_i''^t)$。

3) 检查修复算子

根据观测算子观测后的个体得到的子图 $G_i''^t(V_i''^t, E_i''^t)$ 的代价权值可生成最小代价生成树，但是得到的可能是没有完全覆盖组播组的树，因此设计了检查修复算子对染色体进行修复，具体的操作过程如下。

步骤 1：用文献[42]中的搜索算法对子图 $G''_i(V''_i, E''_i)$ 进行搜索，生成代价最小的生成树。

步骤 2：从根节点开始搜索树，将生成树上非目的节点的叶子节点删除并记录已在树上的目的节点。检查生成树上所覆盖的节点，如果生成的是一棵覆盖了所有源节点和目的节点集合的树，转步骤 4，否则转步骤 3。

步骤 3：根据原网络图，将不在当前树上的目的节点用距离当前树代价最小且满足时延约束的路径与树相连，直至所有组播组节点都在当前最小代价生成树上后转步骤 4。

步骤 4：生成树修复观测态染色体，即将新加入树上的边对应的二进制位置“1”，将从树上删除的边以及没有参与生成树的边上对应的二进制位都置“0”，检查修复算子完成。

经过检查修复算子，完成了对染色体的修复，使得种群中所有的个体的观测态都能对应于一棵覆盖所有组播组成员的生成树。

4) 适应度评价算子

适应度评价是指通过适应度函数计算个体的适应度值，根据适应度值的大小完成量子评价的过程。适应度值能反应个体的性能，适应度值越大，个体性能越好。本算法参考文献[41]，定义适应度函数如下：

$$\begin{cases} f_1 = 1 \Big/ \sum\limits_{e \in E_T} \mathrm{Cost}(e) \\ f_2 = \sum\limits_{v \in S} \max\left\{0, \sum\limits_{e \in p(s,v)} \mathrm{Delay} - \Delta\right\} \end{cases} \tag{4-24}$$

式中，f_1 示组播树代价的倒数；f_2 则用于度量时延约束条件的满足程度。本算法在检查修复算子操作中，对部分路径的时延约束进行了修复，但不能保证所有路径均满足时延约束条件。因此，IQEA 也选择与比较算法相同的评价函数。该评价函数有两个目标，所以每个个体对应的适应度值为向量(f_1， f_2)。

根据上述适应度函数，假设组播树 T_1 和 T_2 的适应度值向量分别为 (f_1', f_2') 和 (f_1'', f_2'')，当满足 $f_2' < f_2''$ 或者当 $f_2' = f_2''$ ， $f' \geqslant f_2''$ 时，可判定组播树 T_1 优于组播树 T_2 。根据这一规则对种群中的所有个体进行评价，搜索并记录最优解。

5) 量子更新算子

量子更新通过量子旋转门策略完成，在基本量子进化算法中已经介绍了，量子旋转门的旋转角的选择是旋转门策略的关键。IQEA 在实验过程中针对收敛速度相对较慢的问题，尝试了对量子旋转门策略进行了改进，即引入一个权值因子来控制量子旋转门旋转角的步长，对进化过程中的一代种群中每个个体的每一量子比特位均采用不同的旋转角进行量子旋转门更新[43,44]。种群中第 i 个个体的第 j 个量子比特位在进行量子旋转门更新时选择的旋转角 θ_{ij} 的具体定义如下：

$$\theta_{ij} = w(ij) \times \delta \times s(\alpha_{ij}, \beta_{ij}) \tag{4-25}$$

$$w(ij) = \begin{cases} x_1 & h(ij) > \lambda_1 \quad \text{或} \quad h(ij) < 1 - \lambda_1 \\ x_2 & \lambda_2 < h(ij) < \lambda_1 \quad \text{或} \quad 1 - \lambda_1 < h(ij) < 1 - \lambda_2 \\ x_3 & \text{其他} \end{cases} \quad \left(h(ij) = \frac{\text{count}(ij)}{\text{current gap}} \right) \tag{4-26}$$

在进化中后期，为了加速收敛速度，根据之前每代种群中最优个体各量子比特位出现“1”态或“0”态的概率 $h(ij)$，当该概率值超过初始设定阈值时，本节算法引入一个较小的权值因子缩小搜索范围，如果该位在“0”和“1”出现的概率相当，权值因子取相对大的值，使其能在一个相对较大的范围内搜索。λ_i 为(0,1)取值的阈值[43]。在前文已经介绍了旋转角的取值范围，因此权值因子只能在(0.1,5)取值，本节简单确定了三种搜索范围，即 x_i 依次取值 1，2，3。作为尝试，概率阈值取值规则如下[36]：若单一状态出现概率超过 80%，取最小权值，即 $\lambda_1 = 0.8$，$k_1 = 1$；若出现概率在 60%～80%，搜索空间取中间范围，即 $\lambda_2 = 0.6$，$k_2 = 2$；其他情况引入大权值 $k_3 = 3$，扩大搜索空间。需要特别说明，该操作是在进化的中后期才进行的，仿真实验中是在进化到最大进化代数的一半时改用上面的规则选择旋转角。其基础步长和旋转角的方向通过表 4-6 查得。

6) 停机条件

本节算法的目的是寻找一棵满足约束条件的最小代价树，算法以最大进化代数作为停机条件。

3. 算法描述

量子进化组播路由算法大致流程同量子进化算法，步骤如下。

步骤 1：初始化进化代数 t=0 以及初始化表示多棵组播树集合的种群 $Q(t)$，即将种群中所有的概率幅初始化赋值为 $1/\sqrt{2}$，使所有的编码边都有相同的概率参与构建组播树。

步骤 2：用量子观测算子观测种群 $Q(t)$，量子态坍缩到观测态，得到二进制表达的观测态 $P(t)$。

步骤 3：用检查和修复算子对当前观测种群进行修复，使所有组播成员均在当前组播树上。

步骤 4：根据评价函数评价当前观测种群，并记录最优个体信息。

步骤 5：判断停机条件，若满足，输出当前最优个体即为所求解，若不满足转步骤 6。

步骤 6：根据上面介绍的量子旋转门策略对种群进行更新，得到新一代的种群 $Q(t)$。

步骤 7：更新进化代数 $t \leftarrow t+1$,跳转到步骤 2。

4. 算法复杂度分析

假设给定网络规模为 n，目的节点总数为 m，网络中编码边的长度为 L，种群规模为 P,最大进化代数为 g，检查修复算子操作的时间复杂度为 $O(L \times \mathrm{lb}(n))$，搜索最优组播树的时间复杂度 $O(g \times P)$，其他操作都可以在 $O(1)$ 时间复杂度内完成。因此，本节算法的复杂度为：$O(g \times P) + O(L \times \mathrm{lb}(n)) + O(1)$。其中，$P$ 和 g 是确定的常数，编码长度 L 与网络规模 n 成线性关系，根据 O 的运算规则，算法的复杂度可以化简为

$$O(n \times \mathrm{lb}(n)) \tag{4-27}$$

启发式算法 BSMA 的算法复杂度为 $O(n^3 \times \mathrm{lb}(n))$ [45]，基于备选路径集的量子进化计算组播路由算法的算法复杂度为 $O(n^2 \times m)$ [46]。从理论分析可知，本节提出的算法(IQEA)在时间复杂度上优于 BSMA 和文献[46]的算法。

5. 算法收敛性分析

定理 4.1 算法 IQEA 的种群序列 $\{X_k, k \geqslant 0\}$ 是有限齐次马尔可夫链。

证明：由于 IQEA 采用量子比特对个体 A 进行编码，对于 EA 个体的取值是离散的 0、1,假设个体长度为 L,种群规模为 P,则种群所在的状态空间大小是 2^{PL}。由于 A 的取值是连续的，所以理论上种群所在的状态空间是无限的，但另一方面，实际运算中 A 是有限精度的，设其维数为 v，则种群所在的状态空间大小为 v^{PL}，因此种群是有限的，而算法中采用的量子更新、选择操作保证 X_{k+1} 仅与 X_k 有关，即 $\{X_k, k \geqslant 0\}$ 是有限齐次马尔可夫链。

设 $X_t = \{x_1, x_2, \cdots, x_P\}$，$t$ 表示进化的代数，X_t 表示在第 t 代时的一个种群，x_i 表示第 i 个个体。若 f 是 X_t 上的适应度函数，令

$$s^* = \{x \mid \max_{x \in X_t} f(x) = f^*\} \tag{4-28}$$

称 s^* 为最优解集，其中 f^* 为全局最佳值，则有如下定义。

定义 4.2：设 $f_t = \max\limits_{x_i \in X_t}\{f(x_i), i = 1, 2, \cdots, P\}$ 是一个随机变量序列，序列中的变量代表在时间步 t 状态中的最佳的适应度。如果当且仅当

$$\lim_{t \to \infty} P\{f_t = f^*\} = 1 \tag{4-29}$$

则称算法收敛。即表明当算法迭代到足够多的代数后，群体中包含全局最优解的概率接近 1。

定理 4.2 对于算法 IQEA 的马尔可夫链序列的种群满意值序列是单调不减的，即对于任意的 $t \geqslant 0$，有 $f(X_{t+1}) \geqslant f(X_t)$，即种群中的任何一个个体都不会退化。

证明：显然，由于在本算法中采用保留最优个体来指导量子旋转门更新，因此保证了每一代个体都不会退化。

定理 4.3 算法 IQEA 是以概率 1 收敛的。

证明：由上所述，本算法的状态转移由马尔可夫链来描述。将规模为 P 的群体认为是状态空间 S 中的某个点，s_i 是 S 中的第 i 个状态 $(s_i \in S)$，相应本算法 $s_i = \{x_1, x_2, \cdots, x_n\}$，显然 X_t^i 表示在第 t 代时种群 X_t 处于状态 s_i，其中随机过程 $\{X_t\}$ 的转移概率为 $p_{ij}(t)$，则

$$p_{ij}(t) = p\{X_{t+1}^j / X_t^i\} \tag{4-30}$$

下面给出 $p_{ij}(t)$ 两种特殊情况。设 $I = \{i \mid s_i \cap s^* \neq \varnothing\}$：

当 $i \in I, j \notin I$ 时：由于式(4-30)和定理 4.2，使得

$$p_{ij}(t) = 0 \tag{4-31}$$

即当父代中出现最优解时不论经历多少代的进化最优解都不会退化。

当 $i \notin I, j \in I$ 时：由定理 4.2 可知，$f(X_{t+1}^j) > f(X_t^i)$，所以

$$p_{ij}(t) > 0 \tag{4-32}$$

在讨论了转移概率的两种特殊情况后，接下来证明式(4-29)。设 $p_i(t)$ 为种群 X_t 处在状态 s_i 的概率，$p_t = \sum_{i \notin I} p_i(t)$，由马尔可夫链的性质可知

$$p_{t+1} = \sum_{s_i \in S} \sum_{j \notin I} p_i(t) p_{ij}(t) = \sum_{i \in I} \sum_{j \notin I} p_i(t) p_{ij}(t) + \sum_{i \notin I} \sum_{j \notin I} p_i(t) p_{ij}(t) \tag{4-33}$$

由于

$$\sum_{i \notin I} \sum_{j \in I} p_i(t) p_{ij}(t) + \sum_{i \notin I} \sum_{j \notin I} p_i(t) p_{ij}(t) = \sum_{i \notin I} p_i(t) = p_t \tag{4-34}$$

因此

$$\sum_{i \notin I} \sum_{j \notin I} p_i(t) p_{ij}(t) = p_t - \sum_{i \notin I} \sum_{j \in I} p_i(t) p_{ij}(t) \tag{4-35}$$

把式(4-35)代入式(4-33)，再利用式(4-31)和式(4-32)，则

$$0 \leqslant p_{t+1} < \sum_{i \in I} \sum_{j \notin I} p_i(t) p_{ij}(t) + p_t = p_t \tag{4-36}$$

因此

$$\lim_{t \to \infty} p_t = 0 \tag{4-37}$$

又因为 $\lim_{t \to \infty} P\{f_t = f^*\} = 1 - \lim_{t \to \infty} \sum_{i \notin I} p_i(t) = 1 - \lim_{t \to \infty} p_t$，由式(4-37)可知：

$$\lim_{t \to \infty} P\{f_t = f^*\} = 1 \tag{4-38}$$

即所有包含在非全局最优状态中的概率收敛于 0；包含在全局最优状态中的概率收

敛于 1。

4.2.4　仿真实验及其结果分析

采用 Waxman 随机网络模型[47]，生成节点平均度为 4 的网络对 IQEA 量子进化组播路由算法进行测试。并与基于正交遗传的组播路由算法(OGA)[48]进行了比较。实验运行的电脑环境为主频 2.33GHz Pentium IV 和 2G 内存，在 VC6.0 编译环境下使用 C 语言编程实现。

仿真实验主要考察了 IQEA 与 OGA 在组播树代价和算法运行时间两个方面的性能。此次仿真共设置了两组实验，分别讨论采用改进的量子旋转门选择策略前后 IQEA 性能的不同，并与 OGA 的性能进行了比较。为了比较的公平性，种群规模均设为 100。所有实验结果均是独立运行 20 次的基础上得到的。

讨论改进量子旋转门策略对 IQEA 性能的影响测试实验中，相关参数设置如下：OGA 和 IQEA 的种群规模设为 $p=100$，OGA 的参数设置使用文献[48]中的一组设置：变异概率 $p_{\mathrm{m}}=0.01$，交叉概率 $p_{\mathrm{c}}=0.1$ 以及 $L_9(4^3)$ 正交表。由于在 IQEA 和 OGA 中，都使用了相同的评价函数和选择机制，所以也可以采用如下的性能指标对组播代价进行比较：

$$r_{\mathrm{cost}}=\frac{1}{T}\sum_{i=1}^{T}\frac{\mathrm{Cost}(T_{\mathrm{Algorithm1}})}{\mathrm{Cost}(T_{\mathrm{Algorithm2}})} \tag{4-39}$$

其中 T 表示实验次数，r 值小于 1 表示 Algorithm1 的平均性能优于 Algorithm2，r 值变大，则说明 Algorithm1 的平均性能变差，因此 r_{cost} 可用于评价组播树的代价。在下文中的图和表格中，m 表示目的节点的总数，n 表示网络规模即网络中的节点总数。

实验 1：IQEA 中仅使用表 4-1 中的旋转门策略作为量子更新算子时，算法随网络节点增长性能的比较和算法随目的节点的增长性能的比较，由于不加入改进量子旋转门策略时 IQEA 收敛慢，先将 IQEA 的最大进化代数设为 500，OGA 进化代数设为 200。

表 4-7 中给出了当网络规模从 20 变化到 100 时，目的节点在网络中所占比例为 5%，IQEA 和 OGA 所得到的组播代价和算法运行时间的结果。

表 4-7　当目的节点在网络中占比例为 5%时，组播代价和运行时间结果表

n	m	IQEA 组播代价	OGA 组播代价	IQEA 运行时间/s	OGA 运行时间/s
20	1	4.0	4.0	6.72	80.76
40	2	277.8	317.0	15.7	333.31
60	3	269.4	269.6	25.3	689.37
80	4	452.1	469.5	43.7	926.50
100	5	609.2	723.8	58.4	994.86

表 4-8 中给出了当网络规模从 20 变化到 100 时，目的节点在网络中所占比例为 15%，IQEA 和 OGA 所得到的组播代价和算法运行时间的结果。

表 4-8　当目的节点在网络中占比例为 15%时，组播代价和运行时间结果表

n	*m*	IQEA 组播代价	OGA 组播代价	IQEA 运行时间/s	OGA 运行时间/s
20	3	174.13	178	7.54	84.22
40	6	498.3	543.3	19.1	407.87
60	9	911.8	952	31.8	878.12
80	12	1032.3	1109	54.0	994.86
100	15	1059.6	1211.7	135.9	1310.25

表 4-9 给出了当网络规模从 20 变化到 400 时，目的节点在网络中所占比例为 30%，IQEA 和 OGA 所得到的组播代价和算法运行时间的结果。

表 4-9　当目的节点在网络中占比例为 30%时，组播代价和运行时间结果表

n	*m*	IQEA 组播代价	OGA 组播代价	IQEA 运行时间/s	OGA 运行时间/s
20	6	304.7	345.5	7.54	165.31
40	12	1017.4	1066	20.7	449.65
60	18	1597.2	1676.5	43.1	903.43
80	24	1613.5	1648.5	72.0	1192.24
100	30	1686.1	1689.3	257.7	1333.4
200	60	4016	4030	559.5	3928.03
300	90	6073.4	6159.8	707.9	5265.74
400	120	8829.2	9063	1005.8	6873.64

根据表 4-7～表 4-9 中的结果可以看出，在不同的参数下，IQEA 都是优于 OGA 的，并且随着网络规模的增大，该结论仍然是成立的。当网络规模相同，增大目的节点的比例时，IQEA 的性能仍然优于 OGA。需要特别说明的是在算法运行时间上，随着网络规模的增大，OGA 的耗时剧烈增长，在实时通信中，这种耗时是无法被接受的，虽然 IQEA 的耗时也在增长，但仍然大大低于 OGA 的耗时，这说明从运行时间来讲，IQEA 更容易满足时效性高的条件，也更适合解决大规模网络。IQEA 的组播代价也都略优于 OGA，虽然差距并不是很大，但是仍然能够说明 IQEA 具有更优的性能。

实验 2：使用改进量子旋转门策略在进化的中后期作为 IQEA 的量子更新算子，算法随网络节点增长性能的比较和算法随目的节点的增长性能的比较。

为了和实验 1 中的算法进行区分，将使用了改进量子旋转门策略后的算法记作 IGQEA。IGQEA 与 OGA 的最大进化代数均设为 200，且 IGQEA 中进化到最大进化代数的一半时，改用改进的量子旋转门策略进行种群更新。其他实验设置与实验 1 中都相同，比较算法也是 OGA，综合实验 1 的结果，表 4-10 中给出了当网络规模从 20 变化到 400 时，目的节点在网络中所占比例分别取 5%、15%和 30%时，IGQEA、IQEA 和 OGA 所得到的组播代价和算法运行时间的结果。其中运行时间的单位仍为秒。

从表 4-10 中显示的结果可以看出，改进后的量子进化组播路由算法在保证能获得更小的代价的前提下，进一步减少了算法运行的时间，也就是 IGQEA 更容易满足时效性高的条件，能够更快速的得到更低代价的组播树。改进的量子旋转门策略有效的加速了算法的收敛，IGQEA 比 IQEA 和 OGA 具有更强的快速搜索能力。

表 4-10　算法随网络节点增长性能的比较和算法随目的节点的增长性能的比较

n	m	IGQEA 组播代价	IQEA 组播代价	OGA 组播代价	IGQEA 运行时间/s	IQEA 运行时间/s	OGA 运行时间/s
20	1	4.0	4.0	4.0	1.17	6.72	80.76
20	3	141.3	174.13	178	1.65	7.54	84.22
20	6	292.7	304.7	345.50	1.86	7.54	165.31
40	2	253.40	277.8	317.6	3.39	15.7	333.31
40	6	491.75	498.3	543.3	6.26	19.1	407.87
40	12	875.4	1017.4	1066	6.36	20.7	449. 65
60	3	266.15	269.4	269.6	8.21	25.3	689.37
60	9	906.5	911.8	952	18.65	31.8	878.12
60	18	1573.6	1597.2	1676.5	18.93	43.1	903.43
80	4	450.5	452.1	469.5	11.91	43.7	926.50
80	12	1017.2	1032.3	1109	28.63	54.0	1132.62
80	24	1597.3	1613.5	1648.5	48.46	72.0	1192.24
100	5	601.05	609.2	723.8	21.43	58.4	994.86
100	15	1028.3	1059.6	1211.7	66.17	135.9	1310.25
100	30	1629.7	1686.1	1689.3	79.14	257.7	1333.4
200	60	3998	4016	4030	321.2	559.5	3928.03
300	90	6006.4	6073.4	6159.8	484.79	707.9	5265.74
400	120	8734	8829.2	9063	573.823	1005.8	6873.64

根据式(4-39)中性能指标 r_{cost} 的定义和上面表格中的结果得图 4-6。图 4-6 为 IQEA、IGQEA 以及 OGA 算法性能比较的曲线，从左到右依次为目的节点比例为 5%，15%，30%时，随网络规模增大时，IGQEA 与 IQEA 和 IGQEA 与 OGA 所得组播代价结果的比较，从图 4-6 可以看出，r_{cost} 值大多数都小于 1，由此可知 IGQEA

在求解的组播树最小代价时，性能优于 IQEA 和 OGA。从图 4-6 还可以看出 IGQEA 与 OGA 的 r_{cost} 曲线始终在 IGQEA 与 IQEA 的 r_{cost} 曲线的下方，这说明了从组播代价结果看 IGQEA 优于 OGA 的程度更大，即求解组播代价的结果顺序：IGQEA<IQEA<OGA。

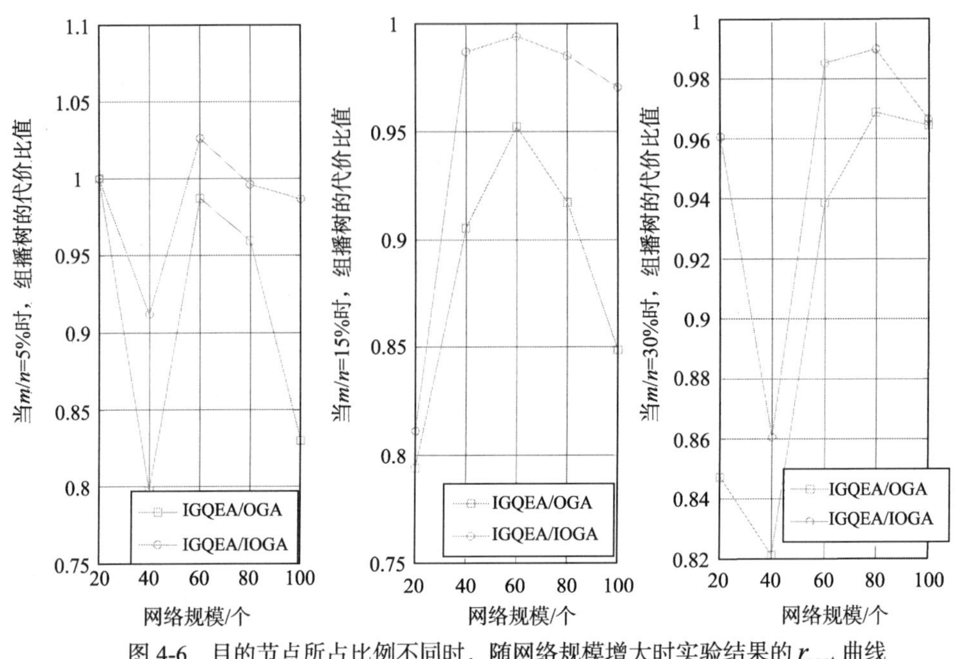

图 4-6 目的节点所占比例不同时，随网络规模增大时实验结果的 r_{cost} 曲线

4.3 量子进化动态组播路由

4.3.1 动态组播问题的定义

随着 Internet 和网络技术的迅速发展，各种多媒体网络业务(如视频会议、远程教育、网络对战游戏、视频点播等)也迅速增长，这些业务都将对网络资源的优化提出新的要求。在实际的网络通信中，组播路由主要问题分为两种：一种是静态组播路由，即在通信过程中不允许组成员动态变化，4.2 节中讨论的组播路由算法就属于静态组播路由问题；另一种是动态组播路由，在通信过程中会出现组播组动态变化或者组播网络动态变化。即组播过程中可能有些组播成员离开组播组，而另外一些节点则加入组播组。例如，在实际电视会议、网络游戏等多媒体业务中常采用的是动态组播路由技术，用户可以随时加入或离开，这有利于根据网络拓扑结构和业务量的变化进行实时选路，以适应网络的变化，从而更有效地优化

网络资源。还有一种情况是组播通信网络中，有些链路中断，而另外一些链路连通。这两种情况下，更新组播树以适应组播成员变化或者网络拓扑结构变化的问题被称为动态组播路由问题。

目前，常用的解决动态组播由问题的算法大致可以分为三类。第一类是完全重构法，即只要节点成员间的关系发生变化时，将会采取完全重构的方法重新进行优化。第二类是局部重构法，即允许在目的节点成员关系发生变化的部分或者局部进行重构[49]。第三类是指在初始化时生成一棵最优（或近似最优的）组播树，当目的节点成员间的关系发生变化时，组播树的会发生细微的变化重构，不影响原有的通信，Waxman 将这种算法称为 Greedy Algorithm[50]。其中重构算法和局部重构法通过调节树结构，可以减小组播树代价，但是要进行重构，需要先中断通信，经过一段时间的优化后重新恢复通信，无法保证通信质量。第三类算法中虽然不存在通信中断的问题，但是只通过将新请求加入的目的节点利用最短路径与源节点相连进行细微重构，没有考虑已存在组播树和动态变化信息之间的关系，随着动态变化的累积，组播树的性能会大大降低。

现有结果表明，动态路由中求解最小生成树是一个 NP 完全问题。在本书中借鉴静态最优组播树的构成，并根据当前的组播树的信息和动态变化信息对组播树进行修复，得到满足要求的动态组播树。本节提出了量子进化时延受限动态组播路由算法，该算法是一种完全重构动态组播路由算法，理论分析和计算机仿真结果都表明，该算法能获得比贪婪算法具有更低代价的动态组播树。

动态组播路由问题的实质也是寻找一棵覆盖所有组播成员的组播树，时延受限动态组播路由问题就是求解一棵满足时延约束，且代价最小的动态组播树。在动态环境中所产生的组播树不可能保证它在所有时间段内都是最优的，但在某一特定时间内它是可能达到最优的，随着动态变化的不断发生，算法产生的组播树从最优到非最优，再经过一段时间后又达到最优不断变化。动态组播路由根据动态变化的不同可以分为两种情况：一种是指网络拓扑结构不变，仅有组播成员变化；另一种是指组播成员不变，网络拓扑结构变化。下面分别对这两种情况的动态组播路由问题进行定义，首先给出其具体的数学模型。

给定网络无向赋权图 $G(V,E)$，V 是网络中所有节点的集合，$V=\{v_1,v_2,\cdots,v_n\}$，E 为网络中所有边的集合，对 $\forall u_1,u_2\in V$，$(u_1,u_2)\in E$，在该边上定义了时延 $D(u_1,u_2)$ 和代价 $C(u_1,u_2)$ 两个正权值。从节点 u 到节点 v 的路径 $P(u,v)$ 的时延 $\text{Delay}(u,v)$ 和代价 $\text{Cost}(u,v)$ 分别描述为式(4-40)和式(4-41)：

$$\text{Delay}(u,v)=\sum_{(u_1,u_2)\in P(u,v)} D(u_1,u_2) \tag{4-40}$$

$$\text{Cost}(u,v)=\sum_{(u_1,u_2)\in P(u,v)} C(u_1,u_2) \tag{4-41}$$

对节点的动态变化采用一系列请求，用 $R=\{r_0,r_1,\cdots,r_k\}$ 表示，而 r_i 可用二元组 (v_i,z_i) 表示，其中 v_i 表示变化量，z_i 表示变化情况。

对于给定图 $G(V,E)$，信源 s 和动态的目的节点集 $M\subseteq V-\{s\}$ 要寻找从源节点 s 到所有目的节点 $M_i(M_i\in M)$ 的组播树 $T(V_T,E_T)$，其中 $T\subset G$，则动态组播树必须满足条件：

$$\sum_{(u_1,u_2)\in P(s,M_i)} D(u_1,u_2)\leqslant \Delta D,(\forall M_i\in M) \tag{4-42}$$

$$\mathrm{Cost}(T)=\min(\sum_{(u_1,u_2)\in E_T} C(u_1,u_2)) \tag{4-43}$$

时延受限动态组播问题就是求对应一系列请求时的满足约束条件代价最小组播树。

1. 基于组播成员变化的动态组播路由问题描述

组播成员变化情况中 $v_i\in V,z_i\in(\text{add},\text{remove})$，其中 add 表示节点 v_i 要求加入组播组请求，remove 表示节点 v_i 要求离开组播通信请求。这种情况的时延受限动态组播问题就是求解对应组播成员不断变化时的满足约束条件代价最小组播树。

2. 基于拓扑结构变化的动态组播路由问题描述

对组播成员不变，网络拓扑结构改变分为下面两种情况。

(1) 由于网络中的中间节点的休眠和激活时的动态变化，使得网络拓扑结构改变时的组播，将其称为一般情况的动态模型。在这种模型中，$v_i\in V,z_i\in(\text{wake},\text{sleep})$，其中 wake 表示网络中的节点 v_i 被激活，该节点所在链路都可以组播树构建；sleep 表示节点 v_i 转为休眠状态，节点休眠后原来由该节点所连接的链路都再参与构建组播树。

(2) 由于网络中链路的变化使得网络拓扑结构变化时的组播，称这种情况为最坏情况的动态模型。在这种模型中，$v_i\in E$, $z_i\in(\text{add},\text{remove})$，其中 add 表示链路 v_i 要求加入拓扑网络中的请求，remove 表示链路 v_i 要求从网络拓扑结构中删除。下面讨论的算法中，只考虑链路删除时的情况。

上述两个模型必须满足两个基本条件：一是动态变化后，网络拓扑结构仍然是单连通的；二是对于给定的时延约束，组播组成员至少存在一条组播路径满足约束条件。基于拓扑结构变化的动态组播路由问题就是在这两种模型下，求解满足约束条件的最小代价组播树。

4.3.2 量子进化动态组播路由算法

在本小节中，借鉴静态算法求解组播树的方法求解动态组播问题，也就是求解在一段通信时间内(一次动态响应时间段)最小代价的组播树。

1. 算法思想

对组播成员变化的动态组播路由问题，借鉴静态算法中在构造组播树时，采用搜索组播组中的节点组播路径的方式，在接收到动态请求后，通过对组播组集合的修改，对修改后的目的节点集合进行静态算法中的搜索方法，将动态问题转化成一段时间内静态的问题进行求解。

对拓扑结构变化的情况，因为静态算法中的基于网络中所有边的编码方式能够很好地对网络变化信息变化作出反应。对拓扑结构变化组播成员不变的动态变化情况，在一般模型中，边只是在激活和休眠之间变化，不会产生新的边，也不会有边的消失，用原来长度的编码串就可以表达动态变化的网络；在最差模型中，由于只考虑链路删除的情况，虽然网络中的总边数减少了，但通过将该边的代价和时延权值都设置为最大值，即在编码串长度不进行改变，仅对变化边对应的比特位的状态进行修复，用原来长度的编码串仍可以表达当前的网络。因此，也使用基于边的量子比特编码方式，网络拓扑结构发生动态变化后，根据新的拓扑结构对编码串进行修复，然后使用量子进化算法求解这一次响应时间段的最优组播树。

总的来说就是通过对动态变化进行处理后，将动态组播路由问题转化成了一段时间内的静态组播路由问题。算法在编码方式、量子观测、量子评价以及量子更新上都采用和静态算法中相同的算子，并相应的设计了动态响应算子(如目的节点集合修复算子、种群更新算子等)。下面详细介绍算法的设计与实现过程。

2. 算法设计

基于量子进化算法的动态组播路由算法对上面所提两类模型根据他们不同的变化方式，基本思想都是在发生动态变化时，使用相应的动态响应算子，根据环境的变化对当前解以及问题的解空间进行修复，然后在新的解空间对解进行优化。

动态组播路由算法中对动态响应的处理主要有两种方式：一是当有动态响应时，让种群中解的退化，即让种群中个体的适应度值设置成一个非常低的值；另一种方式是根据新问题对种群进行重新初始化，在上面两类动态变化中，本算法都采用第二种方式处理动态响应，即设计了种群更新算子。

因为组播成员或者网络结构发生了变化，为了得到可行的进化个体，所以增加修复算子对动态发生前产生的解进行修复，即发生动态变化后根据当前最优解即原有的组播树对动态变化后构造组播树的影响，对当前解进行修复响应动态变化。具体操作如下：更新组播成员，对当前解中非组播成员的叶子节点全部删除，然后更新拓扑结构，对所有删除的边，随机搜索一条从该边的起始点到终点的路径，当搜索到当前树上已存在的节点时，停止，然后将该路径连接到树上，即可得到可行的路径。

3. 组播成员变化的量子进化动态组播路由算法

基于组播成员变化的动态组播路由情况中本算法主要考虑三种请求模型。第一种是一次只有一个用户请求加入或者退出；第二种是一次同时有多个用户请求加入或者同时有多个用户请求退出，即多个用户请求同一种变化；第三种是一次同时有多个用户请求加入或者退出，各用户之间的请求也不相同。使用贪婪算法和最短路径算法也可以保证服务质量，但却不能使组播树代价非常有效地下降，尤其是在动态中，这主要是因为在加入一条路径时没有充分考虑到对原有组播树和未来添加路径的影响。由于动态中的组播树往往不可能是最优的，可以参考静态的模型中最优时的情况，充分考虑动态前后组播树的整体优化，设计目的节点更新算子和种群更新，然后用量子进化算法进行优化。

(1) 目的节点集合更新算子：对目的节点的集合进行修改，即根据动态请求 $R=\{r_0,r_1,\cdots,r_k\}$，其中 $r_i=(v_i,z_i)$，$v_i\in V,z_i\in(0,1)$。目的节点集合算子是判断 z_i 的取值，当 $z_i=1$ 时，将节点 v_i 加入目的节点集合；当 $z_i=0$ 时，将节点 v_i 从目的节点集合中删除。完成所有动态请求后得到新的目的节点集合。算法中每隔 100 代，进行一次动态变化，即算法每进化 100 代申请一次动态请求，调用一次目的节点集合更新算子。

(2) 个体修复算子：根据组播组成员的改变，为了得到可行的进化解，所以增加修复算子对当前解进行修复。具体操作如下：更新目的节点集合，对所有加入的目的节点，搜索以该目的节点为的起始点的到源节点的最小路径，但当搜索到当前树上已存在的节点时，停止，然后将该路径连接到树上，完成加入节点请求后的修复，对所有退出组播组的目的节点，对当前解中非组播成员的叶子节点全部删除。

(3) 种群更新算子：主要是在动态变化发生后，对种群中部分个体进行重新初始化，使新个体对应于动态变化后的新问题，同时，由于种群中的解经过动态变化前的进化和修复算子的修复后，种群的多样性损失严重，进行种群更新后也增加种群多样性，具体实现时，对 50%种群规模的个体重新初始化。

基于量子进化算法的动态组播路由算法求解组播成员变化的组播路由问题就是利用上述三个算子结合 IQEA 中的量子编码算子、量子观测算子、检查与修复算子、量子评价算子和量子更新算子实现动态组播路由问题的优化。算法流程图如图 4-7 所示。

算法步骤具体描述如下。

步骤 1：采用第 3 章的 IQEA，根据当前的组播组信息，即源节点和目的节点集合，完成量子编码，并随机初始化 $Q(t)$。

步骤 2：量子观测，将量子观测算子作用于 $Q(t)$得到 $P(t)$。

步骤 3：根据 $P(t)$生成最小生成树，并使用 IQEA 中的检查修复算子修复种群。

步骤 4：根据适应度函数，对种群进行评价和选择，保存最优解。

步骤 5：判断停机条件：如果满足停机条件，则输出当前种群中的最优个体，算法结束，否则转步骤 6。

步骤 6：使用量子变异和量子旋转门更新，更新后得到种群 $Q(t)$, $t \leftarrow t+1$。

步骤 7：判断是否有动态请求，若有，使用目的节点更新算子修复组播组信息转步骤 8；若无动态请求，转步骤 2。

步骤 8：使用修复算子根据更新后的组播组修复当前种群中的解，使用种群更新算子更新种群 $Q(t)$, 转步骤 2。

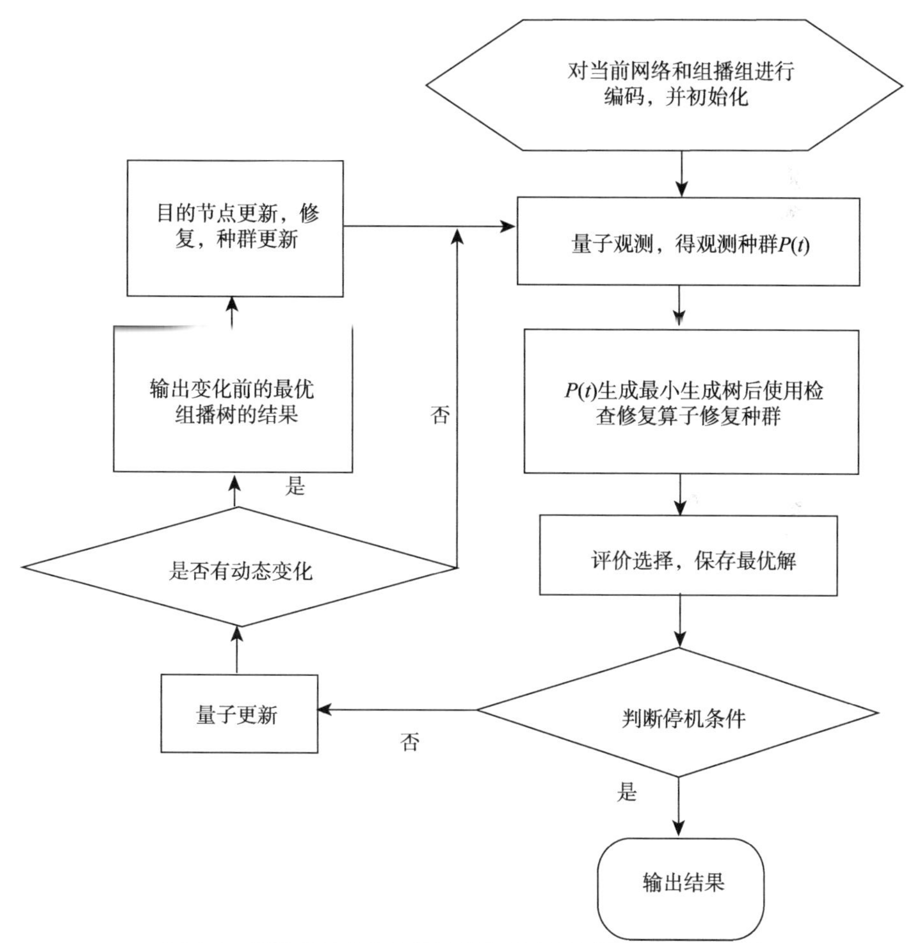

图 4-7　组播成员变化的量子进化动态组播路由算法流程图

4. 网络拓扑结构变化的量子进化动态组播路由算法

在网络拓扑结构变化的动态组播路由情况中，主要考虑在 4.3.2 小节问题描述中已经介绍的两种变化模型。

网络拓扑结构变化的量子进化算法动态组播路由问题算法中，对于动态变化，根据 IQEA 中基于整个网络中的边的编码方式能够快速的响应网络拓扑结构的变化的特点，直接对种群中的个体编码进行修改来处理动态变化对问题的影响。具体操作：对一般模型，若网络中的某边从激活状态切换到休眠状态，则只需要将种群中所有个体对应于这些边的量子位固定成"0"态，即使该边在最优组播树的概率为 0，若某边从休眠状态切换到激活状态，则先记录该边上的时延和代价权值以备激活时再使用，给休眠态的边的时延和代价权值赋值一个很大的值，使其被选中参与组播树构造的概率几乎为 0；对最差模型，即网络中有通信链路删除的情况，虽然因为网络中有边的删除而使边的总数减少，按照之前的编码方式，编码长度应该改变，但借鉴此模型中边休眠的处理方法而不改变种群中个体的编码，只需将删除边对应的时延和代价权值赋值一个很大的值，使其不满足时延约束，也不满足最小代价的要求，不会出现在组播树上。这种根据网络拓扑结构的变化对个体编码进行修改的操作称为编码更新算子。

该算法中也使用了个体修复算子和种群更新算子，而且个体修复算子和种群更新算子和组播成员变化时动态组播路由算法中的两个算子操作类似，还引入了一个生成精英算子，该算子对种群中较差的个体进行了操作，即用一个适应度值比较高的一组称为精英的个体替换种群中适应度值比较差的个体，这种辅助操作不仅能增加种群的多样性还对个体中对最优解有指导作用的基因位具有记忆作用。这几个算子都为了充分利用已存在组播树和动态变化信息之间的关系，更好的指导动态最小代价组播树的搜索，加速算法的收敛。

本节算法的设计思路也是使用量子进化算法的基本框架，结合针对问题而设计的算子来解决问题。下面给出针对这种情况动态组播问题而设计的几个算子。

(1) 编码更新算子：根据网络拓扑结构的动态变化，根据上面将的介绍的方法对个体编码先进行修改，使之对应于表达新的网络。

(2) 生成精英算子：生成精英算子是指在进化过程，对原种群中适应度较差的一些个体用一组称为精英的个体进行替换，增加种群中适应度较高的个体的比例，使算法在动态变化环境中仍能快速的搜索出适应度值高的个体，同时也有增加种群多样性的功能。按照精英产生的方式不同，生成精英算子有如下三种方式。

① 随机精英算子：在进化过程中，每一代都随机产生一些个体，这些个体称为随机精英，然后用随机精英代替当前种群 (规模为 P) 中的适应度值比较差的个体（替代种群中个体的比例 r 一般设为较小值 0.2）。

② 最优精英算子：首先将进化到第 t 代时的最优个体保存到 $E(t-1)$，在进化过程中，将 $E(t-1)$ 按照量子旋转门策略进行更新，可得到一个新个体，将这得到的新的个体称为最优精英个体，然后用这些最优精英个体代替种群中适应度比较

差的个体，若精英在种群中所占比例为 r，规模为 P，就用 Pr 个最优精英个体替代当前种群中最差的 Pr 个个体。

③ 混合精英算子：将前两种情况结合起来，即在进化过程中也进行随机产生一些个体代替种群中较差的个体，然后使用最优精英方式操作后得到的精英个体。

(3) 个体修复算子：因为网络拓扑结构改变，为了将拓扑结构变化前得到的最优组播树上的路径应用于动态最小代价组播树的求解，增加个体修复算子，对种群中的个体以及个体中的精英进行修复，具体操作如下：更新拓扑结构，对组播树上被删除的边或者有边休眠了的情况，根据新的网络图搜索从该边的起始点到终点的最短路径，并将该路径连接到树上，即可得到可行的路径。

(4) 种群更新算子：种群更新算子是对动态响应的处理算子，前文已有介绍。本算法中种群更新算子也采用的是根据新问题对种群进行中部分个体进行重新初始化，使新个体对应于动态变化后的新问题，也增加了种群多样性。

量子进化动态组播路由算法求解拓扑结构变化的动态组播路由问题就是利用上述四个算子结合 IQEA 实现的。在仿真实验中，对一般模型，生成精英算子中采用最优精英的方式，对最差模型中则使用的是混合精英的方式完成生成精英操作，具体的算法步骤如下。

步骤 1：对初始网络按照 IQEA 中的量子编码方法进行编码得到种群 $Q(t)$，并初始化种群。

步骤 2：按照 IQEA 中的量子观测算子对种群 $Q(t)$进行观测,得到观测种群 $P(t)$。

步骤 3：评价当前种群，选择当前最优个体并保存到 $E(t-1)$中。

步骤 4：根据生成精英算子中的种群进行生成精英操作，得到新的种群 $Q(t)$。

步骤 5：判断动态变化，更新拓扑结构，使用编码更新算子和种群更新算子对种群进行动态响应。

步骤 6：用个体修复算子修复当前种群和 $E(t-1)$，并评价。

步骤 7：判断停机条件，满足停止，不满足，转步骤 8。

步骤 8：用 IQEA 中的量子更新算子对种群进行量子更新，转步骤 2。

量子进化动态组播路由算法与静态算法相比，仅在静态算法框架的基础上加入了对动态变化的修复算子，种群更新算子以及在网络拓扑结构变化情况中的生成精英算子都能在 $O(1)$ 复杂度内完成，因此该算法的时间复杂度也为 $O(n\times \mathrm{lb}(n))$ 。同样的，从第 4.2 节中的证明可知，量子进化动态组播路由算法也是收敛的。

4.4　结论与讨论

本章首先介绍了量子进化算法的基础知识，算法中采用一组量子比特表示个体，充分利用了量子计算的并行性，增加了种群的多样性。为验证算法的有效性，本章首先以多维背包问题为例，实验结果表明充分利用问题的先验知识对于问题求解的重要性，再结合量子旋转门更新表示解的状态，不仅实现了全局搜索，还加快了算法的收敛速度。接着以具体实际问题——组播路由为例，通过仿真实验表明无论静态还是动态问题，本章算法的搜索能力强于传统进化算法和常用旋转门策略的量子进化算法，并且算法操作简单，易于实现，特别是在算法运行时间上，本章介绍的算法有明显的优势，更容易满足时效性高的条件。

参 考 文 献

[1] FRASER A S. Simulation of genetic systems by automatic digital computers[J]. Australian Journal of Biological Sciences, 1957, 13(4):150-162.

[2] BREMERMANN H J. Optimization through evolution and recombination[M]// Self-Organizing Systems. Washington: Spartan Books, 1962.

[3] HOLLAND J H. Adaptation in Natural and Artificial Systems[M]. Ann Arbor: University of Michigan Press, 1975.

[4] FOGEL L J, OWENS A J, WALSH M J. Artificial Intelligence through a Simulation of evolution[M]// Biophysics and Cybernetic Systems. Washington: Spartan Books, 1965.

[5] RECHENBERG I. Evolutionstrategie: Optimierung Technisher Systeme nach Prinzipien des Biologischen Evolution [M]. Stuttgart: Fromman-Hozlboog Verlag, 1973.

[6] SCHWEFEL H P. Evolution and Optimum Seeking[M]. Hoboken: John Wiley & Sons, Inc. 1995.

[7] BENIOFF P. The computer as a physical system: a microscopic quantum mechanical hamiltonian model of computers as represented by turing machines[J]. Journal of Statistical Physics, 1980, 22(5):563-591.

[8] DEUTSCH D. Quantum theory, the church-turing principle and the universal quantum computer[J]. Proceedings of the Royal Society A Mathematical Physical & Engineering Sciences, 1999, 400(1818):97-117.

[9] SHOR P W. Quantum computing[J]. Documenta Mathematica, 1998, i(4):467-486.

[10] SHOR P W. Algorithms for quantum computing: discrete log and factoring[J]. Proceedings of Annual Symposium on the Foundations of Computer Science, 1994:124-134.

[11] GROVER L K. A fast quantum mechanical algorithm for database search[C]// Proceedings of the twenty-eighth annual ACM symposium on theory of computing. ACM, 1996:212-219.

[12] GROVER L K. Quantum mechanical searching[C]//Proceedings of the 1999 Congress on Evolutionary Computation. CEC 1999, 1999, 2: 2261.

[13] SPECTOR L, BARNUM H, BERNSTEIN H J, et al. Finding a better-than-classical quantum AND/OR algorithm using genetic programming[C]//Proceedings of the 1999 Congress on Evolutionary Computation. IEEE, 1999:2239-2246.

[14] HAN K H, Kim J H. Genetic quantum algorithm and its application to combinatorial optimization problem[C]//Proceedings of the 2000 Congress on Evolutionary Computation, IEEE, 2000, 2:1354-1360.

[15] HAN K H, PARK K H, LEE C H, et al. Parallel quantum-inspired genetic algorithm for combinatorial optimization problem[C]// Proceedings of the 2001 Congress on Evolutionary Computation. IEEE, 2001:599-602.

[16] NARAYANAN A, MOORE M. Quantum-inspired genetic algorithms[C]//International Conference on Evolutionary Computation. IEEE, 1996:61-66.

[17] NARAYANAN A, Quantum computing for beginners[C]//Proceeding of the 1999 Congress on Evolutionary Computation. IEEE,1999: 1-24.

[18] HAN K H, KIM J H. Quantum-inspired evolutionary algorithms with a new termination criterion, H ε, gate, and two-phase scheme[J]. 2004, 8(2):156-169.

[19] 高应才, 张自立, 周义仓. 应用数学方法[M]. 西安: 陕西科学技术出版社, 1992.

[20] DANTZIG G B. Discrete-variable extremum problems[J]. Operations Research, 1957, 5(2):266-288.

[21] HOROWITZ E, SAHNI S. Computing Partitions with Applications to the Knapsack Problem[R]. Cornell University, 1972, 21(2): 277-292.

[22] PISINGER D. Linear time algorithms for knapsack problems with bounded weights[J]. Journal of Algorithms, 1999, 33(1):1-14.

[23] PISINGER D. An expanding-core algorithm for the exact 0-1 knapsack problem[J]. European Journal of Operational Research, 1995, 87(1):175-187.

[24] 胡欣, 汪红星, 康立山. 求解多维0-1背包问题的混合遗传算法[J]. 计算机工程与应用, 1999(11):31-33.

[25] http://elib.zib.de/pub/Packages/mp-testdata/ip/sac94-suite/index.html

[26] 焦礼成，杜海峰，刘芳，等. 免疫优化计算・学习与识别[M]. 北京：科学出版社, 2006.

[27] BENIOFF P. Quantum mechanical hamiltonian models of turing machines[J]. Journal of Statistical Physics, 1982, 29(3):515-546.

[28] FEYNMAN R P. Simulating physics with computers[J]. International Journal of Theoretical Physics, 1982, 21(6):467-488.

[29] Deutsch D. Quantum theory, the church-turing principle and the universal quantum computer[J]. Harvard University Center, 1982, 400(1818):97-117.

[30] SHOR P W. Polynomial-time algorithms for prime factorization and discrete logarithms on a quantum computer[J]. Siam Journal on Computing, 1997, 26(5):1484-1509.

[31] 张文修, 梁怡. 遗传算法的数学基础[M]. 西安：西安交通大学出版社, 2000.

[32] WAXMAN B M. Routing of multipoint connections[J]. 1988, 6(9):1617-1622.

[33] XING H, LIU X, JIN X, et al. A multi-granularity evolution based quantum genetic algorithm for QoS multicast routing problem in WDM networks[J]. Computer Communications, 2009, 32(2):386-393.

[34] HAN K H, KIM J H. Quantum-inspired evolutionary algorithm for a class of combinatorial optimization[J]. IEEE Transactions on Evolutionary Computation, 2002, 6(6):580-593.

[35] CHEN H, ZHANG J, ZHANG C. Chaos updating rotated gates quantum-inspired genetic algorithm[C]//International Conference on Communications, Circuits and Systems. IEEE, 2004, 2:1108-1112.

[36] YANG S, WANG M, JIAO L. A novel quantum evolutionary algorithm and its application[C]// Congress on Evolutionary Computation CEC 2004, 2004:3638 - 3642.

[37] TALBI H, DRAA A, Batouche M. A new quantum-inspired genetic algorithm for solving the travelling salesman problem[C]//IEEE International Conference on Industrial Technology. 2005, 3:1192-1197.

[38] LI B B, WANG L. A hybrid quantum-inspired genetic algorithm for multi-objective Scheduling[J]. IEEE Transactions on Systems Man & Cybernetics Part B Cybernetics A Publication of the IEEE Systems Man & Cybernetics Society, 2007, 37(3):576-591.

[39] SCHUMACHER B. Quantum coding[J]. Physical Review A, 1995, 51(4):2738-2747.

[40] HAN K H, KIM J H. On setting the parameters of quantum-inspired evolutionary algorithm for practical application[C]//Evolutionary Computation. ECE2004, 2004, 1:178-194.

[41] GAREY M R, JOHNSON D S. Computers and Intractability: A Guide to the Theory of NP-completeness[M]. New York: W.H. Freeman & company, 1979.

[42] ZHANG Q, LEUNG Y W. An orthogonal genetic algorithm for multimedia multicast routing[J]. IEEE Transactions on Evolutionary Computation, 1999, 3(1):53-62.

[43] BRESSON D C H, PAPADIMITRION K, STEIGLITZ K. Combinatorial optimization: algorithms and complexity[J]. Englewoods Cliffs, Prentice Hall, 1982.

[44] ZHANG H, ZHANG G X, RONG H N, et al. Comparisons of quantum rotation gates in quantum-inspired evolutionary algorithms//IEEE Circuits and System Society 2010 Sixth International Conference on Natural Computation, 2010.

[45] 杨丽, 李平, 秦亚玲. 改进的量子进化算法及其在TSP问题中的应用[J]. 太赫兹科学与电子信息学报, 2006, 4(6):25-28.

[46] PARSA M, ZHU Q, Garcia-Luna-Aceves J J. An iterative algorithm for delay-constrained minimum-costmulticasting[J]. IEEE/ACM Transactions on Networking, 1998, 6(4):461-474.

[47] LI Y, ZHAO J, JIAO L, et al. Quantum-inspired evolutionary multicast algorithm[C]//IEEE International Conference on Systems, Man and Cybernetics. 2009:1496-1501.

[48] ZHANG Q, LEUNG Y W. An orthogonal genetic algorithm for multimedia multicast routing[J]. IEEE Transactions on Evolutionary Computation, 1999, 3(1):53-62.

[49] KADIRIRE J. Minimising packet copies in multicast routing by exploiting geographic spread[J]. Acm Sigcomm Computer Communication Review, 1994, 24(24):47-62.

[50] WAXMAN B M. Routing of multiple connections[J]. IEEE Journal on Selected Areas in Communications, 1992, 6:114-122.

第 5 章　量子粒子群优化

5.1　协同量子粒子群优化

量子机制的粒子群算法是指在粒子的搜索过程中满足量子行为的粒子运动过程，与粒子群算法是两种不同的运动方式，并不是在粒子算法的基础上添加算子，因此理论上并不会增加算法复杂度，即量子粒子群(particle swarm optimization，PSO)算法和粒子群(quantum-behaved particle swarm optimization，QPSO)算法的复杂度是相当的。

虽然 QPSO 算法的全局搜索能力远远优于一般的 PSO 算法，但与标准的 PSO 算法一样存在早熟的趋势，即当群体进化的时候，群体的多样性存在不可避免地减少。这是因为每个粒子都是通过学习自身的当前局部最优值和全局最优值进行下一步的搜索，而不管自身的信息是否有趋向局部最优的倾向。如果搜索空间是有许多局部最优值的复杂系统，在这种情况下，粒子就很有可能陷入局部最优。

5.1.1　协同量子粒子群算法

近几年来国内外学者提出了多种关于协作思想的算法。Frans[1] 提出了一种协作的方法，将粒子间的协作思想加入到粒子群算法中。在粒子群算法中，每个粒子都代表一个潜在的解，每一步更新都在这个粒子的所有维的基础上更新，这将会导致粒子中的某些分量越来越靠近最优解而另一些分量越来越远离最优解。但是粒子群的更新过程却只考虑这个粒子的整体性能是好的，忽略了其中很差的一些分量，因此对于一个高维的问题就很难去找到这个全局最优解。

Gao 等[2] 将协作的思想引入到量子粒子群算法中，提出了协同量子粒子群算法，使全局搜索能力有进一步提高。在协同量子粒子群算法中，跟以往量子粒子算法不同的是，这里是每一个粒子去一维一维的进行优化，而不是从整体去优化一个个体。本节不仅从这个粒子的整体来评价测试这个粒子的好坏，还会去评价它的每一维的好坏。

如果对每个粒子的分量分别去优化，那么就不能直接计算这个粒子的适应度值(fintness ralue)，因为在不同的个体里它在每一维的贡献是没法直接被描述的。

为了解决这个问题，本章提出了背景变量(context vector)的概念，它提供一个合适的背景使得粒子的每一维能在一个公平的环境下进行评价。本章用全局最优 g_{best} 作为背景变量。为了计算粒子第 d 维的适应度值，背景变量的第 d 维被粒子的第 d 维代替，然后计算这个更新后的背景变量来评价这个粒子在第 d 维上是否得到了一个比个体最优和全局最优更精确的值。因此这个方法中粒子的每一维都对种群做出了贡献。这样就完成了粒子间的协作。

下面介绍一个证明协作的重要性的例子。给一个三维变量 X 和一个误差函数 $f(x)=\|X-A\|^2$，其中 $A=(20,20,20)$。也就是全局最优 X^* 等于 A。假设一个种群包含由量子粒子群更新公式得到的两个个体 X_1 和 X_2，则在 t 代个体为

$$g_{\text{best}}=(18,3,15) \tag{5-1}$$

$$X_1(t)=(5,15,13) \tag{5-2}$$

$$X_2(t)=(20,7,5) \tag{5-3}$$

利用误差函数评价上面的个体可以得到 $f(g_{\text{best}})=318$，$f(X_1(t))=299$，$f(X_2(t))=394$，这表明 $f(X_1(t))=299$ 比全局最优位置好，如果是没有协作的量子粒子群算法，那么 g_{best} 直接被 $X_1(t)$ 所代替，而 $X_2(t)$ 就会被丢弃掉。然而，$X_2(t)$ 的第一维分量 20 虽是最优值的一个分量，它却没有为全局最优 g_{best} 做任何贡献，而 g_{best} 却得到了这个比较差的分量 $X_1(t)$ 中的 5。协作方法可以帮助 g_{best} 取得合适的分量。用背景变量 g_{best} 分别一维一维去评价 $X_2(t)$ 的各个分量可以得到 $f(20,15,13)=74$，$f(5,7,13)=443$，$f(5,15,5)=475$，因此说明 X_2 的第二维分量是可以给全局最优做出贡献的，那么用此维数据去代替全局最优的此维数据，得到最终的这一代的全局最优位置为 $(20,15,13)$，这样就得到了一个比没有协作思想的量子粒子群算法更精确的值。

5.1.2 改进的协同量子粒子群算法

1. 算法提出

大多数的随机搜索算法(包括粒子群算法和遗传算法)都存在维数灾难的问题，也就是会随着维数的增多性能会下降。

种群中的每个粒子的适应度值都是同时由它的每一维决定的，所以有些粒子的某一维可能已经达到全局最优却因为其他维坏的搜索结果而要被放弃，这种情况下个体中好的分量就被丢弃了。

从前面的描述可以看出协作思想的重要性，这种思想的出现，避免了花费很多时间代价得到的新个体因为整体的不好而被直接丢弃掉，造成浪费，可以分别去评价每一维数据，将有用的信息保存下来，加快收敛速度，对于多维问题的优

化是有很大帮助的。因此，本节提出了改进的协同量子粒子群(improved cooperative quantum-behaved particle swarm optimization, ICQPSO)算法，并对其在函数优化上进行了测试。

由量子力学中的不确定性原理可知，量子世界是概率支配的世界，不存在精准预测，只存在发生某一件事的概率。量子粒子群算法在更新的过程中遵循量子力学中量子世界的运动规律，它是一个完全不确定的位置，它可以搜索到远离目前个体最优的位置，因此，它跳出局部最优的可能性才会大大提高，评价一个粒子的好坏必须有它的具体位置，利用蒙特卡罗思想进行观测，在以往存在的量子粒子群算法中，一个个体更新只进行一次观测得到一个新位置，这样并没有充分利用量子的思想。在文献[3]中，作者提到“对每个量子染色体按不同的观察方式产生 n 个个体”。因此，为了充分利用量子力学的不确定性原理，本节在 QPSO 算法中提出了多次测量的思想，并利用了协作思想，提出了改进的协作量子粒子群算法。

2. 算法描述

量子粒子群算法中粒子更新过程是通过观测而得到的新个体，观测之前粒子处在一个未知的状态，而且以一定的概率出现在一个位置，即给定一个概率去观测它，那么就会得到它的一个位置，对于一个个体，会随机产生多个概率，利用蒙特卡罗思想进行多次观测，得到多个个体，并选这些个体中适应度值最好的与个体最优的进行比较，然后选取个体最优作为背景个体，再来依次评价其余个体的每一维分量，最终得到下一代个体，如此进行一步步搜索。

改进的协同量子粒子群算法改进部分在多次测量产生多个个体和通过协作产生新个体部分，其中多次测量是根据式(5-4)和式(5-5)的量子粒子群算法更新公式给定不同的随机数，即可分别产生多个个体。假设产生了五个新个体 $X_{l1}(x_{11},x_{12},\cdots,x_{1D})$、$X_{l2}(x_{21},x_{22},\cdots,x_{2D})$、$X_{l3}(x_{31},x_{32},\cdots,x_{3D})$、$X_{l4}(x_{41},x_{42},\cdots,x_{4D})$、$X_{l5}(x_{51},x_{52},\cdots,x_{5D})$。

$$m_{\text{best}}=\sum_{i=1}^{M}P(t)_i\,/\,M=\frac{1}{M}\left(\sum_{i=1}^{M}P_{i1}(t),\sum_{i=1}^{M}P_{i2}(t),\cdots,\sum_{i=1}^{M}P_{id}(t)\right) \tag{5-4}$$

$$X_{id}(t+1)=P_{id}\pm\alpha\cdot\left|m_{\text{best}_i}-X_{id}(t)\right|\cdot\ln(1/u) \tag{5-5}$$

观测次数越多，不确定性利用越充分，收敛速度也越快，与此同时时间也是呈线性增长的。因此，在实际问题中可以根据需要来设置观测的次数。

改进的协同量子粒子群算法的流程图如图 5-1 所示。

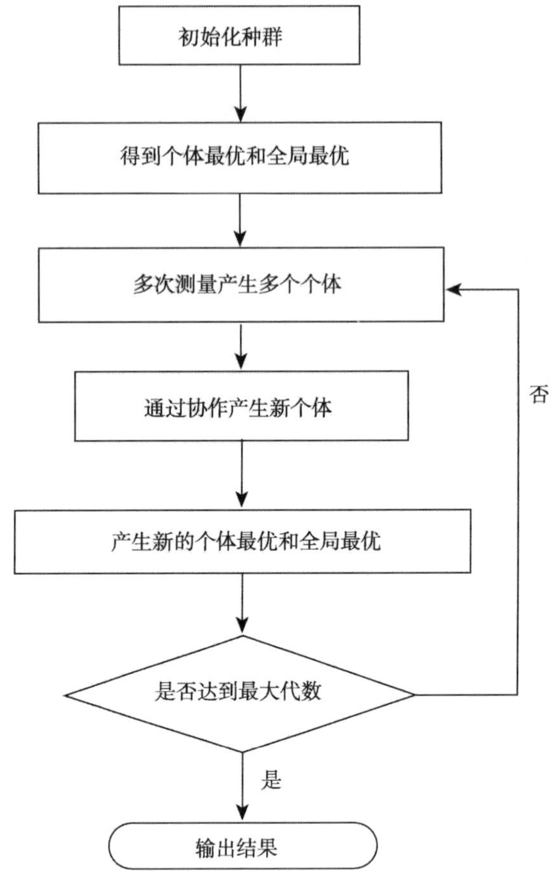

图 5-1　改进的协同量子粒子群算法流程图

协作的具体操作方法是：首先从多次测量得到的五个个体中根据适应度值选出适应度最好的一个个体，假设为 $X_{l1}(x_{11},x_{12},\cdots,x_{1D})$，将背景变量设为 X_c 且 $X_c = X_{l1}$，并令 $X_i = X_{l1}$，分别用 $X_{l2}(x_{21},x_{22},\cdots,x_{2D})$、$X_{l3}(x_{31},x_{32},\cdots,x_{3D})$、$X_{l4}(x_{41},x_{42},\cdots,x_{4D})$、$X_{l5}(x_{51},x_{52},\cdots,x_{5D})$ 的每一维分量来代替背景变量 X_c 的相应维度的变量，得到新的背景变量 X_c'。然后计算此时的背景变量 X_c' 的适应度值，若好于 X_c，则说明这一维分量是可以为全局最优做贡献的，那么用这个数据来替代 X_i 的相应维度的数据，这样用 X_c 就可依次将其余四个个体中较好维度的信息评价出来，得到最后的 X_i，后面就可根据量子粒子群算法进化原则求得个体最优和全局最优个体。改进的协同量子粒子群算法的过程如图 5-2 所示。协作的过程也可参考图 5-3。

```
过程:
初始化种群: Xi
Pbest=Xi
Gbest=best Pbest
if   t<Gmax
     for each particle
          根据 QPSO 更新公式产生 5 个粒子
          令  Xi=XL
          Xc=Xlj
for each particle Xk
               for each dimension j
                  if f(Xc(j,Xkj))<f(Xc)
                       Xij= Xkj
                  Endif
Xc= XL
               end
          end
if f(Xi)<f(pbesti)
               pbesti=Xi
endif
if f(pbesti)<f(gbest)
               gbest=pbesti
endif
     end
```

图 5-2　改进的协同量子粒子群算法

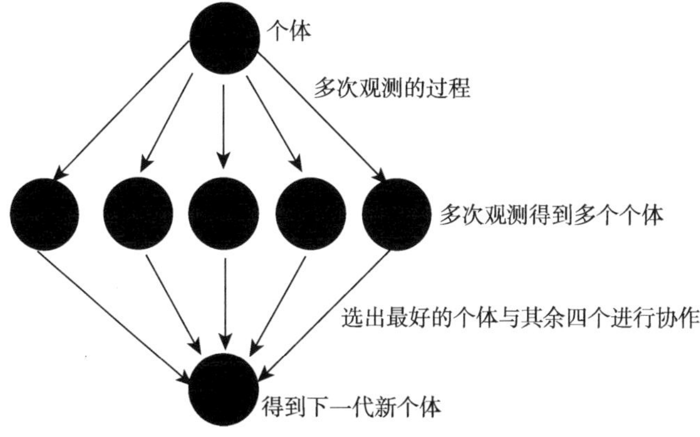

图 5-3　改进的协同量子粒子群算法协作过程

5.1.3　仿真实验及其结果分析

1. 实验条件

为了能够直观的考察改进的协同量子粒子群算法的性能，本节列举了改进的协同量子粒子群算法与量子粒子群算法[4]、带权值的量子粒子群(quantum-behaved particle swarm optimization algorithm with weighted mean best position, WQPSO)算法[5]、孙俊等提出的协同量子粒子群(cooperative quantum- behaved particle swarm optimization, CQPSO)算法[2]的比较。

测试的函数包括表 5-1 中的五个基准函数和文献[6]中的复杂函数。其中基准函数是最小值为 0 的最小化问题，初始化范围和限制范围在表 5-1 中。

表 5-1　基准函数

函数名	表达式	初始化区间	最大范围
Sphere 函数	$f_1(x)=\sum_{i=1}^{n}x_i^2$	(−50,100)	100
Rosenbrock 函数	$f_2(x)=\sum_{i=1}^{n}(100(x_{i+1}-x_i^2)+(x_i-1)^2)$	(15,30)	100
Rastrigrin 函数	$f_3(x)=\sum_{i=1}^{n}(x_i^2-10\cos(2\pi x_i)+10)$	(2.56,5.12)	10
Griewank 函数	$f_4(x)=\frac{1}{4000}\sum_{i=1}^{n}x_i^2-\prod_{i=1}^{n}\cos\left(\frac{x_i}{\sqrt{i}}\right)+1$	(−300,600)	600
De Jong's 函数	$f_5(x)=\sum_{i=1}^{n}ix_i^4$	(−30,100)	100

下面详细描述测试的复杂函数，包括 F_4、F_5、F_7、F_8、F_{13} 和 F_{14}。

F_4 函数(图 5-4)是一个对基本 Schwefel 问题进行旋转加噪声的问题，表达式如下：

$$F_4(x)=\left(\sum_{i=1}^{D}\left(\sum_{j=1}^{i}z_j\right)^2\right)\cdot(1+0.4|N(0,1)|)+f\_\text{bias}_4 \tag{5-6}$$

式中，$z=x-o$，$x\in[-100,100]^D$，$x^*=o$，$F_4(x^*)=f\_\text{bias}_4=-450$。

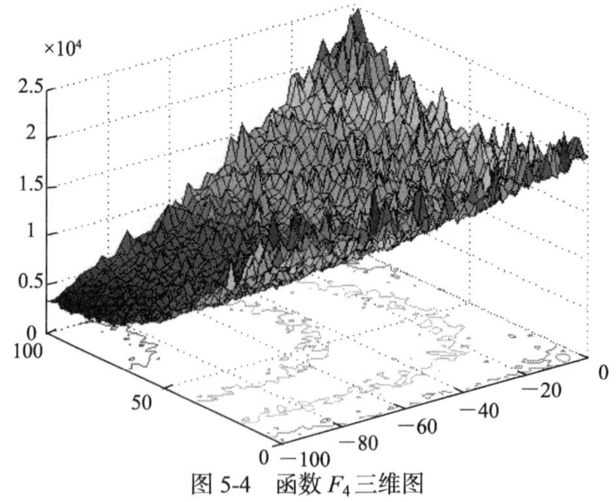

图 5-4　函数 F_4 三维图

F_5 函数(图 5-5)是一个全局最优值在边界上的 Schwefel 问题，表达式如下：

$$F_5(x)=\max\{|A_i x - B_i|\}+f\_\text{bias}_5 \tag{5-7}$$

式中，A 是一个 $D*D$ 的矩阵；a_{ij} 是−500 到 500 间的随进整数；A_i 是 A 的第 i 行，$\det(A)\neq 0$，$B_i = A_i * o$，o 是一个 $D*1$ 的向量，o_i 是−100 到 100 间的随机数。$i=1,2,\cdots,[D/4]$ 时，$o_i=-100$，$i=[3D/4],\cdots,D$ 时，$o_i=100$，$x\in[-100,100]^D$，$x^*=o$，最小值 $F_5(x^*)=f\_\text{bias}_5=-310$。

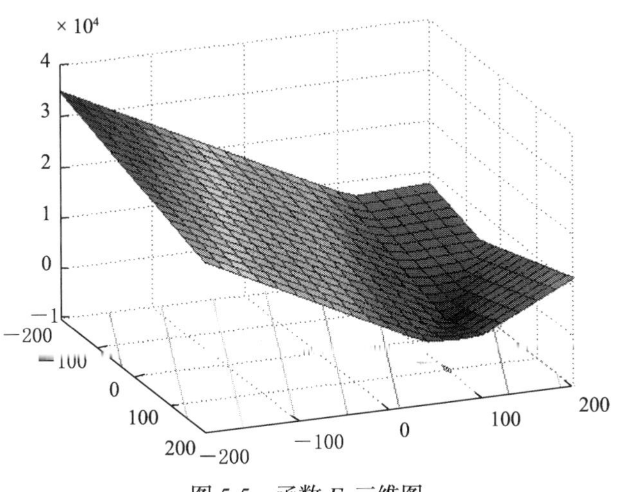

图 5-5　函数 F_5 三维图

F_7 是一个无边界旋转函数(图 5-6)，表达式如下：

$$F_7(x)=\sum_{i=1}^{D}\frac{z_i^{\ 2}}{4000}-\prod_{i=1}^{D}\cos\left(\frac{z_i}{\sqrt{i}}\right)+1+f\_\text{bias}_7 \tag{5-8}$$

式中，$z=(x-o)*M$，M' 是线性转换矩阵，条件数=3，$M=M'(1+0.3\,|N(0,1)|)$，$x\in[0,600]^D$，$x^*=o$，最小值 $F_7(x^*)=f\_\text{bias}_7=-180$。

F_8 是一个全局最优值在边界上的旋转函数(图 5-7)，表达式如下：

$$F_8(x)=-20\exp\left(-0.2\sqrt{\frac{1}{D}\sum_{i=1}^{D}z_i^{\ 2}}\right)-\exp\left(\frac{1}{D}\sum_{i=1}^{D}\cos(2\pi z_i)\right)+20+\text{e}+f\_\text{bias}_8 \tag{5-9}$$

式中，$z=(x-o)*M$，$o_{2j-1}=-32o_{2j}$ 是分布在搜索空间的随机数，$j=1,2,\cdots,[D/2]$，$x\in[-32,32]^D$，$x^*=o$，最小值 $F_8(x^*)=f\_\text{bias}_8=-140$。

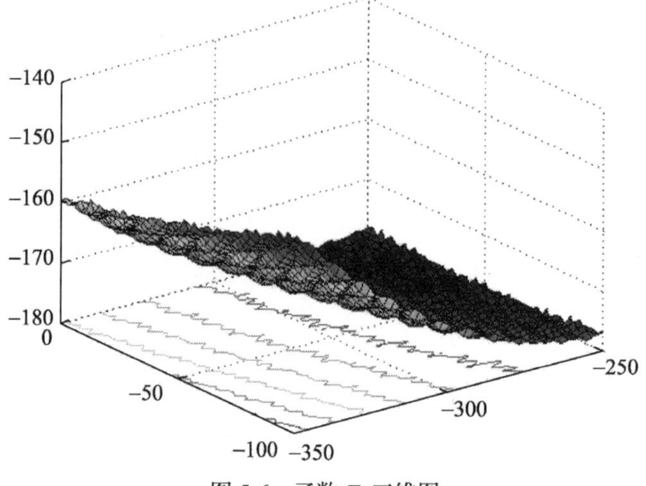

图 5-6　函数 F_7 三维图

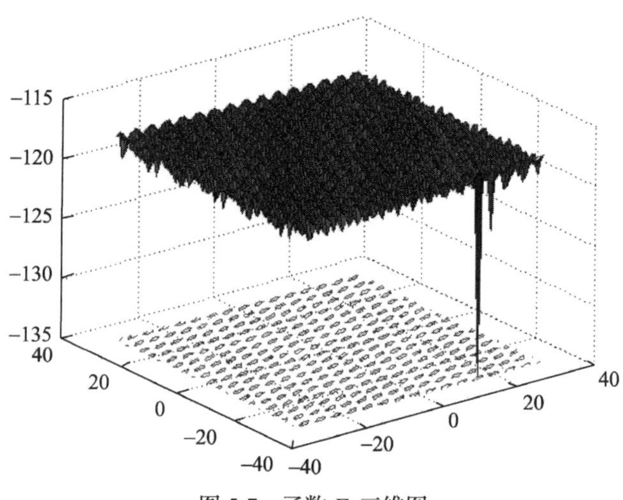

图 5-7　函数 F_8 三维图

F_{13}是由两个函数 F_2 和 F_8 复合成的旋转函数(图 5-8)，表达式如下：

F_8(Griewank 函数):　　$$F_8(x)=\sum_{i=1}^{D}\frac{x_i^{\ 2}}{4000}-\prod_{i=1}^{D}\cos\left(\frac{x_i}{\sqrt{i}}\right)+1$$

F_2(Rosenbrock 函数):　　$$F_2(x)=\sum_{i=1}^{D-1}(100(x_i^{\ 2}-x_i+1)^2+(x_i-1)^2)$$

$$F_8F_2(x_1,x_2,\cdots,x_D)=F_8(F_2(x_1,x_2))+F_8(F_2(x_2,x_3))+\cdots+F_8(F_2(x_{D-1},x_D))+F_8(F_2(x_D,x_1))$$

$$F_{13}(x)=F_8(F_2(z_1,z_2))+F_8(F_2(z_2,z_3))+\cdots+F_8(F_2(z_{D-1},z_D))+F_8(F_2(z_D,z_1))+f\_bias_{13} \tag{5-10}$$

式中，$z=x-o+1$，$x\in[-3,1]^D$，$x^*=o$，最小值 $F_{13}(x^*)=f\_bias_{13}=-130$。

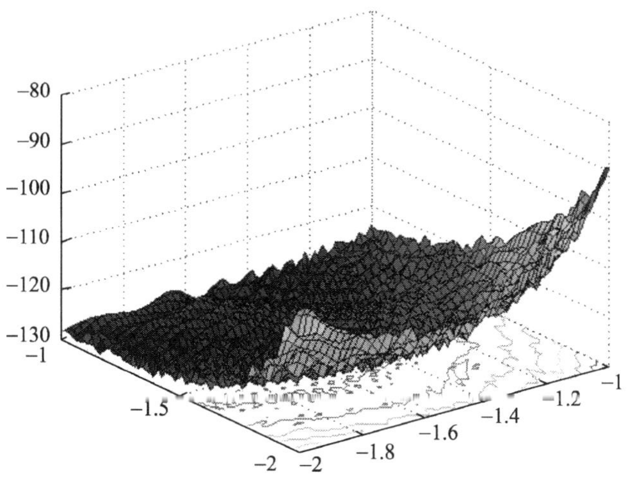

图 5-8 函数 F_{13} 三维图

F_{14} 是一个旋转函数(图 5-9)，表达式如下：

$$F(x,y)=0.5+\frac{(\sin^2\sqrt{x^2+y^2}-0.5)}{(1+0.001(x^2+y^2))^2}$$

$$F_{14}(x)=\mathrm{EF}(z_1,z_2,\cdots,z_D)=F(z_1,z_2)+F(z_2,z_3)+\cdots+F(z_{D-1},z_D)+F(z_D,z_1)+f\_bias_{14} \tag{5-11}$$

式中，$z=(x-o)*M$，M 是线性转换矩阵，条件数=3，$x\in[-100,100]^D$，$x^*=o$，最小值 $F_{14}(x^*)=f\_bias_{14}=-300$。

实验中，四种算法种群数目都为 20，在 QPSO 算法和 WQPSO 算法中，α 从 1.0 线性递减到 0.5，并且 WQPSO 算法中的权重值 a 根据适应度从 1.5 线性递减到 0.5，CQPSO 算法参数和 QPSO 算法参数设置相同，在本节提出的 ICQPSO 算法中，多次测量的次数设为 5，其他参数与 QPSO 算法相同。对于基准函数，分别独立运行 50 次，比较不同维度下不同迭代次数的平均最好适应度值和方差。对于复杂函数，分别独立运行 25 次，比较不同维度下不同迭代次数的平均最好适应度值和方差。

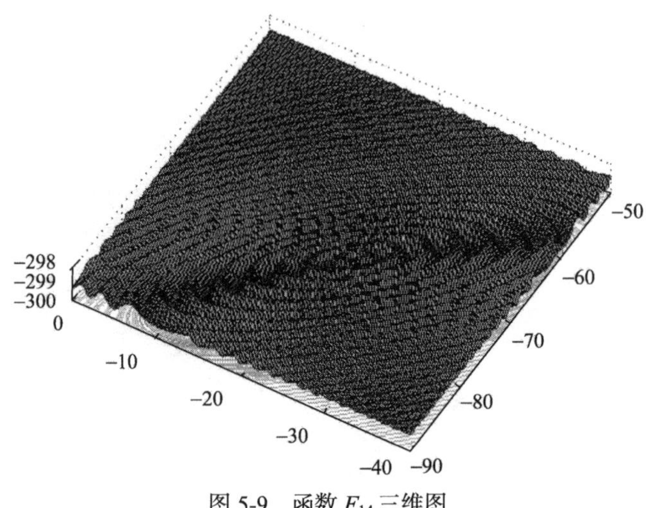

图 5-9　函数 F_{14} 三维图

实验所用电脑的 CPU 为 Intel Core2 Duo 2.33GHz，内存为 2GB，编程平台为 Matlab R2009a。

2. 实验结果及分析

1) 测量次数

本节提出了多次观测的思想，为了确定观测次数不同造成的影响，本节对基准函数 f_1(Sphere 函数)和复杂函数 F_4 进行了测试，分别设定观测次数为 1、2、3、4 和 5，如图 5-10 和图 5-11 所示，图 5-12 为 f_1 不同测量次数相同迭代次数下所花费的时间图。

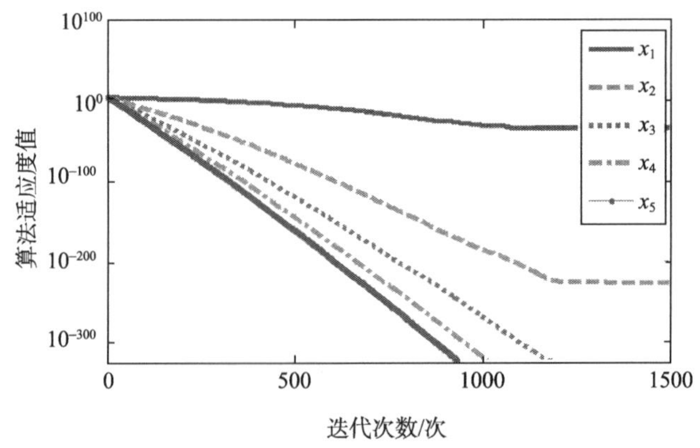

图 5-10　f_1 不同测量次数收敛速度比较

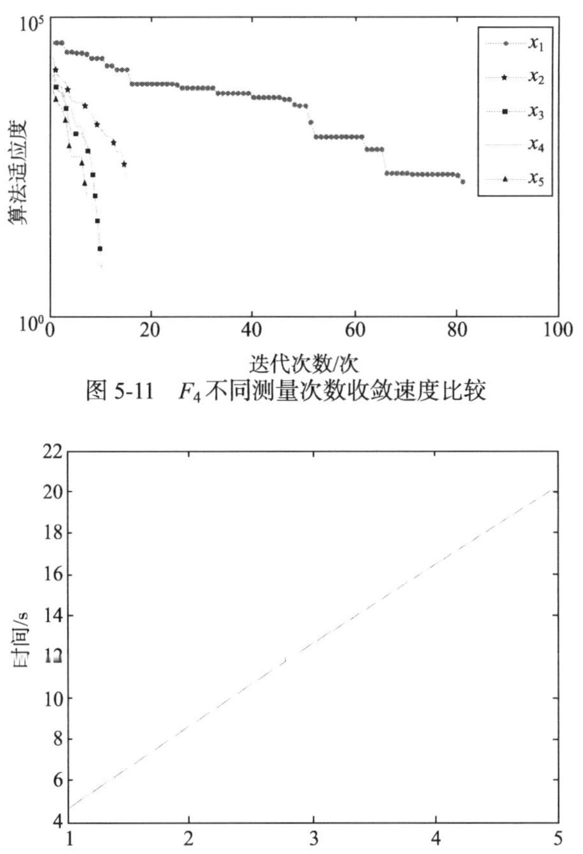

图 5-11　F_4 不同测量次数收敛速度比较

图 5-12　f_1 不同测量次数下的时间比较

图 5-10 和图 5-11 表明，测量次数越多，收敛速度越快。图 5-11 中线段收敛结束表明已收敛到最优值 0，因为图中是用适应度值的对数来表示的，所以达到 0 线段即表示终止。同时图 5-12 表明，测量次数越多，时间代价也会呈线性增长，本节取测量次数为 5。

2) 测试基准函数

表 5-2 和表 5-3 为 QPSO 算法和 WQPSO 算法、CQPSO 算法和本节提出的 ICQPSO 算法的运行结果，每个测试函数运行 50 次，记录相应数据。为了测试算法的稳定性和算法对于不同函数的性能，维数分别为 20、30 和 100，迭代次数为 1500 次、2000 次和 3000 次，种群数为 20。

表 5-2 和表 5-3 中数据结果表明，ICQPSO 算法的平均最优结果和方差都优于 QPSO 算法和 WQPSO 算法，大部分也都优于 CQPSO 算法，在很大程度上提高了全局搜索能力。

表 5-2　QPSO 算法和 WQPSO 算法测试基准函数结果比较

f	M	D	G_{max}	QPSO		WQPSO	
				最小均值	标准差	最小均值	标准差
f_1	20	20	1500	1.3208E−23	3.3218E−23	2.4267E−38	5.8824E−38
		30	2000	1.5767E−15	4.0566E−15	6.9402E−32	1.2879E−31
		100	3000	1.5077E+01	1.5926E+01	4.2014E−11	4.0006E−11
f_2	20	20	1500	9.0260E+01	1.3274E+02	4.4948E+01	5.8837E+01
		30	2000	1.8484E+02	2.6972E+02	7.6625E+01	1.0193E+02
		100	3000	1.9117E+05	1.7949E+05	2.4832E+02	1.9868E+02
F_3	20	20	1500	1.5697E+01	5.6303E+00	1.2945E+01	4.0725E+00
		30	2000	3.0375E+01	7.3978E+00	2.4259E+01	7.9174E+00
		100	3000	3.0458E+02	3.8518E+01	2.1121E+02	3.5535E+01
f_4	20	20	1500	1.8823E−02	1.9380E−02	2.4863E−02	2.3981E−02
		30	2000	4.7967E−03	7.8878E−03	9.0994E−03	1.2641E−02
		100	3000	1.1076E+00	3.3209E−01	4.4359E−03	9.0706E−03
f_5	20	20	1500	1.4444E−30	6.7034E−30	2.4224E−50	1.5425E−49
		30	2000	3.0627E−18	1.1664E−17	1.5686E−40	5.9721E−40
		100	3000	1.8609E+05	3.4648E+05	7.7518E−11	7.8925E−11

表 5-3　CQPSO 和 ICQPSO 测试基准函数结果比较

f	M	D	G_{max}	CQPSO		ICQPSO	
				最小均值	标准差	最小均值	标准差
f_1	20	20	1500	4.946880E−317	0.0000E+00	**0.0000E+00**	**0.0000E+00**
		30	2000	0.0000E+00	0.0000E+00	4.4466E−323	0.0000E+00
		100	3000	2.4209E−218	0.0000E+00	3.6129E−98	2.5448E−97
f_2	20	20	1500	3.7499E+01	4.8401E+01	**2.9140E+01**	**5.6023E+01**
		30	2000	5.5191E+01	6.4979E+01	**2.9660E+01**	**4.6534E+01**
		100	3000	**8.4586E+01**	**4.2951E+01**	1.4697E+02	9.3562E+01
f_3	20	20	1500	**0.0000E+00**	**0.0000E+00**	1.2198E+01	6.4537E+00
		30	2000	**5.9698E−02**	**2.3869E−01**	1.8049E+01	6.3279E+00
		100	3000	**9.1352E+00**	**7.0400E+00**	1.1293E+02	1.7379E+01
f_4	20	20	1500	4.2273E−02	4.3296E−02	**1.9176E−02**	**1.6191E−02**
		30	2000	6.1817E−02	6.9100E−02	**1.0279E−02**	**1.5108E−02**
		100	3000	**4.4409E−18**	**2.1977E−17**	2.6110E−03	5.1311E−03
f_5	20	20	1500	0.0000E+00	0.0000E+00	**0.0000E+00**	**0.0000E+00**
		30	2000	0.0000E+00	0.0000E+00	**0.0000E+00**	**0.0000E+00**
		100	3000	**5.3694E−285**	**0.0000E+00**	3.7938E−104	1.4349E−103

当基准函数维数为 20 维、迭代次数为 1500，运行次数 50 时，画出各个算法的盒图，如图 5-13～图 5-17 所示。通过对各个算法的盒图进行比较可以看出，ICQPSO 算法不管是最小值还是稳定程度都取得了较好的结果，只有在 Rastrigrin 函数中的结果稍差于孙俊提出的 CQPSO 算法，但也优于 QPSO 算法和 WQPSO 算法，表明本节提出的算法在优化性能上得到了提高。

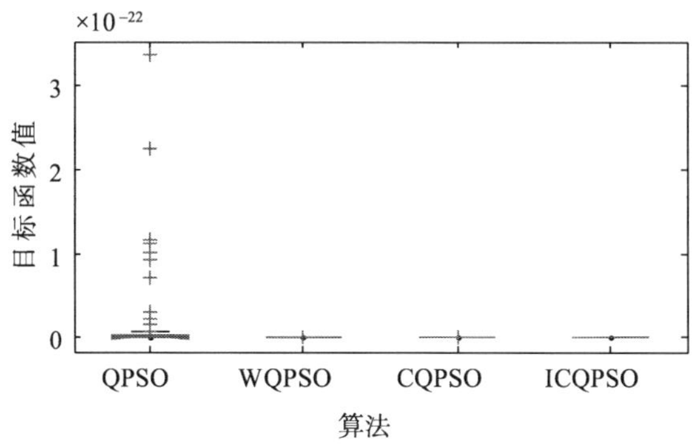

图 5-13　Sphere 函数盒图

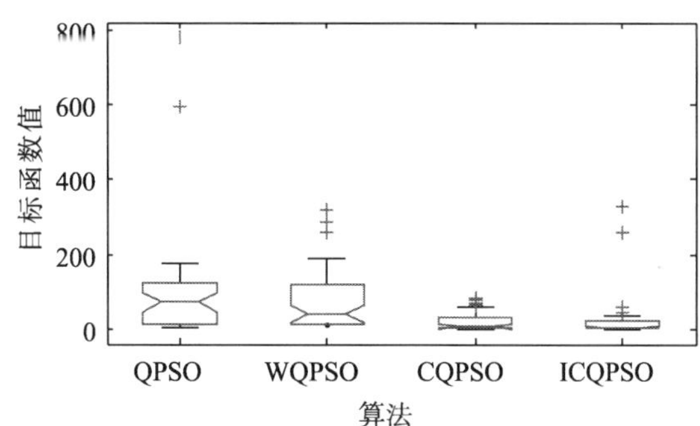

图 5-14　Rosenbrock 函数盒图

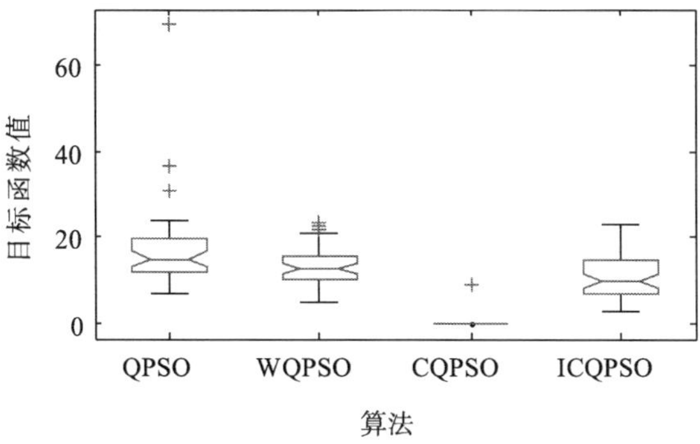

图 5-15　Rastrigrin 函数盒图

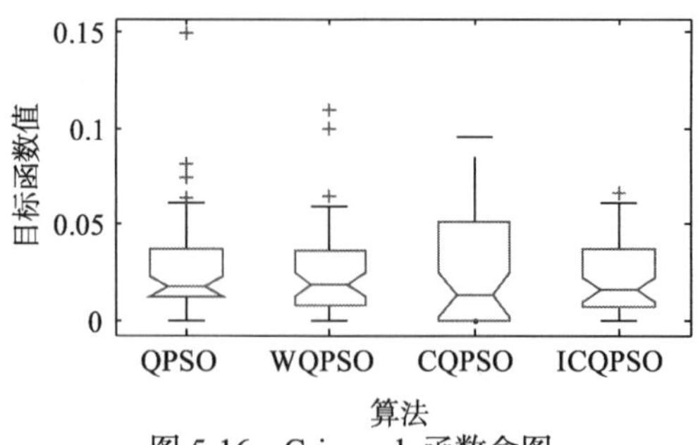

图 5-16　Griewank 函数盒图

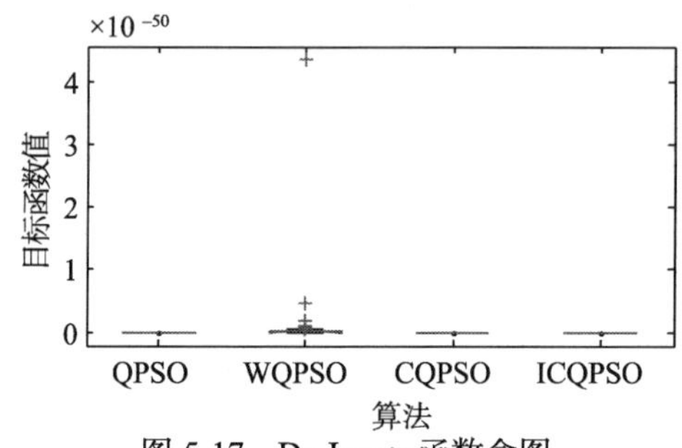

图 5-17　De Jong's 函数盒图

3) 测试复杂函数

为了更好的检验本书提出的 ICQPSO 算法的性能，对复杂函数进行了测试，测试结果如表 5-4 和表 5-5 所示。

表 5-4 和表 5-5 中数据结果表明，ICQPSO 算法的性能远远优于 QPSO 算法和 WQPSO 算法，虽然在 F_7 和 F_8 中 CQPSO 算法取得了相对好的结果，但是随着维数的增高，ICQPSO 算法在 F_7 取得了好的结果。说明了随着问题越来越复杂和维数越来越高，ICQPSO 算法的优势越来越明显，由此可说明 ICQPSO 算法的搜索能力提高了。

表 5-4　QPSO 算法和 WQPSO 算法测试复杂函数结果比较

F	Min	D	G_{max}	QPSO		WQPSO	
				最小均值	标准差	最小均值	标准差
F_4	−450	10	1000	−449.9364	1.2208E−01	−448.0866	9.3343E−01
		30	3000	3816.7280	3.4424E+03	2712.2660	2.0903E+03
		50	5000	35606.9000	1.1361E+04	23635.2300	7.2601E+03
F_5	−310	10	1000	−309.9324	2.2213E−01	−305.4161	1.3473E+00
		30	3000	3193.7680	1.0230E+03	3041.3850	1.0065E+03
		50	5000	6630.8480	1.4831E+03	5908.6570	1.6307E+03

续表

F	Min	D	G_{max}	QPSO		WQPSO	
				最小均值	标准差	最小均值	标准差
F_7	–180	10	1000	–179.5421	3.1670E–01	–179.0744	1.2846E–01
		30	3000	–179.9663	2.8176E–02	–177.9586	3.1768E–01
		50	5000	–179.8597	1.9968E–01	–176.1282	5.3809E–01
F_8	–140	10	1000	–119.5401	9.4892E–02	–119.5451	8.9466E–02
		30	3000	–118.9841	5.2917E–02	–118.9753	5.6180E–02
		50	5000	–118.8186	3.4865E–02	–118.8049	3.4791E–02
F_{13}	–130	10	1000	–128.7693	5.2452E–01	–128.5778	5.3839E–01
		30	3000	–125.4201	2.3376E+00	–121.1874	2.3874E+00
		50	5000	–117.7473	4.2147E+00	–108.7592	4.5567E+00
F_{14}	–300	10	1000	–299.9426	3.8619E–02	–299.9370	3.5529E–02
		30	3000	–299.7405	7.6293E–02	–299.7303	5.5841E–02
		50	5000	–299.5802	1.4488E–01	–299.5641	1.1844E–01

表 5-5　CQPSO 算法和 ICQPSO 算法测试复杂函数结果比较

F	Min	D	G_{max}	CQPSO		ICQPSO	
				最小均值	标准差	最小均值	标准差
F_4	–450	10	1000	–450.0000	2.5043E–06	**–450.0000**	**7.6966E–14**
		30	3000	–358.6935	6.5472E+01	**–450.0000**	**1.7589E–10**
		50	5000	10018.2800	5.3364E+03	**–449.9956**	**5.4487E–03**
F_5	–310	10	1000	294.0756	1.2651E+03	**–309.9992**	**3.2831E–03**
		30	3000	7562.1470	2.0838E+03	**2628.1310**	**6.5155E+02**
		50	5000	17936.7500	3.0209E+03	**4317.4460**	**1.1770E+03**
F_7	–180	10	1000	–179.0861	6.0709E–01	**–179.2787**	**3.3788E–01**
		30	3000	**–179.9779**	**2.6466E–02**	–179.9778	1.7880E–02
		50	5000	–178.1728	9.0499E+00	**–179.9955**	**9.1090E–03**
F_8	–140	10	1000	–119.6891	1.7260E–01	**–119.7683**	**4.4329E–02**
		30	3000	**–119.4285**	**1.6130E–01**	–119.1764	4.0630E–02
		50	5000	**–119.4007**	**2.0131E–01**	–118.9729	2.4966E–02
F_{13}	–130	10	1000	–129.3349	3.4762E–01	**–129.4101**	**1.6906E–01**
		30	3000	**–128.2843**	**4.8307E–01**	–127.2798	3.5150E–01
		50	5000	**–125.7872**	**1.6563E+00**	–125.5263	7.3139E–01
F_{14}	–300	10	1000	–299.9339	4.6257E–02	**–299.9967**	**8.8522E–03**
		30	3000	–299.7785	1.2705E–01	**–299.9952**	**5.0671E–03**
		50	5000	–299.3326	1.7327E+00	**–299.9963**	**3.5155E–03**

同样，当复杂函数维数为 10 维、迭代次数为 1000，运行次数 25 时，画出各个算法的函数盒图比较图，如图 5-18～图 5-23 所示，可以看出，ICQPSO 算法不管是最小值还是稳定程度都全部取得了最好的结果。进一步说明该算法在优化性能上得到了提高，并且对于复杂函数效果更明显。

为了更进一步说明 ICQPSO 算法的性能，进行了 t-test 实验，当基准函数维数是 20，迭代次数 1500，复杂函数维数是 10，迭代次数是 1000 时。数据测试结果如表 5-6。表中 s+ 表示前面算法明显好于后面算法，s– 表示前面算法明显坏于后面算法，+ 表示前面算法好于后面算法，– 表示前面算法坏于后面算法。

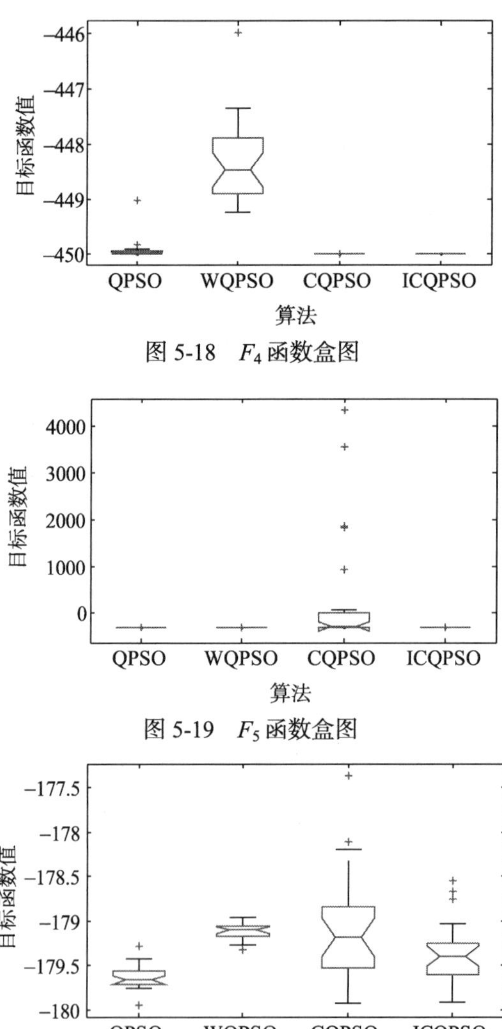

图 5-18　F_4 函数盒图

图 5-19　F_5 函数盒图

图 5-20　F_7 函数盒图

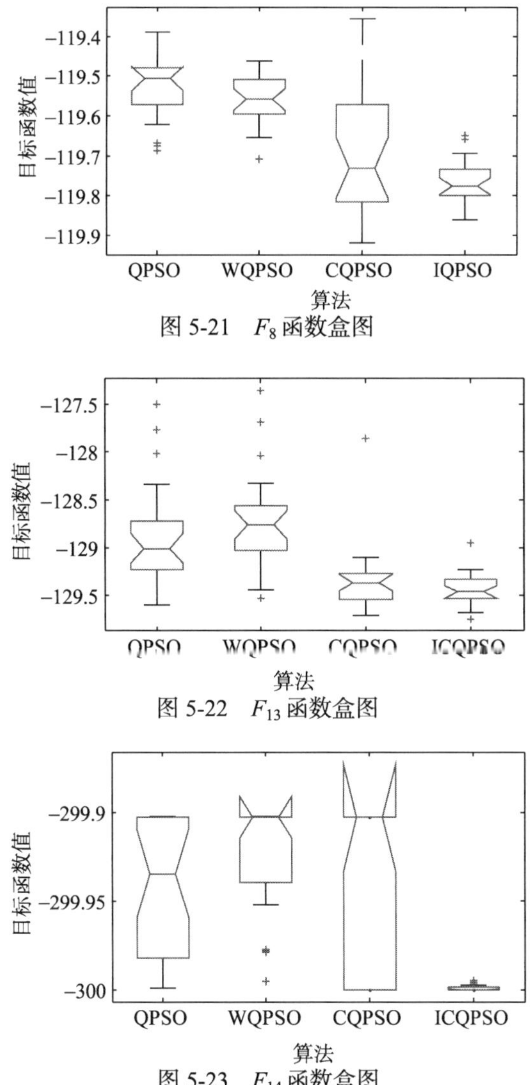

图 5-21　F_8 函数盒图

图 5-22　F_{13} 函数盒图

图 5-23　F_{14} 函数盒图

表 5-6 中数据结果表明，ICQPSO 算法在大部分情况下明显好于其他量子粒子群算法，更说明了该算法的良好搜索性能。

表 5-6　ICQPSO、QPSO、WQPSO、和 CQPSO 算法 *t*-test 测试结果

t-test 测试结果	f_1	f_2	f_3	f_4	f_5	F_4	F_5	F_7	F_8	F_{13}	F_{14}
ICQPSO-QPSO	s+	s+	s−	+	s+	+	+	s−	s+	s+	s+
ICQPSO-WQPSO	+	s+	−	+	+	s+	s+	s+	s+	s+	s+
ICQPSO-CQPSO	s+	+	s−	+	s+	+	s+	s+	s+	+	s+

5.2　基于多次塌陷–正交交叉的量子粒子群优化

优化问题是现代数学的一个重要课题，优化方法的理论研究对改进算法、扩展算法应用领域和完善算法体系具有重要作用。在实验中，优化测试函数代替实际问题评价，作为比较不同算法的性能的衡量。在现有的解决优化问题的算法中，启发式优化算法代替经典优化算法被广泛研究，粒子群算法是其中的一个代表。但是，众所周知，粒子群算法并不是全局算法，易陷入局部最优。基于量子机制的量子粒子群算法(QPSO)可以解决上面的问题，该算法已经被证实具有全局寻优性，且具有较快的收敛速度。

本节把 QPSO 算法应用到函数优化问题上，其全局搜索的优势得到发挥。而在深入研究其性能的过程中发现，量子体系的概率不确定性并没有得到较好的利用，结合正交交叉实验，本节提出了多次塌陷–正交交叉的量子粒子群算法。在优化测试函数的选取上，本节选取公认的常用函数测试基准函数，并对较复杂的 CEC05 复合函数进行实验。实验结果表明，该算法不仅可以更有效地搜索到全局最优值，而且收敛速度更快，局部和全局的搜索平衡能力更强。

5.2.1　量子多次塌陷

在量子时空框架下，一个粒子的量子状态是由波函数描述的。通过式(5-12)可以得到 δ 势阱下粒子的量子确定状态，但需要得到粒子准确的位置信息以便计算其适应度值。因此，必须由量子概率状态到经典状态得到该粒子的确定值，这个过程被称为量子塌陷[4]。采用 Monte Carlo 反变换粒子，其准确位置可通过式(5-13)得到。

$$Q(X_{i,j}(t+1)) = \frac{1}{L_{i,j}(t)} \mathrm{e}^{-2\left|P_{i,j}(t) - X_{i,j}(t+1)\right| / L_{i,j}(t)} \tag{5-12}$$

$$x_{i,j}(t+1) = p_{i,j}(t) \pm \frac{L_{i,j}(t)}{2} \ln\left[1/u_{i,j}(t)\right], \quad u_{i,j}(t) \sim U(0,1) \tag{5-13}$$

一个粒子从量子不确定状态获得一个具体位置的过程被称为单次塌陷。如式(5-13)所示，每个 u 对应一个位置 X，即多次塌陷就意味着通过式(5-13)和式(5-14)需使用多个不同的 u 值以获得若干个不同的 X 值。这个过程就被称为多次塌陷。

$$x_{i,j}(t+1) = p_{i,j}(t) \pm \beta \cdot \left|m_j(t) - x_{i,j}(t)\right| \cdot \ln\left[1/u_{i,j}(t)\right], \quad u_{i,j}(t) \sim U(0,1) \tag{5-14}$$

5.2.2　正交交叉试验简介

正交试验设计[7,8]能够均衡地在解空间进行采样，对实验结果进行量化的分析和预测，这些优秀的特性也吸引了算法设计领域的众多专家对其进行研究和借鉴。文献[8]首次将正交试验设计应用于优化流媒体组播路由的遗传算法中，创新地提出了正交交叉算子，并提出了用于离散变量的正交遗传算法。

本节的工作是将正交交叉算子引入到量子粒子群算法中，设计出了多次塌陷-正交交叉量子粒子群算法。

1. 正交试验设计

正交试验设计是多因素的优化试验设计方法，也称正交设计，一般是从实验的全部样本点中挑选出部分有代表性的样本点进行实验，利用这些代表点所做的实验能够反映出每个因素各个水平对实验结果的影响。由于这些代表点具有正交性，因此称这组实验为正交试验，挑选正交的样本点，安排正交试验的过程，称为正交试验设计。

正交试验一般用正交表来安排实验，表 5-7 为 4 因素、3 水平的正交表，记为 $L_M(Q^N)=L_9(3^4)$，其中 L 代表正交表；M 表示要做 M 次实验；Q^N 表示有 N 个因素，每个因素有 Q 个水平。表中每一纵列代表同一因素的不同水平；每一横行代表要运行的一次实验，实验完成后，将实验结果(R_i)写在右侧。

表 5-7　正交矩阵 $L_9(3^4)$

实验编号	因素				实验结果 R_i
	A	B	C	D	
1	1	1	1	1	R_1
2	1	2	2	2	R_2
3	1	3	3	3	R_3
4	2	1	2	3	R_4
5	2	2	3	1	R_5
6	2	3	1	2	R_6
7	3	1	3	2	R_7
8	3	2	1	3	R_8
9	3	3	2	1	R_9

正交矩阵的正交性包含以下三种含义[9,10]：①对于每一列的因素，每个水平作用的次数相等；②对于任何两列的两个因素，两个水平的组合发生的次数相同；③所选出的组合均匀地分布在所有可能组合的整个空间。利用正交表来安排实验，其优点是明显的：①减少实验次数。对于上述实验，如果要进行全面实验共需要 3^4=81 次实验，而按照正交表的安排只需要 9 次实验，也就是说只需要部分实验即

可；②样本点分布的均衡性。在正交表的每一列中，不同的数字出现的次数相等，且都为 M/Q 次，将任意两列中同一行的两个数字看成有序数对，则每种数对出现的次数相等，都为 $2M/Q$ 次。图 5-24 所示的 $L_9(3^4)$ 的空间模型可以进一步说明正交实验设计的均衡性。图中每个轴线代表一个因素，正方体的 8 个顶点代表了全面实验的 8 个实验点，用正交表确定的 4 个样本点(墨点所示)均衡散布其中。具体来说，正方体每个面 4 个顶点中恰有 2 个点是样本点；每条棱上 2 个顶点中恰有 1 个是样本点；分别沿轴线方向投射，在映射面上样本点恰好完全遍布其中。这些特点适应于一般情况。

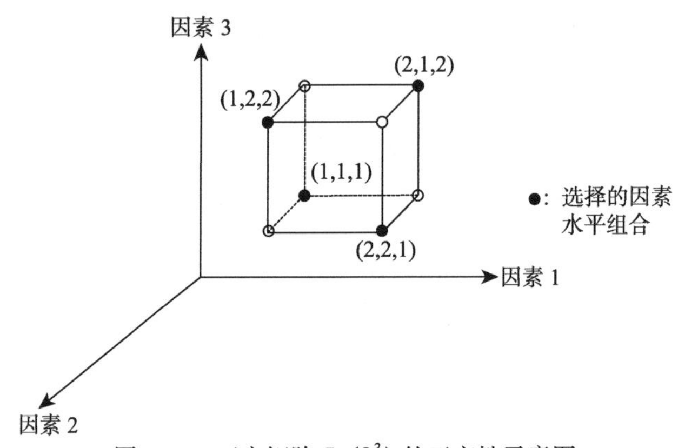

图 5-24　正交矩阵 $L_4(2^3)$ 的正交性示意图

利用正交表来安排实验的另一个显著优点是可以独立地量化评价同一个因素的各个水平，从而对未进行实验的因素组合进行预测。有如下定义：

$$S_{j,k} = \sum_{i=1}^{M} y_i \times F_i \tag{5-15}$$

式中，$S_{j,k}$ 表示因素 j 的水平对实验的主要影响；y_i 表示输出结果。当第 i 个实验中因素 j 的水平等于 k 时，F_i=1；否则，F_i=0。例如，$S_{A,1} = y_1 + y_2 + y_3$，$S_{A,2} = y_4 + y_5 + y_6$，$S_{A,3} = y_7 + y_8 + y_9$。观察表 5-7 可以发现，当因素 A 中同一水平的输出结果相加时，因素 B 的水平在 3 个相加结果中恰好都存在，因此，$S_{A,1}$，$S_{A,2}$ 和 $S_{A,3}$ 就可以判断出因素 A 中 3 个水平对实验的不同影响，同理也可以忽略 C 和 D 的影响。这样，通过比较 $S_{A,1}$、$S_{A,2}$ 和 $S_{A,3}$ 就可以判断出 A 中 3 个水平对实验的不同影响。分别计算 $S_{j,k}$ 就可以得到每个因素各个水平对于实验的影响，从而可以预测出最佳的因素水平组合搭配方式。通过计算同一因素各个水平主要影响的标准方差还可以判断出各个因素对实验结果影响的剧烈程度。

正交试验设计既保证了样本点分布的均衡性，也能在整个实验过程中独立地评价每个因素的各个水平，而且能够估计各个因素对实验结果影响的剧烈程度。这些特性对于增加算法的搜索效率、减少函数的评价次数、判断不同变量对函数优化的影响，必定大有裨益。文献[8]给出了产生一般正交表的构造方法。

2. 基于正交矩阵的正交交叉

在这部分，本节将正交设计引入到交叉操作并采用正交矩阵来进行一个合理的有代表性的交叉并得到在整个空间均匀分布的子代，这个过程被称为正交交叉。

为了简要地说明正交交叉的主要思想，如图 5-25 所示，本书采用正交矩阵 $L_9(3^4)$ 来指导两个二进制父代交叉。$L_9(3^4)$ 有三个因素，于是父代被分为三部分，随之产生四个二进制子串。

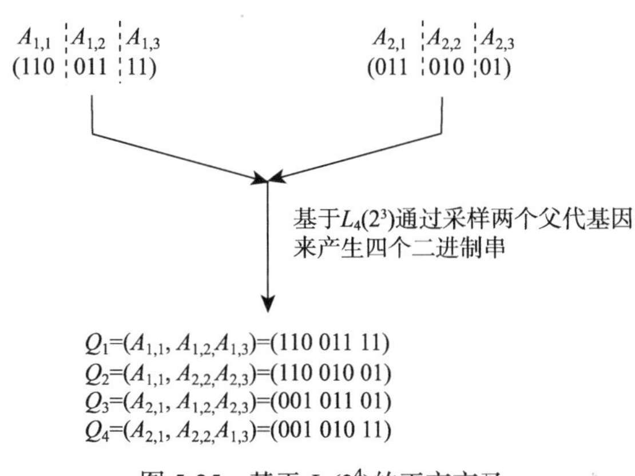

图 5-25　基于 $L_9(3^4)$的正交交叉

一般地，选择正交矩阵 $L_M(Q^N)$ 来指导正交交叉，其中，用来交叉的父代的个数是 Q，通过正交交叉得到的组合的个数是 M。详细过程如下所示[9]。

输入：Q 个父代 $X_i=(x_{i,1},x_{i,2},\cdots,x_{i,l})$，$1\leqslant i\leqslant Q$。

输出：M 个子代 $O_i=(o_{i,1},o_{i,2},\cdots,o_{i,l})$，$1\leqslant i\leqslant M$。

步骤 1：独立随机产生随机数 $r(i)$，$r(i)\in\{1,2,\cdots,N\}$，$1\leqslant i\leqslant l$。

步骤 2：基于正交矩阵 $L_M(Q^N)$ 中因素和水平的第 i 个组合 $(a_1(i),a_2(i),\cdots,a_N(i))$ 产生新子串 $O_i=(x_{a_{r(1)}(i),1},x_{a_{r(2)}(i),2},\ldots,x_{a_{r(l)}(i),l}),1\leqslant i\leqslant M$。

通常，正交矩阵越大，产生的新组合数越多，多样性也越好，然而所带来的计算复杂度也越高，因此需要在多样性和算法时间复杂度上进行平衡。在文献[9]中已被证实，一般情况下对于实际问题的规模 $L_9(3^4)$ 已是一个较好的选择。

5.2.3　多次塌陷-正交交叉的量子粒子群算法

量子粒子群算法将粒子群引入量子空间，利用量子测不准原理代替牛顿力学确定粒子在空间中的位置，通过采用概率波函数代替粒子群中固定的运动轨迹，保证了粒子可以在整个可行解区域的搜索，增强了算法的全局搜索能力，理论上保证以概率 1 收敛到全局最优解。然而，量子的不确定特性并没有得到很好的利用，通过一次塌陷粒子得到一个经典值，而实际上通过它可能通过另外一次塌陷会得到一个更好的值，通过公式 $g = \text{agr}\min(f(P[i]))$，最好的粒子根据适应度值被选出，而可能包含更有用信息的其余的粒子均被丢弃。在某种程度上，可以说这是信息的一种浪费。

基于上面存在的问题，结合多次塌陷和正交交叉算子，本节提出了多次塌陷-正交交叉的量子粒子群(multiple collapse then orthogonal crossover QPSO，MOQPSO)算法。

假设函数 f 是最小化问题，MOQPSO 算法流程如下。

步骤 1：根据函数自变量的取值范围，随机初始化种群中各粒子的位置 $x_i = (x_{i1}, x_{i2}, \ldots, x_{id})$。

步骤 2：评价粒子群的平均最优位置 m_{best}。

步骤 3：粒子塌陷 Q 次，得到粒子的 Q 个位置。

步骤 4：Q 个粒子正交交叉得到 M 个新个体，并根据粒子的适应度值选出最优的作为该粒子的位置信息。

步骤 5：评价粒子的当前适应值，并与前一次迭代的个体最好适应度比较，如果当前适应值小于前一次迭代的个体最好适应值，即 $f[x_i(n+1)] < f[y_i(n)]$，则 $y_i(n+1)=x_i(n+1)$。

步骤 6：计算群体当前的全局最优位置，即 $\hat{y}(n)=y_g(n)$，其中 $g=\arg\min(f(P[i]))$。

步骤 7：比较当前全局最优位置与前一次迭代的全局最优位置，如果当前全局最优位置的位置较好，则群体的全局最优位置更新为它的值。

步骤 8：更新种群中各粒子的位置。

步骤 9：若终止条件满足，输出群体的全局最优位置；否则，返回步骤 2。

从上述算法流程中可以看出，MOQPSO 算法采用多次塌陷可以充分利用量子系统的不确定性以提高种群的多样性，正交交叉不仅保证了采样样本的均衡性，而且可以独立地评价每个组合的优劣以便选出最优者。这也是与 QPSO 算法的主要区别之处。这些特点可能改进的算法的性能可以通过实验得到验证。

MOQPSO 算法的结构图如图 5-26 所示。

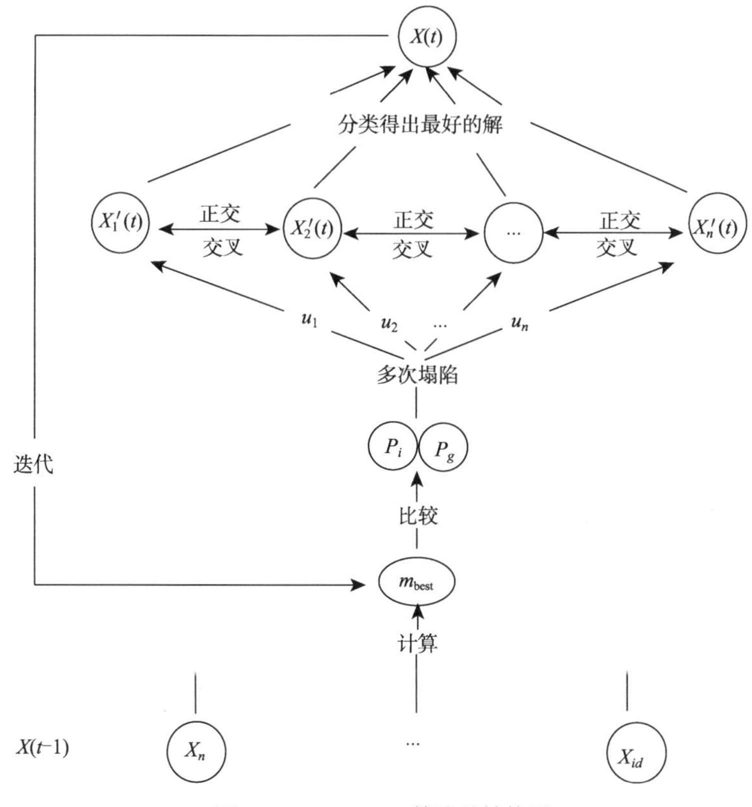

图 5-26　MOQPSO 算法的结构图

5.2.4　仿真实验及其结果分析

1. 实验设置

为了测试改进 MOQPSO 算法的性能，用十个基准测试函数和两个 CEC05 复合函数进行测试，并与 QPSO 算法、WQPSO 算法、AQPSO 算法、PSO 算法进行比较。

所选函数都是最小化问题，为了较全面地测试 MOQPSO 算法的性能，所选的函数既包括最优值为零和非零的简单基准测试函数，也包括具有转换和旋转特性的复合函数。其中，Sphere 函数是单峰函数，其在原点最优值零，因此它经常被用来测试算法的局部搜索能力；Rosenbrock 函数是一个多峰函数，而且它的最优值位于一个狭窄的区域内很难被搜索到，因此它经常被用来测试算法的局部和全局搜索能力；Rastrigrin 函数是多峰函数，经常被用来测试算法的全局搜索能力。复合函数 F_1 和 F_2 是从较新的用来测试算法性能的 CEC05 函数集[6]中提取的。

为了测试算法的稳定性，不同的种群规模、迭代次数和粒子维数被采用。种群的规模分别是 20、40、80，最大迭代次数依次为 1000、1500 和 2000，对应的维数分别为 10、20、30。其次，在依次测试完 Sphere 函数、Rosenbrock 函数和 Rastrigrin 函数后，为保证测试的效率，在研究测试结果之后本书将种群规模、迭代次数和维数分别选定为 40、1000 和 10 来测试其余的七个基准函数和两个复合函数。

为保证比较的合理性，测试算法中的所有参数设置均根据相关文献取值以保证各算法均取得最佳效果。在 PSO 算法中，系数 C_1=C_2=2，初始权重 W 从 0.9 降到 0.4。在 QPSO 算法和 MOQPSO 算法中，收缩–扩张因子 β 的最大值是 1.0，最小值为 0.5。在 WQPSO 算法中，权重系数因子根据适应度值从 1.5 到 0.5 线性递减。在 MOQPSO 算法中，所采用的正交矩阵为 $L_4(2^3)$，塌陷次数 Q=3。三个测试函数如表 5-8 所示，10 个基准函数如表 5-9 所示。

表 5-8　三个测试函数

函数名	表达式	变量区域	最优值
Sphere 函数 f_1	$f_1(x)=\sum_{i=1}^{D} x_i^2$	[–100,100]	0
Rosenbrock 函数 f_2	$f_2(x)=\sum_{i=1}^{D}(100(x_{i+1}-x_i^2)^2+(x_i-1)^2)$	[–100,100]	0
Rastrigrin 函数 f_3	$f_3(x)=\sum_{i=1}^{D}(x_i^2-10\cos(2\pi x_i)+10)$	[–10,10]	0

2. 实验结果及分析

1) 基准测试函数的测试结果及分析

首先，本节测试了表 5-9 中的十个优化函数问题，并与 PSO 算法、QPSO 算法进行比较。

表 5-10～表 5-12 分别给出了 Sphere、Rosenbrock、Rastrigrin 三个函数在不同种群规模、空间维数和迭代次数条件下独立运行 50 代所取得的最优均值和标准差。Sphere 函数结果表明，MOQPSO 算法在最优值和方差上均为零，即能较好地搜索到最优值，较前两种算法有所改善。这说明，改进后的算法具有较好的局部搜索能力。由于 Rosenbrock 函数比较特殊，一般的算法较难搜索到最优值，效果也都不太理想。尽管如此，表 5-11 结果表明，MOQPSO 算法搜索到的结果相对来说比 PSO 算法、QPSO 算法都要好很多，因此，可以说改进后的算法在局部和全局的搜索能力和平衡能力上均有所提高。对于 Rastrigrin 函数，表 5-12 显示的结果表明改进后的算法在全局搜索能力上明显提高。

表 5-9　所测试的 10 个基准函数

表达式	维度	变量区域	最优值
$f_1(x)=\sum_{i=1}^{D}x_i^2$	10	[−100, 100]	0
$f_2(x)=\sum_{i=1}^{D}(100(x_{i+1}-x_i^2)^2+(x_i-1)^2)$	10	[−100, 100]	0
$f_3(x)=\sum_{i=1}^{D}(x_i^2-10\cos(2\pi x_i)+10)$	10	[−10, 10]	0
$f_4(x)=\sum_{i=1}^{D}\|x_i\|+\prod_{i=1}^{D}\|x_i\|$	10	[−10, 10]	0
$f_5(x)=\sum_{i=1}^{D}\left(\sum_{j=1}^{i}x_j\right)^2$	10	[−100, 100]	0
$f_6(x)=-\frac{1}{D}\sum_{i=1}^{D}(x_i^4-16x_i^2+5_{xi})$	10	[−5, 5]	−78.33236
$f_7(x,y)=\left\{\sum_{i=1}^{5}i\cos[(i+1)x+i]\right\}\times\left\{\sum_{i=1}^{5}i\cos[(i+1)y+i]\right\}$	2	[−10, 10]	−186.73
$f_8(x,y)=1+x\times\sin(4\pi x)-y\times\sin(4\pi y+\pi)$	2	[−1, 1]	−2.26
$f_9(x,y)=x^2+y^2-0.3\times\cos(3\pi x)+0.3\times\cos(4\pi y)+0.3$	2	[−1, 1]	−0.240035
$f_{10}(x,y)=\left(4-2.1x^2+\frac{x^4}{3}\right)x^2+xy+(-4+4y^2)y^2$	2	[−5.12, 5.12]	−1.031628

表 5-10　Sphere 函数的测试结果

M	D	G_{max}	PSO		QPSO		MOQPSO	
			最优均值	标准差	最优均值	标准差	最优均值	标准差
20	10	1000	0.5271	0.6138	1.9898E−27	9.4410E−27	0	0
	20	1500	3.5852	1.9344	5.8370E−14	2.2693E−13	0	0
	30	2000	6.8208	3.4232	5.0027E−09	1.3539E−08	0	0
40	10	1000	0.0910	0.1412	3.6428E−55	1.8209E−54	0	0
	20	1500	1.9994	1.3904	1.6300E−29	1.1451E−28	0	0
	30	2000	4.9579	2.5260	4.5547E−21	3.0213E−20	0	0
80	10	1000	0.0473	0.1662	9.9341E−78	6.5523E−77	0	0
	20	1500	0.8325	0.6833	6.9710E−54	4.8015E−53	0	0
	30	2000	4.1448	3.8201	8.3320E−41	4.9279E−40	0	0

表 5-11　Rosenbrock 函数的测试结果

M	D	G_{max}	PSO		QPSO		MOQPSO	
			最优均值	标准差	最优均值	标准差	最优均值	标准差
20	10	1000	84.1609	80.6305	47.8144	90.1204	6.3668	0.6404
	20	1500	170.9015	106.0103	102.5762	184.6737	16.5610	1.0230
	30	2000	342.0081	127.6591	121.7741	160.7488	26.2374	1.5560E–14
40	10	1000	7.3555	7.8757	34.8415	67.0409	6.2374	6.2944E–15
	20	1500	87.0365	44.4599	46.4619	44.3782	16.2374	1.4083E–14
	30	2000	210.0328	113.1281	67.3661	82.5517	26.3021	0.4575
80	10	1000	5.7371	4.0453	3.5027	3.7074	6.2374	4.2500E–15
	20	1500	57.8736	38.2006	34.0465	33.4273	16.2372	8.8926E–15
	30	2000	141.7614	61.3201	44.6308	42.8803	26.2374	1.9212E–14

表 5-12　Rastrigrin 函数的测试结果

M	D	G_{max}	PSO		QPSO		MOQPSO	
			最优均值	标准差	最优均值	标准差	最优均值	标准差
20	10	1000	26.1761	10.4005	5.3187	2.5855	0.5571	0.7826
	20	1500	99.5402	19.4578	18.3219	5.2339	0.5969	1.2585
	30	2000	180.6004	31.2772	36.5344	7.7663	0.9153	2.1634
40	10	1000	20.2449	8.7633	3.3678	1.7174	0.2984	0.7316
	20	1500	71.0007	21.0663	14.1602	5.1987	0.2188	0.4163
	30	2000	150.3564	36.1263	28.9834	7.3327	0.1989	0.4020
80	10	1000	22.7347	12.2346	2.3303	1.6143	0	0
	20	1500	61.7942	24.5982	11.4460	4.4767	0.0397	0.1969
	30	2000	123.2405	29.0180	23.0685	6.0998	0.0198	0.1407

从上述结果中还可以发现，在相同的种群规模下，随着维数和迭代次数的增加，函数的结果随之变坏；而在空间维数和迭代代数保持不变的情况下，随着种群规模的增大，函数的实验结果越好。这是因为随着种群规模的增大，种群的多样性得到提高，因此搜索到的结果也会有所改善。但种群规模越大，算法计算复杂度的代价也会越大，在综合考虑搜索复杂度和优化结果之后，将种群规模、空间维数和迭代代数分别设定为 40、10、1000，并测试后续的基准函数和复合函数。

表 5-13 给出了 PSO、QPSO 和 MOQPSO 三种算法对十个基准测试函数的实验结果。从表中结果可以看出，MOQPSO 算法的搜索结果均等于或非常接近函数的最优值，且具有较小的方差，尤其对于函数 f_1、f_2、f_3、f_5 和 f_7。这证实了本节提出的算法的有效性。

为了证实算法的收敛速度，图 5-27 给出了三种算法对十个测试函数分别独立运行 50 次之后得到的收敛曲线图。可以发现，对于大多数函数，MOQPSO 算法的收敛速度均为最快。因为在 QPSO 算法和 MOQPSO 算法中的参数设置是一样的，因此可以说新算法中引入的多次塌陷和正交交叉起了积极作用。

表 5-13　不同算法对十个测试函数的实验结果

函数	PSO		QPSO		MOQPSO	
	最优均值	标准差	最优均值	标准差	最优均值	标准差
f_1	0.1544	0.4672	2.3904E−58	1.5590E−57	0	0
f_2	44.9164	43.3196	28.7138	66.36	8.1004	8.9719E−15
f_3	21.3071	10.6701	3.4926	1.8395	0	0
f_4	2.5261E−3	4.3049E−3	3.8873E−04	1.9232E−3	1.9431E−4	1.3740E−3
f_5	3.6481	2.7473	5.2673E−28	3.5928E−27	0	0
f_6	−66.7313	7.8987	−76.0704	2.7394	−74.5436	2.3279
f_7	−186.6938	0.0888	−183.9662	19.5478	−186.7309	7.2012E−7
f_8	−Inf	−Inf	−2.2599	1.8080E−7	−2.2599	1.0917E−9
f_9	−0.2399	2.8037E−17	−0.2399	8.7196E−12	−0.2234	0.0818
f_{10}	−1.0316	6.7289E−16	−1.0316	1.5692E−9	−1.0316	5.8053E−11

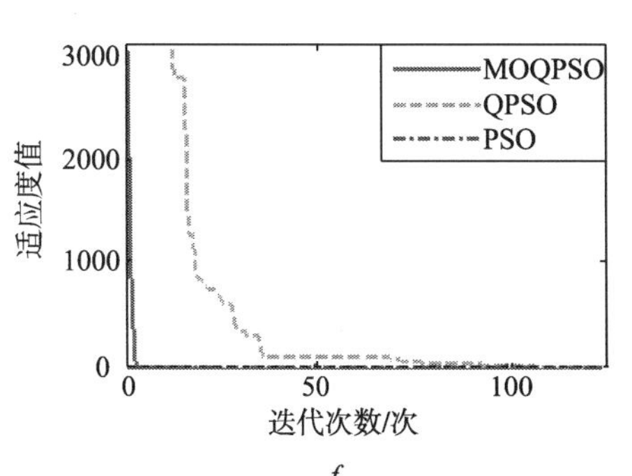

f_1

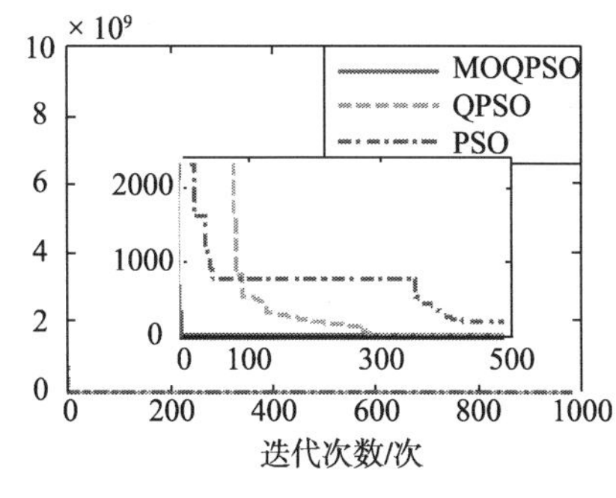

f_2

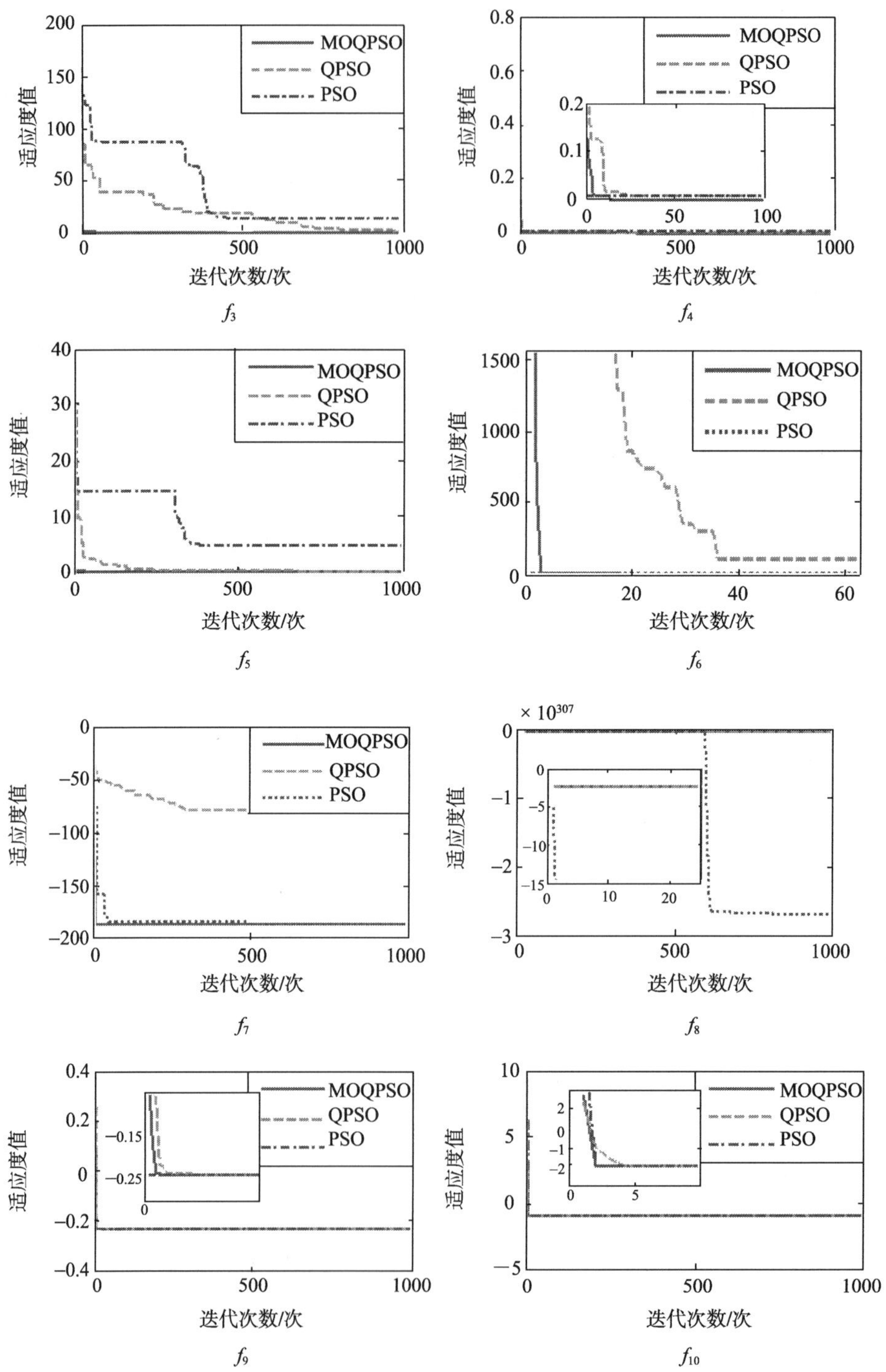

图 5-27　三种算法在十个测试函数上独立运行 50 次的收敛曲线图比较

每一个函数独立运行 50 次的结果的盒图描述如图 5-28 所示。其中 M 代表 MOQPSO 算法，Q 代表 QPSO 算法，而 P 代表 PSO 算法。盒图常用来测评算法的鲁棒性。结果显示，M 所获得的函数值较密集于最优值周围，即 MOQPSO 算法的鲁棒性均要优于 QPSO 算法，除了 f_9；同时在大多数函数上也要优于 PSO，除了 f_9 和 f_{10}。总体来看，MOQPSO 的统计结果显示其性能是由于其他两种算法的，尤其在函数 f_2、f_3、f_4、f_5、f_6 和 f_8 上效果更加明显。

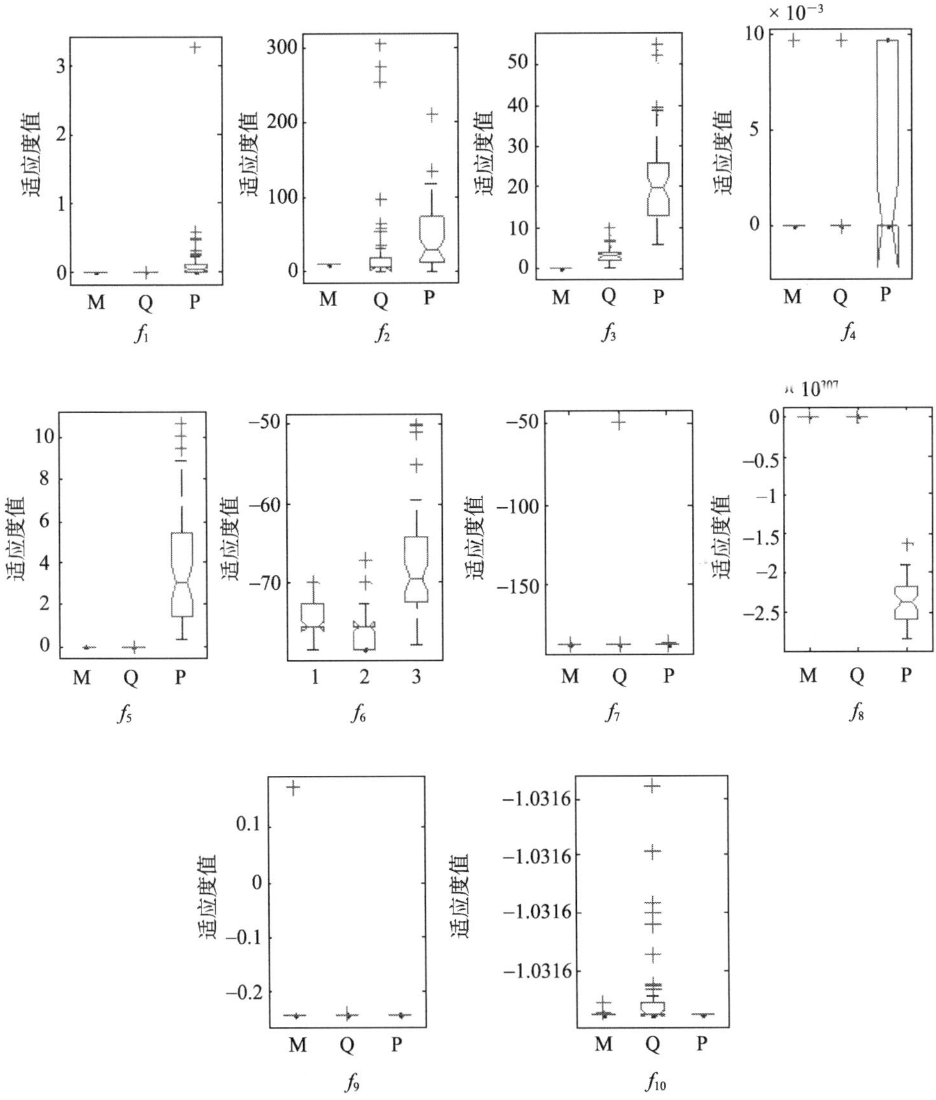

图 5-28　三种算法对十个测试函数的盒图测试结果比较

总之，在测试上述十个函数的过程中不难发现，无论是在算法收敛速度和鲁棒性上，还是在优化结果上，改进后的算法都更胜一筹。

2) 复合函数测试结果及分析

为了进一步测试算法的性能，本节采用四个具有转换和旋转特性的 CEC05 复合函数进行测试。测试函数 F_1、F_3 分别为具有转换特性的 Sphere 函数和 Rosenbrock 函数，在原点取得最优值–450 和 390；F_2、F_4 分别为具有转换和旋转特性的 Weierstrass 函数和 Ackley 函数，最优值为 90 和–140。

表 5-14 给出了四个函数的测试结果。在没有旋转特性的 F_1 上，QPSO 算法和 MOQPSO 算法均搜索到了最优值，对于 F_3，MOQPSO 算法更接近于最优值，而 PSO 算法的搜索结果相差甚远。而在具有转换和旋转双重特性的 F_2 和 F_4 上，显然后者取得的结果更接近于函数的最优值。图 5-29 是对测试函数独立运行 50 次的结果绘成的收敛曲线图，可以看出，改进后的算法具有更快的收敛速度，尤其是在函数 F_2 和 F_4 上。为测试算法的鲁棒性，图 5-30 给出里三种算法对四个函数测试结果的盒图，仍然可以看出，MOQPSO 算法能更容易接近或获得最优值，即其鲁棒性较其余两个算法更好一些。

表 5-14　CEC05 复合函数的测试结果

函数	PSO		QPSO		MOQPSO	
	最优均值	标准差	最优均值	标准差	最优均值	标准差
F_1	2.1801E+03	2.2248E+03	–450	0	–450	0
F_2	97.9384	1.3479	101.5764	2.9522	95.4920	2.9946
F_3	9.6533E+06	2.2919E+07	396.7612	7.2330	394.2728	3.5650
F_4	–119.6638	8.9924E–02	119.57	0.0645	–119.7020	0.0578

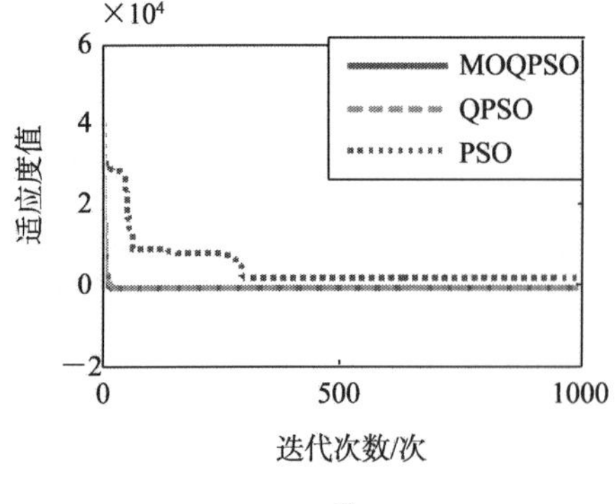

F_1

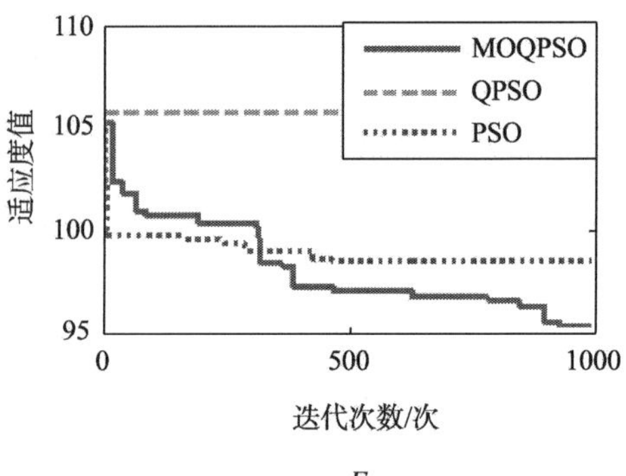

F_2

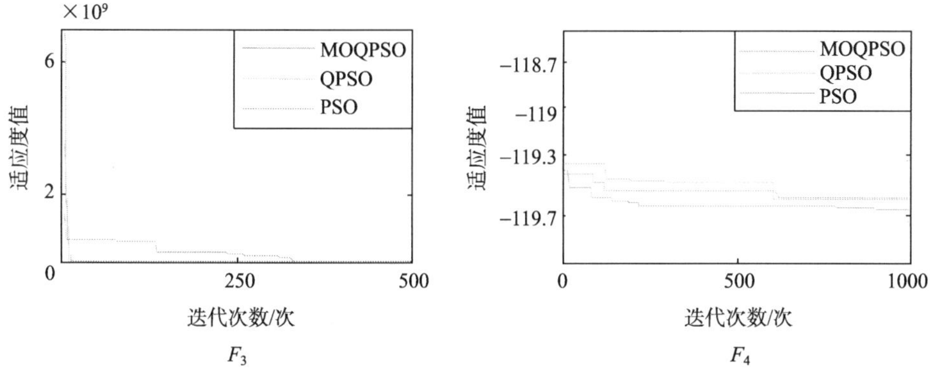

图 5-29 三种算法分别对复合函数独立测试 50 次的收敛曲线图

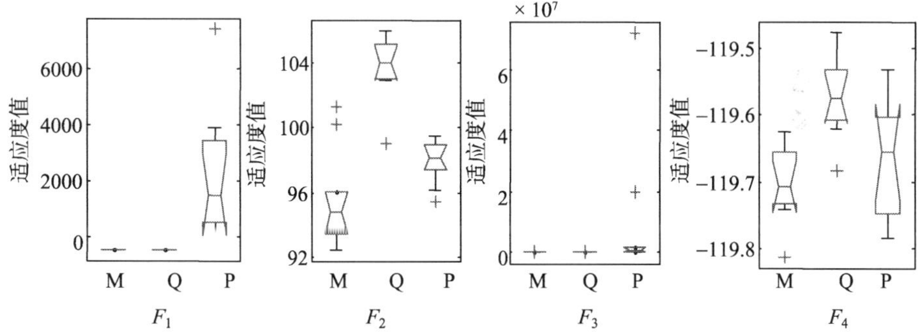

图 5-30 三种算法对复合函数独立运行 50 次的测试结果的盒图

5.3 结论与讨论

量子粒子群算法经过不断发展，全局搜索能力有所提高，在一定程度上缓解了维数灾难问题。本章受此启发，提出了改进的量子粒子群算法，该算法考虑到量子的不确定性，采用多次塌陷(测量)来增强种群的多样性，并通过正交交叉算子和协作算法对塌陷得到的多个结果进行交流学习，以获得更有效的自身最佳位置和群体最佳位置，使得算法以更快的速度收敛到最优解。实验中以复杂函数优化为例，结果表明，与传统的粒子群算法、量子粒子群算法的结果相比，无论是一般的测试函数还是 CEC05 复合函数，不管是从收敛速度和搜索结果上，还是算法的鲁棒性上，本章算法都要优于其他优化算法。

参 考 文 献

[1] FRANS V D B, ENGELBRECHT A P. A Cooperative approach to particle swarm optimization [J]. IEEE Transactions on Evolutionary Computation, 2004, 8(3): 225-239.

[2] GAO H, XU W, Sun J, et al. Multilevel Thresholding for Image Segmentation Through an Improved Quantum-Behaved Particle Swarm Algorithm[J]. IEEE Transactions on Instrumentation & Measurement, 2010, 59(4):934-946.

[3] 杨淑媛. 量子进化算法的研究及其应用[D]. 西安: 西安电子科技大学硕士学位论文, 2003.

[4] SUN J, Feng B, XU W B, Particle Swam Optimization with Particles Having Quantum Behavior[C]//Processing of Congress on Evolutionary Computation. CEC 2004, 2004: 325-331.

[5] XI M, Sun J, XU W. An improved quantum-behaved particle swarm optimization algorithm with weighted mean best position[J]. Applied Mathematics & Computation, 2008, 205(2):751-759.

[6] SUGANTHAN P N, HANSEN N, LIANG J J, et al. Problem definitions and evaluation criteria for the CEC 2005 special session on real-parameter optimization [J]. Natural Computing, 2005, 341-357.

[7] LI YX, LI J Z. Nature-inspired computation based on orthogonal intelligence optimization[C]//IEEE International Conference of Natural Computation. ICNC, 2010, 1: 402-406.

[8] ZHANG Q, LEUNG Y W. An orthogonal genetic algorithm for multimedia multicast routing[J]. IEEE Transactions on Evolutionary Computation, 1999, 3(1):53-62.

[9] PU Y M. The design of test case based on combinatorial and orthogonal experiment[C]//IEEE Information Science and Engineering. ICISE, 2010: 2440-2443.

[10] WU Q G. The optimality of orthogonal experimental designs[J]. Acta Math.appl.sinica, 1978, (4): 283-299.

第 6 章　量子进化聚类

6.1　基于流形距离的量子进化聚类

6.1.1　流形距离

在现有的聚类方法中，基于目标函数的聚类算法由于把聚类问题归结为一个优化问题，具有深厚的泛函基础，是聚类算法研究的重要分支之一。在设计基于进化计算的聚类算法时[1-4]，最核心的两个问题是个体的编码以及相似性度量。针对聚类问题的个体编码方式有很多，其中使用较多的是借用于 K 均值算法的编码方式，即每个个体只对各聚类中心进行编码，然后对数据样本按照其与聚类中心的相似性进行类别划分。因此，相似性度量对这类算法的性能有重要影响，最简单的相似性度量应该是欧氏距离，但是以欧氏距离作为相似性度量的进化聚类算法对空间分布复杂的流形结构的数据效果很差，这是由于欧氏距离的相似性度量的缺陷导致的必然结果，因为按照欧氏距离进行相似性度量，空间遵循的是“两点之间直线最短”的定理。

本节提出了一种新颖的聚类算法——基于流形距离的量子进化聚类算法(quantum-inspired evolutionary clustering algorithm based on manifold distance，QEAM)。该算法借鉴量子计算的并行特性，结合了一种新的能够反映全局一致性的距离测度函数——流形距离，针对复杂分布的数据，采用量子编码构造种群染色体，这种表达方式使种群染色体携带了丰富的信息，并结合进化算法，使作用在量子编码染色体上的操作具有高效的并行性，为防止盲目的搜索，利用当前最优染色体的信息来控制变异，使种群以大概率向着优良模式进化来加速收敛。但随着问题的复杂，该算法求解能力不尽如人意，故在各个子群体间采用量子交叉操作增强信息交流，在其内部采用量子旋转门对染色体进行进化，并动态调整旋转角度，使算法在全局搜索的同时兼顾局部。

在现实世界的聚类问题中，数据的分布往往具有不可预期的复杂结构，导致了基于欧氏距离的相似性度量无法反映聚类的全局一致性(即位于同一流形上的数据点具有较高的相似性)。从图 6-1 所示的例子中可以形象地看出，本节期望数据点 1 与 3 的相似性要比数据点 1 与 2 的相似性大，这样才有可能将数据点 1 和 3 划分为同一类。但是，按照欧氏距离进行相似性度量时，数据点 1 与 2 的欧氏距离要明显小于数据点 1 与 3 的欧氏距离，从而导致了数据点 1 与 2 划分为同一类的概率要大于数据点 1 与 3 划分为同一类的概率。也就是说，用欧氏距离作为相似性度量时，根本无法反映图中所示数据的全局一致性[5]。因此，对于现实世界中复杂的聚类问题，简单地采用欧氏距离作为相似性度量会严重影响聚类算法的性能，欧氏距离无法反映样本的全局一致性也是基于以上考虑，本书尝试设计一种能反映聚类全局一致性的相似性度量，期望新的相似性度量能够打破在欧氏空间“两点之间直线最短”的定理，使得两点间直接相连的路径长度不一定最短，也就是说新的相似性度量并不一定满足欧氏距离下的三角不等式定理[6]。为了达到这一目的，首先定义一个流形上的线段长度，该测度既能够描述数据聚类的局部一致性特征又能够描述数据聚类的全局一致性特征，从而体现了聚类的空间分布特性。

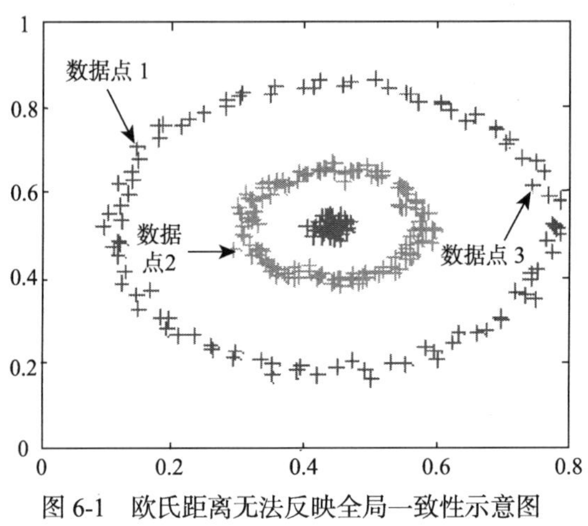

图 6-1　欧氏距离无法反映全局一致性示意图

将数据点看做是图 6-1 $G=(V,E)$的顶点，令 $p\in V^i$ 表示图上一个长度为 $l=|p|$ 的连接点 p_1 和 $p_{|p|}$ 的路径，其中边 $(p_k,p_{k+1})\in E, 1\leqslant k\leqslant p_{|p|}$，令 p_{ij} 表示连接数据点 x_i,x_j 的所有路径的集合[7]，流形距离的定义如下：

$$D_{ij}=\min_{p\in p_{ij}}\sum_{k=1}^{|p|-1}L(p_k,p_{k+1}) \tag{6-1}$$

$$L(x_i,x_j)=\rho^{\mathrm{dist}(x_i,x_j)}-1 \tag{6-2}$$

其中 ρ 表示伸缩因子，且 $\rho>1, \mathrm{dist}(x_i,x_j)$ 表示两点间的欧氏距离。

6.1.2　基于流形距离的量子进化数据聚类

1. 算法流程

步骤 1：设定一个较小正整数，随机产生初始种群 $Q(t)$，其中 α_i^t,β_i^t

$(i=1,2,\cdots,m)$ 和所有的 q_j^t 都以等概率 $1/\sqrt{2}$ 初始化。

步骤 2：将量子染色体 $Q(t)$观测成为二进制染色体 $p(t)$。

步骤 3：计算个体适应度函数 f_k，保留当前群体中的最优个体。

步骤 4：更新 $Q(t)$，变异操作得到 $Q_m(t)$。

步骤 5：将量子染色体 $Q_m(t)$观测成为二进制染色体 $p_m(t)$。

步骤 6：更新 $p_m(t)$，进行量子交叉操作并且计算每个个体适应度，保留所有种群中的最优个体。

步骤 7：选择操作，得到 $p_s(t)$。

步骤 8：选择操作，得到 $p(t+1)$。

步骤 9：如果满足终止条件 s_c 则转向步骤 10，否则转向步骤 4。

步骤10：对最好的个体进行译码，计算出聚类原型，再计算出各个样本的分类结果，这个结果就为数据集的聚类结果。

2. 算子的设计

编码方式是算法首先需要解决的问题。在聚类中，编码的对象可以是聚类中心也可以是最终的聚类结果。但是，对比这两种编码方式，对于聚类中心点的编码更简单而且易于操作，所以选择此种编码方式进行研究。使用一个 10 位的量子染色体表示一个聚类中心的一维特征，数据具有 n 维特征。那么，如果将数据聚为 3 类，每个个体将对应 3 个聚类中心，相应的量子进化算法中的每个个体将是 $30n$ 个量子比特组成的串。

设定一个较小正整数，随机产生初始种群 $Q(t)$，其中 α_i^t、β_i^t $(i=1,2,\cdots,m)$ 和所有的 q_i^t 都以等概率 $1/\sqrt{2}$ 初始化于"由 $Q(t)$生成 $p(t)$"这一步中，通过观察 $Q(t)$的状态，产生一组普通解，其中，在第 t 代中 $p(t)=\{x_1^t,x_2^t,\cdots,x_n^t\}$，每个 $x_i^t(j=1,2,\cdots,n)$ 是长度为 m 的串 $(x_1x_2\cdots x_m)$，它是由量子比特幅度 $\left|\alpha_i^t\right|^2$ 或 $(i=1,2,\cdots,m)$ 得到的。例如，在二进制情况下，随机产生一个[0,1]的数，若它大于 $\left|\alpha_i^t\right|^2$，则取 1；否则取 0。量子染色体观测操作代码如下：

```
begin
i:=0
while (i<N)do
   begin
     i:=i+1
     if random[0,1]<|αi∧t|∧2
     then pi=0
     else pi=1
```

```
    end
end
```

3. 目标函数值的计算

基于流形距离的量子进化数据聚类算法使用的目标函数是FCM聚类的目标函数。其计算式为

$$\text{Min } J(X;U,V) = \sum_{i=1}^{n}\sum_{k=1}^{c}(u_{ki})^m d_{ki}^2 \tag{6-3}$$

$$f = \frac{1}{1+J} \tag{6-4}$$

式中，u_{ki} 表示第 i 个数据集与第 k 个聚类中心的隶属度矩阵；d_{ki} 表示第 i 个数据集到第 k 个聚类中心的流形距离；f 表示聚类的目标函数。聚类划分通过迭代运算使得目标函数式(6-4)最大化，从而达到聚类的目的。

4. FCM 迭代

FCM 迭代是指对一组聚类中心按照 FCM 聚类中心迭代公式进行迭代，得到新的一组聚类中心。因为 FCM 聚类中心的迭代方向是朝着收敛的方法发展的，所以这个操作的目的是加速整个算法的收敛性能。

FCM 的隶属度和聚类中心的迭代公式为

$$v_k = \sum_{i=1}^{n}(u_{ki})^m x_i \Bigg/ \sum_{i=1}^{n}(u_{ki})^m \tag{6-5}$$

$$u_{ki} = \frac{1}{\sum_{i=1}^{k}[d_{ki}^2 / d_{li}^2]^{[1/(m-1)]}} \tag{6-6}$$

在 FCM 迭代步骤中，使用迭代公式(6-5)对种群 s_n 中的前 $N-1$ 个个体进行迭代，获得一组新的聚类中心个体，作为种群 F_n 的前 $N-1$ 个个体。将 s_n 中的第 N 个个体复制到 F_n 中，作为 F_n 的第 N 个个体。

5. 选择操作

在进化算法中，赌轮选择、随机遍历抽样法、局部选择法等被广泛应用。本节的算法中同样采用了赌轮选择策略，除此之外，还加入了精英选择策略[8, 9]。通常的选择方法是高适应度的个体被选择保留下的几率会很大。采用精英选择策略可以保证某一代的最优解在整个进化过程中毫发无损地被保留下来，即当某一代中的最优解的适应度函数值优于当前最优解的适应度函数值时，那么当前最优解就被该最优解所代替。

6. 停机条件

为了得到好的聚类结果，适当的停机条件是必要的。遗传算法常以设定最大迭代次数为停机条件。在本节的算法中以设定连续无改进次数 e 为停机条件。例如，设定 $\varepsilon=10^{-5}$ 为停止阈值，若当前个体的适应度值与之前个体的适应度值的改变量小于这个阈值时，则称为无改进，那么连续无改进次数就是 $e=1$；反之就是有改进，e 置零。当 $e=10$ 时，就是连续 10 次无改进，算法停止。

6.1.3 算法收敛性分析

定理 6.1　算法 QEAM 的种群序列 $\{X_k,k\geqslant 0\}$ 是有限齐次马尔可夫链。

证明：由于 QEAM 采用量子比特染色体 A，对于 EA(evolutionary algorithm)，染色体的取值是离散的 0、1，假设染色体长度为 m，种群规模为 n，种群所在的状态空间大小是 2^{nm}。由于 A 的取值是连续的，所以理论上种群所在的状态空间是无限的，但另一方面，实际运算中 A 是有限精度的，设其维数为 v，则种群所在的状态空间大小为 v^{nm}，因此种群是有限的，而算法中采用的交叉和变异保证 X_{k+1} 仅与 X_k 有关，即 $\{X_k,k\geqslant 0\}$ 是有限齐次马尔可夫链。

设 $X_k=\{x_1,x_2,\cdots,x_n\}$，$k$ 表示进化的代数，X_k 表示在第 k 代时的一个种群，x_i 表示第 i 个个体。设 f 是 X_k 上的适应度函数，令

$$s^*=\{x\mid\max_{x\in X_k}f(x)=f^*\}\tag{6-7}$$

称 s^* 为最优解集，其中 f^* 为全局最佳值，则有如下定义：

定义 6.1　设 $f_k=\max\limits_{x_i\in X_k}\{f(x_i),i=1,2,\cdots,n\}$ 是一个随机变量序列，序列中的变量代表在时间步 k 状态中的最佳适应度。如果当且仅当

$$\lim_{k\to\infty}P\{f_k=f^*\}=1\tag{6-8}$$

则称算法收敛，即表明当算法迭代到足够多的代数后，群体中包含全局最优解的概率接近 1。

定理 6.2　对于算法 QEAM 的马尔可夫链序列的种群满意值序列是单调不减的，即对于任意的 $k\geqslant 0$，有 $f(X_{k+1})\geqslant f(X_k)$，即种群中的任何一个个体都不会退化。

证明：由于在本算法中采用保留最优个体进行选择，因此保证了每一代个体都不会退化。

定理 6.3　算法 QEAM 是以概率 1 收敛的。

证明：由上所述，本算法的状态转移由马尔可夫链来描述。本节将规模为 n

的群体认为是状态空间 S 中的某个点，用 $s_i \in S$ 表示 s_i 是 S 中的第 i 个状态，相应本算法 $s_i = \{x_1, x_2, \cdots, x_n\}$，显然 X_k^i 表示在第 k 代时种群 X_k 处于状态 s_i，其中随机过程 $\{X_k\}$ 的转移概率为 $p_{ij}(k)$，则

$$p_{ij}(k) = p\{X_{k+1}^j / X_k^i\} \tag{6-9}$$

设 $I = \{i \mid s_i \cap s^* \neq \varnothing\}$，下面给出 $p_{ij}(k)$ 的两种特殊情况。

①当 $i \in I, j \notin I$ 时，由式(6-9)和定理 6.2 得

$$p_{ij}(k) = 0 \tag{6-10}$$

即当父代中出现最优解时，不论经历多少代的进化最优解都不会退化。

②当 $i \notin I, j \in I$ 时，由定理 6.2 可知，$f(X_{k+1}^j) > f(X_k^i)$，所以

$$p_{ij}(k) > 0 \tag{6-11}$$

在讨论了转移概率的两种特殊情况后，接下来证明式(6-8)。设 $p_i(k)$ 为种群 X_k 处在状态 s_i 的概率，$p_k = \sum_{i \notin I} p_i(k)$，则由马尔可夫链的性质得

$$p_{k+1} = \sum_{s_i \in S} \sum_{j \notin I} p_i(k) p_{ij}(k) = \sum_{i \in I} \sum_{j \notin I} p_i(k) p_{ij}(k) + \sum_{i \notin I} \sum_{j \notin I} p_i(k) p_{ij}(k) \tag{6-12}$$

由于

$$\sum_{i \notin I} \sum_{j \in I} p_i(k) p_{ij}(k) + \sum_{i \notin I} \sum_{j \notin I} p_i(k) p_{ij}(k) = \sum_{i \notin I} p_i(k) = p_k \tag{6-13}$$

因此

$$\sum_{i \notin I} \sum_{j \notin I} p_i(k) p_{ij}(k) = p_k - \sum_{i \notin I} \sum_{j \in I} p_i(k) p_{ij}(k) \tag{6-14}$$

把式(6-14)代入式(6-12)，再利用式(6-10)和式(6-11)，则

$$0 \leqslant p_{k+1} < \sum_{i \in I} \sum_{j \notin I} p_i(k) p_{ij}(k) + p_k = p_k \tag{6-15}$$

因此

$$\lim_{k \to \infty} p_k = 0 \tag{6-16}$$

又由 $\lim_{k \to \infty} P\{f_k = f^*\} = 1 - \lim_{k \to \infty} \sum_{i \notin I} p_i(k) = 1 - \lim_{k \to \infty} p_k$ 和式(6-16)可知

$$\lim_{k \to \infty} P\{f_k = f^*\} = 1 \tag{6-17}$$

即所有包含在非全局最优状态中的概率收敛于 0，则包含在全局最优状态中的概率收敛为 1。

6.1.4 时间复杂度分析

设种群规模为 M，编码长度为 N，则算法每迭代一次的时间复杂性可按以下计算：量子变异操作的时间复杂度为 $O(M\times N)$；量子交叉操作的时间复杂度为 $O(M\times N)$。因此总的时间复杂度最差为 $O(M\times N)+O(M\times N)$。根据符号 O 的运算规则化简，QEAM 每迭代一次的时间复杂度最差为 $O(M\times N)$。

6.1.5 仿真实验及其结果分析

为了能够直观的考察“基于流形距离的量子进化聚类算法”的性能，本节将该算法分别应用于 6 个人工数据和 3 个 UCI 数据上做测试，这 6 个人工数据分别是 Three-circles，Spiral，Squar4，Sticks，Long1，Line-blobs，它们分别具有不同的流形结构。3 个 UCI 数据集分别是 Iris 数据集，Wine 数据以及 Glass 数据。本节将新算法与基于流形距离的免疫进化算法(immune evolutionary algorithm based on manifold distance， IEAM)、传统的 FCM 算法以及遗传聚类算法(genetic algorithm applied to clustring，GAC)进行性能比较。

对于聚类结果，本实验采用了聚类正确率来衡量；对于算法性能，采用了 Adjusted Rand Index[10]来度量。它将类别划分看做是样本之间的一种关系，每一对样本要么被划分在同一类，要么划分在不同类，通过统计正确决策对数来评价聚类算法的性能。这种评价标准有两个输入变量(一个是正确的划分结果，另外一个是实验所得的划分结果)，它统计了所有数据项在这两种划分结果中，成对出现在同一类属中的概率。下面给出 Ajusted Rand Index 的计算式：

$$R(U,V)=\frac{\sum_{lk}\binom{n_{lk}}{2}-\left[\sum_{l}\binom{n_{l\cdot}}{2}\cdot\sum_{k}\binom{n_{\cdot k}}{2}\right]\Big/\binom{n}{2}}{0.5\left[\sum_{l}\binom{n_{l\cdot}}{2}+\sum_{k}\binom{n_{\cdot k}}{2}\right]-\left[\sum_{l}\binom{n_{l\cdot}}{2}\cdot\sum_{k}\binom{n_{\cdot k}}{2}\right]\Big/\binom{n}{2}} \tag{6-18}$$

式中，n_{lk} 表示那些既属于类属 l 又属于类属 k 的数据个数，$R(U,V)\in[0,1]$，其数值越大说明划分的正确性越高。

算法参数设置如下：初始种群规模 $N=20$。基于 IEAM 的参数设置为：种群规模 $N=20$，疫苗长度 $v=10$，交叉概率 $p_c=0.75$，变异概率 $p_m=0.1$，疫苗接种概率 $p_v=0.3$。GAC 的参数设置为：种群规模 $N=20$，交叉概率 $p_c=0.75$，变异概率 $p_m=0.1$。FCM 参数设置为：模糊指数 $m=2.0$。以上四种算法的更新阈值 $\varepsilon=10^{-5}$，连续无改进次数 $e=10$，收缩因子 $\rho=e^2$。表 6-1 的实验结果均是每个数据集独立运行 20 次时的平均值。

表 6-1　各个数据集在四种聚类算法的聚类结果

人工数据集	聚类正确率				Adjusted Rand Index			
	QEAM	IEAM	GAC	FCM	QEAM	IEAM	GAC	FCM
Three-circles	1	1	0.428	0.414	1	1	0.026	0.024
Spiral	1	1	0.642	0.639	1	1	0.080	0.076
Square4	0.923	0.916	0.934	0.933	0.806	0.789	0.832	0.830
Sticks	1	1	0.845	0.849	1	1	0.664	0.676
Long1	1	0.967	0.464	0.486	1	0.946	0.014	0.016
Line-blobs	1	1	0.797	0.801	1	1	0.487	0.494
Iris	0.967	0.96	0.893	0.887	0.904	0.886	0.728	0.715
Glass	0.458	0.379	0.318	0.322	0.213	0.182	0.161	0.166
Wine	0.938	0.826	0.949	0.949	0.819	0.556	0.85	0.85

为了更直观反映出聚类结果,图 6-2～图 6-6 展示了四种算法的典型聚类结果。

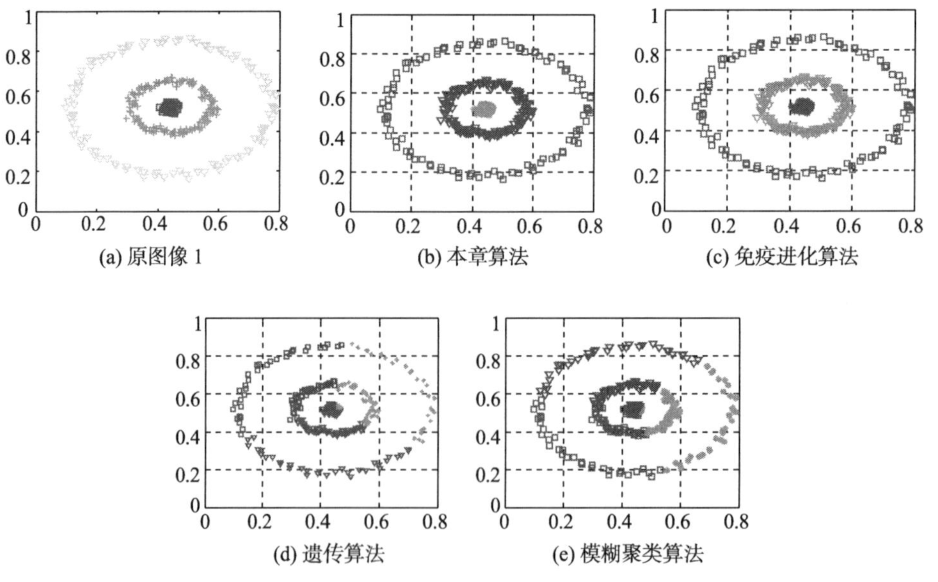

图 6-2　实验结果图 1

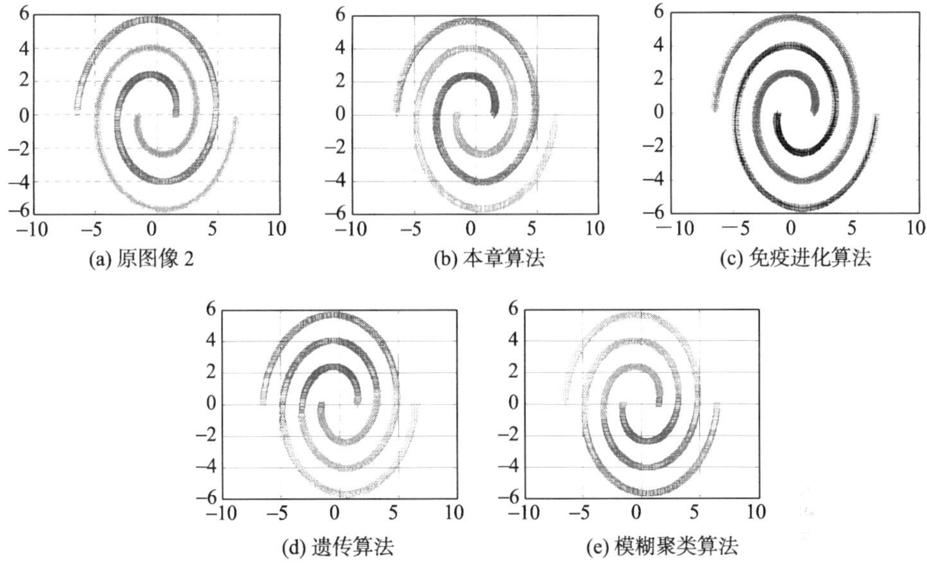
(a) 原图像 2　(b) 本章算法　(c) 免疫进化算法

(d) 遗传算法　(e) 模糊聚类算法

图 6-3　实验结果图 2

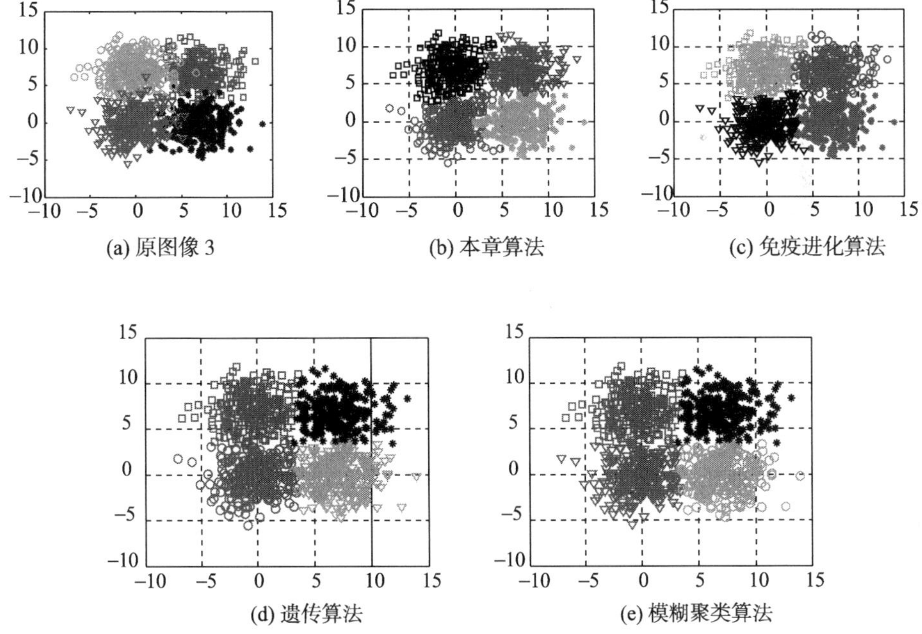
(a) 原图像 3　(b) 本章算法　(c) 免疫进化算法

(d) 遗传算法　(e) 模糊聚类算法

图 6-4　实验结果图 3

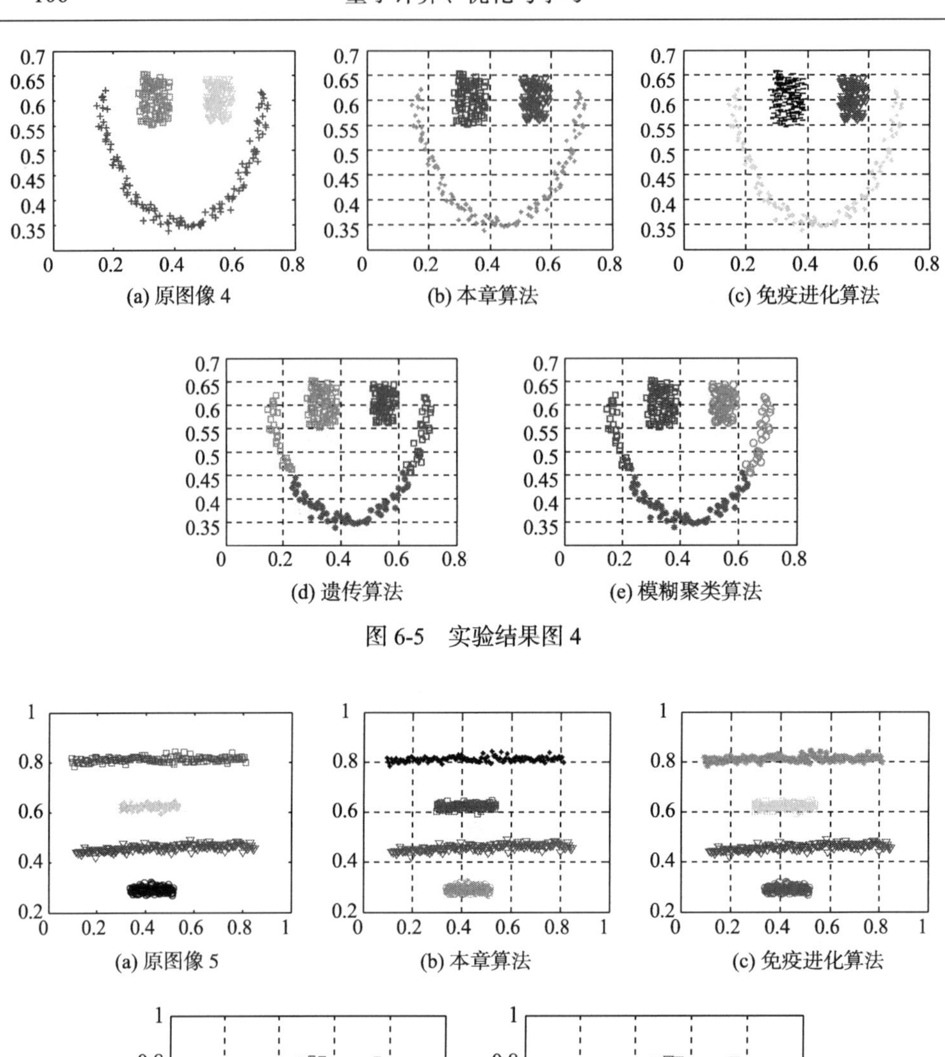

(a) 原图像 4　(b) 本章算法　(c) 免疫进化算法

(d) 遗传算法　(e) 模糊聚类算法

图 6-5　实验结果图 4

(a) 原图像 5　(b) 本章算法　(c) 免疫进化算法

(d) 遗传算法　(e) 模糊聚类算法

图 6-6　实验结果图 5

从表 6-1 可以看出，测试得到的大部分数据中，本章算法 (QEAM) 所得到的解很大程度上优于其他三种算法。对于数据 Three-circles、Spiral、Sticks、Line-blobs 和 Long1，其优势是很明显的。对于这些呈现流形分布的数据，以流形距离作为测度的 QEAM 和 IEAM 能够正确地对类别进行划分，但是以欧氏距离作为相似性度量的 GAC 和 FCM 都很差。对于 UCI 数据，新算法也能明显地体现出其优势。

同时采用流形距离作为相似性度量的 QEAM 以及 IEAM，为了凸显新算法的优越性，对每个数据集 20 次的平均运行时间逐一进行统计，见表 6-2。

表 6-2　基于流形测度的两种算法时间比较

人工数据集	运行时间/ s	
	QEAM	IEAM
Three-circles	68.81	110.28
Spiral	1814.28	3295.54
Square4	1524.35	3747.82
Sticks	488.47	712.76
Long1	1364.71	3659.04
Line-blobs	52.84	99.92
Iris	21.14	38.24
Glass	44.37	75.29
Wine	24.79	42.90

由表 6-2 可以看出，呈现流形分布的特殊数据，新算法采用流形距离作为相似性度量得到了很好的结果，并且相比同样测度的 IEAM 也有明显优势，不但从表 6-1 的错误率统计以及 Adjusted Rand Index 能够反映出来，而且在表 6-2 中，新算法的时间代价明显小于 IEAM。

为了考察以上四种算法的鲁棒性，本书将四种算法在求解这九个数据集时的鲁棒性进行分析与比较。系统地说，算法 m 在某个数据集上的相对性能用该算法所获得的 Adjusted Rand Index 的值与所有算法在求解该问题时得到的最大 Adjusted Rand Index 的值来衡量[11]，即

$$b_m = \frac{R_m}{\max R_k} \tag{6-19}$$

因此，在某个数据集上表现最好的算法的相对性能为 1，其他算法相对性能 $b_m \leqslant 1$。算法 m 在所有数据集上的鲁棒性总和可以用于评价算法鲁棒性，总和越大鲁棒性越好[12,13]。四种算法的鲁棒性比较如图 6-7 所示。

从图 6-7 可以看出，基于流形距离的测度函数的两个算法明显优于基于欧氏距离测度的两个算法。QEAM 的总和值达到了 8.968，IEAM 的总和值达到了 8.409，但是基于欧氏距离的两个算法的总和分别只有 4.845 和 4.828。由此说明，新算法具有优于其他三个算法的性能。

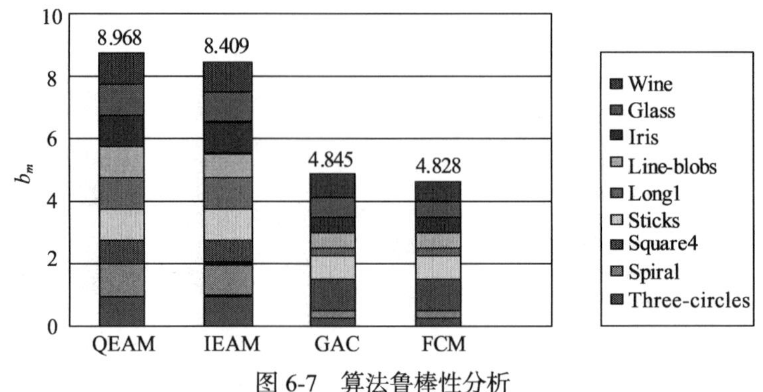

图 6-7　算法鲁棒性分析

6.2　量子多目标进化聚类

6.2.1　聚类算法简介

聚类是一种重要的无监督分类方法，它把在某方面具有相同属性的一组模型聚成一类，在现有的聚类方法中，基于目标函数的聚类算法由于把聚类问题归结为一个优化问题，具有深厚的泛函基础，是聚类算法研究的重要分支之一。在设计基于进化计算的聚类算法时[3-5]，最核心的三个问题是个体的编码、距离测度和目标函数的选取。

针对聚类问题的个体编码方式主要有以下几种：基于中心的编码、基于类标的编码、基于最小生成树的编码。基于中心的编码需要事先设定类别数，一般初始聚类中心类似于 K 均值聚类中的方法，即随机从聚类数据集中选择 k 个数据点作为初始聚类中心，然后根据优化方法对聚类中心不断优化，获得最佳聚类中心达到聚类的目的。基于类标的编码，也被称为直接编码，即编码长度为聚类数据集中数据点的个数，每个基因位上的值代表该数据点所属的类别号，一般初始化有两种方法，一种是随机对每个数据点进行初始化，另一种是根据先验知识进行指导。基于最小生成树的编码，是最近几年研究得比较多的一种初始化方法，该方法利用图的知识，先建立一个最小生成树，不断断开距离最短的边，以此获得初始聚类种群。这些编码方式各有优缺点：基于中心的编码，编码个体短，便于后续的进化操作，缺点是需要事先指定类别数。基于类标的编码，直观简单易于理解，缺点是对于大规模数据集编码长度很长，时间复杂度和空间复杂度均较高。基于最小生成树的编码，对于复杂分布的数据效果好，缺点是编码长度长，后续进化操作计算复杂度高。

聚类算法中的相似性度量，一般采用三种距离函数：明氏距离、马氏距离和兰氏距离。现有方法中常用的相似性度量是明氏距离中的欧氏距离以及针对流形分布数据集的流形距离。

传统聚类方法大都选取一个目标函数优化，或者虽然选取多个目标函数但是却用系数将多个目标函数整合成一个目标函数，随着多目标优化技术的不断发展和完善，出现了一些多目标聚类方法[12, 14, 15]。

本节提出了一种量子多目标进化聚类 (quantum-inspired multi-objective evolutionary clustering，QMEC)算法。该方法借鉴量子计算的并行特性，结合多目标优化框架，针对复杂分布的数据，采用量子编码表示个体，因为量子状态的叠加性，使这种编码方式携带了更加丰富的信息，并结合进化算法，使得作用在量子编码染色体上的操作具有高效的并行性，为防止盲目的搜索，利用多目标优化中的非支配排序选择获得的非支配解来指导量子旋转门更新，使种群以大概率向着优良模式进化来加速收敛。

1. 聚类的数学描述

聚类就是按照一定的要求和规律对事物进行区分和分类的过程，在这一过程中没有任何关于类别的先验知识，也没有教师的指导，仅靠事物间的相似性作为类属划分的准则，因此属于无监督分类的范畴。聚类分析从划分的方式上可以分为两种：一种是硬化分，它把每个待辨识的对象严格地划分到某类中，具有非此即彼的性质，因此这种划分的界限是分明的；另一种称为软化分，这种划分采用模糊聚类分析的方法来解决，获得各样本点属于各个类别的不确定程度，表述了样本类别的中介性，即建立起了样本对于类别的不确定性描述[16]。

聚类分析可以用下面的数学模型来表示：设 $X=\{x_1,x_2,\cdots,x_n\}$ 是待聚类的模式集合，X 中的每个对象 $x_i(1\leqslant i\leqslant n)$ 常用有限个参数值来描述，每个参数值表示 x_i 的某个特征。于是对象 x_i 就可以表示为一个模式矢量 $x_i=\left(x_{i1},x_{i2},\cdots,x_{im}\right)$，其中 $x_{ij}\left(1\leqslant j\leqslant m\right)$ 是 x_i 在第 j 个特征上的赋值。聚类分析就是分析集合 X 中的 n 个样本对应的模式矢量间的空间距离及分散情况，按照各样本间的距离关系把 $x_1,x_2,\cdots,x_n$ 划分为 k 个不相交的模式子集 $C_1,C_2,\cdots,C_k$，并要求满足下列条件：

$$C_1\cup C_2\cup\cdots\cup C_k=C;\ C_i\cup C_j=\varnothing,1\leqslant i\neq j\leqslant k \tag{6-20}$$

模式 $x_j\left(1\leqslant j\leqslant n\right)$ 对类 $C_i\left(1\leqslant i\leqslant k\right)$ 的隶属关系可用隶属度函数表示为

$$u_{C_i}\left(x_j\right)=u_{ij}=\begin{cases}1, & x_j\in C_i\\ 0, & x_j\notin C_i\end{cases} \tag{6-21}$$

其中隶属度函数必须满足条件 $u_{ij}\in M_{hk}$，即要求每一个样本能且只能隶属某一类，同时要求每个类都是非空的。

$$M_{hk}=\left\{u_{ik}\middle|u_{ik}\in\{0,1\};\sum_{i=1}^{k}u_{ij}=1,\forall j;0<\sum_{j=1}^{n}u_{ij}<n,\forall i\right\} \tag{6-22}$$

模糊聚类分析中，数据集 X 被划分成 k 个模糊子集 $\tilde{C}_1$，$\tilde{C}_2,\cdots$，$\tilde{C}_k$，并且样本的隶属度 u_{ij} 从 $\{0,1\}$ 二值扩展到 $[0,1]$ 区间，满足条件：

$$\bigcup_{i=1}^{k}\operatorname{supp}(\tilde{C}_i)=C;u_{ij}\in[0,1];\sum_{i=1}^{k}u_{ij}=1,\forall j;0<\sum_{j=1}^{n}u_{ij}<n,\forall i \tag{6-23}$$

式中，supp 表示取模糊集合的支撑集。

2. 常用的聚类算法

1) 单目标聚类算法分析

由于聚类问题属于无监督学习问题，在聚类过程中对于聚类效果没有了解，为了更好地描述聚类过程的划分效果，通常需要采用一些评价标准来评价算法聚类效果和真实类别的相似程度，这样聚类问题 (Ω,P) 就转化成了优化问题。

$$P\left(C^*\right)=\min_{C\in\Omega}P\left(C\right) \tag{6-24}$$

式中，Ω 是可行的聚类结果集合；C 是对给定数据集 X 的一个划分；P 是准则函数，P 通常是对数据点间的相似性或不相似性程度的反映，式(6-24)用于寻找聚类过程中 P 的最小值，并将它作为最终划分结果。

现有的聚类算法大多数采用单一的目标函数来实现聚类，如经典的 K 均值[17]和遗传聚类算法[8]，这些方法对于某些具有特殊分布的数据往往具有很好的聚类效果，而对于其他分布的数据效果不理想。

K 均值聚类已经应用到各种领域，核心思想是算法把 n 个向量 $x_j\left(1,2,\cdots,n\right)$ 分为 k 个组 $C_i\left(i=1,2,\cdots,k\right)$，并求每组的聚类中心使得非相似性(或距离)指标的价值函数(或目标函数)达到最小。当选择欧氏距离为组 i 中向量 x_j 与相应聚类中心 z_i 间的非相似性指标时，价值函数可定义为

$$J=\sum_{i=1}^{k}J_i=\sum_{i=1}^{k}\left(\sum_{x_j\in C_i}\left\|x_j-z_i\right\|^2\right) \tag{6-25}$$

式中，J 为所有类别的类内距之和；J_i 是第 i 类的类内距，其值依赖于 C_i 的几何特性和 z_i 的位置；$\left\|x_j-z_i\right\|$ 为第 i 类中的数据点 x_j 与第 i 类的聚类中心 z_i 的欧氏距离。

一般用一个 $k\times n$ 的二维隶属矩阵 U 来定义一个划分过的组。如果第 j 个数据

点 x_j 属于组 i，则 U 中的元素为 1；否则，该元素取 0。一旦确定聚类中心 z_i，可导出如下式使式(6-25)最小的 u_{ij}：

$$u_{ij}=\begin{cases}1 & 对每个 k\neq i,如果\left\|x_j-c_i\right\|^2\leqslant\left\|x_j-c_k\right\|^2\\0 & 其他\end{cases}\tag{6-26}$$

需要注意，隶属度矩阵 U 具有以下性质：$\sum_{i=1}^{k}u_{ij}=1,\forall j=1,\cdots,n;\cap\sum_{i=1}^{k}\sum_{j=1}^{n}u_{ij}=n$。

另一方面，如果固定 u_{ij}，则使得式(6-25)最小的最佳聚类中心就是组 i 中所有向量的均值。

$$z_i=\frac{1}{\left|C_i\right|}\sum_{x_j\in C_i}x_j\tag{6-27}$$

式中，$\left|C_i\right|$ 是 C_i 的规模或 $\left|C_i\right|=\sum_{j=1}^{n}u_{ij}$。具体步骤如下。

步骤 1：初始化聚类中心 $z_i,i=1,\cdots,k$。一般是从所有数据点中随机取 k 个点。

步骤 2：用式(6-26)确定隶属矩阵 U。

步骤 3：根据式(6-25)计算价值函数。如果它小于某个确定的阈值，或它相对上次价值函数值的改变量小于某个阈值，则算法停止。

步骤 4：根据式(6-27)修正聚类中心，返回步骤 2。

该算法本身是迭代的，且不能确保它收敛于最优解。K 均值算法的性能依赖于聚类中心的初始位置。所以，为了使它可取，要么用一些前端方法求好的初始聚类中心；要么每次用不同的初始聚类中心，将该算法运行多次。上述算法仅仅是一种具有代表性的方法，本节还可以先初始化一个任意的隶属矩阵，然后再执行迭代过程。

GAC 算法的基本步骤如下。

步骤 1：t=0。

步骤 2：初始化种群 $P(t)$ 。

步骤 3：计算 $P(t)$的适应度值。

步骤 4：$t\leftarrow t+1$。

步骤 5：如果满足停机条件，则执行步骤 8，否则，执行下一步。

步骤 6：选择、交叉、变异。

步骤 7：返回步骤 3。

步骤 8：输出最优结果。

GAC 与 K 均值算法的不同之处有两方面。一是目标函数略有差异。GAC

选取的目标函数为

$$f = 1/u$$

$$\mu(C_1, C_2, \cdots, C_k) = \sum_{i=1}^{k} \sum_{x_j \in C_i} \left\| x_j - z_i \right\|^2 \tag{6-28}$$

计算目标函数值，首先要分配每个数据点到离其最近的中心，然后，按式(6-27)更新中心，最后计算适应度。

二是优化策略不同。GAC 依据进化的思想采用进化策略不断地在目标空间中寻找出最优解，而不仅仅是更新聚类中心，这样 GAC 对初始聚类中心的依赖性减小了，可以根据后续的进化操作跳出局部最优，摆脱 K 均值对初始化敏感的缺点。

2) 多目标聚类算法分析

为解决单目标仅对一种特殊分布的数据效果好而对其他分布的数据效果不理想的缺点，现在越来越多的研究把聚类看作多目标优化问题来解决，在多目标聚类问题中$(\Omega, P_1, P_2, \cdots, P_m)$，通过最优化式(6-29)中的函数来确定聚类结果。

$$P_t(C^*) = \min_{C \in \Omega} P_t(C),\ t = 1, 2, \cdots, m \tag{6-29}$$

式中，Ω 是可行的划分集合；C 是一种划分；$P_t (t = 1, 2, \cdots, m)$ 是 m 个不同单目标目标函数的集合。通常对于这种多目标优化问题没有单一的最优解存在，这样就形成了 Pareto 最优解。

现有的经典的多目标聚类算法 MOCK[4]就是基于一种进化多目标优化算法 PESA-Ⅱ[18]的自动聚类方法，采用最小生成树编码，选取两个目标函数指导优化，用一种自动选择解的方法从 Pareto 解中选取一个最优解，大量实验结果表明该方法优于传统的单目标聚类方法。

6.2.2　量子多目标进化聚类算法

1. 算法流程

步骤 1：初始化种群 $Q(t) = \{q_1^t, q_2^t, \cdots, q_n^t\}, t = 0$ 。

步骤 2：将量子种群 $Q(t)$ 观测成为二进制种群 $P(t)$，并修复不正常个体。

步骤 3：计算 $P(t)$的适应度值。

步骤 4：非支配排序。

步骤 5：从 $P(t) \cup P(t-1)$ 中选择 n 个个体作为新种群 $P(t)$，并将非支配解放在 $A(t)$ 中。

步骤 6：用量子旋转门更新 $Q(t)$ 中的个体。

步骤 7：判断是否满足停止条件，如果满足，则执行步骤 8，否则转到步骤 2。

步骤 8：对所有 $A(t)$ 中的非支配解码获得类别标签。

步骤 9：选择最优解。

步骤 10：评价解的质量。

2. 算子的设计

1) 量子个体种群

步骤 1 中，一个个体表示决策空间中的一个搜索点。量子位能够表示状态的线性叠加，因此具有更好的种群多样性[19]。一个量子位可以写成$|\varphi\rangle=\alpha|0\rangle+\beta|1\rangle$，其中，$\alpha$，$\beta$代表对应状态的概率幅，满足$|\alpha|^2+|\beta|^2=1$，其中，$|\alpha|^2$表示这个量子位被观测为 0 的概率，$|\beta|^2$表示被观测成 1 的概率。

量子个体种群可以表示为$Q(t)=\left\{q_1^t,q_2^t,\cdots,q_n^t\right\}$，其中$n$表示种群规模，$q_i^t$表示第$t$代的第$i$个个体，定义如下：

$$q_i^t=\begin{Bmatrix}\alpha_{i1}^t\,\alpha_{i2}^t\cdots\alpha_{im}^t\\ \beta_{i1}^t\,\beta_{i2}^t\cdots\beta_{im}^t\end{Bmatrix},\quad i=1,2,\cdots,n \tag{6-30}$$

式中，m表示个体长度；当初始化$t=0$时，$q_i^0\left(i=1,2,\cdots,n\right)$中的每一位都以等概率$1/\sqrt{2}$赋初值。

2) 观测算子

步骤 2 中，由量子种群$Q\left(t\right)$观测产生二进制种群$P(t)=\left\{x_1^t,x_2^t,\cdots,x_n^t\right\}$，其中，$x_i^t\,(i=1,2,\cdots,n)$是通过观测$\left|\alpha_{ij}^t\right|^2$和$\left|\beta_{ij}^t\right|^2\,(i=1,\cdots,n;j=1,\cdots,m)$获得的长度为$m$的二进制串，$m$在本节的算法中表示聚类数据点的个数。

具体观测过程为，对个体中的每一个基因位，随机产生一个数$r\in[0,1]$，如果r大于$\left|\alpha_{ij}^t\right|^2$，则对应二进制个体基因位$x_{ij}^t$为‘1’，否则对应基因位为‘0’。在本书的算法中，二进制种群个体基因位为‘1’代表对应的数据点为聚类中心。

3) 修复过程

因为搜索过程是随机进行的，所以在开始搜索阶段，可能会有很少个体是非法的，因此对这些非法个体执行修改操作。如果一个个体的聚类中心数不在[$K_{\min}$，$K_{\max}$]内，则认为此个体为非法的，其中$K_{\min}$和$K_{\max}$分别为事先设定的最小聚类类别数和最大聚类类别数。

具体修复过程为，当一个个体的聚类中心数K大于$K_{\max}$，那么产生一个随机整数$k\in\left[K_{\min},K_{\max}\right]$，同时随机将此二进制个体的$K-k$个‘1’的位置变为‘0’；如果个体的聚类中心数$K$小于$K_{\min}$，则本书产生一个随机整数$k\in\left[K_{\min},K_{\max}\right]$，同时随机将此二进制个体的$k$个基因位变为‘1’。

修复过程相当于一个局部搜索策略，它不仅可以修复非法个体而且可以找到新的解，因此在一定程度上可以避免该算法陷入局部最优。

4) 目标函数

在本节的算法中沿袭 MOCK[23]，选择两个互补的目标函数，即聚类紧凑性和聚类连通性。聚类紧凑性计算所有数据点到其聚类中心的类内距离和，定义为

$$\mathrm{Dev}(x) = \sum_{x_k \in x} \sum_{i \in x_k} \delta(i, \mu_k) \tag{6-31}$$

式中，$\mathrm{Dev}(x)$ 为待聚类数据集的类内距离和；x 为待聚类数据集；x_k 为待聚类数据集的第 k 类；i 为一个类别中的一个数据点；$\delta(i,\mu_k)$ 为欧氏距离函数；μ_k 为待聚类数据的第 k 类的聚类中心。该函数应该最小化。此目标函数类似于著名的类内偏差函数，类内偏差函数的定义是 $\delta(i,\mu_k)$ 的开根号，同时类内偏差函数更偏向于球型分布的数据集。

聚类连通性用于评估相邻数据点被划分到同一个类别的相邻度，定义为

$$\begin{aligned} &\mathrm{Conn}(x) = \sum_{i=1}^{m}\left(\sum_{j=1}^{L} x_{i,j}\right) \\ &x_{i,j} = \begin{cases} \dfrac{1}{j}, \text{if } \tilde{\exists} x_k : i \in x_k \wedge j \in x_k \\ 0, \text{其他} \end{cases} \end{aligned} \tag{6-32}$$

式中，$\mathrm{Conn}(x)$ 为类间距离和；x 为待聚类数据集；m 为待聚类数据点的个数；i 为一个数据点；L 是最近邻的个数，一般取 5～15 的整数；j 为近邻点；$x_{i,j}$ 为第 i 个数据点与其第 j 个最近邻的关系值，当第 i 个数据点和第 j 个数据点属于同一类，则 $x_{i,j}$ 取 0，否则取 $1/j$。这个目标函数强调最近邻的关系，明显聚类连通性准则也应该最小化。

在计算适应度值之前，应该首先进行解码，具体过程参照步骤 8，每个类别的平均值即为聚类中心 μ_k。在计算第二个目标函数值之前，需要知道最近邻表，因此，在初始化阶段就计算出整个聚类数据集的最近邻表。

5) 非支配排序、精英保留

在步骤 5 中，需要从 $P(t) \cup P(t-1)$ 共 $2n$ 个个体中选择 n 个个体作为父代个体，用于后面的量子门更新产生子代个体，n 是设定的种群规模，在本节算法中使用的精英保留策略结合了 NSGAII[20]中计算拥挤距离值和 NNIA[21]只取非支配个体的策略。这样做的目的是节省时间。如果重复使用 NNIA 中的更新支配种群策略，来选择 n 个个体，速度比快速排序方法要快。因为一旦判断出合并种群中的非支配个体以后，就将这些个体从合并种群中删除为下次使用做准备，同时也不是对所有个体计算拥挤距离，而是对最后一批要加入的个体计算拥挤距离。

具体的选择过程为：第一步，找出 $P(t)\cup P(t-1)$ 中的非支配个体，将这些个体放在非支配种群 $A(t)$ 中；第二步，比较这些个体的数目与种群需要的数目 Need(Need 刚开始为 n，n 为设定的新种群规模)，如果非支配个体的数目小于 Need，则将所有非支配个体加入新种群 $P_{\text{new}}(t)$ (新种群刚开始为空，需要的个体数目为 n，同时从 $P(t)\cup P(t-1)$ 中删除这些个体并更新 Need，否则，需要计算当前这些非支配个体的拥挤距离，并按拥挤距离降序排列，选择需要的前 Need 个个体构成新种群 $P_{\text{new}}(t)$；第三步，需要判断已形成的新种群的规模是否达到 n (即 Need 是否为 0，如果规模没有达到，则应该从剩余种群 $P(t)\cup P(t-1)$ 中选出非支配个体并返回第二步，否则，结束此过程。值得注意的是，在选择形成新种群 $P_{\text{new}}(t)$ 时，应该保证同时更新 $Q(t)$。

计算个体的拥挤距离时所用到的拥挤距离公式为

$$I(p,P)=\sum_{i=1}^{T}\frac{I_i(p,P)}{f_i^{\max}-f_i^{\min}} \tag{6-33}$$

式中，$I(p,P)$ 为个体 p 在当前种群 P 上的拥挤距离；T 为目标函数的个数；i 为目标函数的标号；$I_i(p,P)$ 为个体 P 在当前种群 P 上的第 i 个目标函数上的距离，当个体 p 为第 i 个目标函数上的最大值或者最小值时，$I_i(p,P)$ 取无穷大，否则，取个体 p 两边近邻的个体分别相减的较小差值；$f_i^{\max}$ 为当前种群中第 i 个目标的最大值，$f_i^{\min}$ 为当前种群中第 i 个目标的最小值。

6) 量子旋转门更新

量子旋转门[22]是用于更新量子个体的进化算子，它的功能类似于一般遗传算法中的遗传算子(交叉、变异)，不同之处在于量子旋转门利用量子特性作用在量子比特上。这里使用的量子特性为量子态的叠加特性，因此量子旋转门和一般遗传算子相比具有更好的多样性。本节使用非支配种群 $A(t)$ 中的个体指导量子种群 $Q(t)$ 进行更新，$Q(t)$ 对应于二进制种群 $P(t)$。

量子旋转门方法的具体步骤如下。

首先，对更新后当前种群的每一个基本量子位，查找量子旋转门变异角 θ 的变化表(表 6-3)，获得旋转的角度 $\Delta\theta_i$，$\Delta\theta_i=s(\alpha_i\beta_i)\times\theta$。

表 6-3　量子旋转门变异角 θ 查询表

x_i	best_i	$f(x)>f(\text{best})$	θ	$s(\alpha_i\beta_i)$			
				$\alpha_i\beta_i>0$	$\alpha_i\beta_i<0$	$\alpha_i=0$	$\beta_i=0$
0	⊗	T	0.01π	−1	+1	±1	0
1	⊗	T	0.01π	+1	−1	0	±1
⊗	0	F	0.01π	−1	+1	±1	0
⊗	1	F	0.01π	+1	+1	0	±1

表 6-3 中，x_i 为个体 x 的第 i 位；best_i 为指导的非支配个体的第 i 位，是随机从 $A(t)$中选择的；$f(x)$ 为 x 的目标函数值；$f(\text{best})$ 为非支配个体的目标函数值；$f(x) > f(\text{best})$ 为个体 x 支配个体 best；θ 为旋转角度，可以控制收敛速度；$s(\alpha_i\beta_i)$ 为旋转方向，能够保证算法收敛，通过比较 x_i 和 best_i，可以得到旋转方向；$|\alpha_i|^2$ 为个体量子位为 0 的概率；$|\beta_i|^2$ 为个体量子位为 1 的概率；满足 $|\alpha_i|^2 + |\beta_i|^2 = 1$；$\otimes$ 为无论个体当前位为 0 或者 1；T 为个体 x 支配个体 best；F 为个体 best 支配个体 x。

然后，根据得到的旋转角度 $\Delta\theta_i$，计算出新的量子位 x_{i_new}：

$$x_{i\_\text{new}} = x_i \times U(\Delta\theta_i) \tag{6-34}$$

式中，x_{i_new} 为进化后的量子位；x_i 为更新前当前种群的一个基本量子位；$U(\Delta\theta_i)$ 为量子门变换矩阵，$U(\Delta\theta_i) = \begin{bmatrix} \cos(\Delta\theta_i) & -\sin(\Delta\theta_i) \\ \sin(\Delta\theta_i) & \cos(\Delta\theta_i) \end{bmatrix}$；$\Delta\theta_i$ 为旋转角度。

表 6-3 展示了最基本的情况，即个体 x 和个体 best 之间有明显的支配关系，实际上当进化过程到达一定程度的时候，种群中的个体之间是相互非支配的，在这种情况下，如果不更新种群，那么该方法就会陷入早熟收敛。因此设计了一个不同的策略来避免这种缺点。当个体 x 和个体 best 互相不支配时，比较 best_i 和 x_i 的值，如果两者相同，则不论此值为 0 还是为 1 旋转角都向这个方向旋转，具体旋转方向可参考表 6-3，否则，以等概率向着 x_i 和 best_i 旋转。当种群中的大多数个体相互不支配时，这一步等价于局部扰动，能够避免早熟收敛。

7) 停止条件

合适的停止条件对算法非常重要。一般进化算法的停止条件有两种：一种是给定适应度值无变化阈值，如果适应度值多次不超过给定的阈值则停止算法；另一种是进化过程达到给定的最大迭代次数时停止。QMEC 算法是基于多目标进化框架的，所以选择最大迭代次数作为停止条件。

8) 解码获得类别标签

在计算适应度值前，以及输出聚类结果时都有一个解码过程。因为 QMEC 的编码方式是类似于基于中心的编码，所以 QMEC 采用的解码方式类似于算法[8]。

首先，依次找出每一个二进制个体中为 1 的位的个数，此个数就是类别数，1 所在位置对应的数据点就是聚类中心；然后，计算聚类数据中每一个数据点到各个聚类中心的欧氏距离，其中最短欧氏距离所在的聚类中心号就是该数据点的类别标号。

9) 选择最优解

QMEC 算法提供一组 Pareto 最优解，根据多目标进化的观点，在没有偏好知识时，不能判断这些 Pareto 解的优劣，因为它们是互相非支配的。然而，在实际应用中，使用者更希望获得一个参考最优解，因此，本节采用了一种半监督的方法[23]来获得一个偏好最优解。该方法基于 Minkowski Score[24]，其定义如下：

$$D_M(T,S)=\sqrt{\frac{n_{01}+n_{10}}{n_{11}+n_{10}}}, \tag{6-35}$$

式中，T 表示真实的类别标签；S 表示聚类获得的类别标签；n_{11} 表示同时属于类别 T 和类别 S 的成对的数据数目；n_{10} 表示仅属于类别 T 的成对的数据数目；n_{01} 表示仅属于类别 S 的成对的数据数目。

式(6-35)的算法中，首先，假定数据集中 10%的类别标签是已知的；其次，对一组 Pareto 解进行解码获得对应的类别标签；然后，对比算法聚类获得的类别标签与真实的 10%的类别标签，计算每个 Pareto 解的 Minkowski Score 值；最后，选取具有最小的 D_M 的个体作为最优个体。

10) 评价解的质量

采用聚类正确率指标和 Adjusted Rand Index 两个评价指标对聚类结果进行评价。聚类正确率的定义如下：

$$\mathrm{CC}(T,S)=\frac{1}{m}\sum_{i=1}^{T}\max \mathrm{Confusion}(i,j),(i=1,\cdots,T;j=1,\cdots,S) \tag{6-36}$$

式中，m 表示聚类数据中的点的数据个数；T 表示真实的类别数；S 表示聚类获得的类别数；$\mathrm{Confusion}(i,j)$ 表示混淆矩阵，矩阵中 (i,j) 位置的值表示同时出现在真实类别中第 i 类和聚类获得的第 j 类的数据点个数，因为一个真实的类别可能被划分为多个类别，因此取聚类数据点最多的作为统计输入。$\mathrm{CC}\in[0,1]$ 且越大表示聚类效果越好。

另一个聚类指标 Adjusted Rand Index[25]定义如下：

$$R(T,S)=\frac{\sum_{lk}\binom{n_{lk}}{2}-\left[\sum_{l}\binom{n_{l\cdot}}{2}\cdot\sum_{k}\binom{n_{\cdot k}}{2}\right]\Big/\binom{n}{2}}{\frac{1}{2}\left[\sum_{l}\binom{n_{l\cdot}}{2}+\sum_{k}\binom{n_{\cdot k}}{2}\right]-\left[\sum_{l}\binom{n_{l\cdot}}{2}\cdot\sum_{k}\binom{n_{\cdot k}}{2}\right]\Big/\binom{n}{2}} \tag{6-37}$$

式中，n_{ij} 表示同时属于类别 l 和类别 k 的数据点的个数 $k(l\in T,k\in S)$，T 和 S 分别表示真实类别和聚类划分获得的类别。Adjusted Rand Index 也返回区间[0,1]之间的值，值越大表明聚类效果越好。

6.2.3 时间复杂度分析

分析 QMEC 算法的最坏时间复杂度，假定种群规模为 n，数据集的规模为 m（一般 $m>n$），数据特征维数为 d，则算法每迭代一次的时间复杂度计算如下：观测操作的时间为 $O(nm)$；修复操作的时间复杂度为 $O(n)$；评估个体的时间复杂度为 $O(nmd)$，包括解码、计算两目标适应度值。计算合并后种群的非支配关系的时间复杂度为 $O[(n+n)]^2$，基于非支配近邻选择操作的最坏时间复杂度是

$O[(n+n)\text{lb}(n+n)]$，量子旋转门更新的时间复杂度是$O(nm)$。总的最坏时间复杂度是$O(nm)+O(n)+O(nmd)+O[(n+n)]^2+O[(n+n)\text{lb}(n+n)]+O(nm)$。根据符号$O$的运算规则，QMEC 每迭代一次的最差时间复杂度可以简化为$O(nmd)$。

6.2.4　仿真实验及其结果分析

为了验证 QMEC 算法的性能，将该算法用于 5 个人工数据集和 5 个 UCI 数据集做测试。5 个人工数据集分别是 Long1、Sticks、Square1、Square4、Size5。5 个 UCI 数据集分别是 Iris、Zoo、Wdbc、Wine、Balance，可以从 UCI Repository[26]上获得。表 6-4 给出了这些数据集的详细特征。本节将 QMEC 算法、MOCK 算法[4]、GAC 算法[8]和传统的 K 均值(KM)算法[17]进行性能比较。

表 6-4　10 个测试数据集的特征

数据集	数据点个数	类别数	数据维数
Long1	1000	2	2
Sticks	512	4	2
Square1	1000	4	2
Square4	1000	4	2
Size5	1000	4	2
Iris	150	3	4
Zoo	101	7	16
Wdbc	569	2	30
Wine	178	3	13
Balance	625	3	4

各算法参数设置依次如下。QMEC：最大迭代次数为 100，种群规模为 50，观测次数为 1，最大聚类数目为$\sqrt{m}$，m是数据点数目，最小聚类数目为 2；MOCK：最大迭代次数为 100，外部种群规模为 50，内部种群规模为 50，交叉概率为 0.7，变异概率为$1/m$；GAC：最大迭代次数为 100，种群规模为 50，交叉概率为 0.7，变异概率为 0.1；KM：最大迭代次数为 500，停止阈值为10^{-10}。

实验结果由两个外部指标进行评价，一个是聚类正确率，另一个是 Adjusted Rand Index[32]，这两个参数返回的值均在$[0,1]$且越大越好。具体描述参照 6.2.2 小节中的式(6-36)和式(6-37)。

以下实验结果均是每个数据集独立运行 30 次获得的平均结果。

表 6-5 是数据集参照聚类正确率的结果。从每一次独立运行的 Pareto 解中选择具有最大的聚类正确率的解作为最优解。表 6-5 中每行黑体数字对应的算法即在此数据集上四种算法中取得最好的聚类正确率的算法。

表 6-6 给出了数据集参照 Adjusted Rand Index 的平均聚类结果。本节从每一次

独立运行的 Pareto 解中选择具有最好的 Adjusted Rand Index 值的解作为最优解。表 6-6 中每行的黑体数字所对应的算法即在此数据集上四种算法中取得最好的 Adjusted Rand Index 的算法。

表 6-5　四种算法在各数据集上的平均聚类正确率

数据集	聚类正确率			
	QMEC	MOCK	GAC	KM
Long1	**1**	**1**	0.5130	0.5625
Sticks	0.9463	**1**	0.7463	0.6868
Square1	**0.9912**	0.9894	0.9810	0.9782
Square4	0.9268	0.9038	**0.9350**	**0.9350**
Size5	**0.9889**	0.9811	0.9709	0.8418
Iris	**0.9498**	0.9084	0.8600	0.8220
Zoo	**0.7924**	0.7828	0.6340	0.6944
Wdbc	**0.8735**	0.8661	0.8451	0.8541
Wine	**0.7447**	0.7236	0.7079	0.6713
Balance	**0.6532**	0.6202	0.5036	0.5001

表 6-6　四种算法在各数据集上的平均 Adjusted Rand Index

数据集	Adjusted Rand Index			
	QMEC	MOCK	GAC	KM
Long1	**1**	**1**	0.0510	0.0994
Sticks	0.9474	**1**	0.4647	0.4984
Square1	**0.9766**	0.9720	0.9700	0.9605
Square4	0.8155	0.7691	**0.8348**	**0.8348**
Size5	**0.9698**	0.9462	0.9333	0.7515
Iris	**0.8798**	0.7631	0.7037	0.6691
Zoo	**0.7049**	0.6996	0.5147	0.5888
Wdbc	**0.5502**	0.5374	0.5174	0.4914
Wine	**0.4225**	0.4026	0.3712	0.3653
Balance	**0.1877**	0.1196	0.1416	0.1522

从表 6-5 和表 6-6 中可以看到，10 个数据集中 QMEC 在其中 8 个数据集均具有最好的聚类性能，该 8 个数据集依次为 Long1、Square1、Size5、Iris、Zoo、Wdbc、Wine 和 Balance。MOCK 在两个数据集上取得了最好的结果，分别为 Long1 和 Sticks，这取决于 MOCK 基于近邻的表示方法，在 MOCK 聚类的初始阶段基本就

可以获得近似最优解。GAC 和 KM 均在 Square4 上获得了最优效果，这是因为这个数据符合球形分布，而单目标聚类算法 GAC 和 KM 正是基于这种假设。值得注意的是，QMEC 在 5 个 UCI 数据集上均具有最好的结果，无论是依据聚类正确率还是 Adjusted Rand Index。这是因为这五个数据集具有更复杂的结构，它们不满足固定的分布，且它们的特征维数也比人工数据集高。MOCK 在 4 个 UCI 数据集上也获得了优于单目标算法的结果，因此，可以说多目标聚类算法在整体上可以获得比单目标聚类算法更优的划分结果。这得益于多目标聚类方法采用了两个目标函数，因此可以避免只偏向于一个目标函数的缺点。当比较两个多目标聚类算法时，QMEC 不论在聚类正确率还是 Adjusted Rand Index 上都具有更好的结果。QMEC 和 MOCK 在数据集 Long1 上的聚类正确率和 Adjusted Rand Index 都为 1，表明这两个算法在所有 30 次运行中都完全得出了正确的结果。同时 MOCK 也能获得 Sticks 的真实分布，而 QMEC 在其他 8 个数据集上的两个聚类效果指标均优于 MOCK，包括 3 个球形分布的人工数据集和 5 个复杂分布的真实数据。图 6-8～图 6-12 分别呈现了 Longl、Sticks、Square1、Square4 和 Size 5 数据集在四种算法下的实验结果。

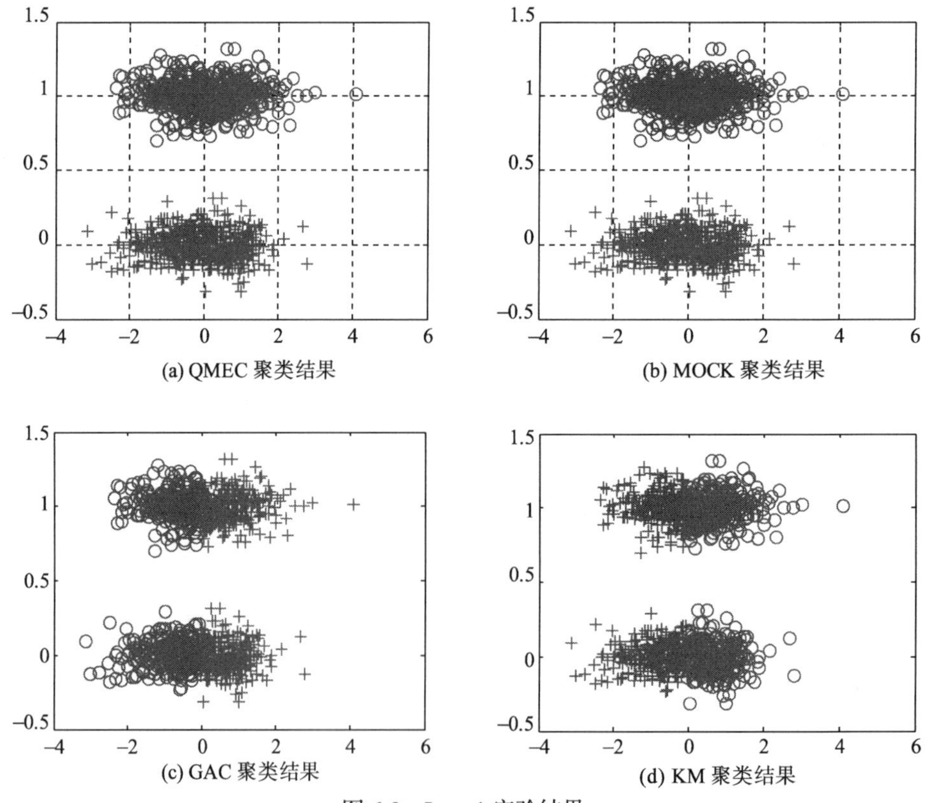

(a) QMEC 聚类结果　(b) MOCK 聚类结果

(c) GAC 聚类结果　(d) KM 聚类结果

图 6-8　Long1 实验结果

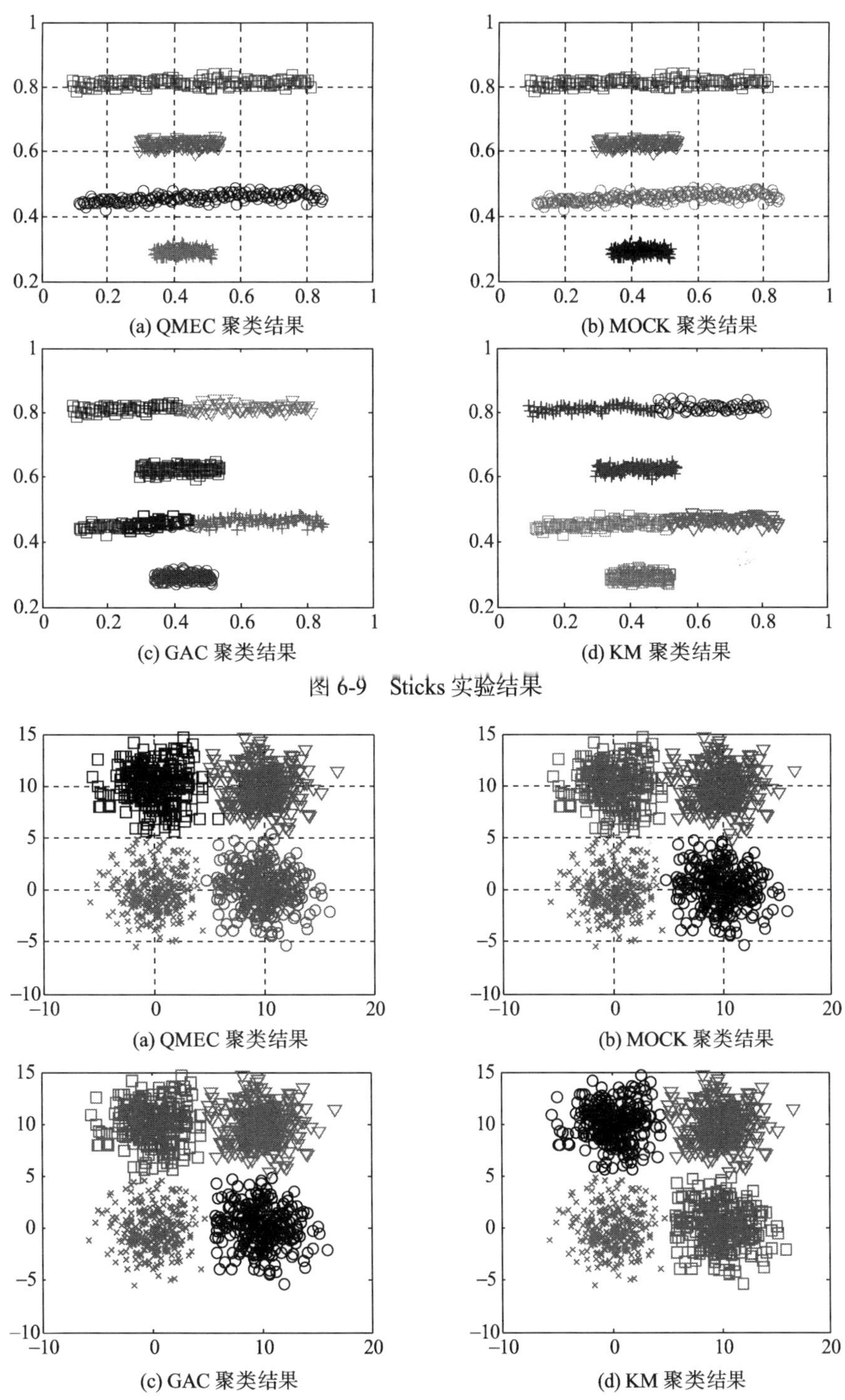

(a) QMEC 聚类结果　(b) MOCK 聚类结果

(c) GAC 聚类结果　(d) KM 聚类结果

图 6-9　Sticks 实验结果

(a) QMEC 聚类结果　(b) MOCK 聚类结果

(c) GAC 聚类结果　(d) KM 聚类结果

图 6-10　Square1 实验结果

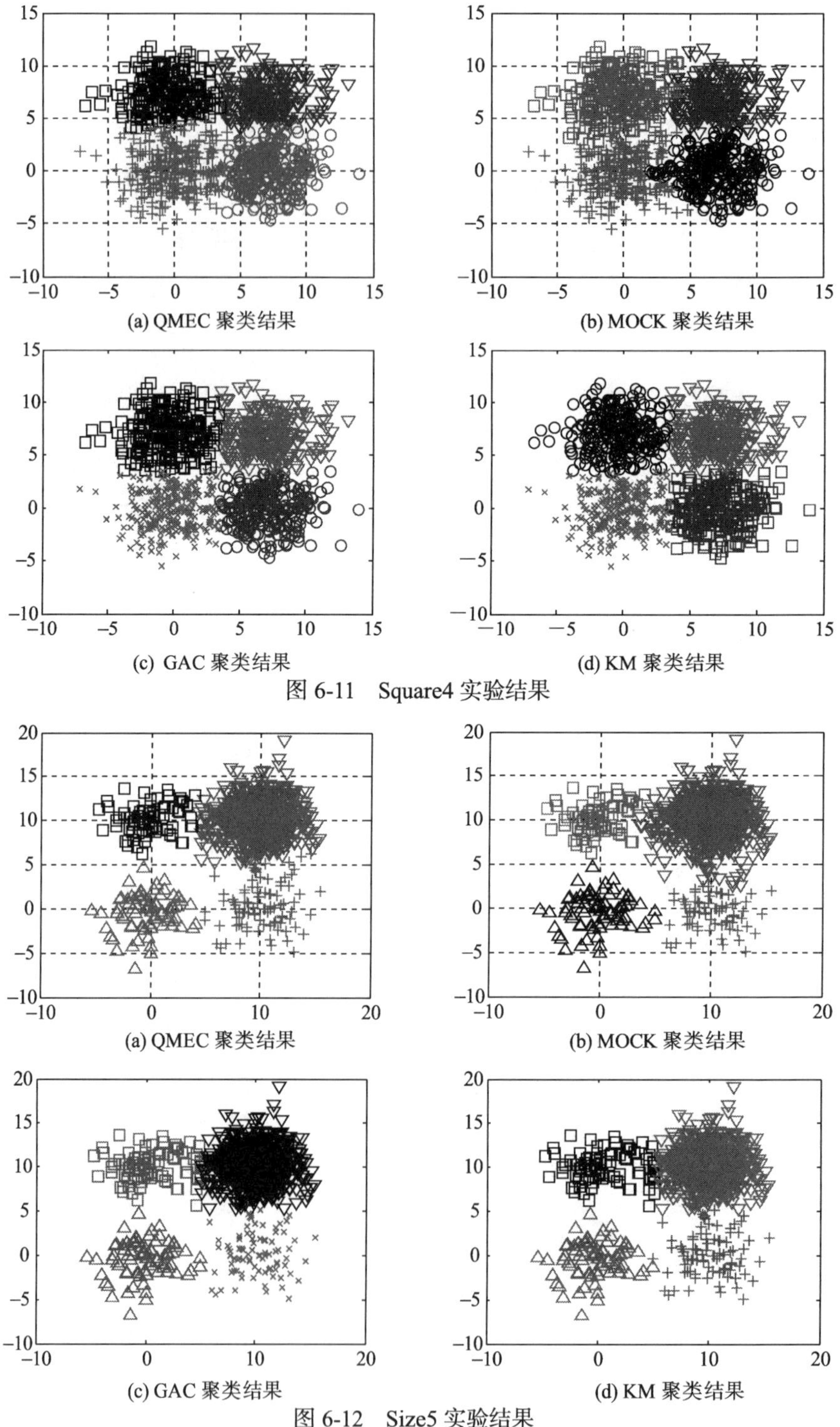

图 6-11　Square4 实验结果

图 6-12　Size5 实验结果

图 6-8～图 6-12 是根据数据的真实类别标签获得的结果对比，而实际应用中可能只知道一部分真实标签，所以本节采用一种半监督的方法从 Pareto 解中选择一个参考最优解。表 6-7 给出了在 30 次独立运行中，用半监督选择获得的两个指标值和分别根据真实类别标签获得的两个性能指标的对比。

表 6-7　依据真实类别标签获得的解和半监督方法获得的解的性能的比较

数据集	正确率		Adjusted Rand Index	
	Best-aver	Selec-aver	Best-aver	Selec-aver
Long1	1	1	1	1
Sticks	0.9463	0.9447	0.9474	0.9471
Square1	0.9912	0.9902	0.9766	0.9755
Square4	0.9268	0.9197	0.8155	0.8096
Size5	0.9889	0.9759	0.9698	0.9547
Iris	0.9498	0.9018	0.8798	0.8246
Zoo	0.7924	0.7264	0.7049	0.6123
Wdbc	0.8735	0.8151	0.5502	0.5123
Wine	0.7447	0.6582	0.4225	0.3623
Balance	0.6532	0.4367	0.1877	0.1582

表 6-7 中，Best-aver 代表依据正确率和 Adjusted Rand Index 指标选择出来的解，Selec-aver 代表用半监督方法选择出来的解。从表 6-7 可以发现半监督选择方法能够有效的选择出人工数据集的近似最优解，而对真实数据集的效果却不太理想。这是因为这些复杂的真实数据集在不同的数据维数上有很多的差异，使得聚类产生的效果本身就不太好；另一个原因是选择方法还有待改进，从 Pareto 前端选择一个最优解也是多目标优化领域中一个亟待解决的难题。

为了对比这四种算法的鲁棒性，采用如下公式计算其鲁棒性：

$$b_m = \sum_i \frac{R_{mi}}{\max\limits_m R_{mi}} \tag{6-38}$$

式中，R_{mi} 表示评价第 m 个方法在第 i 个数据集 30 次独立运行的平均 Adjusted Rand Index 值。当一个算法在某一个数据集上具有最好的 Adjusted Rand Index 值时，这个比值为 1。b_m 为一个算法在所有实验数据集上鲁棒性比值的和，其值越大表明该算法鲁棒性越好[12]。

图 6-13 给出了四种算法在 10 个不同数据集上的 b_m 值分布对比。他们的 b_m 值分别为 9.9243、9.3190、7.5747 和 7.5206，分别对应算法 QMEC、MOCK、GAC 和 KM。可以看出，QMEC 算法具有最好的鲁棒性。实际上，QMEC 的 b_m 值在测试的 10 个数据集上非常接近 10，这表明 QMEC 在不同情况下均具有很好的性能，

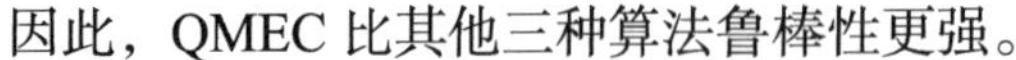

因此，QMEC 比其他三种算法鲁棒性更强。

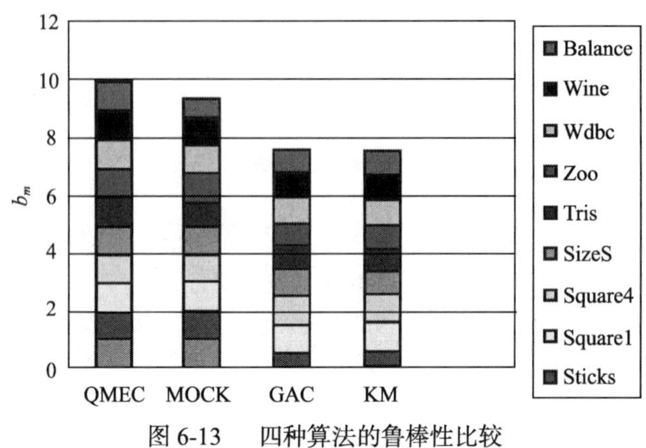

图 6-13　四种算法的鲁棒性比较

6.3　结论与讨论

基于量子计算特性，结合进化算法，将聚类看作一个优化问题，首先通过引用流形距离测度，提出了一种新的用于解决复杂聚类问题的量子进化聚类算法。算法中利用量子编码的叠加性构造了染色体，并设计了量子特性的更新算子，使算法在全局搜索的同时兼顾局部。理论分析与实验结果表明，与传统的聚类方法 FCM、基于免疫进化算法和遗传算法的聚类方法相比，无论从聚类精度还是鲁棒性比较上，都显示出 QMEC 的聚类效果及鲁棒性要优于其他聚类方法。接着以多目标优化模型为基础，将量子计算的概念与通常的多目标进化框架相结合用以解决聚类问题，提出了一种量子多目标进化聚类算法。算法中使用量子比特表示个体，使用非支配排序和量子旋转门来更新量子种群。量子编码的叠加性，使得作用在量子个体上的操作具有高效的并行性，为防止盲目搜索，利用非支配排序进行精英保留，并用当前种群中的非支配解来指导量子门更新，使种群快速地向优良模式收敛。这些特点使得 QMEC 算法具有更好的种群多样性以及搜索能力，同时避免了早熟收敛，可以很好地用于解决聚类问题。

参 考 文 献

[1] HALL L O, ÖZYURT, BURAK I, et al. Clustering with a genetically optimized approach[J]. IEEE Transactions on Evolutionary Computation, 1999, 3(2):103-112.

[2] MAULIK U, BANDYOPADHYAY S. Genetic algorithm-based clustering technique[J]. Pattern Recognition, 2000, 33(9):1455-1465.

[3] PAN H Y, ZHU, J, HAN D F, et al. Genetic algorithms applied to multi-class clustering for gene ex-pression data[J]. 基因组蛋白质组与生物信息学报, 2003, 1(4): 279-287.

[4] HANDL J, KNOWLES J. An evolutionary approach to multiobjective clustering[J]. IEEE Transactions on Evolutionary Computation, 2007, 11(1):56-76.
[5] ZHOU D, BOUSQUET O, WESTON J, et al. Learning with local and global consistency[J]. Advances In Neural Information Processing System, 2004, 16(4): 321-328.
[6] 公茂果, 焦李成, 马文萍, 等. 基于流形距离的人工免疫无监督分类与识别算法[J]. Acta Automatica Sinica, 2008, 34(3):367-375.
[7] 王玲, 薄列峰, 焦李成. 密度敏感的半监督谱聚类[J]. 软件学报, 2007, 18(10): 2412-2422.
[8] MAULIK U, BANDYOPADHYAY S. Genetic algorithm-based clustering technique[J]. Pattern Recognition, 2000, 33(9):1455-1465.
[9] KUO T, HWANG S Y. A genetic algorithm with disruptive selection.[J]. IEEE Transactions on Systems Man & Cybernetics Part B Cybernetics A Publication of the IEEE Systems Man & Cybernetics Society, 1996, 26(2):299-307.
[10] GONG M, DU H, JIAO L. Optimal approximation of linear systems by artificial immune response[J]. 中国科学：信息科学(英文版), 2006, 49(1):63-79.
[11] GENG X, ZHAN D C, ZHOU Z H. Supervised nonlinear dimensionality reduction for visualization and classification[J]. IEEE Transactions on Systems Man & Cybernetics Part B Cybernetics A Publication of the IEEE Systems Man & Cybernetics Society, 2005, 35(6):1098-1107.
[12] GONG M, ZHANG L, JIAO L, et al. Solving multiobjective clustering using an immune-inspired algorithm[C]// Evolutionary Computation. IEEE Congress, 2007:15-22.
[13] 高继镇, 刘以安. 基于遗传搜索区域特征的图像融合算法研究[J]. 计算机工程与应用, 2008, 44(9):193-196.
[14] RIPON K S N, TSANG C H, KWONG S, et al. Multi-objective evolutionary clustering using variable-length real jumping genes genetic algorithm[C]//International Conference on Pattern Relognition. IEEE Xplore, 2006, 1(3):1200-1203.
[15] RIPON K S N, SIDDIQUE M N H. Evolutionary multi-objective clustering for overlapping clusters detection[C]// Evolutionary Computation. IEEE Congress, 2009:976-982.
[16] LI J, GAO X B, JIAO L C. A CSA-based new fuzzy clustering algorithm[J]. Journal of Fudan University, 2004, 43(5): 815-818.
[17] HARTIGAN J A, WONG M A. Algorithm AS 136: A K-Means Clustering Algorithm[J]. Applied Statistics, 1979, 28(1):100-108.
[18] CORNE D W, KNOWLES J D, OATES M J, et al. PESA-Ⅱ: Region-based Selection in Evolutionary Multiobjective[C]//Genetic & Evolutionary Computation Conference. 2001: 283-290.
[19] HAN K H, KIM J H. Quantum-inspired evolutionary algorithms with a new termination criterion, Hε, gate, and two-phase scheme[J]. IEEE Transactions on Evolutionary Computation, 2004, 8(2):156-169.
[20] DEB K, PRATAP A, AGARWAL S, et al. A fast and elitist multiobjective genetic algorithm: NSGA-II[J]. IEEE Transactions on Evolutionary Computation, 2002, 6(2):182-197.
[21] GONG M, JIAO L, YANG D. Corrections on the box plots of the coverage metric in multiobjective immune algorithm with nondominated neighbor-based selection [J]. Evolutionary Computation, 2008, 17(2):225-255.
[22] HAN K H, KIM J H. Quantum-inspired evolutionary algorithm for a class of combinatorial optimization[J]. IEEE Transactions on Evolutionary Computation, 2002, 6(6):580-593.
[23] SAHA S, BANDYOPADHYAY S. A new multiobjective clustering technique based on the concepts of stability and symmetry[J]. Knowledge and Information Systems, 2010, 23(1):1-27.
[24] BEN H A, GUYON I. Detecting stable clusters using principal component analysis[J]. Methods in Molecular Biology, 2003, 224(224):159-182.
[25] HUBERT L, ARABIE P. Comparing partitions[J]. Journal of Classification, 1985, 2(1): 193-218.
[26] http://www.ics.uci.edu/~mlearn/MLRepository.html.

第 7 章　基于核熵成分分析的量子聚类

7.1　量子聚类算法

为了实现量子力学在聚类分析中的应用，David Horn 和 Assaf Gottlieb 提出了量子聚类的概念。他们将聚类问题看作一个物理系统，构建粒子波函数表征原始数据集中样本点的分布。通过求解薛定谔方程式获得粒子势能分布情况，而势能最小的位置可以确定为聚类的中心点。

随着现代科技的迅猛发展，聚类所面对的数据的规模也越来越大，结构也越来越复杂。此时，量子聚类也面临着不小的挑战。为了更加精确且高效地实现数据的聚类，本章参考并结合了核聚类、信息熵、谱聚类以及 K 近邻的一些思想来优化量子聚类算法，提出了一种新的量子聚类方法——利用核熵成分分析的量子聚类(KECA-QC)。该方法可分为两个子步骤：预处理和聚类。在数据预处理阶段，结合核熵主成分分析替代原来简单的特征提取方式，将原始数据映射至高维特征空间，使非线性可分的数据在特征空间变得线性可分，并用熵值作为筛选主成分的评价标准，提取核熵主成分。预处理能够有效解决数据间复杂的非线性关系问题，尤其对于高维数据，还能够同时达到降维的目的。聚类阶段，在传统量子聚类算法的基础上，引入 K 近邻法来估计量子波函数及势能函数。这种局部信息的引入既降低了算法运行时间，又提高了聚类的精度。为了进一步验证该方法的有效性，本章算法通过与 K 均值法(KM)、谱聚类算法(NJW)、传统量子聚类算法(QC)和核熵成分分析聚类算法(KECA-KM)四种算法作比较，对 8 个人工合成数据集和 10 个 UCI 数据集进行实验结果的统计，分析这五种算法的性能。

量子力学描述了微观粒子在量子空间的分布，而这同聚类是研究数据样本在尺度空间中的分布情况是等价的。波函数是粒子量子态的描述[1]，波的强度决定了粒子出现在空间某处的概率。薛定谔提出的波动方程描述了微观粒子的运动，其目的是求解波函数，即有势场约束的粒子的分布状况。换句话说，粒子量子态的演化遵循薛定谔方程。本章使用不显含时间的薛定谔方程，其方程式可以表述为

$$H\psi(p)=\left(-\frac{\sigma^2}{2}\nabla^2+V(p)\right)\psi=E\psi \tag{7-1}$$

式中，$\psi(p)$为波函数；$V(p)$为势能函数；H 为汉密尔顿算子；E 为算子 H 的能

量特征值；∇ 为劈形算子；σ 为波函数宽度调节参数。

量子力学理论的研究发现，微观粒子自身所具有的势能影响着粒子在能量场中的分布。从式(7-1)也容易看出，势能相同，则粒子的状态分布相同。势能函数相当于一个抽象的源，随着势能趋近于零或者比较小时，在一定宽度的势阱中往往分布有较多的粒子。当粒子的空间分布缩变到一维无限深势阱时，粒子则聚集在势能为零的势阱中。

从量子力学角度出发，对于样本分布已知的数据，等价描述为粒子分布的波函数已知。聚类过程相当于在波函数已知时，利用薛定谔方程反过来求解势能函数，而这个势能函数决定着粒子的最终分布，这就是量子聚类[2-4]的物理思想依据。在量子聚类中，本章使用带有 Parzen 窗的高斯核函数估计波函数(即样本点的概率分布)，即

$$\psi\left(p\right)=\sum_{i=1}^{N}\mathrm{e}^{-\left\|p-p_i\right\|^2/2\sigma^2} \tag{7-2}$$

式(7-2)对应于尺度空间中的一个观测样本集 $\left\{p_1,p_2,\cdots,p_i,\cdots,p_N\right\}\subset R^d$，$p_i=\left(p_{i1},p_{i2},\cdots,p_{id}\right)^T\in R^d$。高斯函数可以看做是一个核函数[5]，它定义了一个由输入空间到希尔伯特空间的非线性映射。因此也可以认为 σ 是一个核宽度调节参数。

因此，当波函数 $\psi\left(p\right)$ 已知时，若输入空间只有一个单点 p_1，即 $N=1$，通过求解薛定谔方程，势能函数表示为

$$V\left(p\right)=\frac{1}{2\sigma^2}\left(p-p_1\right)^T\left(p-p_1\right) \tag{7-3}$$

根据量子理论可知，式(7-3)是粒子在谐振子中的调和势能函数的表达形式，此时 H 算子的能量特征值为 $E=d/2$，其中 d 为算子 H 的可能的最小特征值，可以用样本的数据维数来表示[4]。

对于一般情况，进一步把式(7-2)代入式(7-1)，得到样本服从高斯分布的势能函数的计算公式：

$$V\left(p\right)=E+\frac{\left(\sigma^2/2\right)\nabla^2\psi}{\psi}=E-\frac{d}{2}+\frac{1}{2\sigma^2\psi}\sum_i\left\|p-p_i\right\|^2\exp\left[-\frac{\left\|p-p_i\right\|^2}{2\sigma^2}\right] \tag{7-4}$$

假定 V 非负且确定，也就是说 V 的最小值为零，E 可以通过求解式(7-4)得到：

$$E=-\min\frac{\left(\sigma^2/2\right)\nabla^2\psi}{\psi} \tag{7-5}$$

根据量子力学理论可知，当粒子具有较低势能时，其振动较小，相对来说比

较稳定。这从聚类的角度看，就相当于势能最小或者为零的样本周围也会有比较多的样本存在。由于样本的势能函数值是可以被确定计算的，因此可以利用势能来确定聚类中心。

当样本数据符合欧氏分布时，利用梯度下降法找到势能函数的最小点作为聚类的中心，其迭代公式[3-5]为

$$y_i\left(t+\Delta t\right)=y_i\left(t\right)-\eta\left(t\right)\nabla V\left(y_i\left(t\right)\right) \tag{7-6}$$

式中，初始点设为 $y_i\left(0\right)=p_i$；$\eta\left(t\right)$ 为算法的学习速率；∇V 为势能的梯度。最终，粒子朝势能下降的方向移动，即数据点将逐步朝其所在的聚类中心的位置移动，并在聚类中心位置处停留。因此，可以利用量子方式确定聚类的中心点，距离最近的某些点被归为一类。

从整体来看，在 QC 算法中势能函数就相当于量子聚类的价值函数，其聚类中心不是简单的几何中心或随机确定，而是完全取决于样本自身的潜在信息，且聚类不需要预先假定任何特别的样本分布模型和聚类类别数，是一种基于划分的无监督聚类算法。

7.2　基于核熵成分分析的量子聚类算法

1. 核熵成分分析方法

一个纯粹的量子聚类方法不是在所有的实例中都是有效的，尤其是当数据集的维数较高时。究其原因，一是数据之间存在着一定量的冗余信息，这极有可能过度强化某一属性的信息，而忽略某些有用的特征，阻碍了寻找数据间真实的潜在结构；二是随着数据量或者维度增加，直接对原始数据集进行处理会给算法运行带来很高的计算代价。在文献[3]和文献[4]中，这个预处理指用奇异值分解(SVD)的方法实现由原始数据空间到特征空间的转换。这种利用 SVD 的量子聚类方法就是最经典的量子聚类方法，后续的实验中仍用 QC 来表示。然而 SVD 也存在着比较明显的缺点，即在实际的生产中数据间往往呈现复杂的非线性关系，从而导致线性变换在许多实际问题中并不适用。主成分分析法(PCA)也存在着同样的问题。因此，在很多情况下，这种线性变换方法不能达到较好的效果。基于此，许多学者将其推广到核空间，以适应非线性的情况，如核主成分分析法(KPCA)[6, 7]。

给定一个数据集 $X=\left\{x_1,x_2,\cdots,x_N\right\}$，其中 $x_i,x_j\in R^d$，$i,j=1,2,\cdots,N$。使用高斯核矩阵做空间变换：

$$G\left(x_i,x_j\right)=\mathrm{e}^{-\left\|x_i-x_j\right\|^2/2\sigma^2} \tag{7-7}$$

其中 σ 是高斯核的唯一参数。G 为一个 $N\times N$ 的核矩阵，其维度等于样本点的个数。核矩阵可以分解为 $G=Q\Lambda Q^T$，其中 Λ 是由特征值 $\lambda_1,\lambda_2,\cdots,\lambda_N$ ($\lambda_1\geqslant\lambda_2\geqslant\cdots\geqslant\lambda_N$) 组成的对角矩阵，$Q$ 为对应的特征向量 $q_1,q_2,\cdots,q_N$ 作为列向量构成的矩阵。

使用两个合成数据集图 7-1 中的(a-1)和(b-1)为例，展示数据的预处理结果。图 7-1 中的(a-2), (a-3)，(b-2)和(b-3)都代表着数据变换空间的二维映射，可以很明显地看出线性变换和非线性变换的显著差别。SVD 不能将不同的类分开，KPCA 则很容易抓住相对较为复杂的数据结构，尤其是数据集 Synthetic2，KPCA 能完全将两个类分隔开，而 SVD 不能。

在数据的预处理过程中，本章总是选择前 l 个最大的特征值所对应的特征向量，然而，这并不能保证能够很好的提取数据集的结构信息。如图 7-2 所示，以 Synthetic1 为例，展示了前 6 个特征向量(q_1～q_6)。在所有特征向量中，均各有一段曲线对应的样本值不为零，而其他部分为零。如果使用 KPCA 进行数据的特征提取，按照特征值的大小会选取前 3 个特征向量(q_1～q_3)。q_2 中不为零的样本与 q_1 基本相同，均没有体现第 1 类和第 3 类的特征。因此可以得出结论：q_1 和 q_2 提供给的类的信息是相同的。故应该采用更有效的方式提取不同类样本的差异。

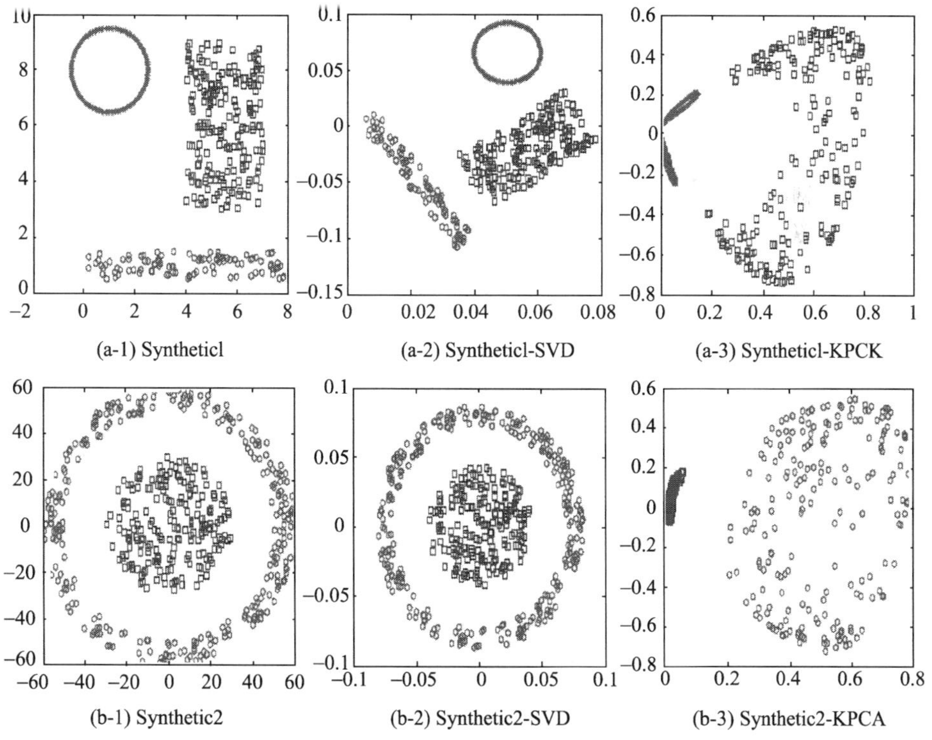

图 7-1　利用 SVD 和 KPCA 的数据变换

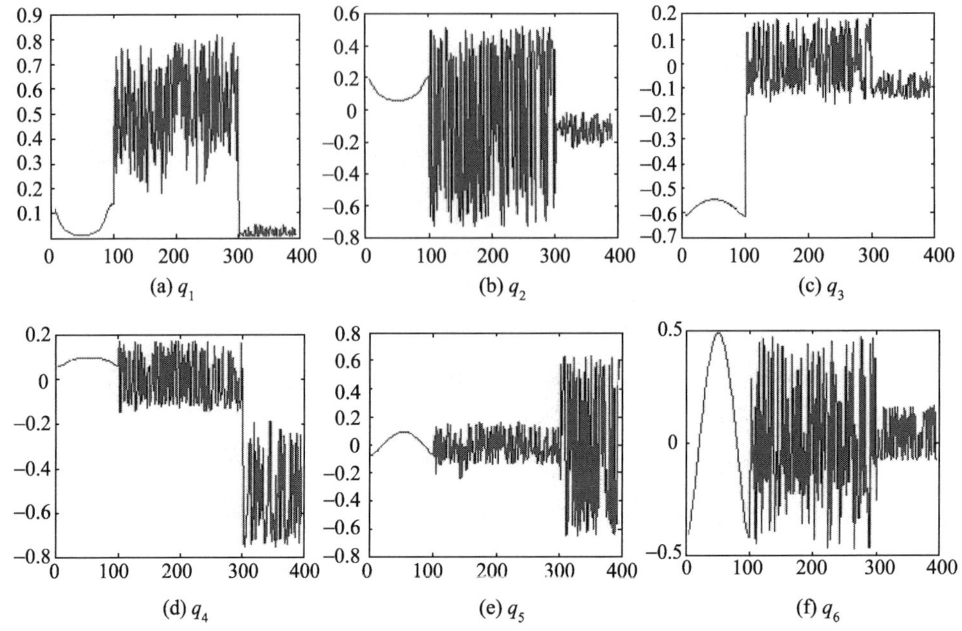

图 7-2　按降序排列前 6 个最大的特征值所对应的特征向量

假设待聚类数据集是一个系统，聚类算法实际上就是将这个系统从无序(各模式随机放置)到有序(各模式按相似性聚集在一起)的过程。而熵可以作为系统有序性的度量。从信息论的角度，Jenssen 等[8]将熵与核方法数据映射结合起来，提出核熵主成分分析法(KECA)。在计算熵的时候用到带有高斯核函数的 Parzen 窗作为概率分布模型，很自然地将熵的计算化为核矩阵的计算，构造成一个核空间里的优化问题。

设 $p(x)$ 是数据 $X=\{x_1,x_2,\cdots,x_N\}$ 的概率密度函数，则该数据的信息熵为 $-\log_2\int p^2(x)\mathrm{d}x$。由于对数函数是单调函数，所以只需考虑 $r=\int p^2(x)\mathrm{d}x$ 即可。为了估计 r，需要进行 Parzen 窗的密度估计 $\hat{p}(x)=\dfrac{1}{N}\sum_i K(x,x_i)$，这就将熵的计算和高斯核矩阵联系在一起。$r$ 的值可通过数学推导得到：

$$r_i=\left(\sqrt{\lambda_i}q_i^T 1\right)^2 \tag{7-8}$$

式中，1 为每个元素均取 1 的 $(N\times 1)$ 的向量；$r_i\ (i=1,2,\cdots,N)$ 是第 i 个特征值和特征向量对应的熵的贡献值。

以熵值大小为度量标准，降序排列特征值及其对应的特征向量。令 $\Lambda_{\mathrm{keca}\_l}$ 为一个包含前 l 个对应的特征值的对角矩阵，Q_{keca_l} 为一个以前 l 个对应特征向量为列

的矩阵，则利用 KECA 得到特征空间中的变换数据为

$$\Phi_{\text{keca}} = \Lambda_{\text{keca}\_l}^{\frac{1}{2}} Q_{\text{keca}\_l}^{T} \tag{7-9}$$

Φ_{keca} 为一个 $N \times l$ 的核熵主成分矩阵，将其作为输入数据用于下一步的量子聚类，其每一行都对应着原始数据集中的一个点。

图 7-3 展示了 KECA 对 Synthetic1 和 Synthetic2 的预处理结果。对于 Synthetic1，KPCA 选取前 2 个特征值及其对应的特征向量，而图 7-3(a)中，KECA 则选择第一个和第三个主成分。对比图 7-1(a-3)和图 7-3(a)，加入熵选择的数据呈现的结构更加清晰，对于 Synthetic2 亦是如此。KECA 可以更好的保留数据集的聚类结构信息，扩大类与类之间的差异。尤其对线性不可分的数据集，表现出更好的优越性。此外，利用 KECA 的预处理为量子聚类奠定了基础，同时提高了聚类效率。

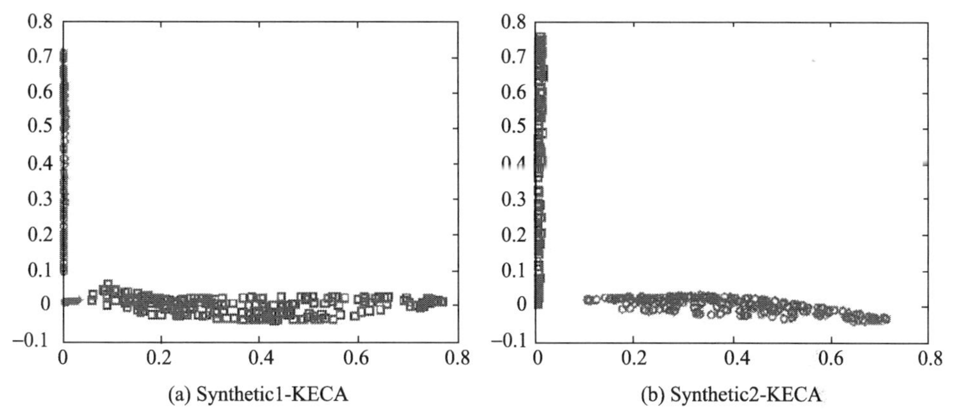

(a) Synthetic1-KECA　　(b) Synthetic2-KECA

图 7-3　KECA 的预处理结果

总的来说，通过 KECA 预处理，将原始数据映射到高维特征空间，提取特征并用熵作为度量选择主成分。可以说，KECA 是一个先升维后降维的过程。KECA 去除了数据的冗余信息，获得更加紧凑和经济的数据表示形式，同时更加有效地表达数据的潜在结构。此外，KECA 将一个非线性可分的问题转变为一个线性可分的问题，在结构更为复杂的数据上也能够获得较好地处理效果。这些都有助于聚类准确度的提高。对于那些维度较高的数据，采用 KECA 还能够同时达到降维的目的。应当指出的是，预处理变换后的数据维度有可能大于原始数据的维度，尤其是对那些低维原始数据。尽管如此，变换处理后的数据仍是有利于聚类分析的。无论原始数据维度的高低，变换后的数据维度都会维持在一个较低的水平。虽然数据的预处理需要花费一定的时间，但是这对于后期聚类运行的效率和聚类的精度提高，付出的代价是值得的。

2. K 近邻的量子聚类

在 QC 算法中，Φ_{keca} 的每一行都可以看做是一个粒子对应着原始数据的一个数据点。从式(7-2)中可以看出，要计算粒子的波函数就必须统计该粒子到所有其他粒子的核距离，即粒子的波函数受其他粒子的共同作用，作用的大小以高斯核距离为衡量标准。距离越远，其影响力越小。假设数据集中有 N 个样本，每次迭代都需要计算 N 个波函数，每个波函数的获得又需要统计 N 个高斯核距离。因此，在量子聚类中，波函数的计算复杂度为 $O(N^2)$。随着数据样本点的增加，每次迭代算法执行时间会以指数形式增长。

本章提出了一种新的统计波函数的方法。图 7-4 所示为规模参数为 1 的高斯核函数的分布。横坐标表示粒子之间的距离，纵坐标表示高斯核函数值，即粒子的作用力大小。可以很直观地看出，其作用是局部的，随着距离的增加，它的作用效果下降的速度非常快，直至无限接近于 0，因此它往往用于低通滤波。

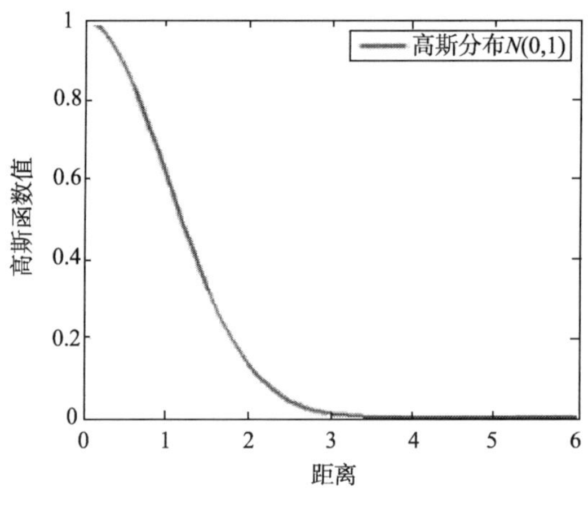

图 7-4　高斯核函数分布

这里可以做一个大胆的假设：某处粒子的波函数值仅受其周围粒子的影响。基于这个假设来估计波函数只需要考虑样本的局部信息。本方法采用 K 近邻策略进行波函数的估计。假设一个有 N 个样本点的数据集，p 是其中任意一个样本，p 的最近的 K 个邻居的集合用 $\Gamma_K(p)$ 表示。根据其他样本点到该样本点 p 的欧氏距离排列样本如下：

$$\left\{p_{(k)} \mid \left\|p_{(k)}-p\right\|^2 \leqslant \left\|p_{(k+1)}-p\right\|^2, k=1,2,\cdots,K\right\} \tag{7-10}$$

式中，$K \leqslant N; \Gamma_K(p)=\{p_{(1)}, p_{(2)}, \cdots, p_{(k)}\}$ 为 p 的 K 个近邻的集合，$p_{(1)}$是整个数据集中距离 p 最近的点，$p_{(K+1)}$是 $\Gamma_K(p)$ 外其他点中距离 p 最近的点。本章重新估计波

函数为

$$\psi(p)=\sum_{p_{(k)}\in\Gamma_K(p)} \mathrm{e}^{-\left\|p-p_{(k)}\right\|^2/2\sigma^2} \tag{7-11}$$

用式(7-11)代替原来的波函数的估计公式[式(7-2)]。式(7-11)只需要考虑样本的 K 近邻 $\Gamma_K(p)$，而不是所有样本点。最终势能函数重写为

$$V(p)=E-\frac{d}{2}+\frac{1}{2\sigma^2\psi}p2\sigma^2\sum_{p(k)\in\Gamma_K(p)}\left\|p-p_{(k)}\right\|^2\exp\left[-\frac{\left\|p-p_{(k)}\right\|^2}{2\sigma^2}\right] \tag{7-12}$$

尽管计算 K 近邻需要花费一定的时间，但这与统计所有的核距离相比，花费的代价是值得的。同时，引入样本点的局部信息也有助于聚类准确性的提高。在实验结果与分析部分，本章给出了引入 K 近邻的量子聚类和没有 K 近邻的量子聚类的比较，在算法运行时间和聚类准确性上都验证了本章的结论。

3. 算法描述

结合 QC 算法，提出一种新的量子聚类方法——利用核熵成分分析的量子聚类(KECA-QC)。该方法是一个两阶段过程，一是在数据预处理阶段，结合核熵主成分分析替代简单的特征提取方式将原始数据映射至高维特征空间，并用熵值作为筛选主成分的评价标准，提取核熵主成分。二是在聚类阶段，结合量子聚类方法和 K 近邻策略，通过梯度下降方法不断迭代以获得最终聚类结果。KECA-QC 的算法流程如图 7-5 所示，包含以下步骤。

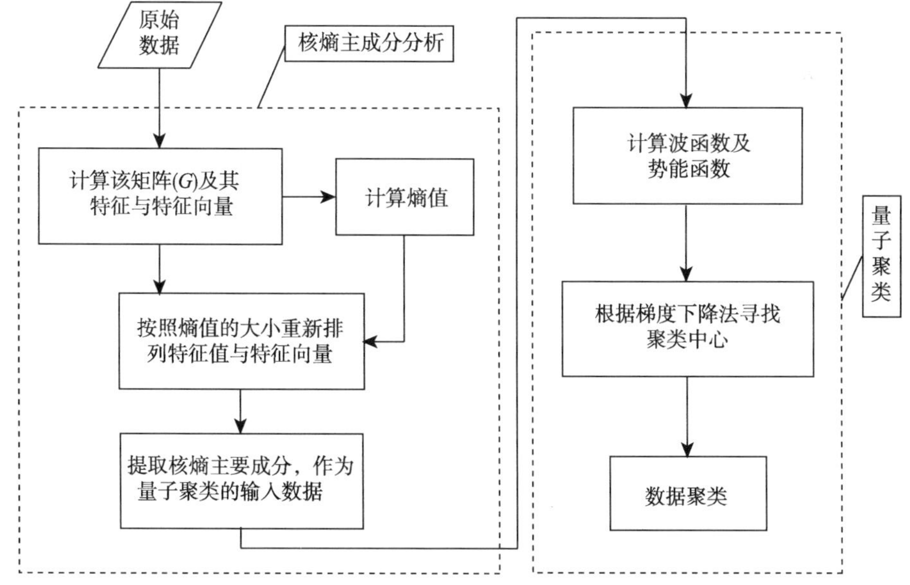

图 7-5　KECA-QC 算法流程图

预处理阶段:

步骤 1：输入一个数据集 $X=\{x_1, x_2, \cdots, x_N\}$，建立高斯核矩阵 G。

步骤 2：通过非线性数据映射，在特征空间计算 G 的特征值和特征向量，并根据熵值 r 的大小重新排列所对应的特征值和特征向量。

步骤 3：设置主成分个数选择参数 l，得到核熵主成分矩阵 $\Phi_{\text{keca}} \in R^{N\times 1}$，其每一行都可看作量子聚类中的一个粒子，并与原始数据中的数据点相对应。

聚类阶段:

步骤 4：计算波函数 ψ，势能函数 V 及其梯度下降方向 ΔV，同时统计每个粒子 p 的 K 个最近的邻居，即 $\Gamma_K(p)$。

步骤 5：利用梯度下降方法不断迭代寻找量子势能的最小值，直到达到设定的最大迭代次数。最终特征空间中的每个点都会聚缩在其所在的聚类中心的位置附近。

步骤 6：根据每个粒子点距离聚类中心的远近划分至不同的类中，完成聚类过程。

从广义上说，任何涉及聚类特征分解的算法都可以被称为谱聚类(spectral clustering, SC)[9,10]。从这个角度看，KECA-QC 也应属于广义上的谱聚类算法。由此可见，本章的算法同样具有谱聚类算法的一般优势，或者说 KECA-QC 在算法性能上和 SC 算法相匹敌。经典谱聚类算法的一般步骤为：构建相似度矩阵或者拉普拉斯矩阵，选择前 L 个最大的特征值对应的特征向量组成特征矩阵，并将其中每一行看作特征空间中的一个向量，使用 K 均值方法进行聚类，聚类结果中每一向量所属的类别就是对应的原数据集中数据点所属的类别。从以上过程可以看出，KECA-QC 算法与谱聚类在算法框架上非常相似，为此在实验部分给出 KECA-QC 算法与谱聚类的代表性算法 Ng-Jordan-Weiss (NJW)的比较。

4. 参数设置

在 KECA-QC 中，有如下参数需要事先设置：核参数 σ_{keca} (预处理 KECA 中)和 σ_{qc} (聚类 QC 中)，主成分个数 l，梯度下降迭代次数 Steps，以及近邻个数 K。

核方法的其中一个难点就是核参数的选择。从式(7-2)、式(7-7)和式(7-11)中可以看出，改变了核参数实质上隐含地改变了映射函数，从而改变了样本数据在核空间分布的复杂程度，因此核参数的选择会对最终的聚类效果产生直接的影响。一般来讲，核参数是一个不太明确的经验值[3, 4]，需要通过多次实验去筛选优化。许多学者致力于设计用一个较为确定的方法选择核参数，如 Silverman[11]构建了一个以样本集维度和大小为变量的核参数选择函数；Varshavsky[12]使用贝叶斯信息准则选择核参数，评估聚类的质量；Nasios 等[13]认为核参数可以从 K 近邻的统计分布中估计。为了简化核参数的选择，根据文献[13]中的方法定义 σ：

$$\hat{\sigma} = \frac{\sum_{i=1}^{N} \sum_{x_{(k)} \in \Gamma_K(x)} \left\| x_{(k)} - x \right\|^2}{N \times (K-1)} \tag{7-13}$$

由式(7-13)可以看出，$\hat{\sigma}$ 的值其实就是样本点到其 K 近邻点的平均欧氏距离。虽然这种方法无法找到最优的 σ，但可以用较小的时间复杂度找到相对优的 σ，在文献[13]中已验证。根据式(7-13)，高斯核矩阵 G[式(7-7)]，波函数 $\psi(p)$ [式(7-11)]和势能函数[式(7-12)]都能够计算得到。这里设置近邻个数 K=50。根据量子聚类参考文献[14]，设置相同的参数 Steps=20，实验也证明，量子聚类过程中梯度下降迭代 10 次至 20 次，粒子就已经基本处于稳定状态。核熵主成分个数 β 通过熵的差分方法得到，具体来说，对熵进行降序排列，$r_{(l)} - r_{(l+1)} = \max(r_{(i)} - r_{(i+1)})$，$i = 1, 2, \cdots, N-1$。

7.3　仿真实验及其结果分析

为了进一步测试 KECA-QC 的有效性，对 18 个数据集进行实验(包括 8 个计算机合成数据集和 10 个 UCI 数据集[15])。对比算法有[3,16-18]：KM、NJW、QC 和 KECA-KM。在这四种对比算法中，QC 算法不需要预设聚类的个数。以下三个指标用于评价算法的性能：Minkowski Score (MS)[19]，Jaccard Score (JS)[3]和正确率(cluster accuracy, CA)。

这里，KM 是一个众所周知的无监督聚类算法，通过优化目标函数获得最终的聚类结果；在谱聚算法中，NJW 使用拉普拉斯矩阵的前 $\gamma = 2$ 个特征向量将数据集划分为 L 类；传统的 QC 算法在 7.1 节已详细给出；而 KECA-KM 算法的大体流程是：首先提取前 L 个核熵主成分，然后利用角距离的 K 均值算法将数据划分成 L 类。

实验运行的电脑环境为 Intel(R) Core(TM) 2 Duo CPU 2.33GHz 2G RAM，在 Matlab7.4R2007a 环境下编程实现。

在接下来的实验中，由于 KM 和 NJW 都是随机优化算法，为了公平比较，其实验结果是在独立运行 100 次的基础上得到的。QC 算法、KECA-KM 算法和 KECA-QC 算法都是确定性算法，算法运行 1 次即可。

1. 数据集及评价指标

表 7-1 为 10 个合成数据集基本描述，并在图 7-6 中具体展示。AD_9_2 和 AD_20_2 均为紧凑型的簇状数据，而 Data12 和 Sizes5 中的数据分布较为弥漫；Data8、Eyes、Lineblobs 和 Spiral 是四个流形数据集。表 7-2 给出了 10 个 UCI 数

据集的基本描述，包括 Breastcancer(WBC)、German、Glass、Heart、Ionosphere、Iris、New_thyroid、Sonar、Vote 和 Zoo。

表 7-1　合成数据集基本描述

数据集	样本个数	样本维数	类别数
AD_9_2	450	2	9
AD_20_2	1000	2	20
Data12	800	2	4
Sizes5	1000	2	4
Data8	600	2	2
Eyes	300	2	3
Lineblobs	266	2	3
Spiral	1000	2	2

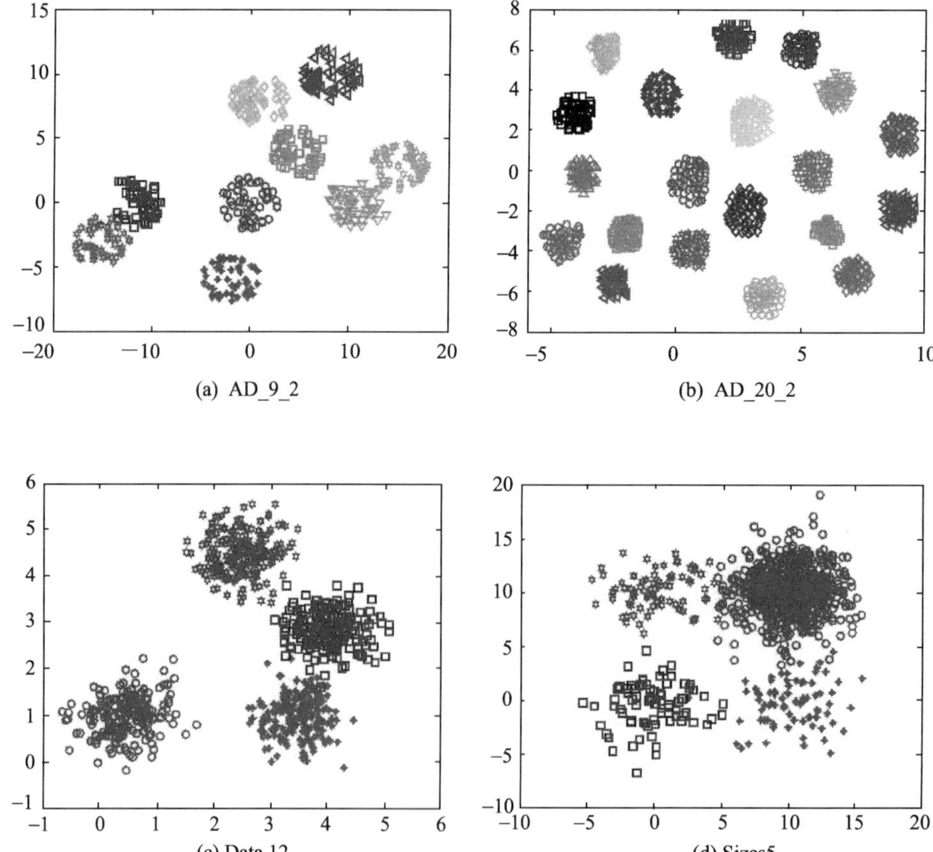

(a) AD_9_2　　(b) AD_20_2

(c) Data 12　　(d) Sizes5

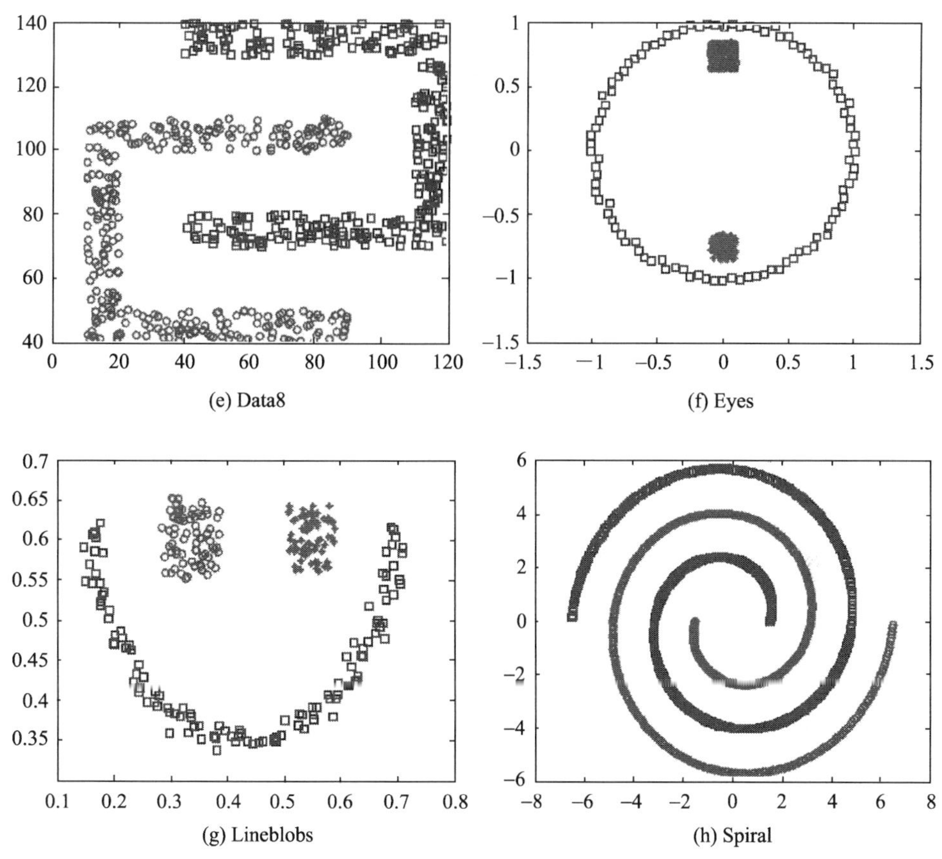

图 7-6　合成数据集

表 7-2　UCI 数据集基本描述

数据集	样本个数	样本维数	类别数
Breastcancer(WBC)	683	9	2
German	1000	24	2
Glass	214	9	6
Heart	270	13	2
Ionosphere	351	33	2
Iris	150	4	3
New_thyroid	215	5	3
Sonar	208	60	2
Vote	435	16	2
Zoo	101	16	7

以下三个指标(MS、JS、CA)用于评价算法的性能。

$$\mathrm{MS}=\sqrt{\frac{n_{01}+n_{10}}{n_{11}+n_{10}}} \tag{7-14}$$

$$\mathrm{JS}=\frac{n_{11}}{n_{11}+n_{01}+n_{10}} \tag{7-15}$$

式中，n_{11}表示同时属于真实聚类标签和通过聚类算法获得的类别标签的成对的样本的数目；n_{01}表示仅属于真实聚类标签的成对的样本的数目；n_{01}表示仅属于聚类获得的类别标签的成对的数据数目。

本章定义 N 为实际输入的总的样本个数；T 为真实的类别数；S 为聚类获得的类别数；Confusion(i,j)为混淆矩阵。

$$\mathrm{CA}=\frac{1}{N}\sum_{i=1}^{T}\max \mathrm{Confusion}(i,j),\ \ i=1,\cdots,T;j=1,\cdots,S \tag{7-16}$$

其中混淆矩阵中 Confusion(i,j)表示同时出现在真实类别中第 i 类和聚类获得的第 j 类的样本点数目。由于属于同一真实类别的样本可能在聚类中被划分至多个类别，因此取聚类中样本点个数最多的那个作为统计输入。

以上三个指标的返回值都在[0,1]区间内。MS 的值越小表明聚类效果越好；而 JS 和 CA 的值越大，聚类效果越好。当取得完全正确的结果时，MS 的值为 0；其他两个评价指标的值均为 1。

2. 合成数据和 UCI 数据的实验

表 7-3 给出了五种算法在合成数据集上的比较,加粗的数字表示五种算法中最好的结果。

KM 和 NJW 分别是聚类和谱聚类的代表性算法，比较这两种算法，显然 NJW 获得更好的聚类结果，尤其是在 4 个流形数据集上。由此可以得出结论，NJW 不仅能处理簇状数据，在流形数据集上还能获得比 KM 更好的聚类结果。传统的 QC 算法在粗壮数据集上表现了很好的性能，然而，此算法在流行数据集上同样表现不佳。NJW、KECA-KM 和 KECA-QC 都可以称为广义上的谱聚类算法。这三种算法在流形数据的聚类效果上明显优于 KM 和 QC。KECA-QC 在多数数据集上聚类效果比 NJW 好。KECA-QC 表现最优，在 7 个数据集上取得最优值，只有在数据集 Data12 上取得次优结果(MS=0.1721, JS=0.9708, CA=0.9925)。值得注意的是，在 4 个流形数据集上，KECA-QC 取得了完全正确的聚类结果(MS=0, JS=1, CA=1)，在 Spiral 上 NJW 取得的结果是完全正确的，在 Lineblobs 上 KECA-KM 的结果是完全正确的。此外，QC 和 KECA-QC 在簇状数据集上的效果大致相同，因此，可以说引入核熵成分分析提高了量子聚类在复杂结构的流形数据集上的聚类能力。

表 7-3　五种算法在合成数据集上的比较

数据集	指标	KM	NJW	QC	KECA-KM	KECA-QC
AD_9_2	MS	0.5438	0.4968	**0.0938**	**0.0938**	**0.0938**
	JS	0.7430	0.7807	**0.9912**	**0.9912**	**0.9912**
	CA	0.8710	0.8969	**0.9978**	**0.9978**	**0.9978**
AD_20_2	MS	0.5836	0.5163	**0**	**0**	**0**
	JS	0.7320	0.7756	**1**	**1**	**1**
	CA	0.8634	0.8914	**1**	**1**	**1**
Data12	MS	0.2857	0.2101	**0.1573**	**0.1573**	0.1721
	JS	0.8953	0.9320	**0.9756**	**0.9756**	0.9708
	CA	0.9450	0.9639	**0.9938**	**0.9938**	0.9925
Sizes5	MS	0.4235	0.2241	0.1799	0.2340	**0.1673**
	JS	0.7771	0.9456	0.9686	0.9475	**0.9722**
	CA	0.9514	0.9603	0.9850	0.9130	**0.9890**
Data8	MS	0.7393	0.7270	0.7571	0.5864	**0**
	JS	0.5710	0.5820	0.5556	0.7066	**1**
	CA	0.8367	0.8433	0.8267	0.9050	**1**
Eyes	MS	0.8443	0.1500	0.8948	0.3723	**0**
	JS	0.5226	0.9205	0.5017	0.8709	**1**
	CA	0.7533	0.9433	0.6967	0.9633	**1**
Lineblobs	MS	0.8811	0.1089	0.9075	**0**	**0**
	JS	0.4493	0.9397	0.4326	**1**	**1**
	CA	0.7406	0.9642	0.7143	**1**	**1**
Spiral	MS	0.9829	**0**	0.9844	0.8132	**0**
	JS	0.3485	**1**	0.3472	0.5033	**1**
	CA	0.5920	**1**	0.5880	0.7910	**1**

从表 7-4 可以看出，在 10 个 UCI 数据集中 KECA-QC 有 6 个取得了最优结果，KECA-KM 在其他 4 个数据集取得最优结果。同时，结果表明，KECA-QC 在所有测试数据集上的结果都比 KM、NJW 以及传统的 QC 算法好。KECA-KM 取得次优结果，这是因为该算法在聚类阶段使用的基于余弦角度距离度量的 K 均值算法，而 KECA 预处理得到的数据往往是带有夹角结构的。从整体上看，KECA-QC 在 UCI 数据集上的优势表现得不如在人工合成数据集上那么明显。这主要是因为，

UCI 数据集的结构不像合成数据集的结构那么简单，它们的结构较为多样化，且其数据属性也非常复杂。总的来说，改进的算法，相比于其他四种对比算法，能取得较好地聚类结果。

表 7-4　五种算法在 UCI 数据集上的比较

数据集	指标	KM	NJW	QC	KECA-KM	KECA-QC
Breastcancer (WBC)	MS	0.3733	0.3307	0.4752	**0.2984**	0.3230
	JS	0.8707	0.8962	0.7923	**0.9143**	0.9003
	CA	0.9605	0.9692	0.9341	**0.9751**	0.9707
German	MS	0.8697	0.8435	0.8960	**0.7285**	0.8797
	JS	0.4905	0.5713	0.4225	**0.6223**	0.4606
	CA	0.7000	0.7090	0.7000	**0.8100**	0.7000
Glass	MS	1.0931	1.0368	1.0859	**0.9921**	1.0839
	JS	0.3176	0.2777	0.2446	**0.2860**	0.3418
	CA	0.5685	0.5905	0.5608	**0.6402**	0.5841
Heart	MS	0.9767	0.9738	0.9637	0.9469	**0.9446**
	JS	0.3632	0.3560	0.3903	0.4377	**0.4197**
	CA	0.5926	0.6000	0.6222	0.6518	**0.6556**
Ionosphere	MS	0.8714	0.8789	0.9468	0.8714	**0.5618**
	JS	0.4358	0.4283	0.3910	0.4358	**0.7360**
	CA	0.7122	0.7037	0.6410	0.7122	**0.9060**
Iris	MS	0.6624	0.6230	0.5831	0.5666	**0.3200**
	JS	0.6579	0.6819	0.7167	0.7238	**0.9026**
	CA	0.8480	0.8791	0.9000	0.9067	**0.9733**
New_thyroid	MS	0.6659	0.8465	0.6284	0.6037	**0.6002**
	JS	0.6316	0.5778	0.7075	0.7147	**0.7243**
	CA	0.8426	0.7535	0.8651	0.8744	**0.8745**
Sonar	MS	0.9921	0.9912	0.9911	**0.9128**	0.9462
	JS	0.3400	0.3548	0.3570	**0.4637**	0.3869
	CA	0.5529	0.5566	0.5577	**0.7019**	0.6586
Vote	MS	0.6687	0.6653	0.6629	0.6531	**0.6379**
	JS	0.6298	0.6306	0.6327	0.6421	**0.6556**
	CA	0.8616	0.8655	0.8667	0.8713	**0.8782**
Zoo	MS	0.7827	0.8201	0.8273	0.4894	**0.4776**
	JS	0.4787	0.4231	0.4940	0.7795	**0.7930**
	CA	0.8218	0.7824	0.7721	0.8515	**0.8812**

3. KECA 和 K 近邻对聚类的贡献

表 7-3 和表 7-4 表明，KECA-QC 的聚类效果明显优于传统的 QC 算法，这主要是由于核熵主成分预处理过程提取了有用的结构信息。由于三个评价指标的一致性，故使用 CA 作为唯一的评价指标比较 KECA-QC 和使用 SVD 作为预处理步骤的传统 QC，结果如图 7-7 所示。在图 7-7 中，横轴坐标 1, 2,⋯,8 表示 8 个合成数据集，最后 10 个数字 11,⋯,18 表示 UCI 数据集。

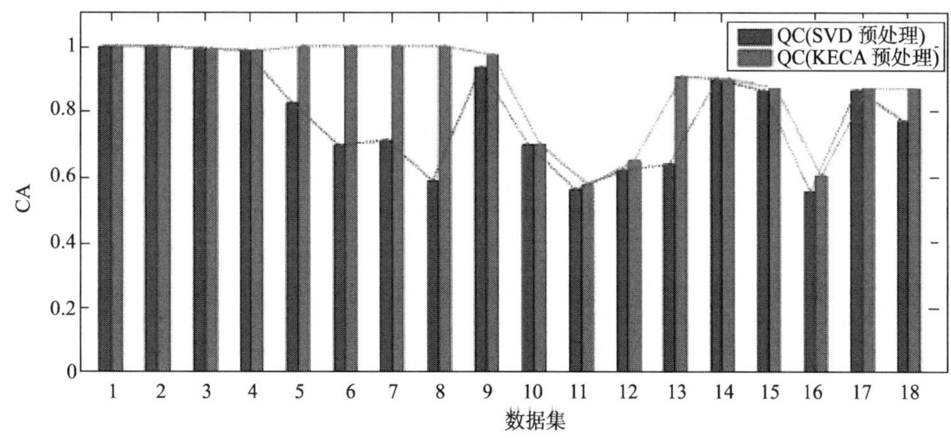

图 7-7　SVD 和 KECA 的比较

在图 7-7 中，基于 KECA 预处理的 QC 算法在 12 个数据集上取得比 SVD 预处理的 QC 算法更好的效果。此外，在 5 个数据集上，两种对比算法取得相同的聚类结果。因此，可以说，KECA 预处理过程能够帮助算法获得高的聚类精度，尤其是在复杂结构的流形数据集上(5,6,7,8)。

为了确定 K 近邻设置对聚类算法的贡献，本章比较了有 K 近邻的 KECA-QC 和没有 K 近邻的 KECA-QC 算法。表 7-5 给出了两种算法的比较。表中加黑数据代表两种方法的最优结果。在聚类正确率上，引入 K 近邻的 KECA-QC 要比没有 K 近邻的 KECA-QC 略微高些，但在运行时间上，引入了 K 近邻的 KECA-QC 大大缩短了聚类时间。为了进一步证明其优越性，图 7-8 和图 7-9 进一步展示了对比结果。

表 7-5　K 近邻对聚类的贡献

数据集	KECA-QC(不加 K 均值算法)		KECA-QC(加 K 均值算法)	
	CA	时间/s	CA	时间/s
AD_9_2	**0.9978**	2.891	**0.9978**	**1.842**
AD_20_2	**1**	24.39	**1**	**5.922**
Data12	0.9912	6.266	**0.9925**	**3.516**
Sizes5	0.9850	11.67	**0.9890**	**6.109**
Data8	**1**	3.657	**1**	**1.734**
Eyes	**1**	0.922	**1**	**0.781**

续表

数据集	KECA-QC(不加 K 均值算法)		KECA-QC(加 K 均值算法)	
	CA	时间/s	CA	时间/s
Lineblobs	**1**	0.750	**1**	**0.625**
Spiral	**1**	10.48	**1**	**7.594**
Breastcancer(WBC)	**0.9722**	3.609	0.9707	**2.250**
German	**0.7000**	8.754	**0.7000**	**4.360**
Glass	0.5794	0.672	**0.5841**	**0.578**
Heart	0.6518	0.703	**0.6556**	**0.625**
Ionosphere	**0.9060**	1.031	**0.9060**	**0.875**
Iris	0.9000	0.484	**0.9733**	**0.281**
New_thyroid	**0.8745**	0.547	**0.8745**	**0.516**
Sonar	0.6046	0.485	**0.6586**	**0.469**
Vote	0.8736	1.485	**0.8782**	**1.063**
Zoo	0.8713	**0.297**	**0.8812**	0.375

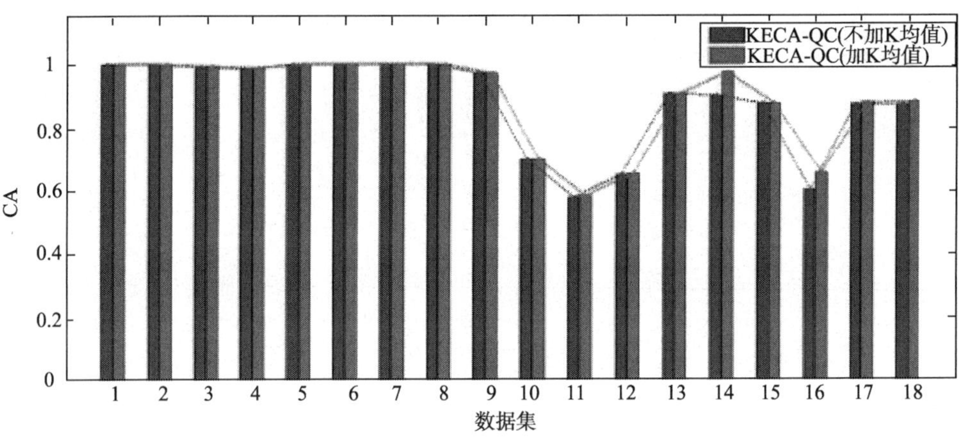

图 7-8　K 近邻在聚类正确率上的贡献

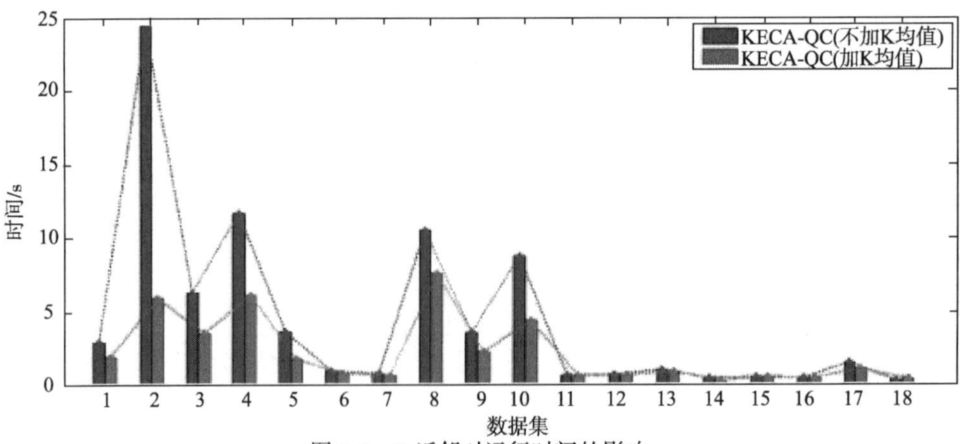

图 7-9　K 近邻对运行时间的影响

由表 7-5 和图 7-8 可以看出，在这 18 个数据集中，引入 K 近邻的算法在 8 个数据集上取得较优越的聚类正确率，但这并不是非常明显，这两种算法在 10 个数据集上具有相同的聚类正确率，只有在 Breastcancer (WBC)上，进入 K 近邻的算法效果反而没有未引入 K 近邻的聚类算法好。通过以上分析表明，在聚类正确率上，两种对比算法的差别不大。在大多数情况下，局部信息 K 近邻足以表达数据的结构信息，冗余的信息在聚类过程中很可能发挥不了积极的作用。在某些情况下，过多的冗余信息甚至会降低聚类的精度。在所有实验中，只有 Breastcancer (WBC) 上的效果不是令人满意的，这主要是由于在 683 个样本点中，只提取前 50 个近邻，而这未能够表征全部有效信息，换句话说，50 个近邻的设置对 Breastcancer (WBC) 来说是不够的。实验表明，当选择 $K > 80$ 时，聚类效果就会达到至少与引入 K 近邻的聚类算法等同的效果。

表 7-5 和图 7-9 共同展示了算法的执行时间。可以看出，除了 Zoo 数据集，在其他数据集上，引入 K 近邻的算法的执行时间小于未引入 K 近邻的算法时间。数据点的个数越多，对比越明显。当数据点个数超过 500 个时，引入 K 近邻策略，运行时间明显缩短。例如，AD_20_2 的算法执行时间从原来的 24.39s 降低到 5.922s；German 的执行时间从 8.754s 降低到 4.360s。与此同时，它们的聚类正确率并没有降低。数据点的个数少于 500 个时，算法执行时间同样有所减少，虽然这表现的并不是特别明显。对于 Zoo 数据集，引入 K 近邻的聚类算法执行时间比未引入 K 近邻的算法执行时间多出 0.078s，实验证明，这主要是由于 Zoo 仅包含 101 个样本，而在统计 50 个近邻上花费的时间比用所有 101 个样本估计波函数及势能函数略长。因此，引入 K 近邻的量子聚类对样本点较多的数据集在降低算法执行时间上效果显著。

4. 鲁棒性分析

为了比较这五种算法的鲁棒性，采用文献[20]中的方法。算法 m 在某个数据集 t 上的相对性能用该算法所获得的 Adjusted Rand Index(ARI)值与所有算法在求解该问题时得到的最大 ARI 值的比值来衡量，即

$$b_{mt} = \frac{R_{mt}}{\max\limits_{k} R_{kt}} \tag{7-17}$$

其中 R 表示 Adjusted Rand Index，定义如下：

$$R(T,S) = \frac{\sum_{i,j}\binom{n_{ij}}{2} - \left[\sum_i \binom{n_{i\cdot}}{2} \cdot \sum_j \binom{n_{\cdot j}}{2}\right] \Big/ \binom{n}{2}}{\frac{1}{2}\left[\sum_i \binom{n_{i\cdot}}{2} + \sum_j \binom{n_{\cdot j}}{2}\right] - \left[\sum_i \binom{n_{i\cdot}}{2} \cdot \sum_j \binom{n_{\cdot j}}{2}\right] \Big/ \binom{n}{2}} \tag{7-18}$$

式中，n_{ij} 表示同时属于类别 l 和类别 k 的数据点的个数 $k(l \in T, k \in S)$；T 和 S 分别表示真实类别和聚类划分获得的类别。Adjusted Rand Index 也返回区间[0,1]的值。

从式(7-17)中看出，当 $b_{mt}=1$ 时，说明算法 m 的在该数据集 i 上取得了所有算法中的最优 ARI 值，而其他算法 $b_{*t} \leqslant 1$。b_m 为算法 m 在所有数据集上的获得的比值之和，用于评价算法 m 的鲁棒性。这个值越大，算法的鲁棒性越强。

图 7-10 给出了五种算法在 18 个数据集上的 b_m 值分布。结果表明，KECA-QC 拥有最高的 b_m 值(16.7678)。KECA-KM 取得次好的鲁棒性结果(15.771)，但 KECA-KM 需要预先知道聚类的个数。如果仅考虑不需要预设聚类个数的算法 QC 和 KECA-QC，则 KECA-QC 的聚类鲁棒性远远高于 QC。总之，KECA-QC 具有比其他四种算法更强的鲁棒性。

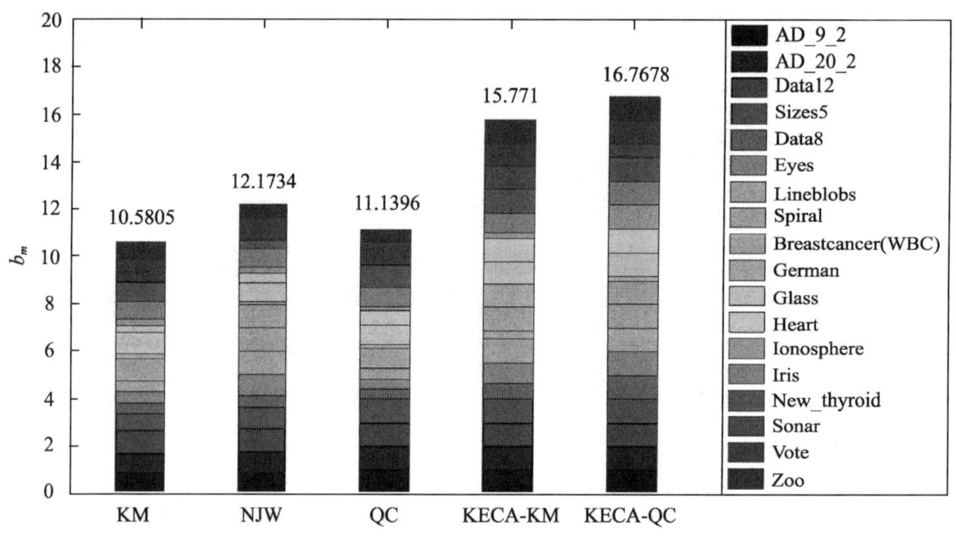

图 7-10 五种算法的鲁棒性比较

5. 大规模数据集

在此提到的大规模主要有两层意义：一是数据规模大，包含样本点的个数多；二是数据维度高。本节算法 KECA-QC 包含一个重要的数据预处理过程——核熵主成分分析，它主要用于数据的转换和维度的削减，尤其适用于大规模数据集。除此之外，引入 K 近邻策略计算每个量子粒子的波函数，以此来减小聚类阶段的时间复杂度，使之降低至线性水平。本章主要讨论本方法在大规模测试集合上的性能。

高维数据所具有的维度高达几百甚至几千，而表 7-2 中展示的 Sonar, German,

Ionosphere 三种数据集只能够称之为中等规模的数据集合，因此采用计算机生成一些人工的高维度数据集合。在接下来的实验中，随机产生一些数据集合，每个数据集合都包含 1000 个数据点，数据维数分别为 10, 50, 100, 500, 1000, 5000 和 10000。由于该数据集合是随机产生的，所以无法知道该集合的聚类准确度，仅仅记录了算法运行多次的时间统计结果。表 7-6 显示了算法在不同维度下，10 个测试集合的平均运行时间。

表 7-6　不同维度下的测试集合的平均运行时间

样本维数	10	50	100	500	1000	5000	10000
时间/s	4.127	4.268	4.525	5.028	6.297	15.84	26.88

如表 7-6 中所示，随着数据的维数从 10 到 10000 不断变化，算法的运行时间也在急剧增加。即便如此，算法的时间也没超过 30s。式(7-7)展示了把原始数据映射到核空间的数学表达。位于核空间内任意两个样本点之间的核距离首先被计算出来。原始数据的维数较高，则计算相应的核矩阵需要较高的时间复杂度。但是数据的维度在随后的算法运行过程中不再被用到，因此，数据的维度仅仅影响核矩阵的计算这一单一过程。例如，本实验中，无论数据维度的高低，量子聚类这一过程的持续时间约为 1.5s。为了能够测试算法 KECA-QC 在高维数据集合上的性能，选取了四组真实的数据集。表 7-7 给出了数据集的一些属性和聚类的结果。其中 l 是预处理过程后的转换数据的维度。从表 7-7 中可以观察到，预处理过程均降低了原始数据集的数据维度，其中最高维数据集 Lung，它的维数从 12600 降到了 8。通过这一处理，用一个低维的数据就能够很好地表示原高维数据。在这四组数据集合中，Lung 的算法运行时间最长，为 6.827s，而它本身具有 12600 维，203 个样本点。

表 7-7　算法在高维数据集上的测试

数据集	样本个数	样本维数	样本类别	KECA-QC				
				l	MS	JS	CA	时间/s
Spell	798	72	5	5	0.8053	0.5385	0.7381	3.516
Ovarian	54	1536	2	3	0.5547	0.7370	0.8716	0.123
Colon	62	2000	2	7	0.5230	0.7526	0.9194	0.165
Lung	203	12600	5	8	0.5037	0.7845	0.8916	6.827

表 7-8 给出了在不同样本点规模下，算法在 10 个随机数据集上的平均运行时间。其中，每个数据集都是一个二维数据集。在研究中发现，KECA 可能比 SVD 花费更长的时间，但是与传统的 QC 相比，KECA-QC 在大规模数据集上的运行时

间就相当短了。在随机产生的 1000 个样本点的测试集上，KECA-QC 的平均运行时间仅有 12.5s，而 QC 的运行时间却为 27s。对于 5000 个样本点的测试集，KECA-QC 的运行时间为 1407s，而 QC 的时间为 8153s，这说明本算法通过引入邻域信息极大地减小了算法的时间代价。数据集的样本点规模越大，KECA-QC 越能发挥出快速省时的优点。但是即使这样，KECA-QC 在具有 5000 个点的测试集上的运行时间也很长，将近 2 个小时才能得到聚类结果。

表 7-8　算法对具有不同样本点规模的数据集的平均运行时间

样本个数		100	500	1000	2000	3000	4000	5000
时间/s	KECA-QC	0.182	2.490	12.52	112.2	352.8	506.8	1407
	QC	0.170	4.226	26.98	470.4	1882	4097	8153

在表 7-9 中，用两个数据集来测试算法的性能。Normal7 具有 7 个簇状类的合成数据集；Twonorm 来自于真实数据，具有 7400 个样本点和 20 个维度。由表 7-9 可知，通过预处理，Twonorm 数据集的维度从 20 降到了 4，与之相反的是，Normal7 的维度从 2 上升至 7。正如前面所说，不是所有的数据集通过预处理，数据维度都会降低，并且这种情况屡见不鲜，尤其是在数据集本身维度不高的情况下。尽管如此，KECA 产生的变换数据对后续的聚类分析仍是有利的。

通过上述分析，可以断言 KECA-QC 适用于高维数据集合，在高维度数据集上效率极高。它可以用于处理几万个维度的数据集合，且运行速度很快。虽然与传统的 QC 相比，KECA-QC 在相同的时间内能够处理更多的数据点，但是当数据点个数超过 5000 时，相对而言，其消耗的时间仍然是巨大的，这对于需要在线处理的实际问题的实施仍有难度。

表 7-9　算法在样本点规模大的数据集上的测试

数据集	样本个数	样本维数	样本类别	KECA-QC				
				l	MS	JS	CA	时间/s
Normal7	3500	2	7	7	0.1168	0.9865	0.9966	496.7
Twonorm	7400	20	2	4	0.5184	0.7126	0.8362	3785

7.4　结论与讨论

本章提出了一种利用核熵成分分析的量子聚类方法，它保持了传统量子聚类的优点，是一种无监督学习聚类算法，不需要预先假定任何特别的样本分布模型和聚类类别数，并且聚类中心完全取决于样本自身的潜在信息，而不是简单的几何中心或随机确定。该方法可以分为两个阶段：预处理阶段和聚类阶段。在数据预处理阶段，结合核熵主成分分析替代简单的特征提取方式将原始数据映射至高维特征空间，并用熵值作为筛选主成分的评价标准，提取核熵主成分，为聚类打下良好的基础。在聚类阶段，结合量子聚类方法和 K 近邻策略，通过梯度下降方法不断迭代以获得最终聚类结果，大大降低了算法执行时间。通过实验分析，不论是聚类效果还是鲁棒性，KECA-QC 算法远优于其他对比算法，尤其是对结构较为复杂的流形数据集。

参 考 文 献

[1] GASIOROWICZ S. Quantum physics[M]. New York: Wiley, 1996.

[2] HORN D, Clustering via Hilbert space[J]. Physica A Statistical Mechanics & Its Applications, 2001, 302(1-4):70-79.

[3] HORN D, GOTTLIEB A. The Method of Quantum Clustering[J]. Citeseer, 2002:769-776.

[4] HORN D, GOTTLIEB A. Algorithm for data clustering in pattern recognition problems based on quantum mechanics[J]. Physical Review Letters, 2002, 88(1):261-268.

[5] NASIOS N, BORS A G. Kernel-based classification using quantum mechanics[J]. Pattern Recognition, 2007, 40(3):875-889.

[6] SCHÖLKOPF B, SMOLA A, MÜLLER K R. Nonlinear component analysis as a kernel eigenvalue problem[J]. Neural Computation, 1998, 10(5):1299-1319.

[7] HOFFMANN H. Kernel PCA for novelty detection[J]. Pattern Recognition, 2007, 40(3): 863-874.

[8] JENSSEN R, HILD K E, ERDOGMUS D, et al. Clustering using Renyi's entropy[C]// Eeding of International Joint Conference on Neural Networks. 2003,1:523-528.

[9] DHILLON I S, GUAN Y Q, KULIS B. Kernel k-means: spectral clustering and normalized cuts[C]//Proceedings of the tenth ACM SIGKDD international conference on Knowledge discovery and data mining. 2004: 551-556.

[10] MALIK J, SHI J. Normalized cuts and image segmentation[J]. IEEE Transations on Pattern Analysis and Machine Intelligence, 2000, 22(8):888-905.

[11] SILVERMAN B W. Density Estimation for Statistics and Data Analysis[M]//Density estimation for statistics and data analysis. London: Chapman and Hall, 1986:296-297.

[12] VARSHAVSKY R, HORN D, LINIAL M. Clustering Algorithms Optimizer: A Framework for Large Datasets[C]//Bioinformatics Research and Applications. Third International Symposium, 2007:85-96.

[13] NASIOS N, BORS A G. Kernel-based classification using quantum mechanics[J]. Pattern Recognition, 2007, 40(3):875-889.

[14] HORN D, AXEL I. Novel clustering algorithm for microarray expression data in a truncated SVD space[J]. Bioinformatics, 2003, 19(9):1110-1115.

[15] UC Irvine Machine Learning Repository. <http://archive.ics.uci.edu/ml/datasets.html>.

[16] MACQUEEN J. Some Methods for Classification and Analysis of MultiVariate Observations[C]//Proceeding of Berkeley Symposium on Mathematical Statistics and Probability. 1967:281-297.

[17] NG A Y, JORDAN M I, WEISS Y. On spectral clustering: analysis and an algorithm[J]. Proceedings of Advances in Neural Information Processing Systems, 2002, 14:849-856.

[18] JENSSEN R. Kernel entropy component analysis[J]. Pattern Analysis & Machine Intelligence IEEE Transactions on, 2010, 32(5):847-860.

[19] BEN-HUR A, GUYON I. Detecting stable clusters using principal component analysis[J]. Methods in Molecular Biology, 2003, 224(224):159-182.

[20] GENG X, ZHAN D C, ZHOU Z H. Supervised nonlinear dimensionality reduction for visualization and classification[J]. IEEE Transactions on Systems Man & Cybernetics Part B Cybernetics A Publication of the IEEE Systems Man & Cybernetics Society, 2005, 35(6): 1098-1107.

第 8 章　量子粒子群数据分类

8.1　基于量子粒子群的最近邻原型数据分类

8.1.1　数据分类方法简介

作为经典的分类算法之一——K 近邻分类是最受欢迎、应用最广泛的分类分析方法之一，是分类方法中一种有监督的算法，能通过训练和测试根据投票结果对给定的数据进行分类。该方法是一种基于统计的分类方法，把所要分类的数据依据某种测度，划归到距离相应的类中。它具有简单、易行的优点，但是它需要待分类的数据计算到所有训练数据的距离，计算复杂度较高。最近邻分类应用到规模较小的数据分类中，具有直观、简单、快速的特点。但是对于规模较大，特性稍复杂的数据，最近邻的分类效果就不太理想。

最近邻原型分类[1]是一种基于原型的分类方法，用基于原型的编码代替传统的原始训练数据，通过一定的优化迭代，寻找到最有效的原型，计算待测试数据到原型的距离，再根据固定的分类标准进行分类。但是，一般的方法在寻找有效原型时往往不能有效提高分类的正确率。量子粒子群(QPSO)算法被证实是一种全局搜索算法，可以尝试用它来解决上述问题。

本节把 QPSO 应用到数据分类问题中，用量子粒子群算法搜索有效原型。第一步，对粒子进行基于原型的编码，并对不同的原型分派相应的类别。第二步，对训练数据学习后，根据最近邻分类计算分类正确率，并以此作为适应度函数采用量子粒子群算法进行搜索迭代，在经过更新算子，达到停止条件确定有效的原型。第三步，计算测试数据到原型的距离，并根据原型的类别对其分配相应的类别标签，最终得到分类结果。该方法不但可以减小分类时间，也可以更好地指导分类达到较好的效果。

在数据挖掘领域中，人们把数据分类(data classification)定义为一个从现有的带有类别的数据集中寻找同一类别数据的共同特征，并以此将它们进行区分的过程。数据分类的解决一般分为分类模型的构建和分类模型的使用两个阶段，在模型构建阶段，为每个类别产生一个相对应数据集的准确描述或规则，其核心内容是分类算法；在模型使用阶段，利用提取出的类别描述或规则对未知类别的数据进行分类[2]。

尽管数据分类在理论和技术方面已经取得了一定的突破，但是它仍然面临很多问题，主要包括：①分类算法的准确性和有效性。现代信息社会达到了 GB 级，甚至是 TB 级的海量数据，分类算法必须能够在可容忍的时间内提取出相对准确的分类信息。具有指数复杂度的算法在实际应用中是无用的，即使它们能够提取出更加准确的信息。②分类规则的可理解性。分类规则和结果是否能够被人们很好地理解是数据分类所提取出的信息是否有用的前提。简单明了的分类规则和结果无疑会给人们的判断和决策提供很大的帮助。

解决数据分类的一般步骤如下。

步骤 1：将现有的已知类别的数据划分为训练数据和测试数据两部分。

步骤 2：通过构造分类算法对训练数据进行学习，最终得到一个符合学习要求的分类模型，它可以通过分类规则、决策树或者数学公式等形式给出。

步骤 3：使用分类模型对测试数据进行检验，如果符合要求，则进行步骤 4；否则，转到步骤 2。

步骤 4：应用得到的分类模型对未知类别的新数据进行分类。

其中，步骤 2 构造分类算法对于分类结果的影响至关重要。一个好的分类算法会使得产生的分类规则更准确地描述训练数据集的特点，并可以被更容易地应用到对未知数据的预测中去，得到更精确的结果。随着数据分类在人工智能、机器学习和模式识别等领域的广泛应用，许多分类算法相继产生，其中应用比较广泛、效果较好的几种分类算法有决策树分类、贝叶斯分类、神经网络分类、支撑矢量机、K 近邻分类等。

1. 最近邻和 K 近邻分类算法[3]

最近邻法允许类中全部样本点作为类的代表，它不是仅仅比较与各类均值的距离，而是计算和所有样本点之间的距离，只要有距离最近就归入所属类。为了克服最近邻法错判率较高的缺陷，K 近邻法不是仅选取一个最近邻进行分类，而是选择 k 个近邻，然后检查它们的类别，归入比重最大的那一类。K 近邻算法认为新样本点属于距它最近的样本点所属类，优点是简单且不受最小错误概率的影响，缺点是受噪声影响较大，k 的选择不固定，且对于规模较大的数据计算量较大。

2. 决策树分类算法

决策树又称判定树，是运用于分类的一种树结构。决策树算法的分类学习过程包括树构造和树剪枝两个阶段。

(1) 树构造阶段。决策树采用自顶向下的递归方式，从根节点开始在每个节点上按照给定标准选择测试属性，然后按照相应属性的所有可能取值向下建立分枝、划分训练样本，直到一个节点上的所有样本都被划分到同一个类，或者某一节点中的样本数量低于给定值时为止。这一阶段关键的操作是在树的节点上选择最佳测试属性，该属性可以将训练样本进行最好的划分。此外，测试属性的取值可以是连续的，也可以是离散的，而样本的类属性必须是离散的。

(2) 树剪枝阶段。构造过程得到的并不是最简单、最紧凑的决策树。因为许多分枝反映的可能是训练数据中的孤立点或噪声。树剪枝过程试图监测和去掉这种分枝，以便提高对未知数据集进行分类时的准确性。树剪枝主要有先剪枝、后剪枝和两者相结合的方法。树剪枝方法的剪枝标准有最小描述长度原则和期望错误率最小原则等。

生成一棵决策树是从数据中生成分类模型的一个非常有效的方法，相对于其他分类方法，决策树算法应用最为广泛，其主要优点包括：

(1) 学习过程中不需要了解很多背景知识，只要训练事例能够用属性-结论的方式表达出来，就能用该算法进行学习。

(2) 速度快，计算量相对较小，且容易转化成分类规则，便于理解。

(3) 决策树的分类模型是树状结构，简单直观，比较符合人类的思考方式。

尽管如此，它依然存在很多的问题：

(1) 在构造树的过程中，需要对数据机进行多次的顺序扫描和排序，使得算法的效率不高，在处理大规模数据的时候的计算时间过长。

(2) 算法只适合对于驻留内存的数据集进行处理。当数据规模超出内存所能容纳的范围时，程序无法运行。

3. 贝叶斯分类算法

贝叶斯分类算法是一种具有最小错误率的概率分类的算法，如 NB(Naive Bayes)等。这些算法主要利用贝叶斯定理来预测一个未知类别的样本属于各个类别的可能性，选择其中可能性最大的一个类别作为该样本的最终类型。

在描述贝叶斯定理如何应用于分类问题之前，可以先从统计学角度对分类问题加以形式化。设 X 表示属性集，Y 表示类变量。如果类变量和属性之间的关系不确定，那么可以把 X 和 Y 看作随机变量，用 $P(Y|X)$以概率的方式描述二者之间的关系。这个条件概率又称为 Y 的后验概率，相应地，$P(Y)$称为 Y 的先验概率。

在训练阶段，要根据从训练数据中收集的信息，对 X 和 Y 的每一种组合学习后验概率。然后，通过找出事后验概率最大的类再对测试记录进行分类。

由于贝叶斯定理的成立本身需要一个很强的独立性假设前提，而此假设在实际情况中经常是不成立的，因而造成其分类的准确性下降。为此出现了许多降低独立性假设的贝叶斯分类算法，如 TAN(tree augmented Bayes network)等。

4. 基于关联规则的分类算法

基于关联规则的分类(classification based on association，CBA)算法作为数据挖掘中最活跃的研究方法之一，最早由 Agrawal 等提出的基于关联规则发现方法的分类算法，它主要通过发现训练集中的关联规则来构造分类器。最初提出的动机是针对购物篮子分析问题的，其目的是为了发现交易数据库中不同商品之间的联系规则，这些规则刻画了顾客购买行为模式，可以用来指导商家科学地安排进货库存以及货架设计等。该算法通过两个步骤构造分类器：第一步，发现所有的右部为类别的类别关联规则(classification association rules，CAR)；第二步，从已发现的 CAR 中选择高优先度的规则来覆盖训练集。CBA 算法关联规则的发现采用经典算法 APriori，该算法对于发现隐藏于大量交易记录之中的关联规则来说是比较有效的。但当利用它发现分类规则时，为了防止漏掉某些规则，最小支持度常被设为 0，此时该算法就发挥不了它的优化作用，结果是产生的频繁集过多，运行效率很差。CBA 算法的优点是分类准确度较高，因为它的发现规则相对较全面。

5. 支撑矢量机分类

支撑矢量机(support vector machine, SVM)是一种监督式学习的方法，它广泛的应用于统计分类以及回归分析中。基于结构风险原则的支撑矢量机与其他学习机相比具有良好的推广能力和很强的普适性。它的最终求解可以转化为一个线性约束凸二次规划问题，不存在局部极小。通过引入核函数方法，可以将线性矢量机简单地推广到非线性支撑矢量机，而且对于高维样本几乎不增加额外的计算量。通过提高数据的维度把非线性分类问题转换成线性分类问题，较好地解决了传统算法中训练集误差最小而测试集误差较大的问题，算法的效率和精度都比较高。然而，同神经网络一样，SVM 分类器依赖于一些预定义的参数，这些参数的选取将影响最终的分类精度，并且在大规模训练样本和多分类问题上存在困难。

6. 神经网络分类算法

神经网络是大量的简单神经元按一定规则连接构成的网络系统。它的工作机理是通过学习，改变神经元之间的连接强度。常用的神经计算模型有多层感知器、反馈网络、自适应映射网络等。

在数据挖掘领域，主要采用前向神经网络提取分类规则。神经网络算法最早在文献[4]中被提出，此后又提出许多版本，包括替换的学习率和要素参数的动态调整，误差函数、网络拓扑的动态调整等。近年来，从神经网络中提取规则受到越来越多的关注。主要有两种倾向，一个是网络结构分解的规则提取；另一个是由神经网络的非线性映射关系提取规则。虽然神经网络分类目前在解决分类问题方面取得了较好的结果，但是仍然存在较多的不足。

(1) 网络不适合处理大规模的数据。当数据的规模足够大时，采用神经网络解决分类问题会使得计算时间过长，资源占用过多，导致解决问题的效率低下。

(2) 分类过程比较复杂。由于神经网络分类过程中，分类规则隐含在网络权值之中，需要对输入层和隐含层结点逐步、反复的训练和筛检，直到分类预测精度误差达到一定的可接受的程度范围。

7. 基于数据库技术的分类算法

虽然数据挖掘研究的兴起是由数据库领域的研究人员掀起的，然而，至今提出的大多数算法没有利用数据库的相关技术，数据挖掘应用也很难与数据库系统集成，此问题已成为该领域研究的关键问题之一。在分类算法中，目前主要有 MND 和 GAC-RDB 两种。基于数据库的分类的缺点有：

(1) 算法采用 UDF 完成主要的计算任务，而 UDF 一般利用高级语言实现，无法使用数据库系统提供的查询处理机制，无法利用查询优化方法，且 UDF 的编写和维护都比较复杂。

(2) GAC-RDB 中用 SOL 语句实现的功能本身是比较简单的操作，但是采用 SOL 实现的方法却显得相当复杂。

8.1.2 K 近邻分类概述

K 近邻算法最初由 Cover 和 Hart 于 1968 年提出，是一种典型的延迟学习方法[5]。由于其简单易行，分类效果良好，对不同数据集都有很好的可操作性，多年来在文本分类[6, 7]、模式识别[8]及图像分类[9]等领域得到广泛应用。

K 近邻算法[10]为所有待分类的实例构建一个分类模型，一次建模反复使用，其基本思想是在训练样本中找到测试样本的 k 个最近邻，然后根据这 k 个最近邻的类别来决定测试样本的类别。

假设训练集 $X=\{x_1,x_2,\cdots,x_n\}$ 是多维空间中的点集，分类属性为 l，它是一个离散性变量，其值域为 $L=\{1,2,\cdots,k\}$。分类的目标是最小化分类误差 M_j，即对于每一个取值 $L_j\in L$，

$$M_j=\sum_{l_j\in L}R_{l_jl_{j'}}\,p\left(l_{j'}\mid q\right) \tag{8-1}$$

其中，$R_{l_j l_{j'}}$ 代表将取值 l_j 分类为 $l_{j'}\left(j \neq j'\right)$ 造成的误差，q 代表被预测点，$p\left(l_{j'} \mid q\right)$ 代表将 q 分类为 $l_{j'}$ 的概率。通常来说，K 近邻算法假定所有的误分类都具有相同的误差，即

$$R_{l_j l_j'} = \begin{cases} 0, j = j' \\ 1, j \neq j' \end{cases} \tag{8-2}$$

而 K 近邻算法并不能精确地预测出 q 的分类属性值，而是给出最有可能的预测值：

$$\mathrm{KNN}\left(q\right) = \arg\max_{l_j \in L} p\left(l_j \mid q\right) \tag{8-3}$$

其中 $\mathrm{KNN}\left(q\right)$ 表示 K 近邻算法对于被预测点 q 的预测结果。

最近邻分类方法的步骤为：确定一个合适的距离量度，对于测试集中的每个数据点 s，在训练集中根据距离机制找到 s 的 k 个最近的邻居，根据 k 个最近邻的分类属性取值投票决定被预测点的分类属性。预测完成后，根据式(8-4)来确定分类误差或分类准确率。

$$M_j = \sum_{l_j \in L} R_{l_j l_{j'}} p\left(l_{j'} \mid q\right) \tag{8-4}$$

K 近邻算法是一种基于类比学习的非参数分类技术，概念清晰、算法思想简单，易于实现，训练过程简单迅速，不需要产生额外的数据来描述分类规则，它的规则就是训练数据本身，且该算法虽然在原理上依赖于极限定理，但是采用该方法却可以避免不平衡的样本数量问题。因为实际具体分类过程中，它其实只与很少量的近邻样本相关，所以虽具有以上优点，但它也具有一些不足之处[11]。

(1) 分类速度慢。K 近邻算法是一种基于实例学习的懒惰学习方法，对每一个待分样本，它都需要计算与训练样本库中的所有样本的相似度，才能得到与待分样本最相邻的 k 个邻居。这样算法的时间复杂度和空间复杂度都将会很高，当其遭遇数据集规模较大并且是高维样本时，其时间复杂度为 $O(mn)$，其中 m 是数据集的大小，n 是样本的特征维数。

(2) 特征属性作用相同降低分类效果。K 近邻算法将所有的特征属性都统一看待，即分类时赋予每一个属性相同的权重，根据数据样本的所有特征属性来计算样本间的距离和衡量相似度。然而，按照这种所有特征权重相同来计算样本间的相似度经常会误导分类过程，因为这些特征与分类相关性强弱不同，只有部分特征与分类强弱相关。

(3) k 值需要确定。K 近邻算法必须指定近邻数 k，若 k 值选择不当则分类精度将会受到影响。实际应用中，通常要尝试不同的 k 值进行一系列实验来确定分类效果最优的 k 值。

(4) 分类效果容易受到数据分布情况的影响。实际中处理的数据样本可能很松散，数据分布极不均匀，特别是大量分布在类边界的数据样本在很大程度上增加了分类的“噪音”干扰，K 近邻算法的分类性能也大大降低。

近年来，随着智能算法的研究，粒子群算法逐渐被引入到数据分类的解决中，由于算法本身的潜力，使得它在解决数据分类时相对于传统的分类算法表现出更好的性能。但是，粒子群算法在数据分类中的应用还处在起步阶段，算法在很多方面还有待于进一步完善，现有的改进也只是简单的针对问题而进行的，并没有考虑算法内在的不足，从而使得算法性能的提升非常有限。本书的研究工作正是基于上述问题而进行的。

8.1.3 基于量子粒子群的最近邻原型的数据分类算法

传统的 K 近邻算法是一种简单易行的“懒惰”学习法，因为它对训练数据不做任何处理。分类过程分为学习和测试两个阶段，在测试阶段，每一个测试数据都需要计算其与训练样本库中的所有样本的相似度欧氏距离，得到与待分样本最相邻的邻居，这样算法的时间复杂度和空间复杂度都将会很高，尤其当实验数据集规模较大并且是高维样本时，其时间复杂度将更大。

基于上述问题，采用基于原型的最近邻分类方法。最近邻分类法采用有效的原型集合来表示粒子，通过训练学习出分类模型，选出有效原型，这样在分类时只需计算待分类数据到原型的距离即可。这样就意味着分类的速度将会大大提升，因为原型的数量要比训练数据的个数小得多。除了减小算法的复杂度(由原型的数量决定)之外，它还能改善基本最近邻算法的分类正确率，而这些有效原型的选取则需要根据一定的规则优化选择得到。

因此，基于量子粒子群算法和最近邻算法，提出了量子粒子群–最近邻原型数据分类算法。

1. 算法流程

步骤 1：输入待处理的数据。

步骤 2：初始化粒子群，注意每个粒子的维数等于类别数 K、每类的原型数 N、数据的属性个数 D 的乘积。

步骤 3：给粒子分派类别标签，每类对应 N 个原型。

步骤 4：十倍交叉选择训练和测试数据，并归一化数据集。

步骤 5：对训练数据进行学习，得到每个粒子的适应度值。

步骤 6：采用 QPSO 算法进行迭代优化选出最好的粒子和其中有效的原型，对测试数据分类做准备。

步骤 7：计算测试数据到选出原型的距离，对测试数据进行分类。

步骤 8：继续步骤 5，直到满足终止条件。

步骤 9：统计种群的分类正确率，并输出最终结果。

2. 算子的设计

1) 数据预处理

输入样本数据中可能会存在相对于其他输入样本特别大或特别小的奇异数据。在步骤 4，将数据归一化到[0,1]的目的是避免奇异样本数据存在所引起的网络训练时间增加，并可能引起网络无法收敛。这是数据挖掘领域中最常用的对数据预处理的方法之一。归一化过的数据就是实验中所要处理的数据。

2) 粒子的编码

在优化问题中，量子粒子群算法中使用它的位置编码能代表问题的解的粒子集合，其中，搜索空间中的每个粒子根据粒子自身和相邻粒子的适应度值的变化而变化。

与数据类似，原型通过属性和相应的类别进行定义，而属性是通过连续值的集合来描述的。因为一个粒子的编码可以对应问题的全部解，所以每个粒子中包含多个原型。这些原型在粒子中依次编码，并且有一个独立的矩阵来决定每一个原型对应的类标。这些类标保持不变，因此每个原型的类标是由它在粒子中所处的位置决定的。

表 8-1 描述了单个粒子的编码，每类对应 N 个原型且具有 D 个属性和 K 个类标。对于每个原型，类标编码从 0 到 $K-1$，并按照这个顺序一次标记下去直到第 $N\cdot K$ 个原型。因此，该粒子的总维数为 $N\cdot D\cdot K$ 。

表 8-1　粒子中一系列原型的编码

	原型 1	…	原型 K	原型 $K+1$	…	原型 $N\cdot K$
位置	$x_{1,1},x_{1,2},\cdots,x_{1,D}$	…	$x_{K,1},x_{K,2},\cdots,x_{K,D}$	$x_{K+1,1},x_{K+1,2}\cdots x_{K+1,D}$	…	$x_{NK,1},x_{NK,2},\cdots,x_{NK,D}$
类标	0	…	$K-1$	0	…	$K-1$

本书基于 PSO 和 QPSO 的数据分类方法中粒子的编码均采用上述编码机制。

3) 适应度函数

用来评估粒子的适应度函数即是分类正确率。为了计算它，首先，基于粒子中编码的原型，在训练数据集中的数据根据最近邻原型被分配类标，如果被分派的类标和训练数据本身的类标相同，就称为是一个“好的分类”。这些好分类的个数与训练数据集中的总个数之比记为粒子的适应度值。

$$适应度值=\frac{好分类个数}{总数据个数}\times 100 \tag{8-5}$$

式(8-5)用来获得整个种群总的分类正确率。一旦训练学习部分的算法执行完毕，通过训练获得的最好粒子中的有效原型将用来对测试数据进行分类。根据式(8-5)在测试数据集上计算的分类正确率就是整个算法的结果。

4) 算法公式

本节将采用 QPSO 算法进行优化，且在文献[12]中，算法提出者描述了算法中参数的选择和意义。

简要地说，QPSO 采用实值多维下的时空作为搜索空间，并在该空间下定义了一系列粒子并且每个粒子的位置采用如下公式进行迭代进化：

$$x_{i,j}(t+1)=p_{i,j}(t)\pm\beta\cdot|m_j(t)-x_{i,j}(t)|\cdot\ln[1/u_{i,j}(t)],\quad u_{i,j}(t)\sim U(0,1) \tag{8-6}$$

式中，$x_{i,j}(t)$ 表示粒子当前的位置；$x_{i,j}(t+1)$ 表示粒子进化后下一代的位置；$p_{i,j}(t)=\alpha\cdot p_i+(1-\alpha)\cdot p_g$；$\beta$ 表示扩张–收缩因子；$m_j(t)$ 表示所有粒子个体最好位置的平均。

8.1.4 仿真实验及其结果分析

1. 人工聚类数据的分类结果

在本节中，将该算法首先应用于二维人工数据上进行了测试来定性地检测算法是否有效。表 8-2 给出了这些数据的特点，包括每个数据的名称、样本个数、属性个数、类别数和各类别样本的分布个数。针对每一个测试问题分别采用十倍交叉进行 10 次独立实验。图 8-1 给出了该算法对这些数据的分类结果。表 8-3 给出了该算法的分类正确率及采用标准 PSO 算法对这些数据的分类正确率结果。

表 8-2 实验所用二维人工数据

数据名称	样本个数	属性个数	类别数	分类情况
Long 1	1000	2	2	500/500
Spiral	1000	2	2	500/500
Eyes	238	2	3	56/82/100
Lineblobs	266	2	3	118/75/73
Square 4	1000	2	4	250/250/250/250
Sticks	512	2	4	117/123/150/122

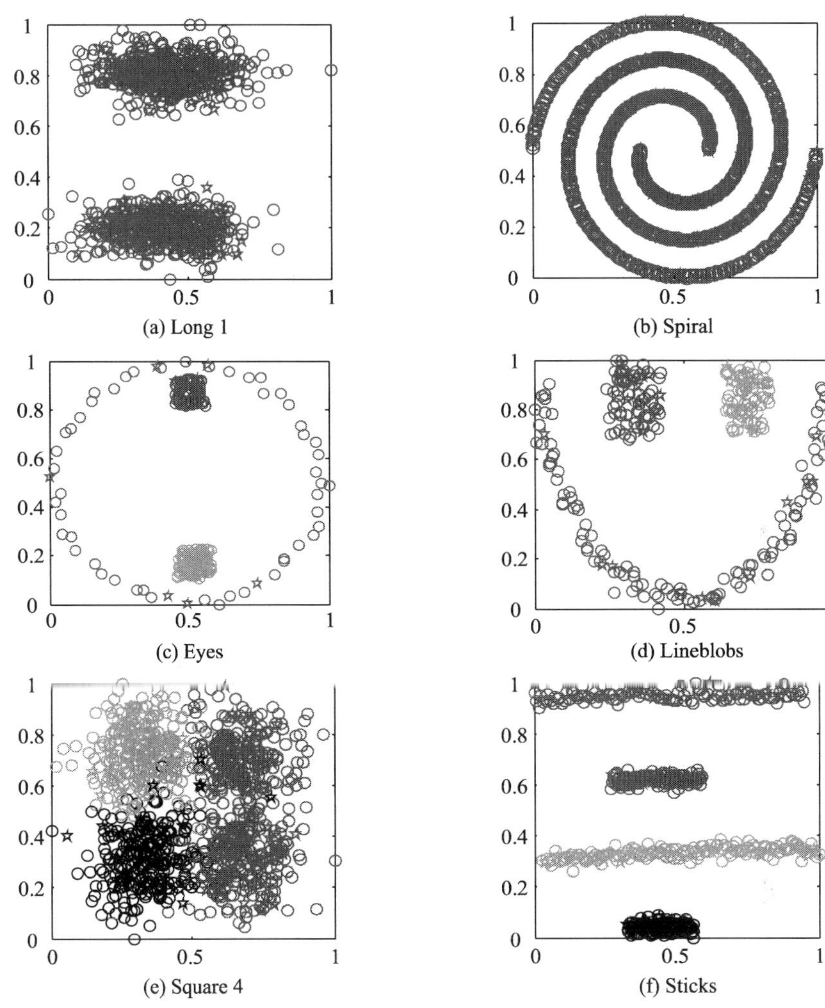

图 8-1　人工聚类数据分类结果示意图

表 8-3　PSO、QPSO 对人工聚类数据的分类正确率　　(单位：%)

数据名称	PSO	QPSO
Long 1	**100**	99.90(=)
Spiral	67	**73.10(+)**
Eyes	83.33	**97.91(+)**
Lineblods	96.29	**100(+)**
Square 4	90	**94.20(+)**
Sticks	78.43	**100(+)**

从图 8-1 看出，无论是流形数据还是弥漫型数据，大部分数据能被正确分类。这意味着，本节的算法是可行的，尤其是对于流形数据，此算法使用欧氏距离的测度也依然能正确分类。对于 Long1 和 Sticks 比较容易分开的数据，所有的数据点都被正确分类。在 Eyes 和 Lineblobs 问题上，经常会将一些数据错误地划分到距离较近的数据点中，而图 8-1(c)和(d)中显示这两个数据均得到正确分类。虽然 Spiral 数据只有两类，但由于它特殊的数据分布使得其总是很难被正确分类，本节算法的结果显示，虽然仍然存在一些错分点，但是大部分的数据点都被正确分类。Square 4 属于典型的弥漫型数据，且具有四种类别，图 8-1(e)的显示分类效果还可以接受。

本节算法的初始种群规模 popsize=50，每个类别对应的原型 N=10，迭代次数为 300。在粒子群中，系数 w=0.72984, C_1=C_2=2.05。量子粒子群中收缩-扩张因子 $\beta \in [0.5,1.0]$，并线性递减。每个算法采用十倍交叉独立运行 10 次，即每个算法独立运行 100 次。

设定两个分类正确率之间的差距以 0.5 为限，说明对比的明显程度。所有的算法均与表格中第一列的算法进行比较，并采用“+”表明这个平均结果明显优于第一列的结果；“=”表明两者之间的差距不明显；而“–”说明与第一列算法相比，这个算法的结果明显较差。从表 8-3 可以看出，采用量子粒子群的最近邻原型分类算法明显要优于采用粒子群的实验结果。结果表明，本节算法在流行数据和弥漫型数据上的有效性，因此进一步对分类数据进行实验测试。

2. 二维人工数据的分类结果

针对二维人工数据集测试基于量子粒子群的分类算法的性能，数据集的属性如表 8-4 所示，这些数据都是球形数据，具有球形数据的特征。表 8-5 和表 8-6 分别为 PSO 和 QPSO 两个算法分类所需原型个数和迭代次数，表 8-7 给出了分类的正确率，图 8-2 为二维人工数据分类结果示意图。

表 8-4　数据属性描述

数据名称	数据个数	类别数	数据维数
AD_3_2	150	3	2
AD_4_2	200	4	2
AD_5_2	250	5	2
AD_6_2	300	6	2
AD_7_2	350	7	2
AD_8_2	400	8	2

表 8-5　两个算法分类所需要原型个数

数据名称	PSO	QPSO
AD_3_2	3	3
AD_4_2	4	4
AD_5_2	4	4.6
AD_6_2	4	6
AD_7_2	5	7.3
AD_8_2	5	6.8

表 8-6　两个算法分类所需迭代次数

数据名称	PSO	QPSO
AD_3_2	18	2.5
AD_4_2	133	15.8
AD_5_2	80	54.4
AD_6_2	45	79
AD_7_2	282	172
AD_8_2	216	82

表 8-7　三个算法的分类正确率比较　(单位：%)

数据名称	QPSO	PSO	NN
AD_3_2	**100**	100(=)	100(–)
AD_4_2	**100**	85(–)	75(–)
AD_5_2	**88.80**	72(–)	58.80(–)
AD_6_2	**99**	53.33(–)	49.66(–)
AD_7_2	**92.85**	62.85(–)	42.85(–)
AD_8_2	**83.5**	57.50(–)	37.50(–)

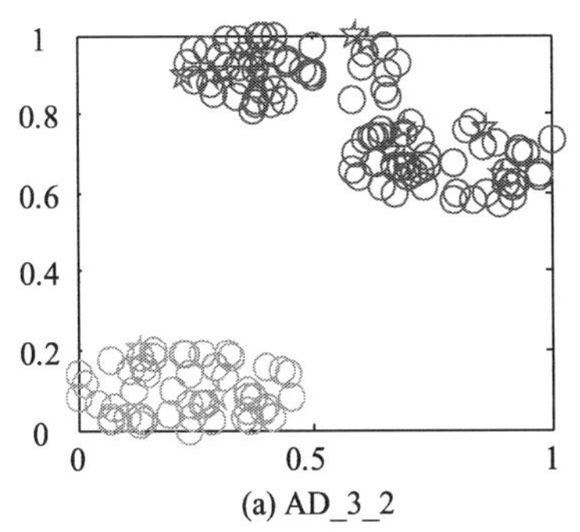

(a) AD_3_2

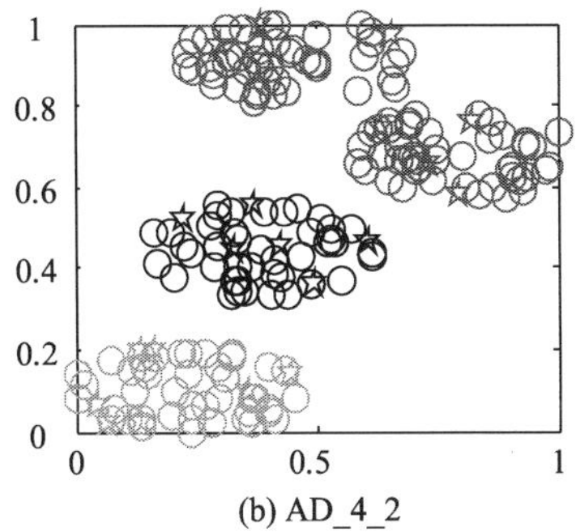

(b) AD_4_2

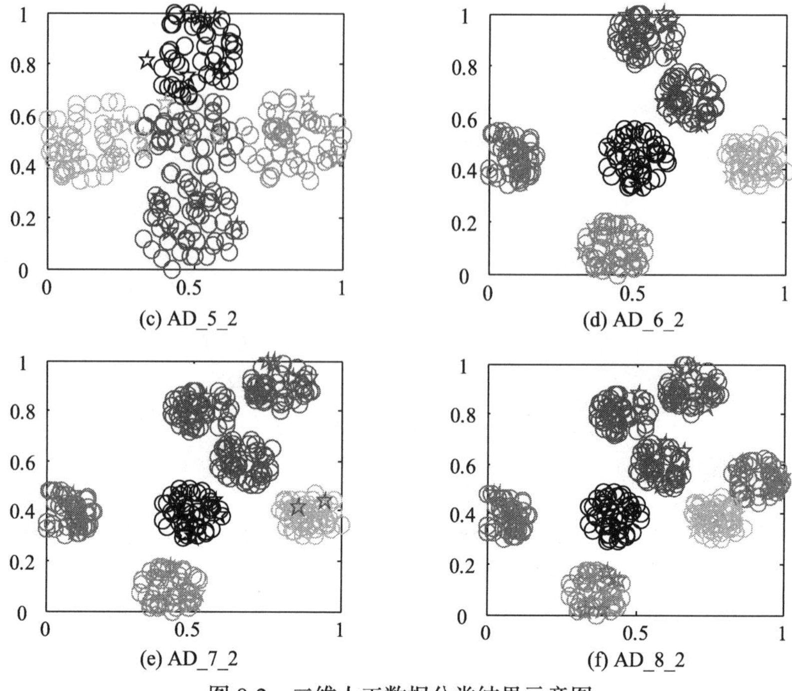

图 8-2　二维人工数据分类结果示意图

随着类别数的增加，分类的难度逐渐增大。从图 8-2 可以看出，类别数较少时，待分类数据基本全部被正确分类，而对于数据 AD_7_2 和 AD_8_2 则出现了错分的现象。从表 8-5 中可以看出，QPSO 对应的分类算法所用的原型数大部分都比 PSO 大。但是，从表 8-6 和 8-7 中可知，基于 QPSO 的分类方法收敛速度较快，并且相对于粒子群算法和传统的最近邻(NN)分类方法，分类正确率明显高很多，尤其是对于类别数较大的数据更加明显。这说明，引入量子机制的分类算法有较大的优势，且适用于球形数据。

3. UCI 数据的分类结果

UCI(University of California，Irvine)数据是一种在数据挖掘中常用的公共标准测试集。表 8-8 给出了实验所用的数据集及其特点。这些数据集既包括不同数量的属性和类别，也包括类别平衡和非平衡的问题，有些数据可以简单通过最近邻分类器(NN)分出，而有些还存在较大问题。表 8-9～表 8-11 分别给出了基于粒子群和量子粒子群算法的分类的正确率、所采用的原型个数和收敛迭代次数。表 8-12 给出了将 QPSO 算法和 PSO 算法与传统 NN 分类算法、SVM 的分类结果比较。为保证实验比较的公正合理性，所有的参数设置均根据相关参考文献设置，使各种算法性能达到最优。

表 8-8　实验所用 UCI 数据

数据名称	样本个数	属性个数	类别数	分类情况
Bupa	345	6	2	200/145
Diabetes	768	8	2	500/268
Iris	150	4	3	50/50
Heart Disease	303	14	5	164/55/36/35/13
Balance Scale	625	4	3	288/49/288
Thyroid	215	5	3	150/35/30
Wisconsin	699	9	2	458/241

表 8-9　PSO、QPSO 的平均分类正确率比较　(单位：%)

数据名称	QPSO	PSO
Bupa	**73.1429**	69.7143(−)
Diabetes	**79.2208**	75.5844(−)
Iris	**97.3333**	94.6667(−)
Heart Disease	**62.0000**	61.6667(=)
Balance Scale	**88.7302**	87.3016(−)
Thyroid	**99.0909**	93.6364(−)
Wisconsin	**97.7143**	96.4286(−)

表 8-10　QPSO、PSO 分别所用原型的平均个数

数据名称	QPSO	PSO
Bupa	**2**	3.2
Diabetes	**2**	2.2
Iris	**3**	3.3
Heart Disease	**3**	4.0
Balance Scale	**2**	2.9
Thyroid	**3**	3.6
Wisconsin	**2.2**	3.9

表 8-11　两种算法的平均迭代次数

数据名称	QPSO	PSO
Bupa	172.30	**145.40**
Diabetes	**102.40**	146.50
Iris	**37.40**	145.50
Heart Disease	**83.40**	286.00
Balance Scale	**32.80**	147.20
Thyroid	**56.10**	180.90
Wisconsin	**38.80**	82.20

表 8-12 各分类算法的分类正确率 (单位：%)

数据名称	QPSO	PSO	SVM (C-SVM)	NN
Bupa	**73.14**	69.71(–)	59.14(–)	64.00(–)
Diabetes	**79.22**	75.58(–)	77.01(–)	70.25(–)
Iris	**97.33**	94.66(–)	95.33(–)	95.33(–)
Heart Disease	61.67	**62.00**(=)	54.67(–)	54.00(–)
Bal. Scale	**87.73**	87.30(–)	85.28(–)	79.20(–)
Thyroid	**99.09(=)**	93.63(–)	91.36(–)	96.36(–)
Wisconsin	**97.71(=)**	96.42(–)	96.86(–)	96.00(–)

算法参数设置如下：本节算法的初始种群规模 popsize=50，每个类别对应的原型 N=10，迭代次数为 300。在粒子群中，系数 w=0.72984,C_1=C_2=2.05。量子粒子群中收缩–扩张因子 $\beta\in[0.5,1.0]$，并线性递减。所采用的 SVM 是 C-SVM，核函数是径相基函数(radius basis function，RBF)，其中纠错惩罚参数、核参数分别取 1 和 0.001。每个算法采用十倍交叉独立运行 10 次，即每个算法独立运行 100 次。

从表 8-9 对 UCI 数据的分类正确率统计上可以看出，对于所有的数据，引入量子机制的量子粒子算法的分类正确率都要高于粒子群算法，特别是对于 Bupa、Diabetes、Iris 和 Thyroid 数据的分类结果有明显的提高。

表 8-10 给出了分类过程中所使用的有效原型个数。所用的原型个数与测试过程的计算复杂度密切相关，原型个数越多计算复杂度越高，分类的时间也越长。因此，在保证正确率的情况下，原型个数越少越好。表中结果显示，QPSO 算法的平均原型数均小于 PSO 算法。

表 8-11 是两者获得解时平均迭代次数的比较。除了第一个数据之外，其他数据中 QPSO 算法的迭代次数均比 PSO 算法的小，这说明，QPSO 算法的收敛速度较快。

从表 8-12 中 QPSO 与 PSO、传统最近邻分类 NN 和支撑矢量机 SVM 的分类结果对比中不难发现，QPSO 的分类正确率明显高于 NN 和 SVM。这表明，和传统经典方法相比，QPSO 算法还是很有竞争力的。

8.2 改进的量子粒子群的最近邻原型数据分类

8.2.1 基于多次塌陷–正交交叉量子粒子群的最近邻原型算法的数据分类

最近邻原型分类是一种基于原型的分类方法，用基于原型的编码代替传统的原始训练数据，通过一定的优化迭代，寻找到最有效的原型，计算待测试数据到原型的距离，再根据固定的分类标准进行分类。但是，一般的方法在寻找有效原型时往往不能有效提高分类的正确率。

前文中提出了改进的量子粒子群算法，并通过实验证实了其性能的优越性。本章把 QPSO 算法与最近邻原型算法结合，应用到数据分类问题中，用该改进的算法搜索有效原型。第一步，对粒子进行基于原型的编码，并对不同的原型分派相应的类别；第二步，对训练数据学习后根据最近邻分类计算分类正确率，并以此作为适应度函数，采用改进的算法进行搜索迭代，在经过更新算子，达到停止条件确定有效的原型；第三步，计算测试数据到原型的距离，并根据原型的类别对其分配相应的类别标签，最终得到分类结果。该改进的算法不但可以减小分类时间，也可以更好地指导分类达到较好的分类效果。

采用改进的量子粒子群算法寻找有效原型的步骤为：第一步，采用有效的原型集合来表示粒子，通过训练学习出分类模型，选出有效原型。第二步，在分类时只需计算待分类数据到原型的距离即可，这样就意味着分类的速度将会大大提升，因为原型的数量要比训练数据的个数小得多。除了减小算法的复杂度(由原型的数量决定)之外，它还能改善基本最近邻算法的分类正确率。而这些有效的原型的选取则需要根据一定的规则优化选择得到。

因此，基于量子粒子群算法和最近邻算法，提出了多次塌陷–正交交叉量子粒子群的最近邻原型数据分类算法。

1. 算法流程

步骤 1：输入待处理的数据。

步骤 2：初始化粒子群，注意每个粒子的维数等于类别数 K、每类的原型数 N、数据的属性个数 D 的乘积。

步骤 3：给粒子分派类别标签，每类对应 N 个原型。

步骤 4：十倍交叉选择训练和测试数据，并归一化数据集。

步骤 5：对训练数据进行学习，得到每个粒子的适应度值。

步骤 6：采用多次塌陷–正交交叉量子粒子群算法进行迭代优化选出最好的粒子和其中有效的原型，对测试数据分类做准备。

步骤 7：计算测试数据到选出原型的距离对测试数据进行分类。

步骤 8：继续步骤 5，直到满足终止条件。

步骤 9：统计种群的分类正确率，并输出最终结果。

2. 算子的设计

上述算法流程中需要注意的操作如下所示。

1) 数据预处理

输入样本数据中可能会存在相对于其他输入样本特别大或特别小的奇异数据。在步骤 4，将数据归一化到[0,1]的目的是避免奇异样本数据存在所引起的网络训练时间增加，并可能引起网络无法收敛。这是数据挖掘领域中最常用的对数据预处理的方法之一。归一化过的数据就是实验中所要处理的数据。

2) 粒子的编码

在优化问题中，量子粒子群算法中使用它的位置编码能代表问题的解的粒子集合，其中，搜索空间中的每个粒子根据粒子自身和相邻粒子的适应度值的变化而变化。

与数据类似，原型通过属性和相应的类别进行定义，而属性是通过连续值的集合来描述的。因为一个粒子的编码可以对应问题的全部解，所以每个粒子中包含多个原型。这些原型在粒子中依次地编码，并且有一个独立的矩阵来决定每一个原型对应的类标。这些类标保持不变，因此每个原型的类标是由它在粒子中所处的位置决定的。

表 8-13 描述了单个粒子的编码，每类对应 N 个原型且具有 D 个属性和 K 个类标。对于每个原型，类标编码从 0 到 $K-1$，并按照这个顺序一次标记下去直到第 $N\cdot K$ 个原型。因此，该粒子的总维数为 $N\cdot D\cdot K$ 。

表 8-13　粒子中一系列原型的编码

	原型 1	…	原型 K	原型 K+1	…	原型 $N\cdot K$
位置	$x_{1,1},x_{1,2},\cdots,x_{1,D}$	…	$x_{K,1},x_{K,2},\cdots,x_{K,D}$	$x_{K+1,1},x_{K+1,2},\cdots,x_{K+1,D}$	…	$x_{NK,1},x_{NK,2},\cdots,x_{NK,D}$
类标	0	…	$K-1$	0	…	$K-1$

本节中基于 PSO、QPSO、WQPSO 以及 AQPSO 的数据分类方法中粒子的编码均是采用上述编码机制。

3) 适应度函数

用来评估粒子的适应度函数即是分类正确率。为了计算它，首先，基于粒子中编码的原型，在训练数据集中的数据根据最近邻原型被分配类标，如果被分派的类标和训练数据本身的类标相同，就称为是一个“好的分类”。这些好分类的个数与训练数据集中的总个数之比记为粒子的适应度值

$$\text{适应度值}=\frac{\text{好分类个数}}{\text{总数据个数}}\times 100 \tag{8-7}$$

公式(8-7)也用来获得整个种群总的分类正确率。一旦训练学习部分的算法执行完毕之后，通过训练获得的最好粒子中的有效原型将用来对测试数据进行分类。而后，根据公式(8-7)在测试数据集上计算的分类正确率就是整个算法的结果。

4) 算法公式

采用 MOQPSO 算法进行优化，算法提出者描述了算法中参数的选择和意义。简要地说，MOQPSO 算法采用实值多维下的时空作为搜索空间，并在该空间下定义了一系列粒子并且每个粒子的位置采用式(8-6)进行迭代进化。

8.2.2　仿真实验及其结果分析

1. 二维人工聚类数据的分类结果

在本节中，将该算法首先应用于二维人工数据上进行了测试来定性地检测算法是否有效。表 8-14 给出了这些数据的特点，包括每个数据的名称、样本个数、属性个数、类别数和各类别样本的分布个数。这些数据既有具有流形结构的数据，如 Spiral、 Eyes、 Lineblobs 和 Sticks，又有弥漫型数据，如 Long 1 和 Square 4。针对每一个测试问题分别采用十倍交叉进行 10 次独立实验。图 8-3 给出了该算法对这些数据的分类结果图。

表 8-14　实验所用二维人工数据

数据名称	样本个数	属性个数	类别数	分类情况
Long 1	1000	2	2	500/500
Spiral	1000	2	2	500/500
Eyes	238	2	3	56/82/100
Lineblobs	266	2	3	118/75/73
Square 4	1000	2	4	250/250/250/250
Sticks	512	2	4	117/123/150/122

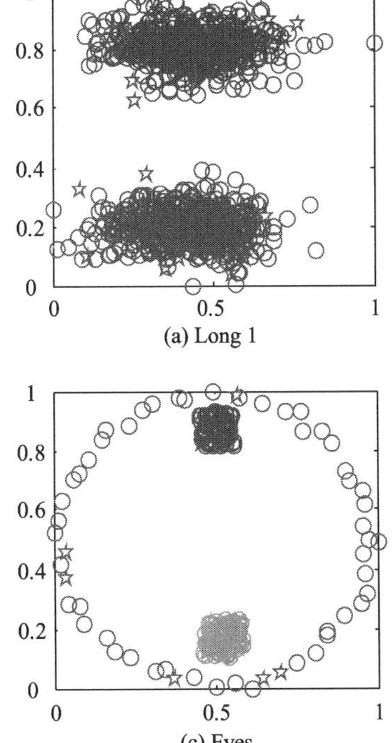
(a) Long 1

(c) Eyes

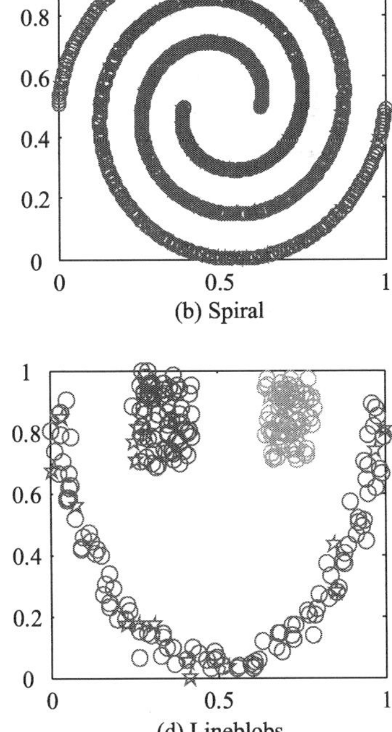
(b) Spiral

(d) Lineblobs

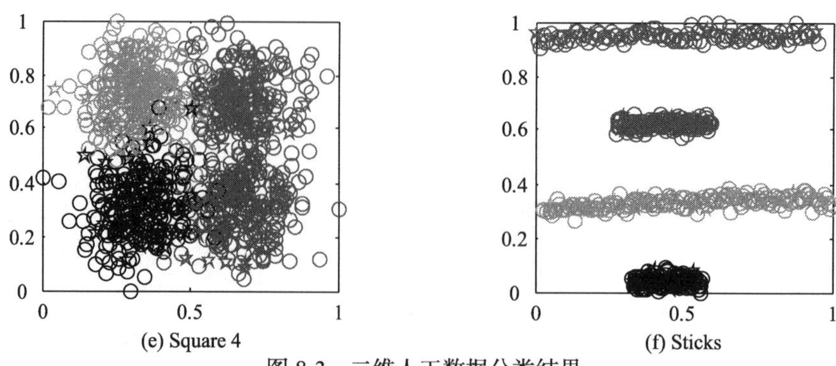

图 8-3　二维人工数据分类结果

从图 8-3 的结果图中看出，无论是流行数据还是弥漫型数据，大部分数据还是被正确分类的。这意味着，本节的算法是可行的。对于 Long1 和 Sticks 比较容易分开的数据，所有的数据点都被正确分类；在 Eyes 和 Lineblobs 问题上，经常会将一些数据错误地划分到距离较近的数据点中，而图示中结果显示这两个数据均得到正确分类；虽然 Spiral 数据只有两类，但由于它特殊的数据分布使得总是很难正确分类，本节算法的结果显示大部分的数据点都被正确分类，虽然仍然存在一些错分点。Square 4 属于典型的弥漫型数据，且具有 4 中类别，结果图显示分类效果还可以接受。表 8-15 中给出的正确率也可以看出，改进后的算法对应的分类结果较 PSO 算法和 QPSO 算法均有所提高的。说明采用改进量子粒子群的最近邻原型分类算法明显要优于采用粒子群的实验结果。以上结果说明了算法的有效性，因此将进一步对分类数据进行实验测试。

表 8-15　三种算法对二维人工聚类数据的分类正确率比较　　(单位：%)

数据名称	PSO	QPSO	MOQPSO
Long 1	**100**	99.90(=)	**100(=)**
Spiral	67	73.10(+)	**73.20(+)**
Eyes	83.33	97.91(+)	**99.58(+)**
Lineblods	96.29	**100(+)**	**100(+)**
Square 4	90	**94.20(+)**	**94.10(+)**
Sticks	78.43	**100(+)**	**100(+)**

2. 二维人工球形数据分类实验

二维人工球形数据包括 AD_3_2，AD_4_2，AD_5_2，AD_6_2，AD_7_2，AD_8_2，这些数据都是球形数据，具有球形数据的特征，且均是二维人工构造的，类别数依次从 3 到 8。

算法参数设置如下：初始种群规模 popsize=50，每个类别对应的原型 N=10，迭代次数为 300。在粒子群中，系数 w=0.72984, C_1=C_2=2.05。量子粒子群和 MOQPSO

中收缩-扩张因子 $\beta \in [0.5,1.0]$，并线性递减。在权重量子粒子群 WQPSO 中，权重系数 a_i 根据排序从 1.5 线性递减至 0.5。所采用的 SVM 是 C-SVM，核函数是径向基函数 RBF，其中纠错惩罚参数、核参数分别取 1 和 0.001。每个算法采用十倍交叉独立运行 10 次，即每个算法独立运行 100 次。

随着类别数的增加，分类的难度越来越大。从图 8-4 中可看出，改进后的方法对实验中球形数据中大部分的数据点都正确分类了，虽然从表 8-16 和表 8-17 中显示出 MOQPSO 算法所用的原型数和迭代次数并不总是最小，但表 8-18 显示，无论对于现有改进的量子粒子群算法还是传统的最近邻算法，MOQPSO 算法的分类正确率都是最高的，显示出了较好的优越性。

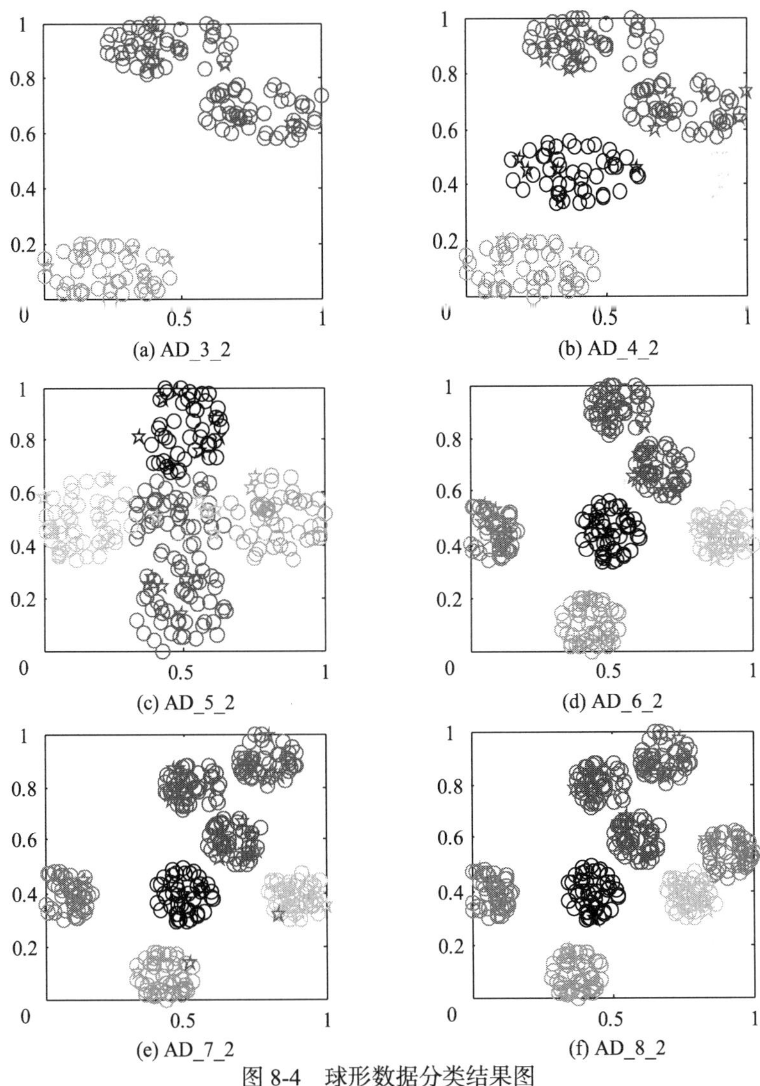

图 8-4　球形数据分类结果图

表 8-16　三种算法所用的原型数

数据名称	PSO	QPSO	MOQPSO
AD_3_2	5	3.7	4.5
AD_4_2	4	4.1	4
AD_5_2	5	5	5.2
AD_6_2	4	5.7	6
AD_7_2	5	7	6.7
AD_8_2	4	7.6	7.9

表 8-17　三种算法迭代次数比较

数据名称	PSO	QPSO	MOQPSO
AD_3_2	8	5.7	**1.6**
AD_4_2	75	18.1	**8.5**
AD_5_2	140	**37.8**	50.8
AD_6_2	**24**	42.7	61.3
AD_7_2	172	**46.1**	117.6
AD_8_2	263	151.4	**116.9**

表 8-18　几种算法对球形数据的分类正确率比较　(单位：%)

数据名称	MOQPSO	PSO	QPSO	AQPSO	WQPSO	NN
AD_3_2	**100**	100(=)	100(=)	91.33(–)	87.33(–)	100(=)
AD_4_2	**100**	100(=)	99.5(–)	100(=)	99.50(–)	75(–)
AD_5_2	**99.20**	76(–)	99.2(=)	96.80(–)	64.40(–)	58.80(–)
AD_6_2	**97.33**	53.33(–)	93(–)	82.33(–)	41.33(–)	49.66(–)
AD_7_2	**94.28**	71.42(–)	100(+)	30.57(–)	56.85(–)	42.85(–)
AD_8_2	96.75	37.50(–)	90.5(–)	**99.50**(+)	53.25(–)	37.50(–)

3. UCI 数据的分类实验

表 8-19 给出了实验所用的数据集及其特点。这些数据集既包括不同数量的属性和类别，也包括类别平衡和非平衡的问题，有些数据可以简单通过最近邻分类器(NN)分出，而有些还存在较大问题。表 8-20～表 8-23 分别给出了基于粒子群和量子粒子群算法的分类的正确率、所采用的原型个数和收敛迭代次数。表 8-20 给出了将本节的算法与传统 NN 分类算法、SVM 以及现有的两种改进量子粒子群算法 AQPSO 和 WQPSO 的分类结果比较。为保证实验比较的公正合理性，所有的参数设置均根据相关参考文献设置，使各种算法性能达到最优。

表 8-19　实验所用 UCI 数据

数据名称	样本个数	属性个数	类别数	分类情况
Bupa	345	6	2	200/145
Diabetes	768	8	2	500/268
Iris	150	4	3	50/50
Heart Disease	303	14	5	164/55/36/35/13
Balance Scale	625	4	3	288/49/288
Thyroid	215	5	3	150/35/30
Wisconsin	699	9	2	458/241
Glass	214	9	6	70/76/17/13/9/29
Zoo	101	16	7	41/20/5/13/4/8/10
Vowel	528	10	11	48/48/48/48/48/48/48/48/48/48/48

表 8-20　三种算法的分类结果比较　(单位：%)

数据名称	MOQPSO	PSO	QPSO
Bupa	72.5714	69.7143(−)	**73.1429**(+)
Diabetes	**79.2208**	75.5844(−)	**79.2208**(=)
Iris	**98**	94.6667(−)	97.3333(−)
Heart Disease	**63.3333**	61.6667(−)	62.0000(−)
Balance Scale	**88.8889**	87.3016(−)	87.7302(−)
Thyroid	98.7273	93.6364(−)	**99.0909**(=)
Wisconsin	**97.8571**	96.4286(−)	97.7143(=)
Glass	**52.3810**	47.6190(−)	46.6667(−)
Zoo	79	**80**(+)	70(−)
Vowel	**30**	26.4151(−)	24.9057(−)

表 8-21　三种算法所用有效原型比较

数据名称	PSO	QPSO	MOQPSO
Bupa	3.2	**2**	2.2
Diabetes	2.2	2	**2**
Iris	3.3	3	**3**
Heart Disease	4.0	3	**3**
Balance Scale	2.9	**2**	2.1
Thyroid	3.6	3	**3**
Wisconsin	3.9	2.2	**2**
Glass	4	**2.2**	3.1
Zoo	5	**3.1**	4
Vowel	6	**3.2**	4.5

表 8-22 三种算法获得解时的迭代次数对比

数据名称	PSO	QPSO	MOQPSO
Bupa	145.40	172.30	**72.10**
Diabetes	146.50	102.40	**74.80**
Iris	145.50	**37.40**	43.60
Heart Disease	286.00	83.40	**25.30**
Balance Scale	147.20	32.80	**27.70**
Thyroid	180.90	**56.10**	65.10
Wisconsin	82.20	38.80	**25.20**
Glass	254.00	58.90	**35.5**
Zoo	142.00	**47.20**	52.50
Vowel	218.00	94.30	**80.5**

表 8-23 MOQPSO 算法分类结果与多种分类方法的分类正确率对比 (单位：%)

数据名称	MOQPSO	PSO	QPSO	AQPSO	WQPSO	SVM (C-SVM)	NN
Bupa	72.57	69.71(–)	**73.14(+)**	72.00(–)	61.42(–)	59.14(–)	64.00(–)
Diabetes	**79.22**	75.58(–)	**79.22(=)**	78.31(–)	74.93(–)	77.01(–)	70.25(–)
Iris	98.00	94.66(–)	97.33(–)	**98.66(+)**	94.66(–)	95.33(–)	95.33(–)
Heart Disease	**63.33**	62.00(–)	61.67(–)	62.00(–)	59.00(–)	54.67(–)	54.00(–)
Bal. Scale	**88.88**	87.30(–)	87.73(–)	82.85(–)	88.25(–)	85.28(–)	79.20(–)
Thyroid	**98.72**	93.63(–)	**99.09(=)**	93.63(–)	83.63(–)	91.36(–)	96.36(–)
Wisconsin	**97.85**	96.42(–)	**97.71(=)**	88.71(–)	96.71(–)	96.86(–)	96.00(–)
Glass	52.38	47.62(–)	46.67(–)	**69.05**(+)	42.381(–)	61.90(+)	52.38(=)
Zoo	79	80(+)	70(–)	88(+)	61(–)	**94.00(+)**	65.00(–)
Vowel	30	26.42(–)	24.91(–)	26.60(–)	14.15(–)	**80.94**(+)	27.17(–)

在本节所有的表格中，设定两个分类正确率之间的差距超过 0.5 时说明对比的明显程度。所有的算法均与表格中第一列的算法进行比较，并在一个算法的旁边采用“+”符号来表明这个平均结果明显优于第一列的结果；“=”意味着两者之间的差距不明显；而“–”说明与第一列算法相比，这个算法的结果明显较差。

算法参数设置如下：初始种群规模 Popsize=50，每个类别对应的原型 N=10，迭代次数为 300。在粒子群中，系数 w=0.72984, C_1=C_2=2.05。量子粒子群和 MOQPSO 中收缩–扩张因子 $\beta \in [0.5,1.0]$，并线性递减。在权重量子粒子群 WQPSO 中，权重系数 a_i 根据排序从 1.5 线性递减至 0.5。所采用的 SVM 是 C-SVM，核函数是径向基函数 RBF，其中纠错惩罚参数、核参数分别取 1 和 0.001。每个算法采用十倍交叉独立运行 10 次，即每个算法独立运行 100 次。

从表 8-20 对 UCI 数据的分类正确率统计上可以看出，对于所有的数据，引入量子机制的量子粒子算法的分类正确率都要高于粒子群算法，特别是对于 Bupa、Diabetes、Iris 和 Thyroid 数据的分类结果有明显的提高。而对于数据 Glass、Zoo 和 Vowel，由于其类别数和维数都较高而较难分类。实验结果表明，除了 Zoo 数据三种算法的分类正确率基本相等之外，另外两个数据上 MOQPSO 均有明显提高。由此可看出，改进后的算法在大多数问题上分类结果均有所提升。

表 8-21 给出了 PSO 算法、QPSO 算法和 MOQPSO 算法分类过程中所使用的有效原型个数。所用的原型个数与测试过程的计算复杂度密切相关，原型个数越多计算复杂度越高，分类的时间也越长。因此，在保证正确率的情况下，原型个数越少越好。由表 8-21 可知，QPSO 算法和 MOQPSO 两种量子粒子群算法的平均原型数均小于标准 PSO 算法。

表 8-22 是三者获得解时平均迭代次数的比较。除了第一个数据之外，对于 QPSO 算法，其他的数据的迭代次数均比 PSO 的数据小，而对于 MOQPSO 算法，除了 Iris、Thyroid 和 Zoo 三个数据与 QPSO 相当之外，其他问题的迭代次数均明显比 QPSO 算法小。这说明，改进后的算法在分类过程中收敛速度较好一些。

从表 8-23 中 MOQPSO 与传统最近邻分类 NN、支撑矢量机 SVM 以及 QPSO、两种现有改进的量子粒子群算法 AQPSO 和 WQPSO 的分类结果对比中不难发现，在大多数情况下，其分类正确率均是最高的。同时，除了 SVM 尤适于解决最后两个数据 Zoo 和 Vowel 的分类问题之外，MOQPSO 的分类正确率是明显高于 NN 和 SVM 的。这表明，和传统经典方法相比，MOQPSO 算法在大多数问题上是很有竞争力的。

综上，从三部分实验结果可以看出，无论是对于流型数据、弥漫型数据，还是球形数据，抑或是分布结构未知的 UCI 数据，改进后的 MOQPSO 的分类算法在分类正确率上都有所提高，验证了所提出算法的有效性。

8.3 结论与讨论

本章尝试将量子粒子群算法应用到数据分类中，并采用最近邻原型分类代替传统的最近邻分类以分类的计算复杂度，二者结合形成了基于量子粒子群的最近邻原型分类算法。实验结果表明：将量子粒子群引入到数据分类中，能以更快的速度优化出有效的原型，同时，最近邻原型分类也能更有效地进行数据分类，不仅在算法复杂度上比传统方法有所降低，而且在分类正确率上得到明显提高。为了提高算法效率，充分利用量子不确定性，结合正交实验，提出了改进的量子粒子群分类方法，实验结果表明：与传统的最近邻、支撑矢量机等分类方法以及现有的两个量子粒子群改进算法的分类结果相比，无论从原型数和收敛速度上，还是算法的鲁棒性上，都要优于其他分类算法。

参 考 文 献

[1] CERVANTES A, GALVÁN I M, ISASI P. AMPSO: A new particle swarm method for nearest neighborhood classification[J]. IEEE Transactions on Systems Man & Cybernetics Part B Cybernetics A Publication of the IEEE Systems Man & Cybernetics Society, 2009, 39(5):1082-1091

[2] 刘安佐. 基于改进蚁群算法的数据分类研究[D]. 大连: 大连理工大学硕士学位论文, 2006.

[3] 焦李成. 智能数据挖掘与知识发现[M]. 西安: 西安电子科技大学出版社, 2006.

[4] RUMELHART D E, HINTON G E, WILLIAMS R J. Learning internal representations by error propagation[M]. Massachusetts: MIT Press, 1986:318-362.

[5] MACKAY D J C. Bayesian interpolation[J]. Neural Computation, 1992, 4(3):415-447

[6] AHA D W. Lazy Learning[M]. Netherlands: Kluwer Academic Publishers, 1997.

[7] BAOLI L, QIN L, SHIWEN Y. An adaptive k-nearest neighbor text categorization strategy[J]. Acm Transactions on Asian Language Information Processing, 2004, 3(4): 215-226.

[8] HWANG W J, WEN K W. Fast kNN classification algorithm based on partial distance search[J]. Electronics Letters, 1998, 34(21):2062-2063.

[9] INTHAJAK K, DUANGGATE C, UYYANONVARA B, et al. Medical image blob detection with feature stability and KNN classification[C]//Computer Science and Software Engineering (JCSSE), 2011 Eighth International Joint Conference on. IEEE, 2011:128-131.

[10] 张磊, 刘建伟, 罗雄麟. 基于 KNN 和 RVM 的分类方法——KNN-RVM 分类器[J]. 模式识别与人工智能, 2010, 23(3):376-384.

[11] 孙凉艳. 基于 K 近邻集成算法的分类挖掘研究[D]. 西安: 西北大学硕士学位论文, 2010.

[12] SUN J, FENG B, XU W. Particle swarm optimization with particles having quantum behavior[C]// Evolutionary Computation. CEC, 2004:1571-1580.

第 9 章　量子进化聚类图像分割

9.1　基于量子进化聚类的图像分割

9.1.1　图像分割方法简介

在对图像的应用和研究过程中，人们往往对图像中的某些部分感兴趣，这些部分一般对应图像中特定的、具有独特性质的区域，由此需要把这些区域分离提取出来。图像分割[1]就是指把图像分成各具特性的区域并提取出感兴趣目标的技术。图像分割是图像理解和分析的一项基本内容。图像中的区域是指一个互相连通的、具有一致的“有意义”属性的像元集合。所谓的“有意义”的属性依赖于待分析图像的具体情况，如图像的颜色、灰度、像元邻域的统计特性或纹理特性等。“一致性”要求每个区域具有相同或相近的特征属性。可以借助集合的概念表示图像分割的概念：

令集合 R 代表整个图像区域，对 R 的分割可以看成将 R 分成若干满足以下 5 个条件的非空子集(子区域) $R_1, R_2, \cdots, R_n$ 。①$\bigcup_{i=1}^{n} R_i = R$；②所有的 i 和 j ，$i \neq j$ ，有 $R_i \cap R_j = \varnothing$；③对 $i = 1, 2, \cdots, n,$ 有 $P(R_i) = \text{true}$；④对 $i \neq j$ ，有 $P(R_i \cap R_j) = \text{false}$；⑤对 $i = 1, 2, \cdots, n,$ R_i 是连通的区域。其中，$P(R_i)$ 是在区域分割过程中所选择的一致性属性准则。

图像分割的方法虽然层出不穷，但大多数方法都是为特定应用设计的，具有较强的针对性和局限性。对图像分割的研究还缺乏统一的理论体系。Haralick 和 Shapiro 将分割算法分为六类[2]：测度空间导向的空间聚类、单一连接区域生长策略、混合连接区域生长策略、中心连接区域生长策略、空间聚类策略和分裂合并策略。Pal 等[3]则依据图像算法将图像分割分为阈值分割、像素分割、深度分割、彩色图像分割、边缘检测分割和基于模糊集的分割。本书根据图像的建模算法将图像分割方法大体分为基于区域的分割方法、基于边缘检测的分割方法、基于模糊集的分割方法、基于神经网络的分割方法和基于数学形态的分割方法。

图像分割问题很长时间以来是研究的热点和难点。研究者们在图像分割问题上付出了相当大的努力，也提出了各种不同的分割方法。但是，至今为止，图像分割依然是一个未被完全解决的问题。究其原因，其一是图像的种类繁多，每种图像都有其独有的特征，即使是对于同一类图像，其成像条件也会有很大差别；其二是图像的应用领域不同，分割的要求也会不同。研究者现在逐渐注重于研究用于解决某一类图像分割问题的方法。总体来讲，比较常用的图像分割方法一般为：基于区域的图像分割方法、基于边缘的图像分割方法、区域和边缘相结合的分割方法、基于其他先进技术的图像分割方法[4-6]。

1. 基于区域的图像分割方法

基于区域的方法一般是利用区域内的相似性来进行图像分割的一类方法，包括最常用的阈值法、区域的合并与生长、聚类等方法。

(1) 阈值法是一种并行的区域分割技术。单阈值分割方法将图像分为目标和背景两大类；具有多个阈值分割被称为多阈值方法，图像将被分割为多个目标区域和背景，为区分目标，还需要对各个区域进行标记。阈值分割方法基于对灰度图像的一种假设：目标或背景内的相邻像素间的灰度值是相似的，但不同目标或背景的像素在灰度上有差异，反映在图像直方图上，不同目标和背景则对应不同的峰。选取的阈值应位于两个峰之间的谷，从而将各个峰分开。

(2) 区域的生长与合并技术是重要的两种串行分割技术。它将分割过程分为多个步骤，后续的步骤要根据前面的步骤进行判定。区域生长技术的主要思想是，先选取一个种子像素点，然后按照一定的规则逐渐将相似的像素加入进来构成区域。在这个过程中，需要为每个区域确定一个种子像素点，并且需要不停地将像素加入，直到没有满足条件的像素点为止。在区域生长的过程中，重点是设计合适的生长规则。区域生长的方法主要优点是简单，但是它需要人为确定其初始点从而导致其对于噪声比较敏感，另外，它是一种串行的算法，算法效率通常不高。

(3) 聚类分割方法是源自于数据挖掘和模式识别中的一种图像分割算法，是一种无监督的方法。K 均值聚类和模糊 C 均值聚类(FCM)是最常用的两种聚类分割方法。K 均值聚类首先从 n 个数据对象任意选择 k 个对象作为初始聚类中心，而对于所剩下其他对象，则根据它们与这些聚类中心的相似度，分别将它们分配给与其最相似的聚类，然后再计算每个所获新聚类的聚类中心，不断重复这一过程直到标准测度函数开始收敛为止。一般都采用均方差作为标准测度函数。FCM 算法是一种基于划分的聚类算法，它的思想就是使得被划分到同一簇的对象之间相似度最大，而不同簇之间的相似度最小。模糊 C 均值算法是 K 均值算法的改进，K 均值算法对于数据的划分是硬性的，而 FCM 则是一种柔性的模糊划分。FCM 聚类分割算法简单有效，但是它对于噪声非常敏感。FCM 分割算法的一个最大的缺点是它没有应用图像的空间信息。

2. 基于边缘的图像分割方法

图像中的边缘是指图像中灰度变化剧烈的地方。基于边缘的图像分割方法就是设法检测图像中灰度变化剧烈的地方，将其连成线条，就是所谓的边缘。一般情况下，将这种基于边缘的方法称作边缘检测方法。边缘检测方法包含并行边缘检测和串行边缘检测。

3. 区域和边缘相结合的分割方法

为了得到更好的分割效果，将基于区域的分割方法和基于边缘的分割方法相结合，便产生了区域和边缘相结合的分割方法。以往经验发现，基于区域的分割方法往往会造成过分割结果，也就是使得分割结果产生过多不必要的细节，而和基于边缘的分割相结合来改变这种情况是常用的技术之一。研究结合区域与边界技术的方法，要点在于研究怎样将二者很好地结合起来，研究者们在这方面做了很多深入的探讨。

4. 基于其他先进技术的分割方法

由于图像分割一直以来是研究的热点，所以，近年来出现了很多新颖的分割方法。这些分割方法一般是结合了一些其他领域的先进技术来解决图像分割问题的。这样的分割方法有很多，具有代表性的有基于数学形态学的边缘检测方法[7, 8]、基于模糊集理论的方法[9, 10]、基于小波变换的方法[11]、基于神经网络的方法[12, 13]、基于进化计算的方法和基于多目标优化的方法[14]。

(1) 基于数学形态学的边缘检测方法基本思想是，用具有一定形态的结构元素去度量和提取图像中的对应形状，以达到对图像分析和识别的目的。利用膨胀、腐蚀、开启和闭合四个基本运算进行推导和组合，可以产生各种形态学实用算法，其中结构元素的选取很重要。腐蚀和膨胀对于灰度变化较明显的边缘作用很大，可用来构造基本的形态学边缘检测算子。基本的形态学边缘检测算子简单，易于实现，但是数学形态学用于图像分割对边界噪声敏感。

(2) 基于模糊集理论的方法是以模糊数学为基础，利用隶属度值决定图像中由于信息不全面、不准确、含糊、矛盾等造成的不确定性问题。目前,模糊技术在图像分割中应用的一个显著特点就是它能和现有的许多图像分割方法相结合,形成一系列的集成模糊分割技术，如模糊聚类、模糊阈值和模糊边缘检测技术等。

(3) 基于小波变换的方法在近年来得到了广泛应用，它在时域和频域都具有良好的局部化性质。将时域和频域统一于一体来研究信号，而且小波变换具有多尺度特性，能够在不同尺度上对信号进行分析，因此在图像处理和分析等许多方面得到应用。二进小波变换具有检测二元函数局部突变的能力，因此可作为图像边缘检测工具。图像的边缘出现在图像局部灰度不连续处，对应于二进小波变换的模极大值点，因此通过检测小波变换模极大值点可以确定图像的边缘。小波变换位于各个尺度上，而每个尺度上的小波变换都能提供一定的边缘信息，因此可进行多尺度边缘检测，得到比较理想的图像边缘。

(4) 基于神经网络的方法按照处理数据类型大致上可以分为两类。一类是基于像素数据的神经网络算法；另一类是基于特征数据的神经网络算法即特征空间的聚类分割方法。基于像素数据分割的神经网络算法用高维的原始图像数据作为神经网络训练样本，比起基于特征数据的算法能够提供更多的图像信息，但是各个像素是独立处理的，缺乏一定的拓扑结构，而且数据量大，计算速度相当慢，不适合实时数据处理。目前有很多神经网络算法是基于像素进行图像分割的，如Hopfield神经网络、细胞神经网络和概率自适应神经网络等。基于特征的神经网络算法主要是对特征空间的聚类分割方法进行改造。特征空间聚类分割方法关键的问题是有效特征参数的提取和聚类方法的构造。有效的特征提取方法有很多，大致上可以分为四种：几何特征方法、统计特性方法、信号特性方法和基于图像模型的方法。

(5) 基于进化计算的方法将图像分割看作一类优化问题并使用进化算法对图像特征的目标函数进行优化，从而得到满足优化结果的图像分割。遗传算法是最经典的一种进化算法，也是在图像分割中使用最为广泛的一种。基于进化计算的方法需研究的重点在于怎样将图像分割转化成为优化问题。这类分割方法的优点在于进化算法是并行的优化方法，可以得到较好的优化结果，一定程度上克服了分割算法对噪声的敏感性。它的缺点在于进化算法是一种迭代的算法，每次需要计算的数据量庞大，算法复杂度较高。

(6) 基于多目标优化的方法同样将图像分割看作一类优化问题，不同的是，这种情况下是看作一类多目标优化问题，然后应用多目标优化的方法来求得问题的权衡解。多目标优化的概念很早就被提出，但是直到 20 世纪 90 年代才有了快速的发展。最近几年，多目标由于其在性能方面比单目标优化优越而得到了快速的发展。即使如此，多目标优化在图像处理领域的应用也非常鲜见，至于其在图像分割上的应用就更是非常少了。基于多目标优化的图像分割需要处理的问题中必须要处理的是目标的选择，这对于分割结果有着重要的影响。基于多目标优化的方法其优点在于它可以获得多个目标函数间权衡的结果，缺点是多目标优化算法理论现在仍然不成熟，应用方面不能得到很好的支撑。

迄今为止，图像分割方法已经有很多了，但在实际的应用中关键是如何选择最合适的方法。当然，科技在快速的发展，人们的需求也在急剧增长，现有的图像分割方法仍然不能满足生产生活的需求，如何利用新的技术分割图像依然是科研工作者的重要任务。

9.1.2 图像纹理特征提取

利用 SAR 图像对地物进行分类时，特征提取这个环节至关重要，而纹理信息包含了图像大量的重要信息，是各种地表的固有属性，它为 SAR 图像的分割提供了大量有用的信息，尤其对于单波段、单极化的 SAR 图像，纹理信息显得格外重要。它不仅反映了图像的灰度统计信息，还反映了图像的空间分布信息和结构信息。任何图像都可看成由一种或多种纹理组成，依据纹理信息的图像分类构成了图像分析与理解的一个重要方面。

国内外研究者提出了许多基于纹理特征的 SAR 图像分割方法。目前，基于统计方法提取纹理信息的方法有多种，从早期的直方图统计特征(包括灰度直方图和边缘直方图)、自相关函数法、能量谱以及不同灰度级的相关频率法到后来的基于灰度共生矩阵的统计特征以及基于多频道或多分辨分析的纹理特征，这些方法在 SAR 图像分割、分类方面都得到人们的广泛关注。本节对基于灰度共生矩阵的统计特性以及基于非下采样小波变换的特征进行了研究，在对原图像提取纹理特征的基础上，利用基于量子进化聚类算法对所提取出的多个纹理特征进行聚类，从而达到图像分割的目的。

1. 基于灰度共生矩阵的纹理特征

灰度共生矩阵表示了灰度的空间依赖关系，能够很好地反映纹理中灰度级空间相关性的规律。灰度共生矩阵被定义为从灰度为 i 的像素点离开某一个固定位置关系的点上的灰度为 j 的概率(频度)。它不仅反映灰度的分布特性，也反映具有同样灰度的像素之间的位置分布特性，是有关图像灰度变化的二阶统计特征。一幅图像的灰度共生矩阵能反映出图像灰度关于方向、相邻间隔、变化幅度的综合信息，它是分析图像的局部模式和它们排列规则的基础。设 $f(x,y)$ 为一幅二维数字图象，其大小为 $M\times N$，灰度级为 L_g，则满足一定空间关系的灰度共生矩阵为

$$P(i,j)=\{(x_1,y_1),(x_2,y_2)\in M\times N \mid f(x_1,y_1)=i, f(x_2,y_2)=j\} \tag{9-1}$$

式中，#表示集合的势。显然 P 为 $L_g\times L_g$ 的矩阵，若 (x_1,y_1) 与 (x_2,y_2) 间距离为 d，两者与坐标横轴的夹角为 θ，则可以得到各种间距及角度的灰度共生矩阵 $p(i,j,d,\theta)$。由于灰度共生矩阵表示了图像中相距 $(\Delta x,\Delta y)$ 的两个灰度像素同时出现的联合频率分布，因此，以灰度共生矩阵为基础的纹理特征是一种有效的纹理表示方法。

灰度共生矩阵不仅是角与相邻分解单元之间的函数而且是距离与相邻分解单元之间的函数，对于距离为 d 的像素 i 与像素 j，通常有四个角度：0°、45°、90° 和 135°，因而得到 4 个方向的矩阵。为了降低运算复杂度，在计算灰度共生矩阵前，首先对图像进行直方图规则化，将灰度级降至 16 个灰度级，并构造共生矩阵，依据灰度共生矩阵，Haralick[15]提出了 14 种统计量：角二阶矩、对比度、相关、均方和、逆差分矩、和平均、和方差、和熵、熵、差方差、差熵、最大相关系数和两个相关性信息测度。可以只选择某一距离，某一角度的灰度共生矩阵，得到

14 种统计量，也可考虑 4 种方向的平均。

2. 基于非下采样小波分解的纹理特征

金字塔形小波分解用于纹理分析是由 Mallat[16]在其开创性的工作中首次提出的，在此之后，基于小波分解能量的不同纹理测度纷纷被提出。在文献[17]、[18]和[19]中，分别提出了基于小波分解，树状小波分解以及小波包分解的纹理分析方法，并应用于纹理分割与分类中。然而，这类下采样小波分解并不是平移不变的，这不利于分类与分割的任务。相反的，非下采样小波变换[20]虽然以冗余为代价，如图 9-1 所示，但由于具有平移不变特性，因此，能够提供稳定的纹理特征。

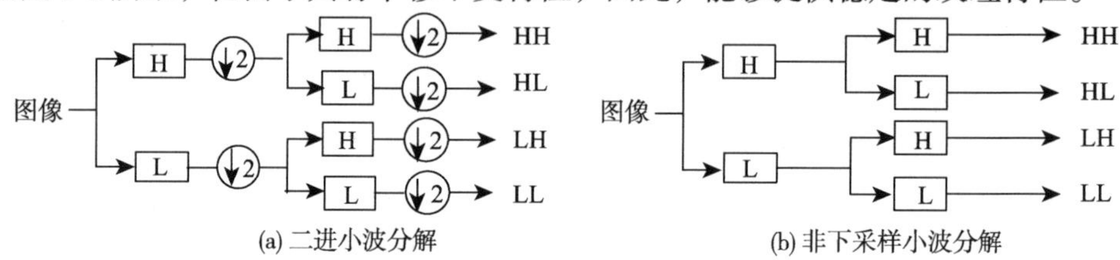

图 9-1　图像经小波分解示意图

利用各分解子图像能量特征作为描述其纹理特征的信息测度，能够使分类目标间的差异更明显。以每个像素为中心的一个邻域窗的非下采样小波分解的能量值构成了该中心像素的纹理特征向量。采用 l_1 范数计算其能量测度：

$$f = \frac{1}{MN}\sum_{i=1}^{M}\sum_{j=1}^{N}\left|x(i,j)\right| \tag{9-2}$$

式中，$M \times N$ 为子带大小；(i,j) 表示该子带系数的索引，$x(i,j)$ 表示该子带中第 i 行第 j 列的系数值。很显然，采用 2 层或 3 层多分辨分析方法提取特征对局部分析来说比仅使用一层更为可取。因此，进行 3 层小波分解，得到 10 维特征向量 $(e_{\mathrm{LL}-1}, e_{\mathrm{LH}-1}, e_{\mathrm{HL}-1}, e_{\mathrm{HH}-1}, e_{\mathrm{LH}-2}, e_{\mathrm{HL}-2}, e_{\mathrm{HH}-2}, e_{\mathrm{LH}-3}, e_{\mathrm{HL}-3}, e_{\mathrm{HH}-3})$,其中 $e_{\mathrm{LL}-1}$ 表示第一层分解的 LL 子图像，LL 子图像通过横向和纵向的低通滤波获得。细节图像 LH,HL,HH 包含了高频分量。

9.1.3　仿真实验及其结果分析

基于遗传算法的参数设置为：种群规模 $N = 20$，交叉概率 $p_{\mathrm{c}} = 0.75$，变异概率 $p_{\mathrm{m}} = 0.1$，三种算法的更新阈值 $\varepsilon = 10^{-5}$，连续无改进次数 $e = 10$，取窗口大小为 7。

1. 灰度共生矩阵实验

图 9-2～图 9-4 以及表 9-1 可以看出，在灰度共生矩阵的纹理特征条件下，本节基于量子进化聚类(QEAC)算法的优越性得到了很好的体现。

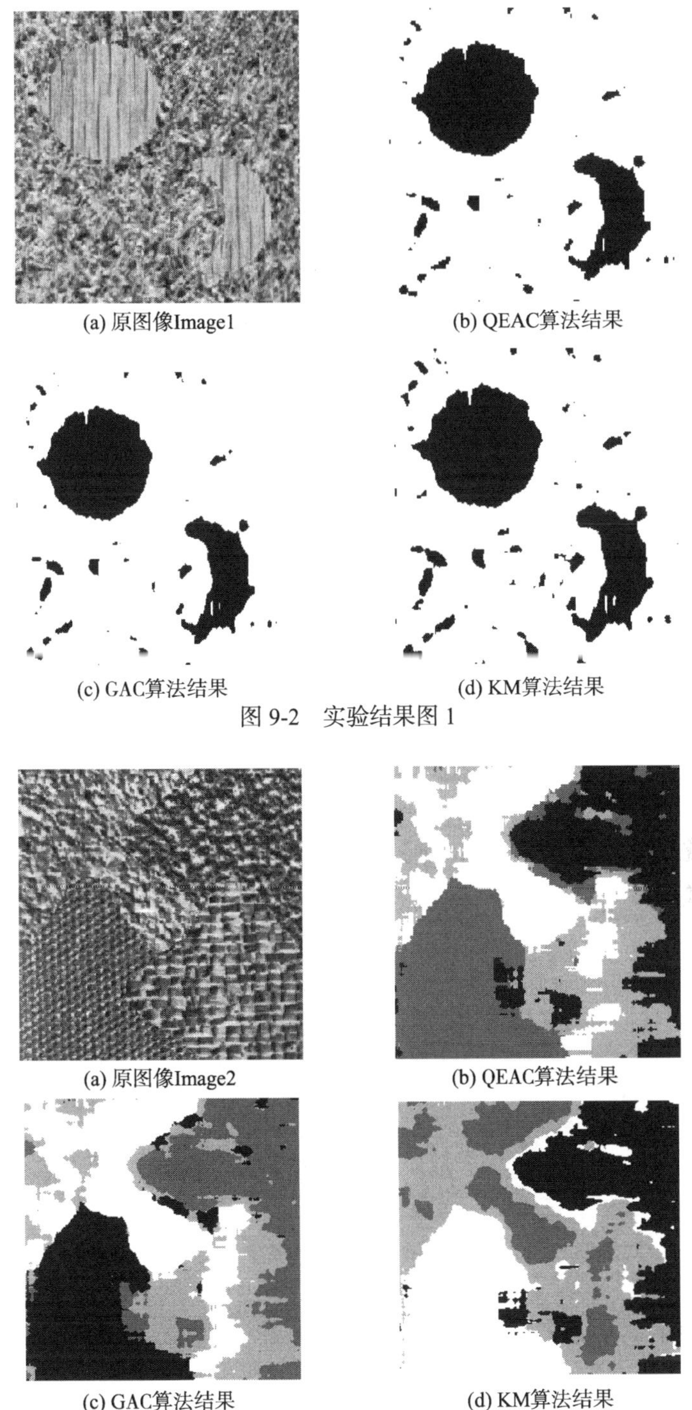

(a) 原图像Image1　(b) QEAC算法结果

(c) GAC算法结果　(d) KM算法结果

图 9-2　实验结果图 1

(a) 原图像Image2　(b) QEAC算法结果

(c) GAC算法结果　(d) KM算法结果

图 9-3　实验结果图 2

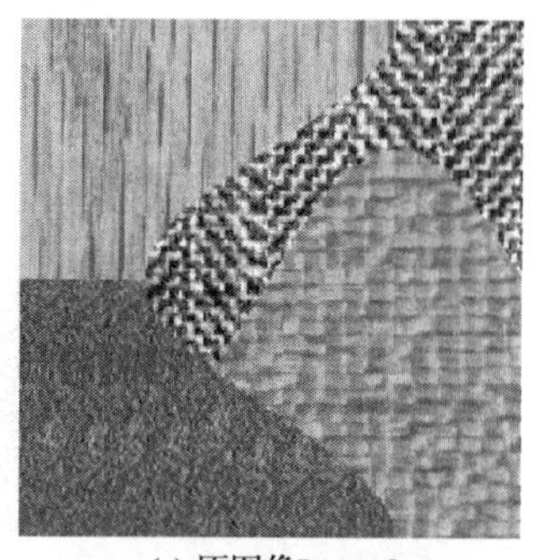
(a) 原图像Image3

(b) QEAC算法结果

(c) GAC算法结果

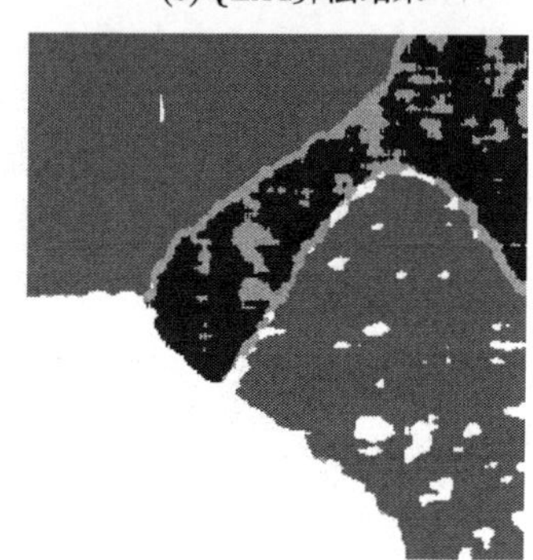
(d) KM算法结果

图 9-4　实验结果图 3

表 9-1　基于灰度共生矩阵纹理特征的图像分割错误率

图像	算法	错误率
Image1	KM	0.0586
	GAC	0.0426
	QEAC	0.0412
Image2	KM	0.2899
	GAC	0.2671
	QEAC	0.2532
Image3	KM	0.2823
	GAC	0.1676
	QEAC	0.1665

2. 小波特征实验

图9-5～图9-7以及表9-2可以看出，在灰度共生矩阵的纹理特征条件下，QEAC算法的优越性得到了很好的体现。

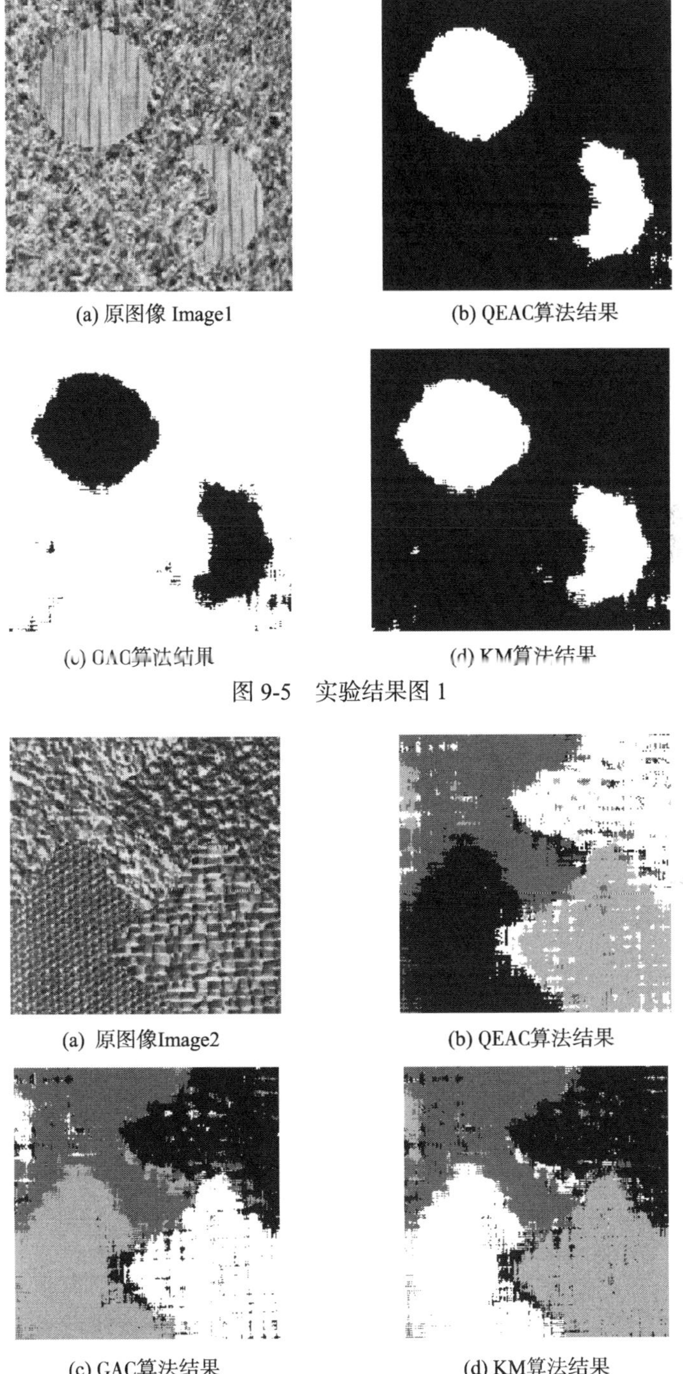

(a) 原图像 Image1　(b) QEAC算法结果

(c) GAC算法结果　(d) KM算法结果

图 9-5　实验结果图 1

(a) 原图像Image2　(b) QEAC算法结果

(c) GAC算法结果　(d) KM算法结果

图 9-6　实验结果图 2

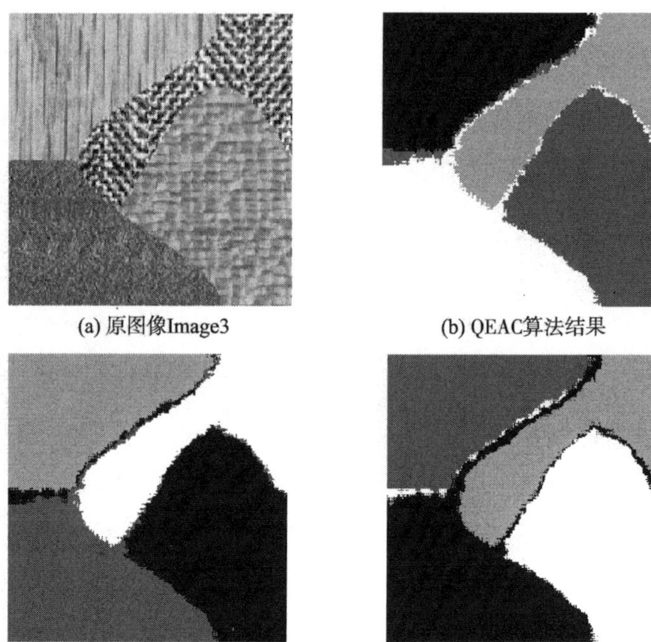

(a) 原图像Image3　　(b) QEAC算法结果

(c) GAC算法结果　　(d) KM算法结果

图 9-7　实验结果图 3

表 9-2　基于小波纹理特征的图像分割错误率

图像	算法	错误率
Image1	KM	0.0586
	GAC	0.0586
	QEAC	0.0412
Image2	KM	0.1842
	GAC	0.1859
	QEAC	0.1216
Image3	KM	0.0582
	GAC	0.0481
	QEAC	0.0481

9.2　基于分水岭-量子进化聚类算法的图像分割

9.2.1　形态学分水岭算法

分水岭变换是一种常用的图像分割算法，具有简单、快速，可得到连续闭合分割边缘的优点。但是，分水岭变换极易导致过分割。所以，为了达到满意的分割结果，需要对图像做一些必须地预处理或者是后处理。对图像的过分割结果做后处理的目的是降低过分割，也就是将不必要的细节部分去掉，保留重要的分割结果[21]。这些不必要的“细节”可以是边缘也可以是区域。有些学者通过合并区域来达到降低过分割的目的，而有些学者则是设法去除那些冗余的边缘[22]。事实上，降低过分割的过程可以看做一个优化的过程，优化的目标可以是区域内的一致性与区域间的差异性等准则。数据聚类本质上就是一个优化的过程，所以降低过分割的问题可以被转化为一个聚类问题。

本节将量子进化聚类算法与分水岭算法相结合，并用其来优化图像的过分割。第一步，将图像用分水岭分割算法进行预分割，并得到预分割结果。图像的预分割结果将是一幅具有过分割特征的图像。第二步，统计预分割结果各个区域的纹理特征值，这些值就是下面聚类算法的聚类对象。第三步，用量子进化聚类对第二步产生的区域平均纹理特征值进行聚类。这个过程实际上是对目标函数的优化过程。最后，当优化过程结束时，合并属于同一类的区域并得到对图像的最终分割结果。

数学形态学是以形态结构元素为基础对图像进行分析的数学工具，其基本思想是用具有一定形态的结构元素去度量和提取图像中的对应形状，实现图像的分析和识别。数学形态学与几何的直接关系是它的一个十分吸引人的优点，这种显式的形态几何描述使其更适合于对形状的表述和分析，分水岭算法是一种经典的形态学方法。

分水岭变换的直观概念来自地形学。它是指被水冲刷出来的一种地形，雨水不断下落，分水岭就是那些被雨水蓄积形成的区域所分开的线[23]，将其运用到图像中，分水岭的概念以对图像进行三维可视化处理为基础，其中两个是坐标值，另一个是灰度值。对于这样一种“地形学”的解释，考虑三类点：①局部最小值点；②当一滴水放在某一位置的时候，水一定会下落到一个单一的极小值点；③当水处在某一个点的位置上时，会等概率的流向不止一个这样的极小值点。满足条件②的点称为这个极小值点的“集水盆地”，满足条件③的点组成地形表面的峰线，称为“分水线”。

基于这些概念的分割算法的主要目标是找出分水岭。基本思想很简单，假设在每个区域极小值的位置打一个洞，并让水以均匀的速率从洞中涌出，从低到高淹没整个地形。当处在不同的集水盆地中的水要汇合时，修建的大坝将阻止汇合，水将只能达到大坝顶部处于水线之上的程度。这些大坝对应着分水岭，即分水岭算法提取出来的边界线，以此完成图像的分割。图 9-8 是分水岭算法的示意图。

根据上述分水岭变换的原理，令 $M_1,M_2,M_3,\cdots,M_R$ 为图像 $g(x,y)$ 的局部最小值点的坐标集合。$C_n(M_i)$ 表示汇水盆地中点的坐标集合。min 和 max 分别代表 $g(x,y)$ 的最小和最大值，$T[n]$ 表示坐标 (s,t) 的集合，$C[n]$ 表示第 n 个阶段汇水盆地被水淹没的部分的集合。分水线算法开始时设定 $C[n-1]=T[\min+1]$。然后算法进入递归调用，假设在第 n 步时，已构造了 $C[n-1]$。根据 $C[n-1]$ 求 $C[n]$ 的过程如下：用 q 代表 $T[n]$ 中连通分量的集合[24]。然后对每个连通分量有三种可能性：①$q \cap C[n-1]$ 为空；②$q \cap C[n-1]$ 包含 $C[n-1]$ 中的一个连通分量；③$q \cap C[n-1]$ 包含 $C[n-1]$ 多于一个的连通分量。

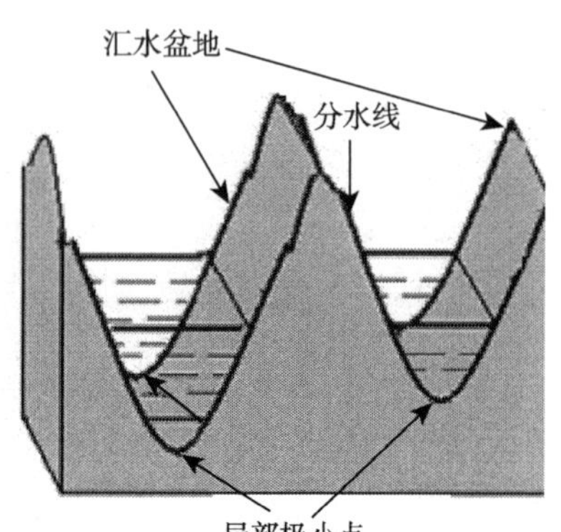

图 9-8　分水岭示意图

根据 $C[n-1]$ 构造 $C[n]$ 取决于这三个条件。当一个新的最小值符合条件①,则将 q 并入 $C[n-1]$ 构成 $C[n]$。当 q 位于某些局部最小值构成的汇水盆地时，符合条件②，此时将 q 并入 $C[n-1]$ 构成 $C[n]$。当全部或部分分离两个或更多的汇水盆地的山脊线的时候，符合条件③。进一步的注水会导致不同盆地的水汇合在一起，从而使水位趋于一致。因此，必须在 q 内建立一座水坝(如果涉及多个盆地就要建立多座水坝)以阻止盆地内的水溢出[25]。

9.2.2　基于分水岭-量子进化聚类算法的图像分割

基于量子进化聚类算法，将纹理图像分割问题看作组合优化问题，使用分水岭算法将图像实行分块处理，用量子进化算法计算搜索使适应度函数最大化的序列组合作为聚类结果，进而得到最终分割结果。具体实现步骤如下。

步骤 1：输入待分割图像，按照分水岭算法对图像进行分块处理。

步骤 2：对原始图像的每个像素提取离散小波能量特征，进而求得区域块特征。

步骤 3：设定一个较小正整数，随机产生初始种群 $Q(t)$，其中 $\alpha_i^t, \beta_i^t (i=1,2,\cdots,m)$ 和所有的 q_j^t 都以等概率 $1/\sqrt{2}$ 初始化。

步骤 4：将量子染色体 $Q(t)$ 观测成为二进制染色体 $p(t)$。

步骤 5：对纹理图像中的样本点进行隶属度划分，计算个体适应度函数 f_k，保留当前群体中的个体。

步骤 6：更新 $Q(t)$，变异操作得到 $Q_m(t)$。

步骤 7：将量子染色体 $Q_m(t)$ 观测成为二进制染色体 $p_m(t)$。

步骤 8：更新 $p_m(t)$，进行量子交叉操作得到，并且计算每个个体适应度，保留所有种群中的最优个体。

步骤 9：选择操作，得到 $p(t+1)$。

步骤 10：判断停机条件是否满足，如果满足该条件就将种群中适应度最高的个体对应的图像类属划分作为输出结果，否则返回步骤 4，循环执行过程步骤 4～步骤 10，直到满足停止条件。算法流程见图 9-9。

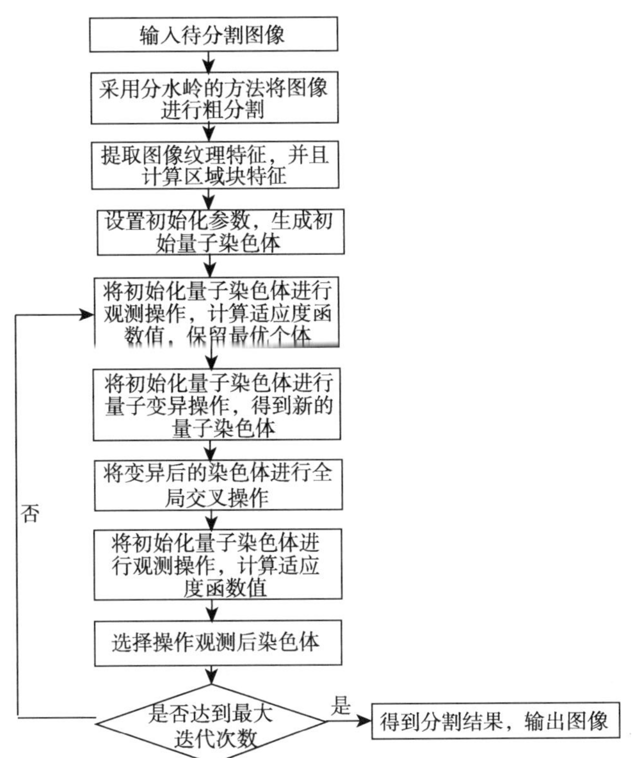

图 9-9　基于分水岭–量子进化聚类算法的图像分割方法流程图

9.2.3　仿真实验及其结果分析

1. 人工纹理图像分割的仿真结果

为了进一步验证新方法的有效性，对六幅人工纹理图像进行测试。如图 9-10(a)所示，Image1 是一幅 256×256 的灰度图，取自 Brodatz 纹理图像库，它包含两类纹理特征，图 9-10 (b)给出了 Image1 的理想分割结果。图 9-11(a)和图 9-11 (b)分别代表了 Image2 的原始图像和理想分割结果，Image2 包含三类纹理特征。Image3

同样是一幅包含三类纹理特征的复杂合成图像，图 9-12(a)和(b)分别代表了 Image3 的原始图像和理想分割结果。Image4 包含四类纹理，图 9-13(a)和(b)分别代表了 Image4 的原始图像和理想分割结果。Image5 是一幅包含五类纹理特征的复杂合成图像，图 9-14(a)和(b)分别代表了 Image5 的原始图像和理想分割结果。针对每一个测试问题分别进行 20 次独立实验，5 幅人工纹理图像分割结果的错误率统计的平均结果如表 9-3 所示。本节基于分水岭-量子进化聚类算法(QWEA)、遗传聚类算法(GAC)、9.1 节提出的量子进化聚类算法(QEAC)和 K 均值(KM)四种算法针对 5 幅纹理图像的分割结果如图 9-10～图 9-14 所示。

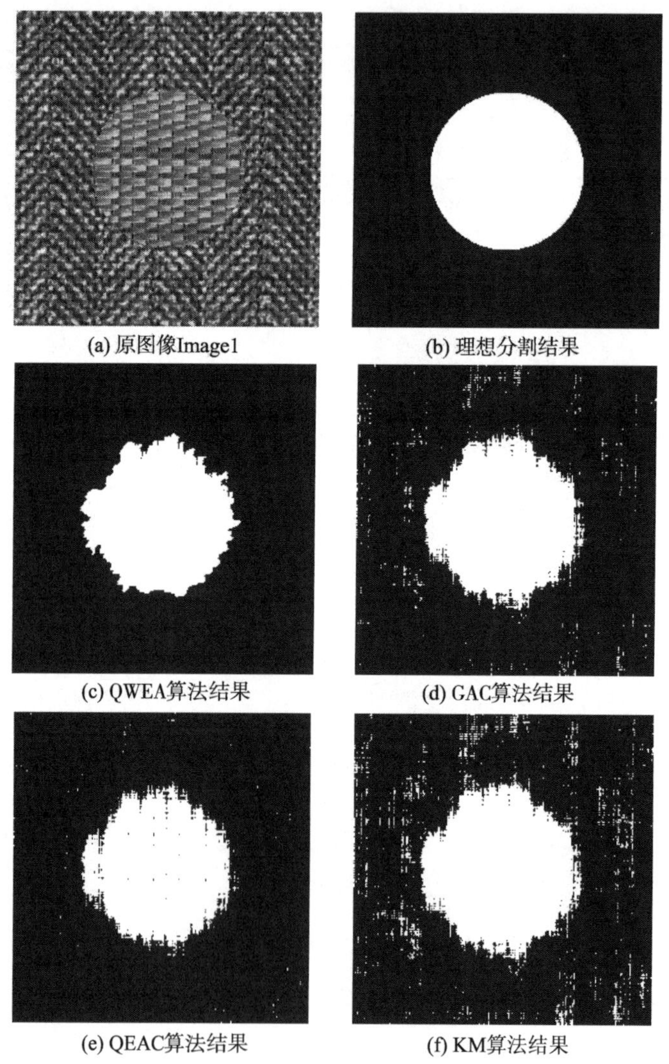
(a) 原图像Image1　(b) 理想分割结果
(c) QWEA算法结果　(d) GAC算法结果
(e) QEAC算法结果　(f) KM算法结果

图 9-10　实验结果图 1

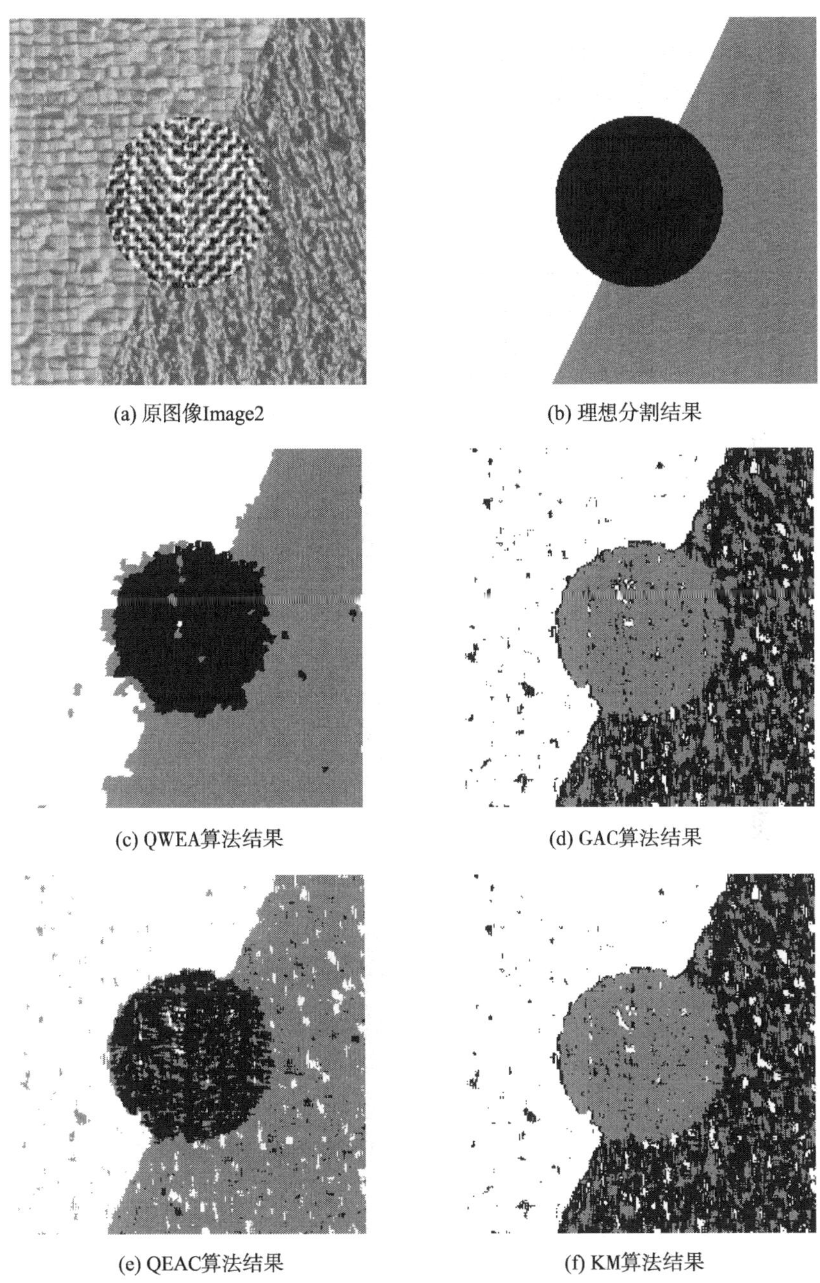

(a) 原图像Image2　(b) 理想分割结果

(c) QWEA算法结果　(d) GAC算法结果

(e) QEAC算法结果　(f) KM算法结果

图 9-11　实验结果图 2

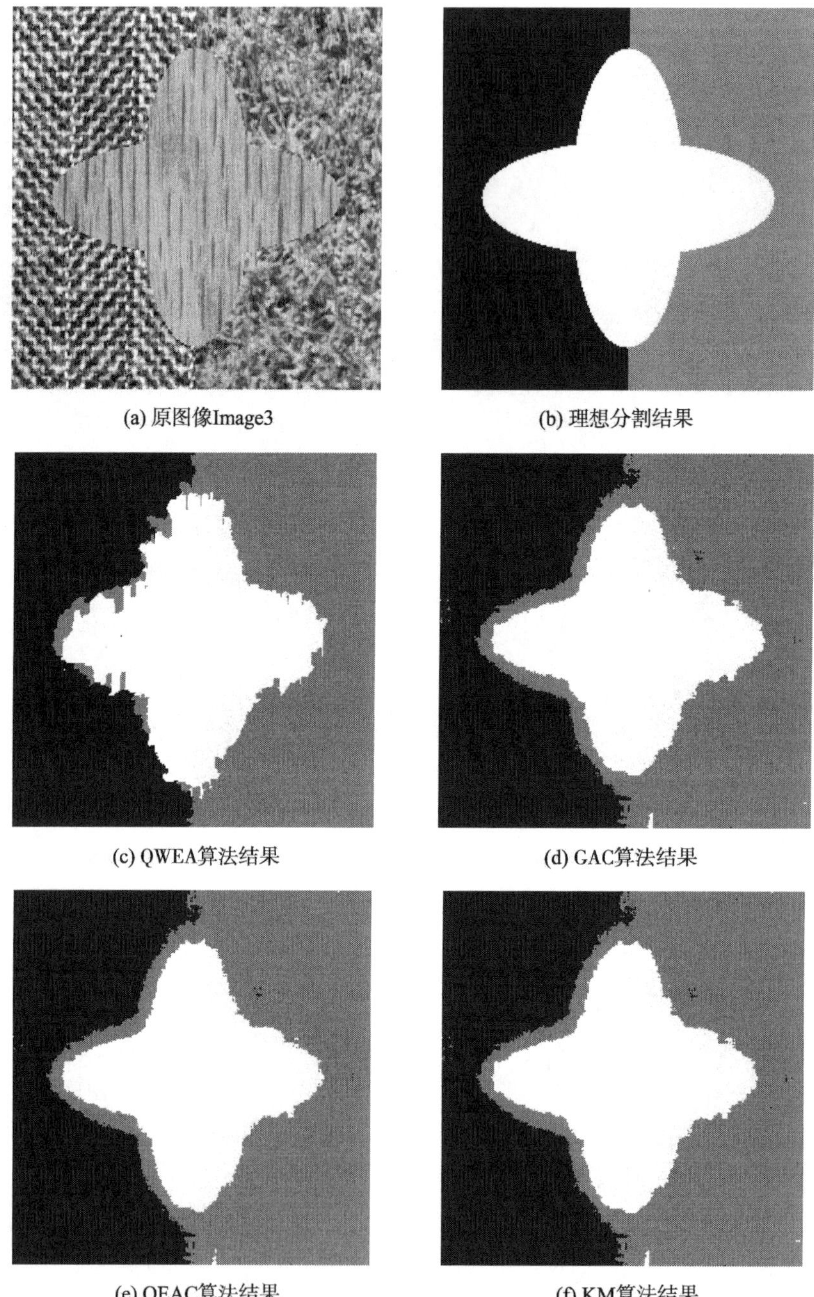

(a) 原图像Image3　(b) 理想分割结果

(c) QWEA算法结果　(d) GAC算法结果

(e) QEAC算法结果　(f) KM算法结果

图 9-12　实验结果图 3

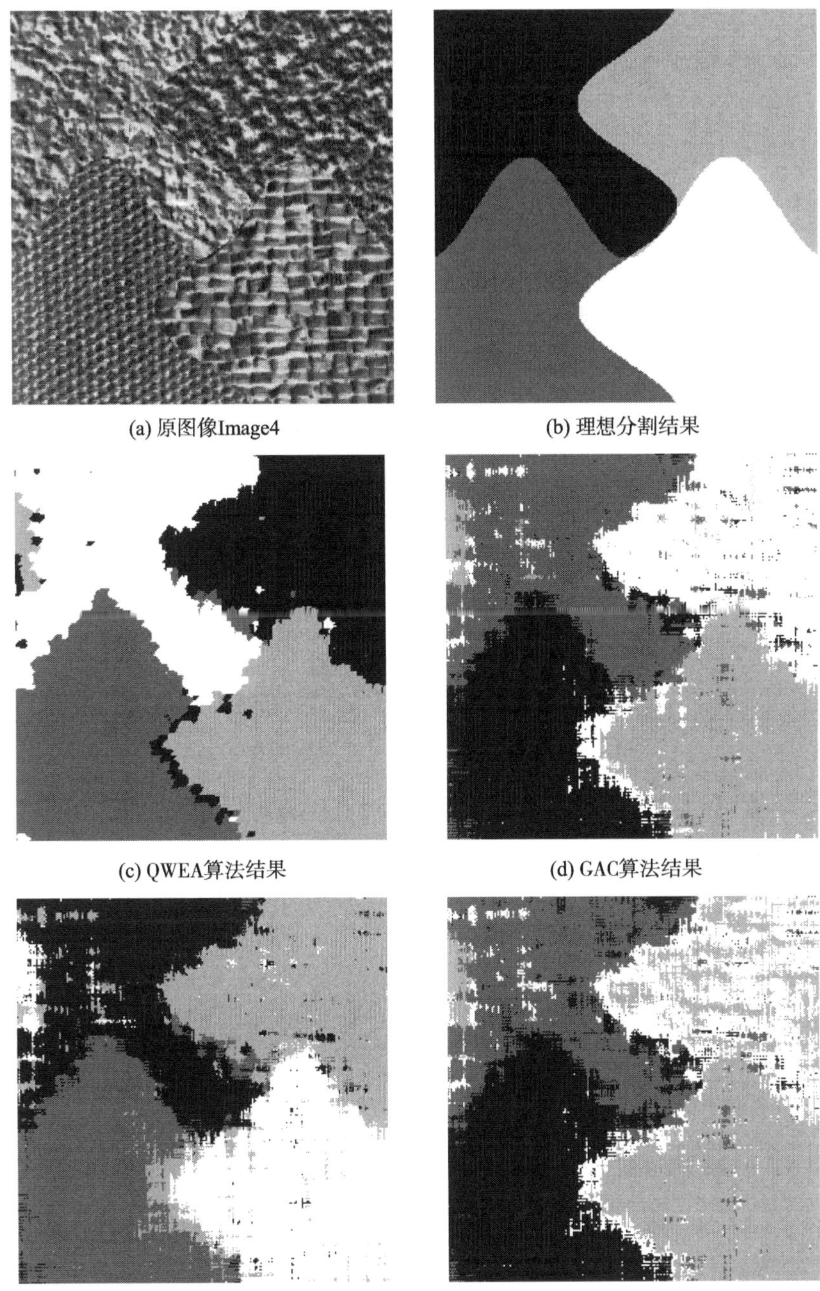

(a) 原图像Image4　(b) 理想分割结果

(c) QWEA算法结果　(d) GAC算法结果

(e) QEAC算法结果　(f) KM算法结果

图 9-13　实验结果图 4

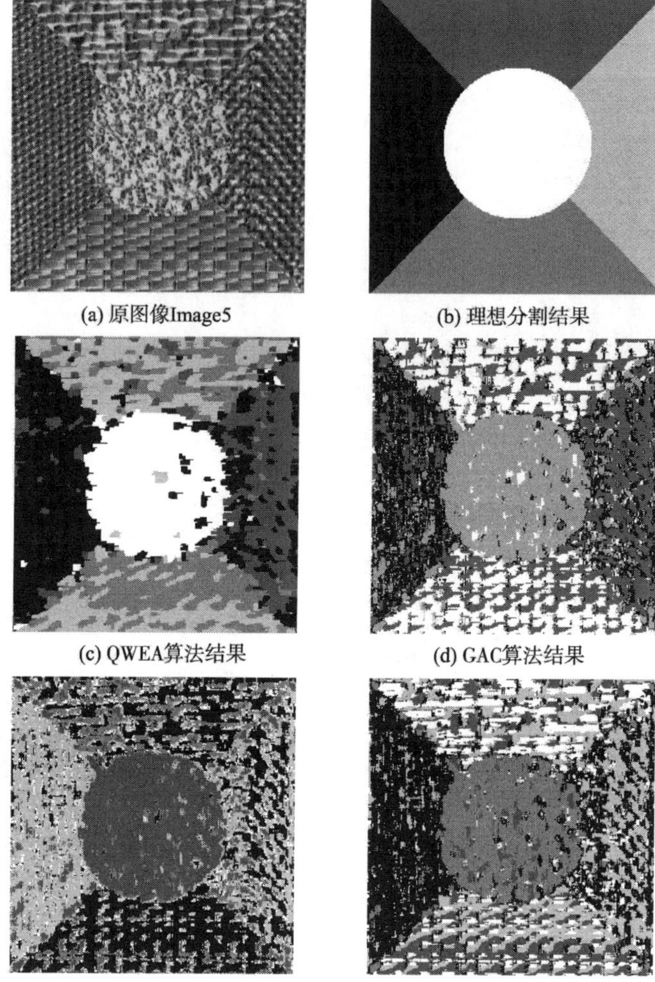

(a) 原图像Image5　(b) 理想分割结果

(c) QWEA算法结果　(d) GAC算法结果

(e) QEAC算法结果　(f) KM算法结果

图 9-14　实验结果图 5

表 9-3　四种算法对五幅人工纹理图像的分割结果对比

图像	错误率			
	QWEA	GAC	QEAC	KM
Image1	**0.0227**	0.0491	0.0541	0.0426
Image2	**0.0386**	0.1423	0.0799	0.1511
Image3	**0.0848**	0.1221	0.1171	0.1676
Image4	**0.0425**	0.0635	0.0628	0.0633
Image5	**0.2147**	0.2956	0.2594	0.3259

本节QWEA算法以及基于量子进化聚类算法(QEAC)的初始种群规模 $N=20$，基于遗传算法的种群规模 $N=20$，交叉概率 $p_{\mathrm{c}}=0.75$，变异概率 $p_{\mathrm{m}}=0.1$，四种

算法的更新阈值 $\varepsilon = 10^{-5}$ ，连续无改进次数 $e = 10$ ，提取特征时取窗口大小为 7。

从表 9-3 中可以看出，四种方法均可以很好地对 Image1 进行分割。从错误率指标以及图 9-10 的结果均可以看出，QWEA 算法获得结果要比其他三种方法更好。

针对 Image2、Image3、Image4 的分割结果，QWEA 算法获得的平均错误率指标要远小于 GAC、QEAC 和 KM 算法，因此 QWEA 算法针对 Image2，Image3，Image4 获得了最优结果。从图 9-12 中可以看出，对 Image2，Image3，Image4，Image5，QWEA 算法获得的结果要远好于 GAC 和 KM，并且 QEAC 算法的结果要好于 GAC 的结果。QWEA 算法对于这一类纹理图像的分割结果要好于其他三种算法，这主要归功于采用了分水岭算法实现分块处理，以及量子进化聚类算法更好地搜索到聚类中心，这大大提高了方法实现图像分割效果的能力。

针对更加复杂的纹理图像 Image5 进行分割时，每种方法的错误率均超过了 20%，因此这四种基于小波变换的纹理特征均不适合对该类图像的分割，然而表 9-3 和图 9-14 的结果表明，QWEA 算法要比其余几种方法更优。

2. 遥感图像纹理分割的仿真结果

如图 9-15(a)所示，为一幅美国新墨西哥州中部 Rio Grande River 的 Ku 波段 SAR 图像，图像大小为 256×256 ，图像具有三个区域，分别为河流、植被和庄稼。图 9-15(b)给出了图 9-15(a)采用分水岭算法后的初始分割图像。图 9-15(c)～(f)分别给出了 QWEA、GAC、QEAC 和 KM 四种方法对图 9-15(a)的分割结果。图 9-16(a)所示图像是一幅 256×256 大小的 SAR 图像，包含两类地物河流和城区。图 9-16(b)给出了图 9-16 (a)采用分水岭算法后的初始分割图像。图 9-16 (c)～(f)分别给出了 QWEA、GAC、QEAC 和 KM 四种方法对图 9-16(a)的分割结果。图 9-17(a)所示图像是一幅 256×256 大小的 X-SAR 子图像，其分辨率为 5cm，图像具有四个区域，河流、城区以及两类农作物。图 9-17(b)给出了图 9-17(a)采用分水岭算法后的初始分割图像。图 9-17 (c)～(f)分别给出了 QWEA、GAC、QEAC 和 KM 四种方法对图 9-17 (a)的分割结果。图 9-18(a)所示图像是一幅 256×256 大小的 X-SAR 子图像，其分辨率为 5cm，图像包含三类地物。图 9-18(a)旨在将沟壑和水域分割开来。图 9-18(b)给出了图 9-18(a)采用分水岭算法后的初始分割图像。图 9-18(c)～(f)分别给出了 QWEA、GAC、QEAC 和 KM 四种方法对图 9-18(a)的分割结果。

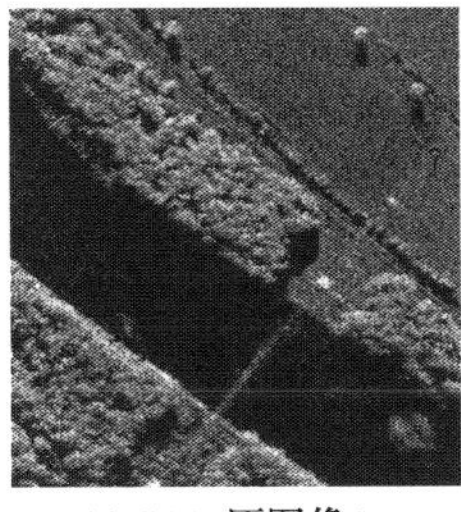
(a) SAR 原图像1

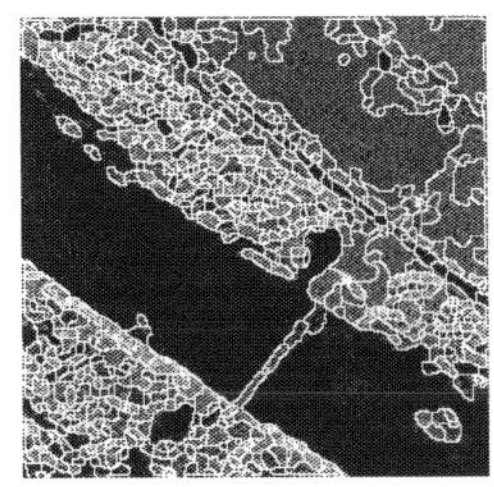
(b) 分水岭算法结果

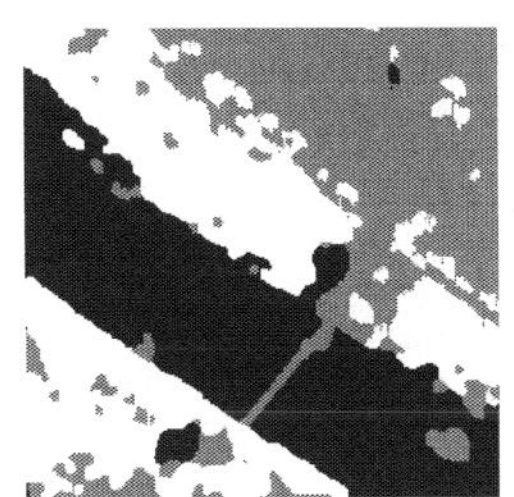
(c) QWEA算法结果

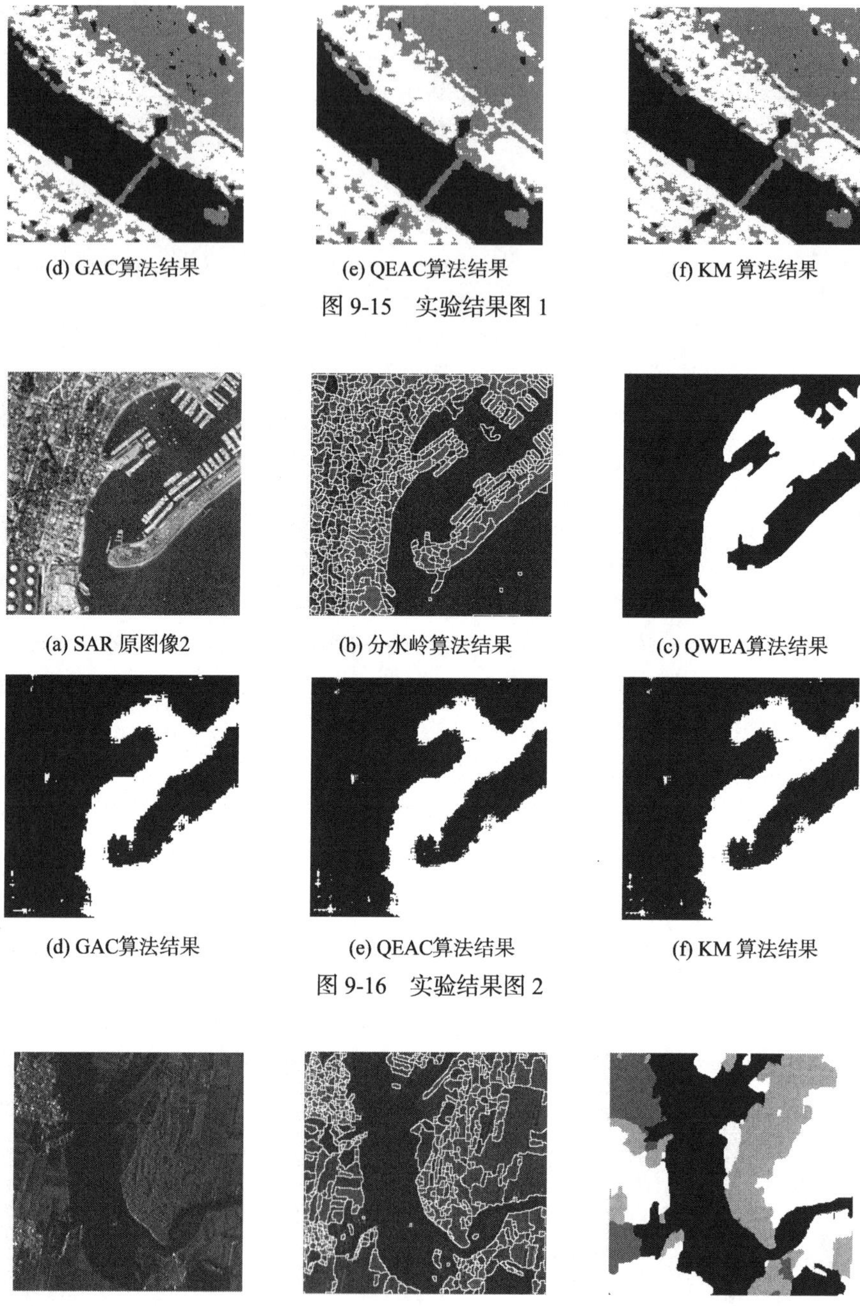

(d) GAC算法结果　(e) QEAC算法结果　(f) KM 算法结果

图 9-15　实验结果图 1

(a) SAR 原图像2　(b) 分水岭算法结果　(c) QWEA算法结果

(d) GAC算法结果　(e) QEAC算法结果　(f) KM 算法结果

图 9-16　实验结果图 2

(a) SAR 原图像3　(b) 分水岭算法结果　(c) QWEA算法结果

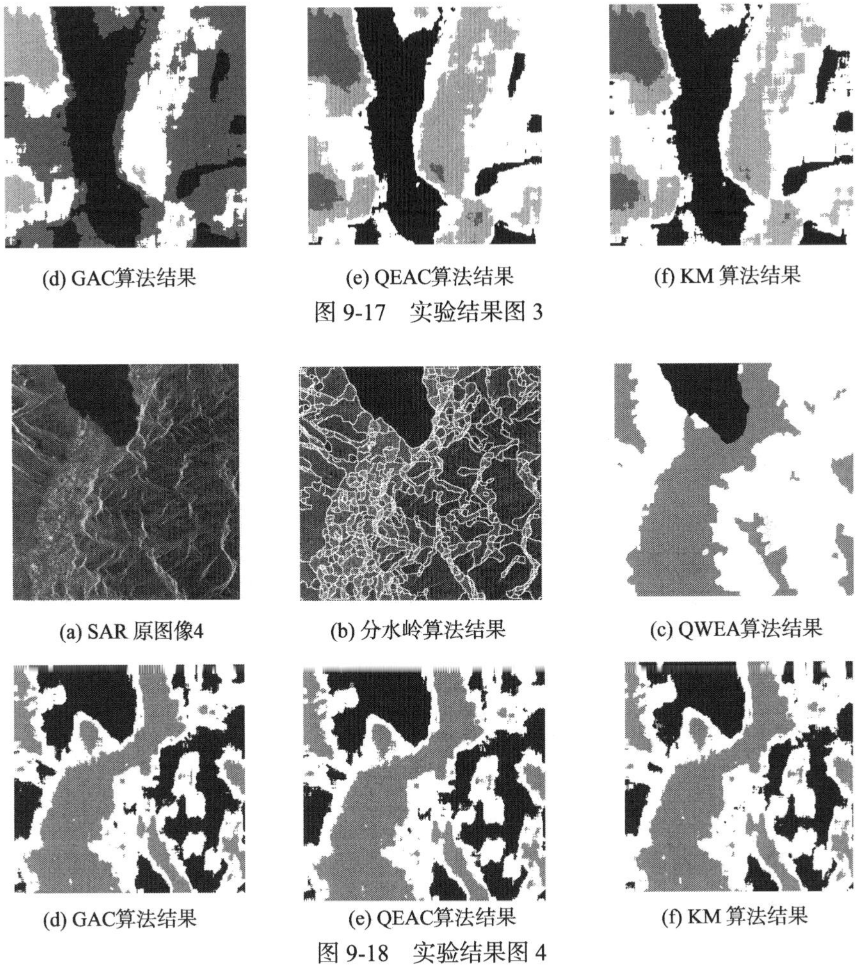

(d) GAC算法结果　(e) QEAC算法结果　(f) KM 算法结果

图 9-17　实验结果图 3

(a) SAR 原图像4　(b) 分水岭算法结果　(c) QWEA算法结果

(d) GAC算法结果　(e) QEAC算法结果　(f) KM 算法结果

图 9-18　实验结果图 4

从图 9-15 中可以看出，QWEA 和 QEAC 算法产生的分割结果要好于 GAC 和 KM 算法。然而，四种方法均可以对河流区域进行很好地划分。在区分植被和庄稼时，QEAC、GAC 和 KM 算法在分割结果的连续性与区域一致性上远远不如算法 QWEA。GAC 和 QEAC 以及 KM 算法将沿着河流的庄稼和植被错分，同时将庄稼区域进行了过分割。

从图 9-16 中可以看出，四种算法很容易对该图像的城区和河流进行分割。但是 GAC、QEAC 以及 KM 算法的分割结果无论是区域一致性还是图像边缘保持上都远远不如算法 QWEA。

从图 9-17 中可以看出，四种方法均能对 X 波段的 SAR 图像的河流、城区以及两类农作物进行分割。图 9-17 (d)、(e)和(f)显示 GAC、QEAC 和 KM 算法将许多作物区域错误分为河流。图 9-17 (c)显示 QWEA 算法可以很好地识别这些区域，并可以明显地降低这种误识别概率。同时其他三种算法对原图像的一致性都造成了很大程度的破坏，在确定图像分割性能两个重要因素——图像一致性与图像边缘保持时，采用 QWEA 算法的输出具有更好的划分效果。

从图 9-15～图 9-18 的分割结果中可以明显看出，相比于其他算法，QWEA 算法对于 SAR 图像具有更好的区域一致性，区域边缘划分准确，分割效果图中杂点明显减少的优势。

9.3 基于量子多目标进化聚类算法的图像分割

9.3.1 基于量子多目标进化聚类算法的图像分割

1. 算法流程

步骤 1: 输入待分割图像，提取图像的纹理特征。

步骤 2: 对待分割图像进行中值滤波简化处理,并用分水岭算法对图像过分割,得到不同的图像块。

步骤 3: 产生聚类数据，将图像块中所有的像素特征的均值作为该不规则块的特征，获得代表初始聚类数据的每一块的特征向量。

步骤 4: 随机产生初始量子种群 $Q(t)$，完成初始化。

步骤 5：将量子个体 $Q(t)$观测成为二进制个体 $P(t)$。

步骤 6：计算个体适应度值。

步骤 7：非支配排序选择。

步骤 8：用量子旋转门方法进化种群 $Q(t)$。

步骤 9：判断是否满足停止条件，如果满足，则执行步骤 10，否则，执行步骤 5。

步骤 10：分配类别标号。

步骤 11：产生最优个体。

步骤 12：输出分割图像。

2. 算子的设计

1) 提取图像特征

首先，利用小波分解方法获取小波特征向量，小波分解方法采用了对图像进行窗口大小为16×16的三层小波变换，得到由子带系数所构成的 10 维小波特征向量。

然后，利用灰度共生矩阵方法提取纹理特征向量。灰度共生矩阵方法的步骤如下：先将待处理图像量化为 16 个灰度级，然后依次令两个像素点连线与横轴的方向夹角为 0°、45°、90°和 135°，按照式(9-3)分别计算四个方向的灰度共生矩阵，再分别选取该四个矩阵上的三个统计量对比度、同质性和角二阶，获得像素的 12 维纹理特征向量。

最后，用小波特征向量和纹理特征向量表示待分割图像的每一个像素点，每个像素点用 22 维特征向量表示，其中小波特征向量 10 维，纹理特征向量 12 维。

2) 中值滤波简化图像

在步骤 2 中，图像简化的目的是去掉小的噪声干扰以及对感知不重要的细节，对图像起到平滑作用。这里选取形态学中最常用的工具之一——形态重建滤波器[31, 32]，与经典的图像简化工具，如低通或中通滤波器相比，形态重建滤波器的优势在于简化图像而不造成图像模糊或改变图像轮廓。

3) 分水岭实现图像过分割

在步骤 2 中，实现图像过分割又分为如下几个详细步骤[33]。

步骤 a：计算形态梯度图像。

形态梯度图像反映了图像中灰度的变化情况，在灰度值变化较大的边缘具有较大的梯度值，而在灰度值均匀的区域内部具有较小的梯度值。一幅图像 f 的形态梯度图像定义为膨胀变换减去腐蚀变换：

$$\mathrm{grad}(f) = (f \oplus b) - (f \Theta b) \tag{9-3}$$

式中，$\oplus$ 表示膨胀运算；Θ 表示腐蚀运算；b 为结构元素，结构元素不能取太大，否则会将灰度变化剧烈的小区域滤掉。

步骤 b：计算浮点活动图像。

所谓"浮点"是指图像的数据类型是浮点型，浮点活动图像，在图像边缘具有较高的亮度值，因此，浮点活动图像本身就比较粗糙地反映了图像的边缘。浮点活动图像定义为

$$\mathrm{fimg}(f) = \mathrm{grad}(f) \cdot \mathrm{grad}(f) / 255.0 \tag{9-4}$$

步骤 c：将浮点活动图像输入分水岭算法产生过分割结果。

4) 初始种群的生成

设置种群规模 N，最大迭代次数 $G_{\max}$，当前迭代次数 t=0，随机产生初始量子个体种群 $Q(t) = \begin{bmatrix} \alpha_1 \big| \alpha_2 \big| \cdots \big| \alpha_m \\ \beta_1 \big| \beta_2 \big| \cdots \big| \beta_m \end{bmatrix}$，$Q(t)$ 中的 $\alpha_i^t, \beta_i^t\,(i=1,2,\cdots,m)$ 都以等概率 $1/\sqrt{2}$ 进行初始化，α_i 为此量子位为 0 的概率，β_i 为量子位为 1 的概率，满足 $|\alpha_i|^2 + |\beta_i|^2 = 1$。

5) 观测算子

在步骤 5 中，通过观察 $Q(t)$ 的状态，产生一组普通解 $P(t)$，其中在第 t 代中 $P(t) = \{x_1^t, x_2^t, \cdots, x_n^t\}$，每个 $x_j^t\,(j=1,2,\cdots,n)$ 是长度为 m 的二进制串 $(b_1, b_2, \cdots, b_m)$，m 为聚类数据点个数，它是由量子比特幅度 $|\alpha_i^t|^2$ 或 $|\beta_i^t|^2$ $(i=1,2,\cdots,m)$ 得到的，具

体过程为，先在 0 到 1 间产生一个随机数，然后判断随机数与量子种群中个体的幅度值$\left|\alpha_i^t\right|^2$的大小，如果随机数大于个体的幅度值，则二进制种群对应位置上的值取 1，否则取 0。以上为一次观测过程，重复此过程，直至观测完量子种群的每个个体，得到观测后的二进制种群$P(t)$。

6) 计算个体适应度值

在步骤 6 中，计算每个观测后的二进制种群$P(t)$中各个体的适应度，使用的目标函数是紧凑性和连通性两个测度，聚类紧凑性公式定义为

$$\mathrm{Dev}(x)=\sum_{x_k\in x}\sum_{i\in x_k}\delta(i,\mu_k) \tag{9-5}$$

式中，$\mathrm{Dev}(x)$为待聚类数据集的类内距离和；x 为待聚类数据集；x_k为待聚类数据集的第 k 类；i 为一个类别中的一个数据点；$\delta(i,\mu_k)$为欧氏距离函数；μ_k为待聚类数据的第 k 类的聚类中心。

聚类连通性公式为

$$\mathrm{Conn}(x)=\sum_{i=1}^{m}(\sum_{j=1}^{L}x_{i,j}) \tag{9-6}$$

式中，$\mathrm{Conn}(x)$为类间距离和；x 为待聚类数据集；m 为待聚类数据点的个数；i 为一个数据点；L 是最近邻的个数，L 取 5～15 的整数；j 为近邻点；$x_{i,j}$为第 i 个数据点与其第 j 个最近邻的关系值，当第 i 个数据点和第 j 个数据点属于同一类则$x_{i,j}$取 0，否则取$1/j$。

7) 非支配排序选择

首先，将当前种群和其前一代的种群组成临时种群。

然后，用非支配排序方法对临时种群中的个体进行排序操作获得个体的支配面值和拥挤距离值。非支配排序方法的具体步骤是，先计算临时种群个体的支配关系，找出其中的非支配个体，令这些非支配个体的支配面值为 1，并保留 1 为当前支配面值；再从临时种群中删除已找到的非支配个体，获得剩余临时种群，然后计算剩余临时种群个体的支配关系，找出非支配个体，令这些非支配个体的支配面值为当前支配面值加 1，并使当前支配面值自加 1；重复前一步，直到计算出所有个体的支配面值；最后用拥挤距离公式计算每个支配面上的个体的拥挤距离。

拥挤距离公式为

$$I(d,D)=\sum_{i=1}^{n}\frac{I_i(d,D)}{f_i^{\max}-f_i^{\min}} \tag{9-7}$$

式中，$I(d,D)$为个体 d 在当前种群 D 上的拥挤距离；n 为目标函数的个数；i 为目标函数的标号；$I_i(d,D)$为个体 d 在当前种群 D 上的第 i 个目标函数上的距离，当个体 d 为第 i 个目标函数上的最大值或者最小值时，$I_i(d,D)$取无穷大，否则，取

比个体 d 大的个体的函数值与比个体 d 小的函数值之差中最小的；$f_i^{\max}$ 为当前种群中第 i 个目标的最大值，$f_i^{\min}$ 为当前种群中第 i 个目标的最小值。

最后，从已获得支配面值和拥挤距离值的临时种群中，依次取出具有支配面值小并且拥挤距离值大的个体组成更新后的当前种群，并从更新后的当前种群中选择支配面值为 1 的个体形成非支配解集。

8) 进化种群

用量子旋转门方法进化种群，量子旋转门方法的具体步骤如下。

首先，对更新后的当前种群的每一个基本量子位，查找量子旋转门变异角 θ 的变化表，如表 9-4 所示，获得旋转的角度 $\Delta\theta_i$，$\Delta\theta_i = s(\alpha_i\beta_i)\times\theta$。

表 9-4　量子旋转门变异角 θ 查询表

x_i	best_i	$f(x)>f(\text{best})$	θ	$s(\alpha_i\beta_i)$			
				$\alpha_i\beta_i>0$	$\alpha_i\beta_i<0$	$\alpha_i=0$	$\beta_i=0$
0	⊗	T	0.01π	−1	+1	±1	0
1	⊗	T	0.01π	+1	−1	0	±1
⊗	0	F	0.01π	−1	+1	±1	0
⊗	1	F	0.01π	+1	+1	0	±1

表 9-4 中，x_i 为个体 x 的第 i 位；best_i 为指导的非支配个体的第 i 位，是随机从非支配解集 $A(t)$中选择的；$f(x)$ 为 x 的目标函数值；$f(\text{best})$ 为非支配个体的目标函数值；$f(x)>f(\text{best})$ 为个体 x 支配个体 best；θ 为旋转角度，可以控制收敛速度；$s(\alpha_i\beta_i)$ 为旋转方向，能够保证算法收敛，通过比较 x_i 和 best_i，可以得到旋转方向；$|\alpha_i|^2$ 为个体量子位为 0 的概率；$|\beta_i|^2$ 为个体量子位为 1 的概率；满足 $|\alpha_i|^2+|\beta_i|^2=1$；⊗ 为无论个体当前位为 0 或者 1；T 为个体 x 支配个体 best；F 为个体 best 支配个体 x。

然后，根据得到的旋转角度 $\Delta\theta_i$，计算出新的量子位 x_{i_new}：

$$x_{i\_\text{new}} = x_i \times U(\Delta\theta_i) \tag{9-8}$$

式中，x_{i_new} 为进化后的量子位；x_i 为更新前的当前种群的一个基本量子位；$U(\Delta\theta_i)$ 为量子门变换矩阵，$U(\Delta\theta_i)=\begin{bmatrix}\cos(\Delta\theta_i) & -\sin(\Delta\theta_i)\\ \sin(\Delta\theta_i) & \cos(\Delta\theta_i)\end{bmatrix}$；$\Delta\theta_i$ 为旋转角度。

9) 分配类别标号

对获得的所有非支配解解码获得类别数及类别标号，解码的具体步骤如下：首先，从非支配解集中，依次找出每一个非支配解对应的二进制个体中为 1 的位的个数，此个数就是类别数，1 所在位置对应的数据点就是聚类中心；然后，计算聚类数据中每一个数据点到各个聚类中心的欧氏距离，其中最短欧氏距离所在的聚类中心号就是该数据点的类别标号。

10) 产生最优个体

采用启发式选择解的策略。具体步骤为：先选择使用者设定的类别数的非支配解作为候选解；然后分别将每个候选解在两个目标函数上的适应度相加求和，选择和值最小的个体作为最优个体；最后将最优个体所对应的类别标号作为像素的灰度值，得到图像分割结果。

9.3.2 仿真实验及其结果分析

为了验证算法性能，在 6 幅纹理图像，其中包括 1 幅合成 SAR 图像和 2 幅真实的遥感图像上进行了测试。针对每一个测试问题分别进行 30 次独立实验，对有真实类别标签的纹理图像用正确率和 Adjusted Rand Index 衡量聚类效果，两个指标均属于[0,1]，并且越大表示聚类效果越好，对于没有真实类标的真实遥感图像用 I 指标[34]对比。对比算法为：进化多目标聚类算法(MOCK)[35]、遗传聚类算法(GAC)[36]和 K 均值算法(KM)[37]。将 4 个聚类算法用于图像分割，并采用相同的预处理；对于两个多目标聚类算法，即本节算法(QMEC)和多目标进化算法(MOCK)，均采用一个启发式的选择策略从 Pareto 解中选择一个最优解。

各算法参数设置如下。QMEC 参数为：最大迭代次数 100，种群规模 50，观测次数 1，最大聚类数目 $\sqrt{m}$，m 是数据点数目，最小聚类数目 2；MOCK 参数为：最大迭代次数 100，外部种群规模 50，内部种群规模 50，交叉概率 0.7，变异概率 $1/m$；GAC 参数为：最大迭代次数 100，种群规模 50，交叉概率 0.7，变异概率 0.1；KM 参数为：最大迭代次数 500，停止阈值 10^{-10}。

1. 人工纹理图像分割的仿真结果

在本节中，将 QMEC 算法应用于 6 幅人工纹理图像进行了测试，这些图像均取自 Brodatz 纹理图像库，为 256×256 的灰度图。Image1、Image2、Image3 为 3 幅 3 类的纹理图分别如图 9-19(a)、图 9-20(a)、图 9-21(a)所示，图 9-19(b)、图 9-20(b)、图 9-21(b)分别为对应的理想分割图；Image4、Image5、Image6 为 3 幅 4 类的纹理图分别如图 9-22(a)、图 9-23(a)、图 9-24(a)所示，图 9-22(b)、图 9-23(b)、图 9-24(b)为对应的理想分割图。QMEC、MOCK、GAC 和 KM 的四种聚类算法针对 6 幅纹理图像的分割结果如图 9-19～图 9-24 所示，其均为独立 30 次中最优的结果展示。分割结果的两个定量评价指标的平均结果如表 9-5 所示。

通过以上实验，可以看出 QMEC 在人工纹理图像分割的测试中，在区域一致性和边缘保持性上，比其他两种算法得到的结果要好，并且在正确率和 Adjusted Rand Index 方面也有了提高，这归功于量子多目标进化聚类算法优越的搜索能力，可以更好的搜索到聚类中心。可以看出，MOCK 的正确率和视觉效果也优于单目标聚类算法 K 均值，表明多目标聚类算法用于图像分割的优势。本节采用的分水岭算法实现分块处理，减小了计算量，避免了聚类算法直接对像素操作时会引起时间复杂度高的缺点。另外纹理特征提取获得了有效的聚类数据，使得聚类效果整体上得到了提高。

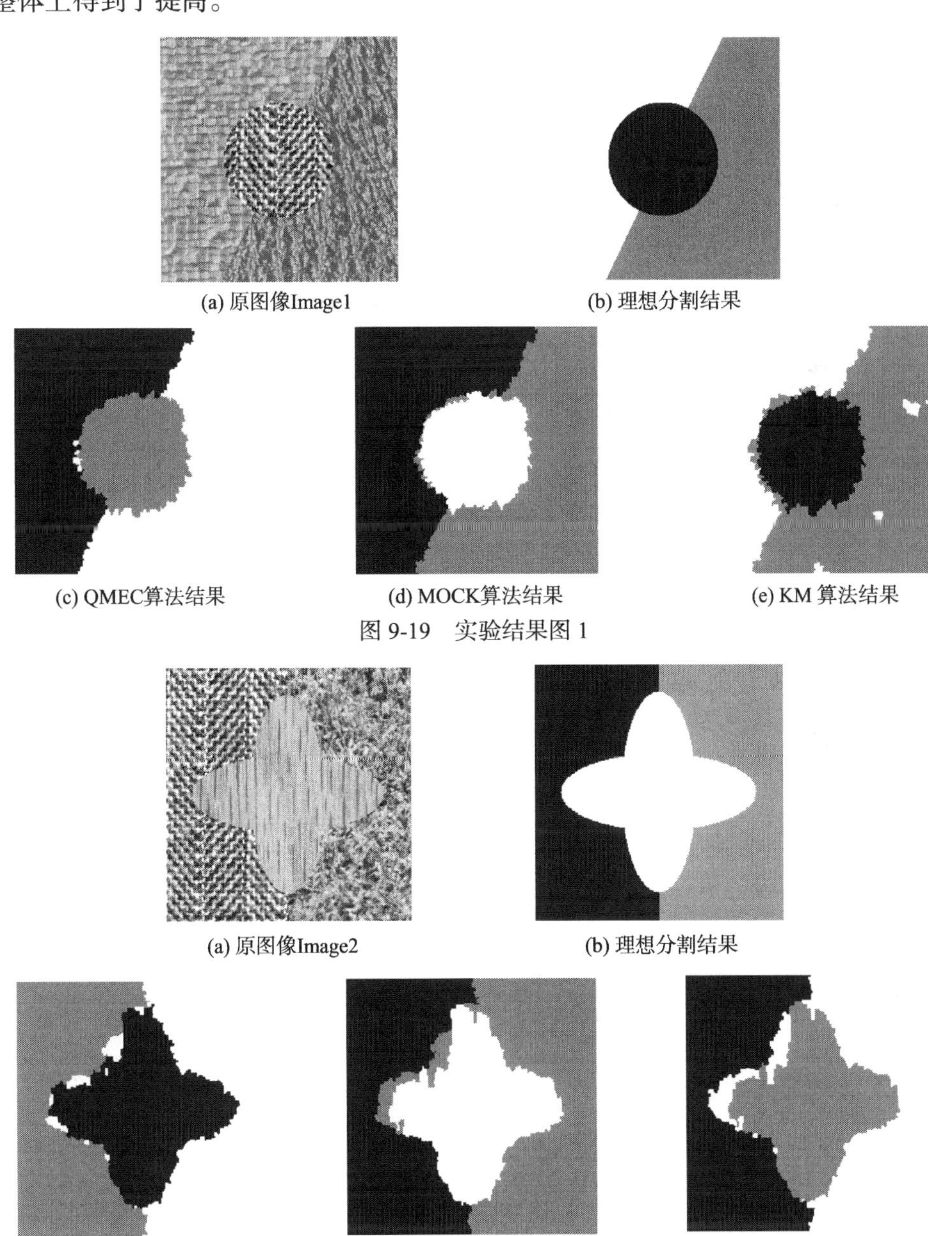

(a) 原图像Image1　(b) 理想分割结果

(c) QMEC算法结果　(d) MOCK算法结果　(e) KM 算法结果

图 9-19　实验结果图 1

(a) 原图像Image2　(b) 理想分割结果

(c) QMEC算法结果　(d) MOCK算法结果　(e) KM 算法结果

图 9-20　实验结果图 2

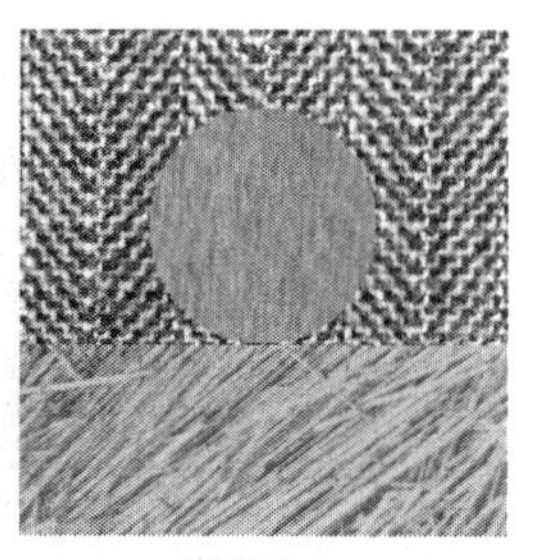

(a) 原图像Image3

(b) 理想分割结果

(c) QMEC算法结果

(d) MOCK算法结果

(e) KM 算法结果

图 9-21　实验结果图 3

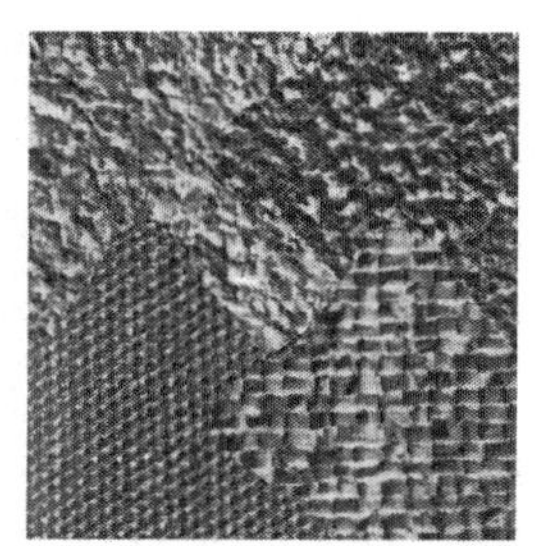

(a) 原图像Image4

(b) 理想分割结果

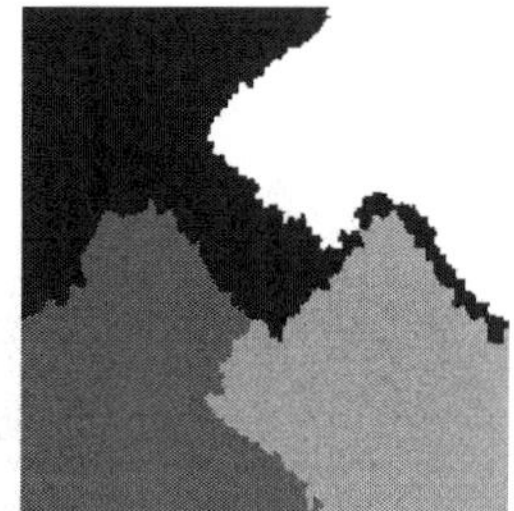

(c) QMEC算法结果

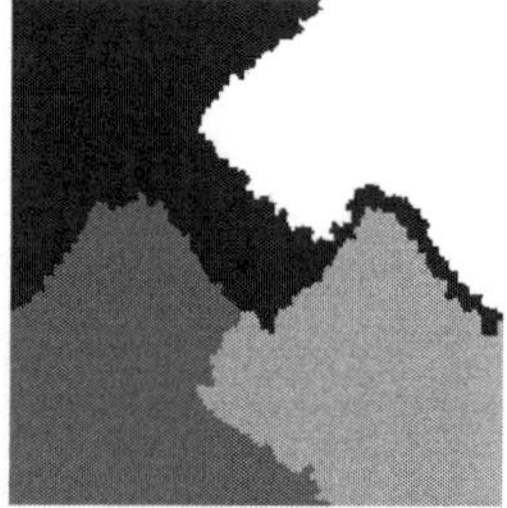

(d) MOCK算法结果

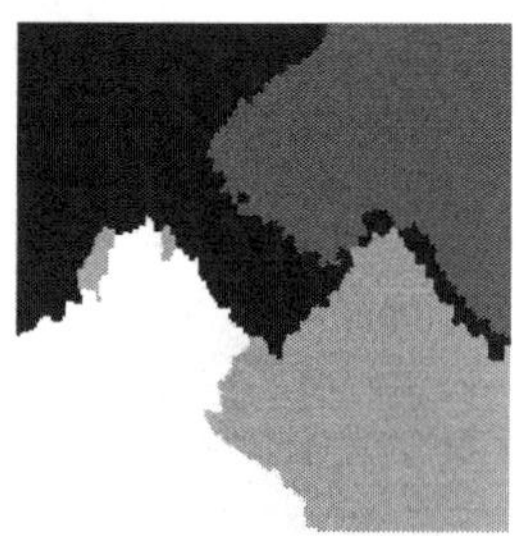

(e) KM 算法结果

图 9-22　实验结果图 4

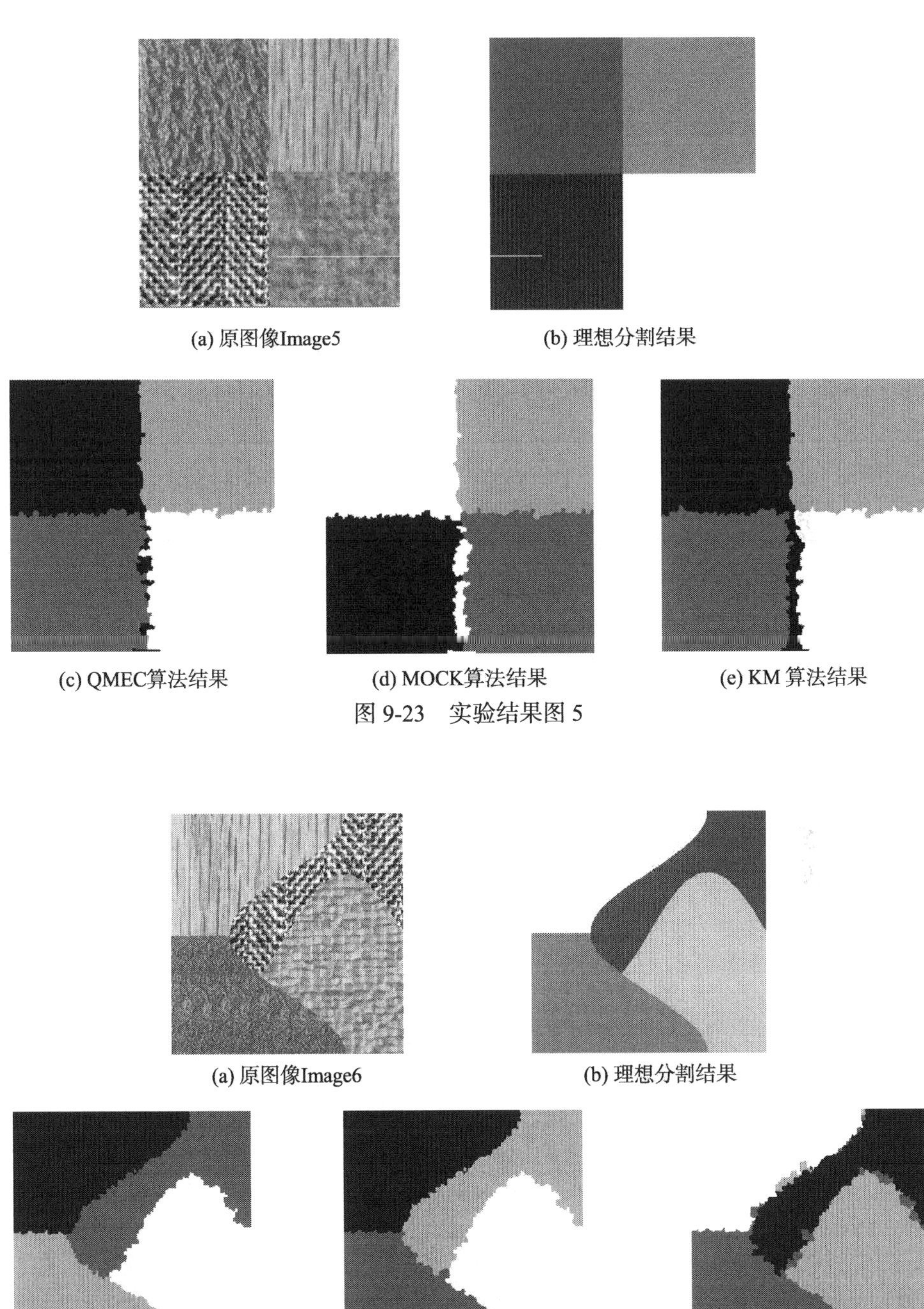

(a) 原图像Image5　(b) 理想分割结果

(c) QMEC算法结果　(d) MOCK算法结果　(e) KM 算法结果

图 9-23　实验结果图 5

(a) 原图像Image6　(b) 理想分割结果

(c) QMEC算法结果　(d) MOCK算法结果　(e) KM 算法结果

图 9-24　实验结果图 6

表 9-5 三种算法对 6 幅人工纹理图像的分割结果对比

图像	正确率			Adjusted Rand Index		
	QMEC	MOCK	KM	QMEC	MOCK	KM
Image1	**0.9638**	0.9212	0.9592	**0.8931**	0.8273	0.8757
Image2	**0.9436**	0.8285	0.7645	**0.8425**	0.6757	0.6521
Image3	**0.9364**	0.8736	0.6763	**0.8415**	0.7703	0.5398
Image4	**0.9560**	0.9313	0.7522	**0.8844**	0.8446	0.6815
Image5	**0.9660**	0.9251	0.7785	**0.9099**	0.8929	0.7062
Image6	**0.9666**	0.9313	0.7190	**0.9148**	0.8164	0.6645

为了验证本节所采用的启发式选择解的策略的有效性，对于有真实类别标签的纹理图像，对比了每次依据最大正确率从 Pareto 解中选择出来的结果和启发式方法选择出来的结果。如表 9-6 所示，是独立运行 30 次获得的平均统计结果。

表 9-6 两个多目标聚类算法分别依据正确率和启发式方法选择的结果对比

图像	正确率			
	QMEC		MOCK	
	最大正确率	启发式方法	最大正确率	启发式方法
Image1	0.9653	0.9638	0.9660	0.9212
Image2	0.9468	0.9436	0.9316	0.8285
Image3	0.9515	0.9364	0.9626	0.8736
Image4	0.9566	0.9560	0.9466	0.9313
Image5	0.9696	0.9660	0.9608	0.9251
Image6	0.9693	0.9666	0.9671	0.9313

从表 9-6 的对比可以发现，对于 QMEC 算法，启发式选择解的方法所选择出来的结果和每次依据最大正确率从 Pareto 解中选择出来的结果相差很小，这说明本节所采用的启发式选择解的策略是有效的。但同时也可以看到，多目标聚类算法(MOCK)用启发式方法选择出来的解的效果并不理想，即没有很好地将具有最大正确率的解选出来作为最优解，通过分析，可以得出结论，MOCK 的解的整体性能影响了选择阶段的结果，即 MOCK 最终获得的 Pareto 解中存在很好的解，但这些解并不多，这也从另一个方面说明了 QMEC 算法具有更强的寻优能力，能够获得更多的好解。

2. 遥感图像分割的仿真结果

为了进一步验证本节提出的 QMEC 算法的分割结果，对 3 幅遥感图像进行分割，结果分别如图 9-25～图 9-27 所示。

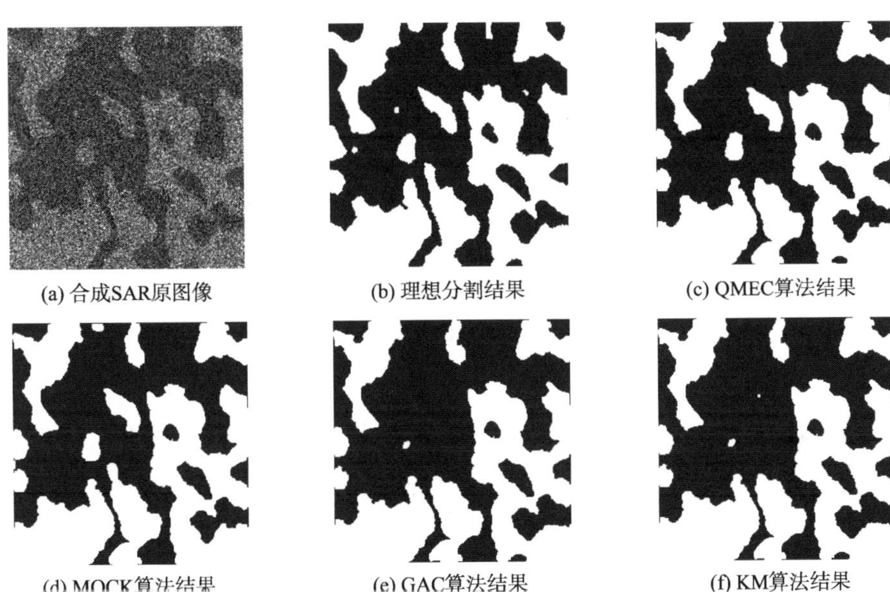

(a) 合成SAR原图像　(b) 理想分割结果　(c) QMEC算法结果

(d) MOCK算法结果　(e) GAC算法结果　(f) KM算法结果

图 9-25　合成 SAR 图像实验结果图

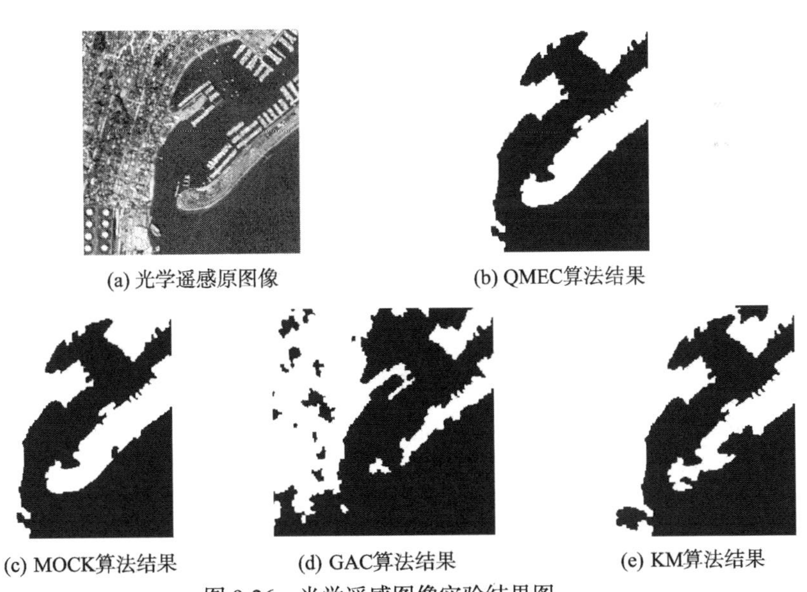

(a) 光学遥感原图像　(b) QMEC算法结果

(c) MOCK算法结果　(d) GAC算法结果　(e) KM算法结果

图 9-26　光学遥感图像实验结果图

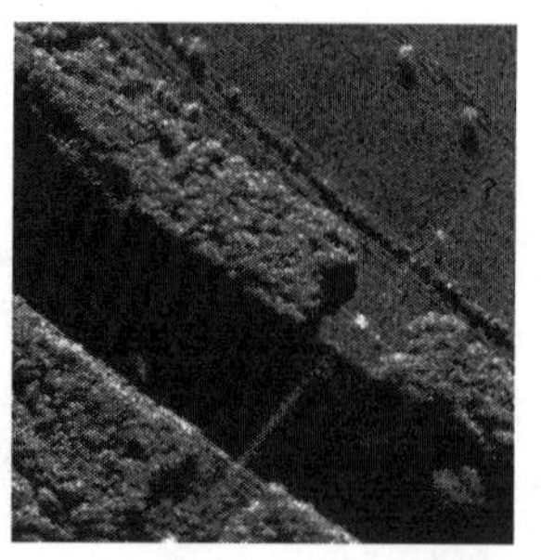
(a) Ku-波段SAR图像原图像

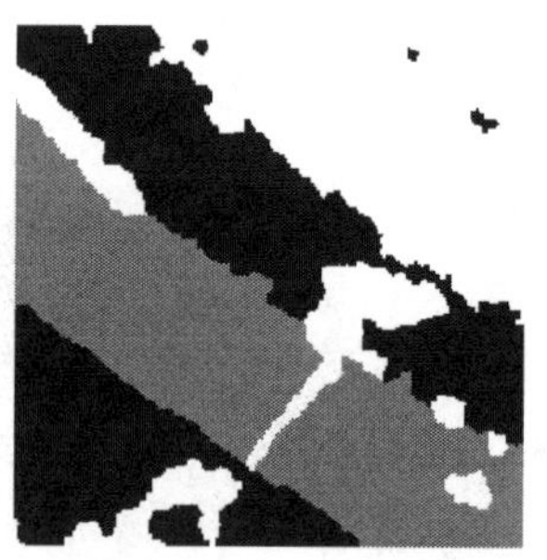
(b) QMEC算法结果

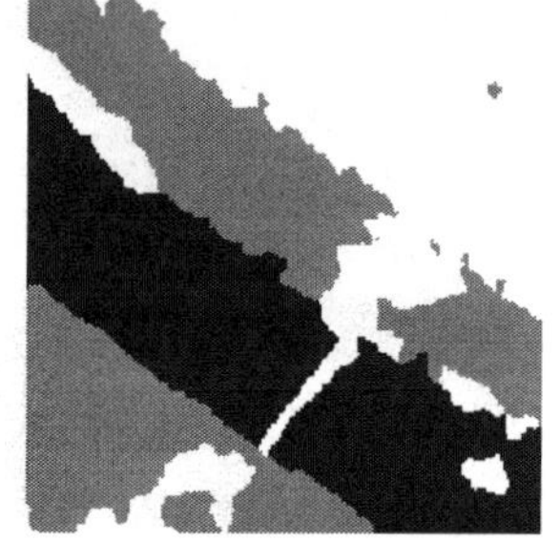
(c) MOCK算法结果

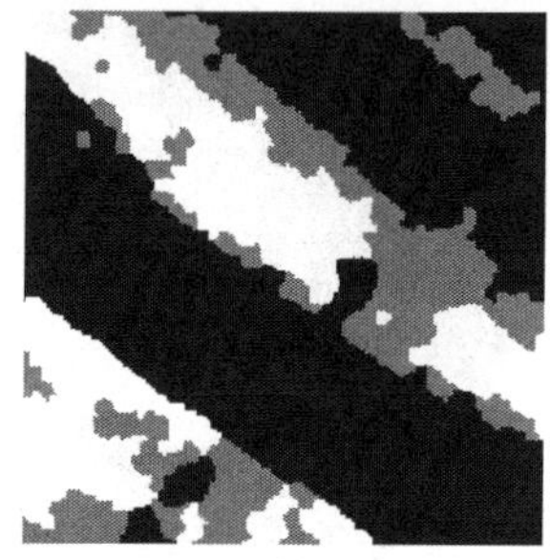
(d) GAC算法结果

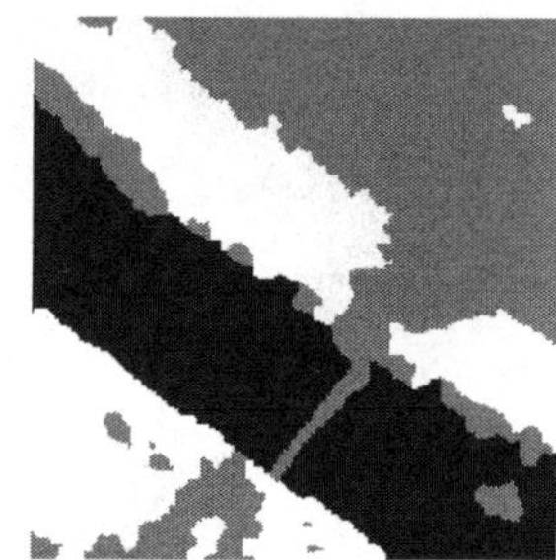
(e) KM 算法结果

图 9-27 Ku-波段 SAR 图像实验结果图

首先对一幅合成的三视 SAR 图像进行测试。这幅 SAR 图像是基于雷达图像成像机理产生的[34, 38]。这份合成 SAR 图像的真实图像来自于一个两类的基波场，如图 9-25(b)所示可以用于计算聚类正确率，对应的三视噪声图像如图 9-25(a)所示，是对斑点噪声三个独立方向的平均。图 9-25 (b)为 QMEC 算法的分割结果图，图 9-25(c)为现有技术中的 MOCK 算法的分割结果图，图 9-25(d)为 GAC 算法的分割结果图，图 9-25(e)为 KM 算法的分割结果图。

在视觉上，GAC 算法和 KM 算法分别将图 9-25 (a)中间部分的一个大区域和两个大区域错分了，如图 9-25 (e)和图 9-25(f)所示。如图 9-25 (c)和图 9-25 (d)所示，两个多目标聚类算法 QMEC 和 MOCK 在整体上的分割效果优于两个单目标聚类算法 GAC 和 KM，所以多目标聚类算法比单目标聚类算法鲁棒性更强。当对比两个多目标聚类算法时，QMEC 准确的分割出了图像右下方的黑色小区域，但却没有正确的获得左上方的白色小块，而 MOCK 却正好相反，把左上方的分出来了而没有分出右下方的小块。

为了定量的评估分割效果，本节采用聚类正确率和有效性指标 I[34]来衡量，这两个指标均是越大越好。表 9-7，给出了四个算法在此合成 SAR 图像上的聚类正确率和有效性指标 I 的值。可以看出，两个多目标方法的结果优于两个单目标的结果。QMEC 的正确率分别比其他三个算法 MOCK、GAC 和 KM 高出了 1.5%、1.7% 和 1.8%，表明 QMEC 获得了相对最精确的结果。其他三种算法的效果也不错，因为这是一幅两类的图像，相对来说分割比较简单。另外可以看出，有效性指标 I 随着聚类正确率的升高而升高，在求解 I 指标时我们不需要事先对真实划分有任何先验知识，因此后面我们使用有效性指标 I 来度量没有真实类标的遥感图像的分割效果。

表 9-7　四种算法对合成 SAR 图像的分割正确率和 I 指标对比

评价指标	算法			
	QMEC	MOCK	GAC	KM
正确率/%	95.10	93.66	93.27	93.39
$I(e^{-10})$	3.9638	3.8805	3.7398	3.7580

图 9-26 为仿真实验中使用的光学遥感测试图像和分割结果图，此光学遥感图像数据是来自圣地亚哥地区牛尾洲的港口图的一部分，有两种类标，分别为陆地和港口，图像大小为 256×256。其中，图 9-26(a)为原始测试遥感图像，图 9-26 (b)为本节算法的分割结果图，图 9-26(c)为现有技术中 MOCK 算法的分割结果图，图 9-26 (d)为现有技术中的 GAC 算法的分割结果图，图 9-26 (e)为现有技术中的 KM 算法的分割结果图。

由图 9-26 (b)、图 9-26(c)、图 9-26 (d)、图 9-26 (e)的仿真结果可以看到，多目标聚类方法的分割结果[图 9-26(b)和图 9-26(c)]优于单目标聚类方法的分割结果[图 9-26 (d)和图 9-26 (e)]，其中图 9-26 (b) 中水域从图像中清晰的分割出来，边缘完整准确，区域一致性好，9-26 (c)把中间部分的一块陆地错分成了水域，图 9-26 (d)把左边的一些陆地错分成了水域，同时在中间偏右的陆地区域有严重的错分。图 9-26 (e)相比图 9-26 (d)效果要好一些，但也把右上方、左下方、中间部分的陆地错分成了水域。表 9-8 中的 I 指标表明了同样的结果。

表 9-8　四种算法对两幅真实遥感图像的 $I(e^{-10})$指标对比

图像	算法			
	QMEC	MOCK	GAC	KM
图 9-26(a)	4.4899	4.3866	2.1065	3.9750
图 9-27(a)	5.0386	4.5855	1.8412	2.5655

图 9-27 为仿真实验中实验的真实 SAR 图像及其分割结果图。此仿真 SAR 数据是一副具有 1m 分辨率的 Ku 波段的图像的一部分，位于美国新墨西哥州阿尔布开克附近的格兰德。这幅图像有三种地物类别，即河流、植被和农作物,图像大小

为 256×256。其中图 9-27(a)为原始测试 SAR 图像，图 9-27 (b)为本节算法的分割结果图，图 9-27 (c)为现有技术中的 MOCK 算法的分割结果图，图 9-27 (d)为 GAC 算法的分割结果图，图 9-27 (e)为 KM 算法的分割结果图。

从图 9-27 (a)可以看出，植被和农作物混合在一起很难分割。GAC 算法结果如图 9-27 (d)所示，它对水域和植被的边缘定位不准确，同时还将水域附近的植被错分为了农作物，并且没有找到水上的桥梁同时把右上方的大片农作物错分成了水域。KM 算法的结果如图 9-27 (e)，比 GAC 算法的结果有了很大的改进，只是对水域边缘定位不准确，并且左下方的植被出现杂点。如图 9-27 (c)所示是 MOCK 算法的分割结果，在水域的一致性上有所提高，同时农作物的分割结果也有很大的改进，然而一些小的植被区域没有检测出来。本节算法获得了最好的分割结果，如图 9-27 (b)所示，水域的堤岸分的更清楚，比图 9-27(c)产生了更多的均匀的植被区域，同时本算法相比于其他三个方法，对三类地物的分割结果更接近真实分布。表 9-8 给出了四个算法在此图像上的 I 指标，可以看出 QMEC 算法获得了最大的 I 值，与图 9-27 分割结果的视觉效果一致。

9.4　结论与讨论

将量子计算和进化算法相结合，提出一种新的聚类算法，并应用到图像分割问题中。首先将图像分割问题视为组合优化问题，在对原图像提取纹理特征的基础上，利用量子进化聚类算法对所提取出的多个纹理特征进行聚类，达到图像分割的目的。在 9.1 节算法中，将图像的纹理特征视为聚类数据集，采用量子位对数据的聚类中心进行编码，通过迭代运算使得目标函数最大化，从而获得了较好的效果。但是对图像的某些区域会产生过分或漏分。但在区域一致性和边缘保持上，9.1 节算法还有待改进。结合图像的纹理特征提取，综合运用图像的纹理特征，将分水岭算法作为图像分割的“前处理”，将量子进化聚类算法作为图像分割的“后处理”。通过实验验证基于分水岭-量子进化聚类的图像分割算法得到的分割结果具有实际意义，而且有一致的分割区域以及较为准确、连续的边界。最后引入多目标优化模型，提出了量子多目标进化聚类算法(QMEC)并应用到图像分割问题中，算法在对输入的图像进行特征提取和分水岭分割获得聚类数据后，利用量子编码来生成代表聚类中心的初始种群，使得算法在搜索最优聚类中心时具有高效的并行性，为防止盲目的搜索，利用当前非支配个体的信息来控制更新方向，使种群以大概率向着优良模式进化来加速收敛。考虑到图像数据的大规模性，引入分水岭算法对图像进行预处理，得到过分割的图像块，用块的平均特征作为聚类数据，有效降低了时间复杂度。实验结果表明，与传统的多目标进化聚类算法 MOCK、单目标聚类算法 K 均值和遗传算法的聚类结果相比，通过量子计算与多目标优化结合的聚类方法来实现纹理图像和遥感图像分割，QMEC 算法可以解决现有的基于聚类的图像分割技术中评价指标单一、计算复杂度高、细节保持性能不好等缺点，提高了图像分割的精度。

参 考 文 献

[1] RAFAEL C, GONZALES, RICHARD E W, 等. 数字图像处理[M]. 北京:电子工业出版社，2005.

[2] HARALICK R M, SHAPIRO L G. Image segmentation techniques[J]. Computer Vision Graphics & Image Processing, 1985, 29(1):100-132.

[3] PAL N R, PAL S K. A review on image segmentation techniques[J]. Pattern Recognition, 2015, 26(9):1277-1294.

[4] 王爱民, 沈兰荪. 图像分割研究综述[J]. 测控技术, 2000, 19(5):1-6.

[5] 邓世伟, 袁保宗. 基于数学形态学的深度图像分割[J]. 电子学报, 1995(4):6-9.

[6] 林瑶, 田捷. 医学图像分割方法综述[J]. 模式识别与人工智能, 2002, 15(2):192-204.

[7] CHENG H D, CHEN J R, LI J. Threshold selection based on fuzzy c-partition entropy approach[J]. Pattern Recognition, 1998, 31(7):857-870.

[8] 刘志敏, 杨杰. 数学形态学的图象分割算法[J]. 计算机工程与科学, 1998, 20(4):21-27.

[9] HUANG L K, WANG M J J. Image thresholding by minimizing the measures of fuzziness[J]. Pattern Recognition, 1995, 28(1):41-51.

[10] 许传祥, 石青云. 零对称和反对称二进小波及其在边缘检测中的应用[J]. 中国图象图形学报, 1996, 27(1):4-11.

[11] 章国宝, 叶桦, 陈维南. 基于正交小波变换的多尺度边缘提取[J]. 中国图象图形学报, 1998(8):651-654.

[12] BLANZ W E, GISH S L. A connectionist classifier architecture applied to image segmentation[C]//International Conference on Pattern Recognition. IEEE, 1990, 2: 272-277.

[13] BABAGUCHI N, YAMADA K, KISE K, et al. Connectionist model binarization[J]. International Journal of Pattern Recognition & Artifical Intelligence, 2011, 5(4): 51-56.

[14] 刘若辰. 免疫克隆策略算法及其应用研究[D]. 西安: 西安电子科技大学博士学位论文, 2005.

[15] HARALICK R M, SHANMUGAM K, DINSTEIN I. Textural features for image classification[J]. Systems Man & Cybernetics IEEE Transactions on, 1973, 3(6): 610-621.

[16] MALLAT S G. A theory of multiresolution signal decomposition: the wavelet representation[J]. IEEE Transactions on Pattern Analysis & Machine Intelligence, 1989, 11(7): 674-693.

[17] LU C S, CHUNG P C, CHEN C F. Unsupervised texture segmentation via wavelet transform[J]. Pattern Recognition, 1997, 30(5):729-742.

[18] CHANG T, KUO C C J. Texture analysis and classification with tree-structured wavelet transform[J]. IEEE Transactions on Image Processing A Publication of the IEEE Signal Processing Society, 1993, 2(4):429-441.

[19] LAINE A, FAN J. Texture classification by wavelet packet signatures[J]. Pattern Analysis & Machine Intelligence IEEE Transactions on, 1993, 15(11):1186-1191.

[20] FUKUDA S, HIROSAWA H. A wavelet-based texture feature set applied to classification of multifrequency polarimetric SAR images[J]. IEEE Transactions on Geoscience & Remote Sensing, 1999, 37(5):2282-2286.

[21] 曾歆懿, 章云, 季秀霞,等. 基于分水岭变换的 PCB 图像分割[J]. 电子质量, 2007(1):38-40.

[22] HO S Y, LEE K Z. An efficient evolutionary image segmentation algorithm[C]// Evolutionary Computation. IEEE, 2001, 2: 1327-1334.
[23] SERRA J. Image Analysis and Mathematical Morphology[M]//Image analysis and mathematical morphology. London: Academic Press, 1982.
[24] 张晓静. 基于分水岭算法的 SAR 图像分割方法研究[D]. 西安:西安电子科技大学硕士论文, 2009.
[25] GONZALES C R, WOODS R E. Digital Image Processing[M]. Beijing: Publishing House of Electronics Industry, 2002.
[26] 张向荣. 基于选择性特征融合与集成学 SAR 图像分类与分割[D].西安:西安电子科技大学博士学位论文, 2006.
[27] KERSTEN P R, LEE J S, AINSWORTH T L. Unsupervised Classification of Polarimetric Synthetic Aperture Radar Images Using Fuzzy Clustering and EM Clustering[J]. IEEE Transactions on Geoscience & Remote Sensing, 2005, 43(3):519-527.
[28] SMET P D. Performance and scalability of high optimized rainfall watersheds algrotihm[C]//Proceedings of the International Conference on Imaging Science, systems and Technology. CISST'98, 1998: 266-273.
[29] 马秀丽, 焦李成. 基于分水岭-谱聚类的 SAR 图像分割[J]. 红外与毫米波学报, 2008, 27(6):452-456.
[30] HANSEN M W, HIGGINS W E. Watershed-driven relaxation labeling for image segmentation[C]// Image Processing. IEEE, 1994, 3: 460-464.
[31] 李阳阳. 量子免疫克隆算法及其应用研究[D]. 西安:西安电子科技大学博士学位论文, 2007.
[32] ZHANG H, ZHANG G X, RONG H N, et al. Comparisons of quantum rotation gates in quantum-inspired evolutionary algorithms[C]//Sixth International Conference on Natural Computation. IEEE, 2010, 2306-2310.
[33] ZHANG R, GAO H. Improved quantum evolutionary algorithm for combinatorial optimization problem[C]// International Conference on Machine Learning and Cybernetics. IEEE, 2007: 3501-3505.
[34] BANDYOPADHYAY S, MAULIK U, MUKHOPADHYAY A. Multiobjective genetic clustering for pixel classification in remote sensing imagery[J]. Geoscience & Remote Sensing IEEE Transactions on, 2007, 45(5):1506-1511.
[35] HANDL J, KNOWLES J. An evolutionary approach to multi-objective clustering[J]. IEEE Transactions on Evolutionary Computation, 2007, 11(1): 56-76.
[36] MAULIK U, BANDYOPADHYAY S. Genetic algorithm-based clustering technique[J]. Pattern Recognition, 2000, 33(9):1455-1465.
[37] HARTIGAN J A, WONG M A. A k-means clustering algorithm[J]. Applied Statistics, 1979, 28: 100-108.
[38] CARINCOTTE C, DERRODE S, BOURENNANE S. Unsupervised change detection on SAR images using fuzzy hidden Markov chains[J]. IEEE Transactions on Geoscience & Remote Sensing, 2006, 44(2):432-441.

第 10 章　量子免疫克隆聚类 SAR 图像分割与变化检测

10.1　基于分水岭-量子免疫克隆聚类算法的 SAR 图像分割

10.1.1　基于分水岭-量子免疫克隆聚类算法的 SAR 图像分割方法简介

聚类是一种重要的无监督分类方法，它把在某方面具有相同属性的一组模型聚成一类，在现有的聚类方法中 K 均值聚类是最常见、最方便的一种聚类方法，但是，众所周知，由于对初始点比较敏感，K 均值往往得到局部最优解。基于遗传算法的聚类方法已经被应用到众多聚类问题中，并且已经被证实遗传算法在应用于数据集聚类中明显比 K 均值具有更优越的性能，但是传统遗传聚类算法时间复杂度过高，而且易陷入局部最优。量子免疫克隆聚类算法(QICA)可以解决该问题，且该算法已经被证实具有全局寻优性。

将 QICA 应用到 SAR 图像分割，将聚类应用于分割问题是把该问题看成一个组合优化问题，基于某特定标准，图像数据集被划分为不同的几类。在图像数据集的选择上，对 SAR 图像做离散小波变换(DWT)并作为聚类数据集，DWT 在时间和空间上都被看做是最有效的信号频率分析技术。考虑到 SAR 图像的复杂性，用分水岭算法对图像进行初分割，加快了分割速度，并且作为区域增长方法，它可以保留图像的边缘信息。基于量子免疫克隆聚类算法和分水岭算法，本节提出了基于分水岭-量子免疫克隆聚类的 SAR 图像分割算法(QICW)，该算法可以有效地搜索到全局聚类最优点，精确的定位 SAR 图像边缘信息，改变 SAR 图像的分割性能。

分水岭算法是一种经典的形态学算法，其中数学形态学是以形态结构元素作为基础对图像进行分析的一种数学工具，其基本思想是用具有一定形态的结构元素去度量和提取图像中的对应形状，从而实现图像的分析和识别。数学形态学与几何的直接关系是它的一个十分具有实用意义的优点，这种显式的几何描述使其更适合于对形状表述和分析。分水岭算法的原理与数学描述在 9.2 节已做阐述。

10.1.2　算法设计与流程说明

1. 算法流程

步骤 1：输入待分割 SAR 图像，提取 SAR 图像的非下采样小波特征，作为聚类数据集。

步骤 2: 对待分割 SAR 图像进行中值滤波简化处理，并用分水岭算法对图像进行过分割。

步骤 3: 计算块特征，提取过分割所得到的每一块所对应的块特征，计算该块特征的平均值来取代块中原有的特征值。

步骤 4: 设定一个较小正整数，随机产生初始种群 $Q(t)$，其中 $\alpha_i^t, \beta_i^t (i=1,2,\cdots,m)$ 和所有的 q_j^t 都以等概率 $1/\sqrt{2}$ 初始化。

步骤 5：将量子个体 $Q(t)$观测成为二进制个体 $p(t)$。

步骤 6：根据观测结果 $p(t)$ 计算个体亲合度函数 f_k，保留当前群体中的最优个体，作为精英个体保留下来。

步骤 7：判断是否满足终止条件，如果满足，则输出分割结果；否则，进入步骤 8。

步骤 8：更新 $Q(t)$，对 $Q(t)$进行克隆算子操作，量子散布变异操作，量子全干扰交叉重组操作。

步骤 9：继续步骤 5。

2. 算子的设计

1) 图像简化

在步骤 2 中，图像简化的目的是去掉小的噪声干扰以及对感知不重要的细节，对图像起平滑作用。这里选取形态学中最常用的工具之一——形态重建滤波器[1, 2]。与经典的图像简化工具，如低通或中通滤波器相比，形态重建滤波器的优势在于简化图像而不造成图像模糊或改变图像轮廓。

2) 分水岭实现图像过分割

在步骤 2 中，实现图像过分割又分为如下几个详细步骤[3, 4]。

步骤 a：计算形态梯度图像。形态梯度图像反映了图像中灰度的变化情况，在灰度值变化较大的边缘具有较大的梯度值，而在灰度值均匀的区域内具有较小的梯度值。一幅图像 f 的形态梯度图像定义为膨胀变换减去腐蚀变换：

$$\mathrm{grad}(f) = (f \oplus b) - (f \Theta b) \tag{10-1}$$

式中，$\oplus$ 表示膨胀运算；Θ 表示腐蚀运算；b 为结构元素，结构元素不能取太大，否则会将灰度变化剧烈的小区域滤掉。

步骤 b：计算浮点活动图像。所谓“浮点”是指图像的数据类型是浮点型，浮点活动图像，在图像边缘具有较高的亮度值，因此，浮点活动图像本身就比较粗糙地反映了图像的边缘。浮点活动图像定义为

$$\mathrm{fimg}(f) = \mathrm{grad}(f) \cdot \mathrm{grad}(f) / 255.0 \tag{10-2}$$

步骤 c：将浮点活动图像输入分水岭算法产生过分割结果。

3) 计算块特征

步骤 3 对原始图像的每个像素提取小波能量特征，进而求得区域块特征。该过程又分为如下几步。

步骤 a：对原图像提取小波能量的纹理特征。选用离散小波两层变换的子带能量 f 作为图像的特征向量 $\{f_1, f_2, \cdots, f_{3n+1}\}$，其中 n 表示特征向量的维数，选用 $n=7$ 但不限于 7，该子带能量为

$$f = \frac{1}{MN}\sum_{i=1}^{M}\sum_{j=1}^{N}|x(i,j)| \tag{10-3}$$

其中，MN 为子带大小；i,j 表示该子带系数的索引；$x(i,j)$ 表示该子带中第 i 行第 j 列的系数值。

步骤 b：将不规则块中所有像素特征的均值作为不规则块的特征。

4) 初始种群的生成

在聚类中，编码的对象可以是聚类中心也可以是最终的聚类结果，对比这两种编码方式，对于聚类中心点的编码更简单而且易于操作，本书选择对聚类中心点的编码作为编码方式。使用一个 8 位的量子个体表示一个聚类中心的一维特征，数据具有 n 维特征。比如，如果将数据聚为 3 类，每个个体将对应 3 个聚类中心，相应的量子进化算法中的每个个体将是 $30n$ 个量子比特组成的串。设定一个较小正整数，随机产生初始种群 $Q(t)$，中 $\alpha_i^t, \beta_i^t\,(i=1,2,\cdots,m)$ 和所有的 q_j^t 都以等概率 $1/\sqrt{2}$ 初始化。

5) 观测算子

在步骤 5 中，通过观察 $Q(t)$ 的状态，产生一组普通解 $P(t)$，其中在第 t 代中 $P(t)=\{x_1^t, x_2^t, \cdots, x_n^t\}$，每个 $x_j^t\,(j=1,2,\cdots,n)$ 是长度为 m 的串 $(x_1x_2\cdots x_m)$，它是由量子比特幅度 $\left|\alpha_i^t\right|^2$ 或 $\left|\beta_i^t\right|^2$ $(i=1,2,\cdots,m)$ 得到的。例如，在二进制情况下，随机产生一个 [0,1] 的数，若它大于 $\left|\alpha_i^t\right|^2$，则取 1，否则取 0。

6) 精英保留策略

在步骤 6 中，加入了精英选择策略。通常的选择方法就是高亲合度的个体被选择保留下的几率很大。采用精英选择策略可以保证某一代的最优解在整个进化过程中毫发无损地被保留下来。如果在某一代中的最优解的亲合度函数值优于当前最优解的亲合度函数值，那么，当前最优解就被该最优解代替。应用这种方法可以防止最优解丢失，且能够加快收敛速度。

7) 亲合度函数

计算每个观测后的二进制抗体 $p(t)$ 与聚类数据集的亲合度函数 f_k，使用的目

标函数是 FCM 聚类的目标函数，抗体亲合度函数定义为

$$f_k = \frac{1}{1+J} \tag{10-4}$$

$$J\left(X,U,V\right) = \sum_{j=1}^{n}\sum_{i=1}^{c}\left(\mu_{ij}\right)^m d^2\left(x_j, v_i\right) \tag{10-5}$$

式中，i 表示类别；j 表示样本点；μ_{ij} 表示一个像素点样本 j 属于各个类别 i 的隶属度；m 表示模糊指数；$d\left(x_j, v_i\right)$ 表示第 v_i 个聚类中心到第 x_j 个像素样本之间的欧几里得距离。

8) 停机条件

为了得到好的聚类结果，合适的停机条件是很必要的。遗传算法常以设定最大迭代次数为停机条件，本节设定连续无改进次数为停机条件。例如，设定 $\varepsilon = 10^{-5}$ 为停止阈值，$e = 10$ 为连续无改变阈值。

$$e = \begin{cases} 0, & \left|f_{\text{former}} - f_{\text{new}}\right| > \varepsilon \\ e+1, & \left|f_{\text{former}} - f_{\text{new}}\right| < \varepsilon \end{cases} \tag{10-6}$$

式中，f_{former} 为之前精英个体的亲合度值；f_{new} 为当前精英个体的亲合度值。如果当前个体与之前个体的亲合度值的改变量小于这个阈值就称为无改进，那么连续无改进次数就是 $e = 1$，反之就是有改进，e 置零。连续 10 次无改进，算法停止。

10.1.3 时间复杂度分析

设种群规模为 M，编码长度为 N，则算法每迭代一次的时间复杂性可计算得：量子变异操作的时间复杂度为 $O(M \times N)$；量子交叉操作的时间复杂度为 $O(M \times N)$。因此总的时间复杂度最差为 $O(M \times N) + O(M \times N)$，根据符号 O 的运算规则并化简，QICW 每迭代一次的时间复杂度最差为 $O(M \times N)$。

10.1.4 仿真实验及其结果分析

1. 人工纹理图像分割的仿真结果

本节将 QICW 算法应用于 3 幅人工纹理图像中进行了测试，Image1 是一幅 256×256 的灰度图，取自 Brodatz 纹理图像库，它包含两类纹理特征，如图 10-1(a)所示，图 10-1(b)为 Image1 的理想分割结果。Image2 包含三类纹理特征，图 10-2(a)和图 10-2(b)分别代表了 Image2 的原始图像和理想分割结果。Image3 包含四类纹理，图 10-3(a)和 10-3(b)分别代表了 Image3 的原始图像和理想分割结果。针对每一个测试问题分别进行 20 次独立实验，3 幅人工纹理图像分割结果的错误率统计的平均结果如表 10-1 所示。用式(10-7)来计算错误率：

$$\text{erate} = 1 - \frac{1}{N}\sum_{i=1}^{k}\sum_{j=1, i\neq j}^{k} \text{correct}(i, j) \tag{10-7}$$

式中，$\text{correct}(i, j)$ 代表同时出现在对应图像分割结果标签中的像素点数目；N 为总的像素点数；k 为类别数。基于分水岭–量子免疫克隆聚类算法(QICW)、基于分水岭的遗传聚类算法(W-GAC)和 K 均值(W-KM)三种算法针对 3 幅纹理图像的分割结果如图 10-1～图 10-3 所示。

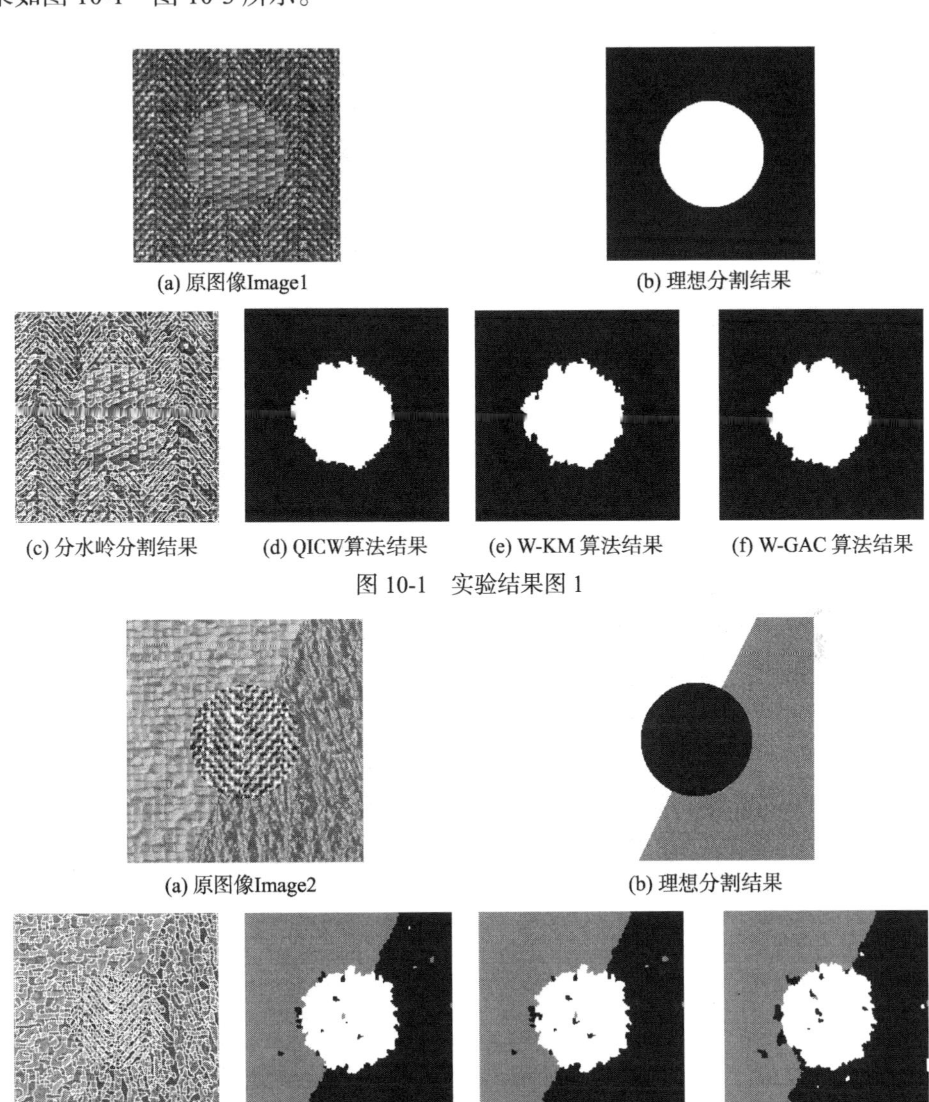

(a) 原图像Image1　(b) 理想分割结果

(c) 分水岭分割结果　(d) QICW算法结果　(e) W-KM 算法结果　(f) W-GAC 算法结果

图 10-1　实验结果图 1

(a) 原图像Image2　(b) 理想分割结果

(c) 分水岭分割结果　(d) QICW算法结果　(e) W-KM 算法结果　(f) W-GAC 算法结果

图 10-2　实验结果图 2

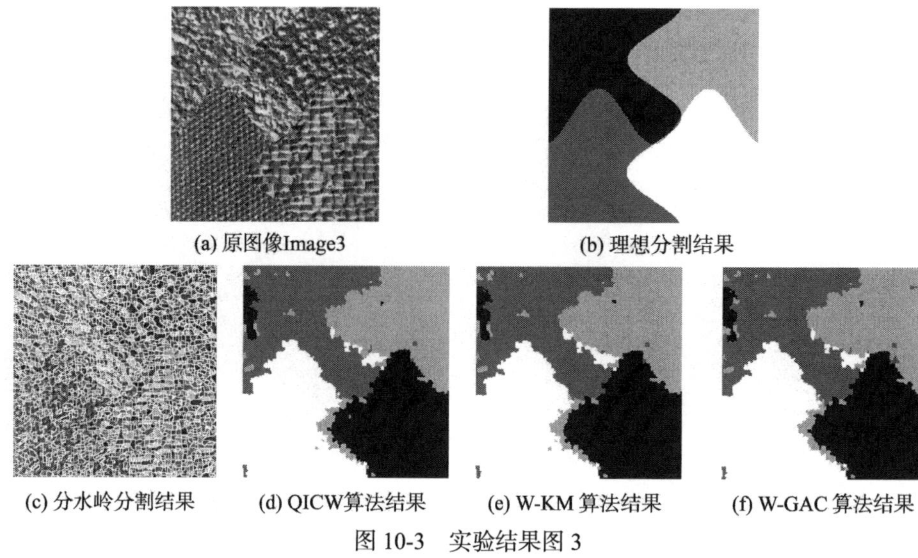
(a) 原图像Image3　(b) 理想分割结果
(c) 分水岭分割结果　(d) QICW算法结果　(e) W-KM 算法结果　(f) W-GAC 算法结果

图 10-3　实验结果图 3

表 10-1　三种算法对 3 幅人工纹理图像的分割对比结果

图像	错误率		
	QICW	W-GAC	W-KM
Image1	**0.0221**	0.0294	0.0308
Image2	**0.0258**	0.0364	0.0269
Image3	**0.0908**	0.0924	0.0949

算法的初始种群规模 $N=20$，基于遗传算法的参数设置如下：种群规模 $N=20$，交叉概率 $p_{\mathrm{c}}=0.75$，变异概率 $p_{\mathrm{m}}=0.1$，四种算法的更新阈值 $\varepsilon=10^{-5}$，连续无改进次数 $e=10$，提取特征时取窗口大小为 7。

在人工纹理图像的实验中，Image3 包括四类纹理，比其他两幅图像的类别数要高，图 10-4 中显示了 Image3 在 20 次实验中聚类错误率的变化趋势，从图中可以看出，虽然是随机搜索算法，但是 QICW 表现出了很高的稳定性，而对于 W-KM，由于其对初始点的敏感，易陷入局部最优。

通过以上实验可以看出，QICW 在人工纹理图像分割的测试中，在区域一致性和边缘保持性上，比其他两种算法得到的结果要好，并且在错误率方面也有了改进，这归功于分水岭算法能够实现分块处理，量子免疫克隆聚类算法可以更好的搜索到聚类中心，从而大大提高了算法在 SAR 图像分割的能力。且在对更为复杂的 Image3 分割中，QICW 表现出了很好的鲁棒性。

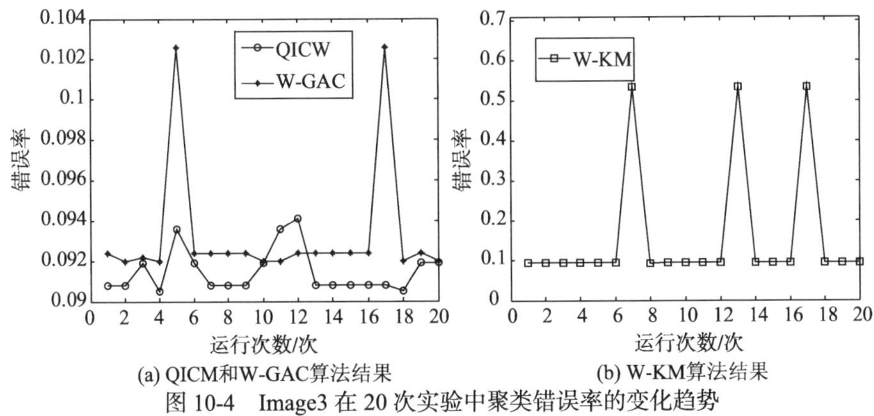

(a) QICM和W-GAC算法结果　　(b) W-KM算法结果

图 10-4　Image3 在 20 次实验中聚类错误率的变化趋势

2. SAR 图像分割的仿真结果

如图 10-5(a)所示，为一幅美国新墨西哥州中部里奥格兰德河的 Ku 波段 SAR 图像，图像大小为 256×256，具有三个区域，分别为河流、植被和庄稼。图 10-5(b)为图 10-5(a)采用分水岭算法后的初始分割图像。图 10-7(c)～(e)分别给出了 QICW、W-GAC 和 W-KM 三种算法对图 10-5 (a)的分割结果。图 10-6(a)为一幅由空间雷达实验室拍摄的瑞士的一部分 3 视 X 波段 SAR 图像，图像大小为 256×256，具有三个区域，分别为河水域、山地和城市。图 10-6 (b)为 10-6(a)采用分水岭算法后的初始分割图像。图 10-6(c)～(e)分别给出了 QICW、W-GAC 和 W-KM 三种算法对图 10-6 (a)的分割结果。图 10-7(a)为一幅美国加利福尼亚的中国湖机场 Ku 波段 SAR 图像，图像大小为 256×256，具有三个区域，分别为机场跑到、草地和城市。图 10-7(b)为 10-7(a)采用分水岭算法后的初始分割图像。图 10-7(c)～(e)分别给出了

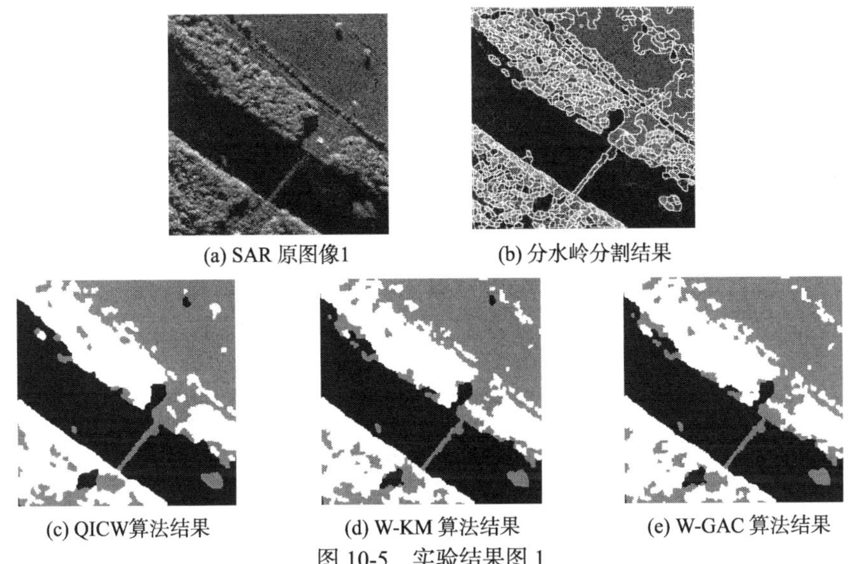

(a) SAR 原图像1　　(b) 分水岭分割结果

(c) QICW算法结果　　(d) W-KM 算法结果　　(e) W-GAC 算法结果

图 10-5　实验结果图 1

QICW、W-GAC 和 W-KM 三种算法对图 10-7(a)的分割结果。图 10-8(a)是一幅 256×256 大小的 SAR 图像，图像包含河流和城区两类地物。图 10-8(b)为 10-8(a)采用分水岭算法后的初始分割图像。图 10-8(c)～(f)分别给出了 QICW、W-GAC、W-KM 三种算法针对图 10-8 (a)的分割结果。图 10-9(a)是一幅 256×256 大小的 SAR 图像，图像包含农田和林地两类地物。图 10-9(b)为 10-9 (a)采用分水岭算法后的初始分割图像。图 10-9(c)～(f)分别给出了 QICW、W-GAC、W-KM 三种算法针对图 10-9 (a)的分割结果。

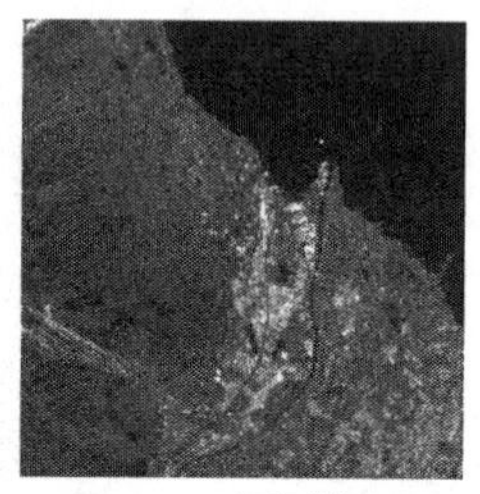

(a) SAR 原图像2

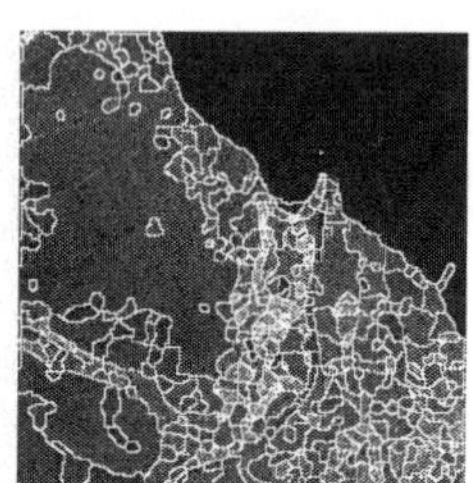

(b) 分水岭分割结果

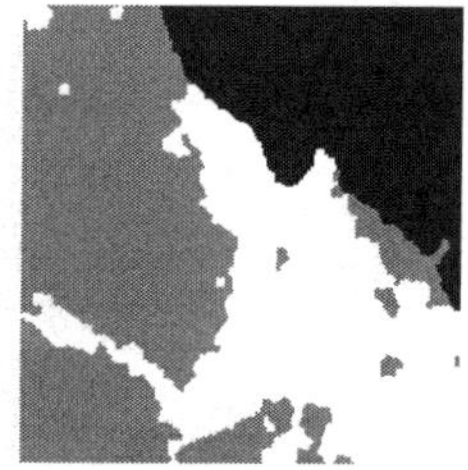

(c) QICW算法结果

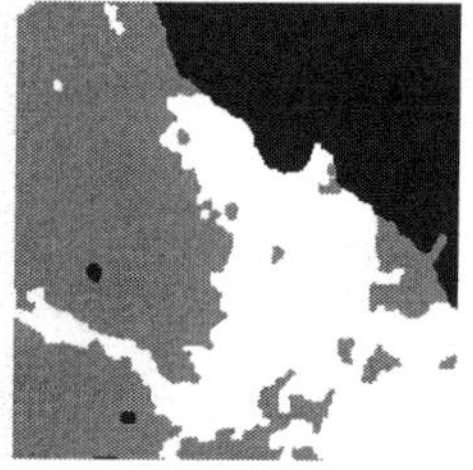

(d) W-KM 算法结果

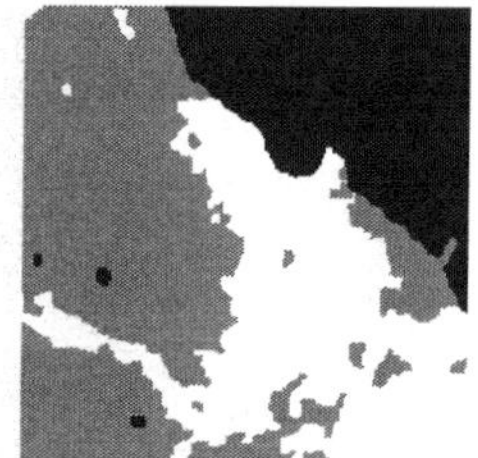

(e) W-GAC 算法结果

图 10-6　实验结果图 2

(a) SAR 原图像3

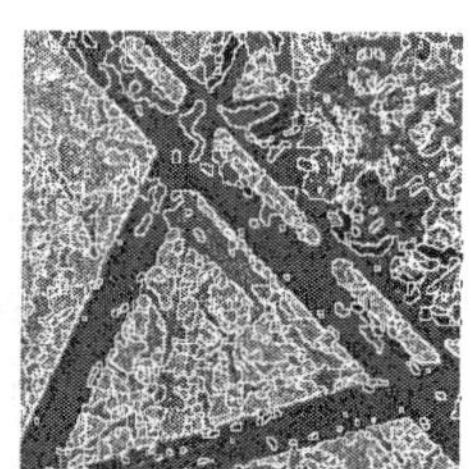

(b) 分水岭分割结果

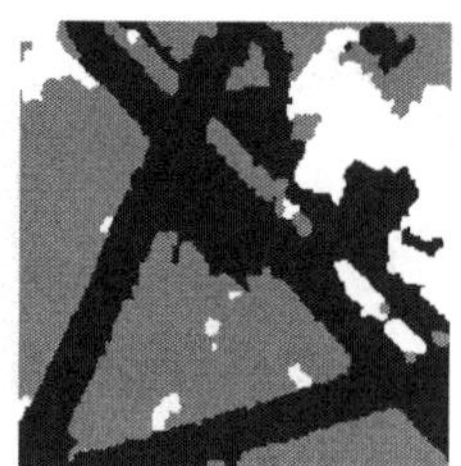

(c) QICW算法结果

(d) W-KM 算法结果

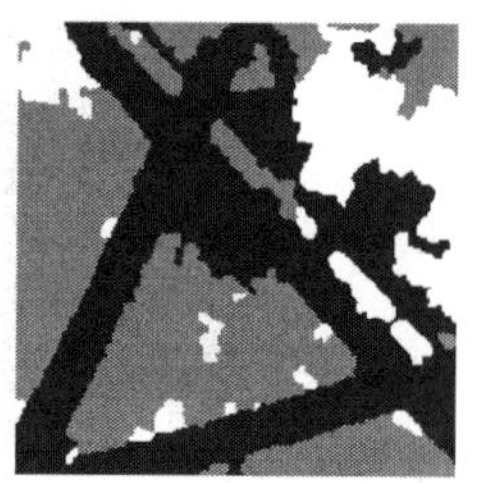

(e) W-GAC 算法结果

图 10-7　实验结果图 3

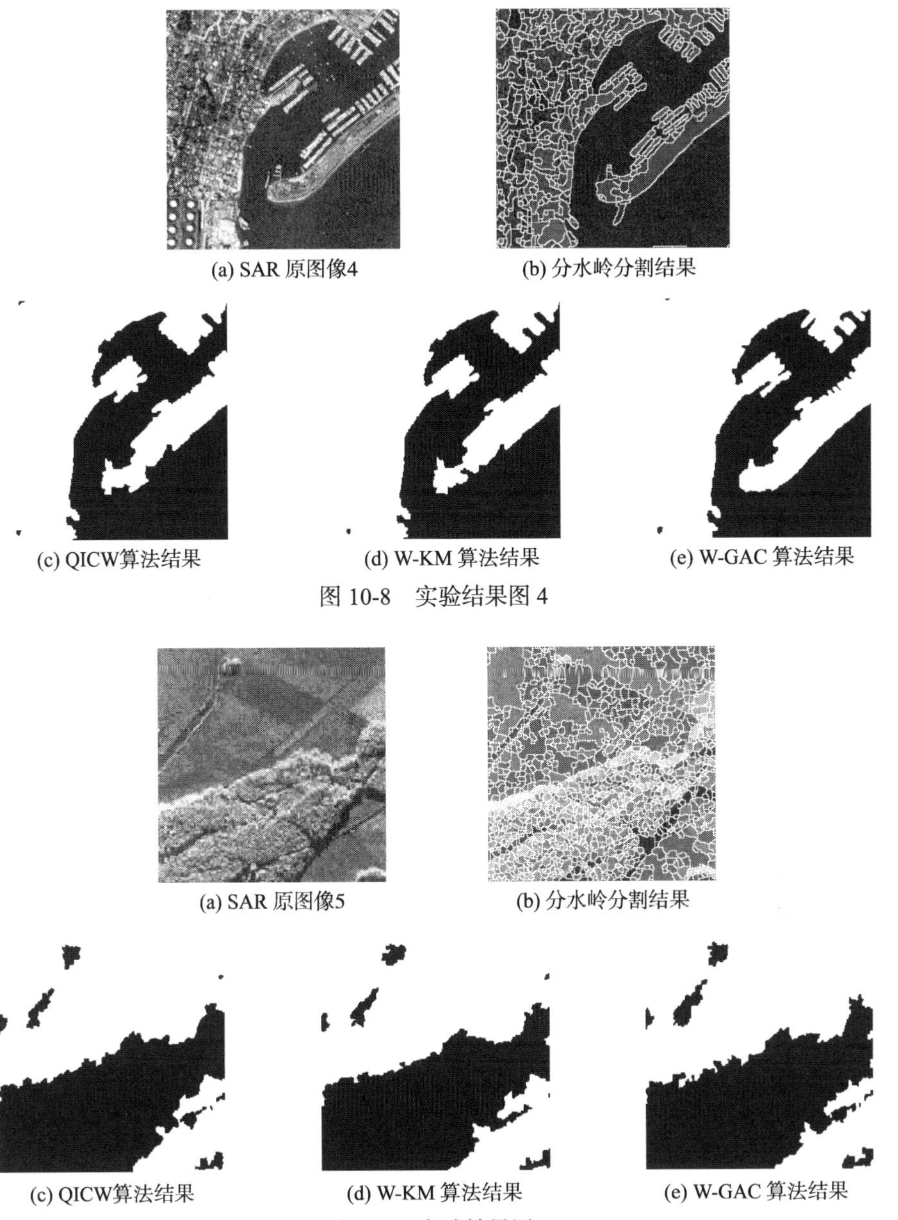

(a) SAR 原图像4　(b) 分水岭分割结果

(c) QICW算法结果　(d) W-KM 算法结果　(e) W-GAC 算法结果

图 10-8　实验结果图 4

(a) SAR 原图像5　(b) 分水岭分割结果

(c) QICW算法结果　(d) W-KM 算法结果　(e) W-GAC 算法结果

图 10-9　实验结果图 5

从图 10-5 对 SAR 图像的分割结果可以看出，三种方法都能对 Ku 波段 SAR 图像的河流区域进行很好地划分，在区分植被和庄稼时，W-KM 和 W-GAC 两种算法将沿河流植被错分，庄稼区域过分割，而 QICW 算法能够正确的把沿河流植被和庄稼分割开来。

图 10-6 是三种方法对 X 波段 SAR 图像的分割结果，从原图来看，三种方法都能对 SAR 图像的河流区域进行很好地划分，但很难把城市和山地完全分割开，在区分山地和城市时，W-KM 和 W-GAC 两种算法把城市错分的区域加大，而 QICW 算法相对于两种对比算法来说，在区域一致性方面取得了不错的效果。

图 10-7 是三种方法对 Ku 波段 SAR 图像的分割结果，从原图来看，三种方法都能对 SAR 图像的主体部位分割开来，但是在区域一致性上，W-KM 和 W-GAC 两种算法错分的区域加大，QICW 算法相对于两种对比算法来说，取得了不错的效果。

从图 10-8 中可以看出，三种方法很容易对该图像中城区和河流分割开来。但是 W-GAC 和 W-KM 算法的分割结果无论是区域一致性还是图像边缘保持上都远远不如算法 QICW。

从图 10-9 中可以看出，三种方法很容易对该图像中农田和林地分割开来。但 QICW 的分割效果要比 W-GAC 和 W-KM 算法的分割结果边缘保持上好一些。

10.2　基于先验知识-分水岭量子免疫克隆聚类的 SAR 图像分割

10.2.1　K 均值聚类概述

作为经典聚类算法，K 均值聚类是目前最受欢迎和应用最为广泛的聚类分析方法之一，是聚类方法中一种无监督自适应算法，能通过迭代对给定的数据进行分类，该方法是一种硬分割方法，把所要聚类的数据集，依据某种测度划分到距离最近的类中。它具有快速、简单的优点，但同时对初始点极为敏感，算法的鲁棒性较差。将 K 均值聚类算法应用到图像分割中，具有直观、快速、易于实现的优点，是一种极为有效的方法。

量子聚类是一种基于划分的无监督学习的聚类算法，该算法采用梯度下降的方法，通过一定的学习速率，求解量子势能极小值，确定聚类中心，再用一个固定的度量标准对样本进行聚类。但是在聚类时，大多数情况需要对样本进行预处理，从而增加了算法的执行时间。

本节用 K 均值聚类得到的初始结果来初始化种群。第一步先将图像用分水岭分割算法进行预分割，并得到预分割结果。图像的预分割结果是一幅具有过分割特征的图像。第二步用 K 均值对得到的过分割结果进行聚类，并保存聚类中心。第三步用 K 均值的聚类中心生成初始种群，经过更新算子，达到停机条件之后，得到最终的聚类结果。该方法不但可以加快收敛速度，也可以引导种群搜索到全局最优解。

K 均值聚类，即众所周知的 C 均值聚类，已经应用到各种领域。它的核心思想是算法把 n 个向量 $x_j\left(1,2,\cdots,n\right)$ 分为 c 个组 $G_i\left(i=1,2,\cdots,c\right)$，并求每组的聚类中心，使得非相似性(或距离)指标的价值函数(或目标函数)达到最小。当选择欧几里得距离为组 j 中向量 x_k 与相应聚类中心 c_i 间的非相似性指标时，价值函数可定义为

$$J=\sum_{i=1}^{c}J_i=\sum_{i=1}^{c}\left(\sum_{k,x_k\in G_i}\left\|x_k-c_i\right\|^2\right) \tag{10-8}$$

其中，$J_i=\sum_{i=1}^{c}(\sum_{k,x_k\in G_i}\left\|x_k-c_i\right\|^2)$ 是组 i 内的价值函数，这样 J_i 的值依赖于 G_i 的几何特性和 c_i 的位置。一般来说，可用一个通用距离函数 $d(x_k,c_i)$ 代替组 i 中的向量 x_k，则相应的总价值函数可表示为

$$J=\sum_{i=1}^{c}J_i=\sum_{i=1}^{c}\left(\sum_{k,x_k\in G_i}d\left(x_k-c_i\right)\right) \tag{10-9}$$

为简单起见，用欧几里得距离作为向量的非相似性指标，且总的价值函数表示为式(10-8)。划分过的组一般用 $c\times n$ 的二维隶属矩阵 U 来定义。如果第 j 个数据点 x_j 属于组 i，则 U 中的元素为 1；否则，该元素取 0。一旦确定聚类中心 c_i，可导出式(10-10)，使 u_{ij} 最小。

$$u_{ij}=\begin{cases}1; & \text{对每个}k\neq i,\text{如果}\left\|x_j-c_i\right\|^2\leqslant\left\|x_j-c_k\right\|^2\\0; & \text{其他}\end{cases} \tag{10-10}$$

重申一点，如果 c_i 是 x_j 的最近聚类中心，那么 x_j 属于组 i。由于一个给定数据只能属于一个组，所以隶属度矩阵 U 具有以下性质：

$$\sum_{i=1}^{c}u_{ij}=1,\forall j=1,\cdots,n \tag{10-11}$$

且

$$\sum_{i=1}^{c}\sum_{j=1}^{n}u_{ij}=n \tag{10-12}$$

另一方面，如果固定 u_{ij} 则使得式(10-13)最小的最佳聚类中心就是组 i 中所有向量的均值。

$$c_i=\frac{1}{\left|G_i\right|}\sum_{k,x_k\in G_i}x_k \tag{10-13}$$

式中，$\left|G_i\right|$ 是 G_i 的规模或 $\left|G_i\right|=\sum_{j=1}^{n}u_{ij}$。

步骤 1：初始化聚类中心 $c_i,i=1,\cdots,c$。典型的做法是从所有数据点中任取 c 个点。

步骤 2：用式(10-12)确定隶属矩阵 U 。

步骤 3：根据式(10-10)计算价值函数。如果它小于某个确定的阈值，或它相对上次价值函数质的改变量小于某个阈值，则算法停止。

步骤 4：根据式(10-13)修正聚类中心。返回步骤 2。

该算法本身是迭代的，且不能确保它收敛于最优解。K 均值算法的性能依赖于聚类中心的初始位置。所以，为了使它可取，要么用一些前端方法求好的初始聚类中心；要么每次用不同的初始聚类中心，将该算法运行多次。此外，上述算法仅仅是一种具有代表性的方法，还可以先初始化一个任意的隶属矩阵，然后再执行迭代过程。

10.2.2 算法设计与流程说明

1. 算法流程

步骤 1: 输入待分割 SAR 图像，提取 SAR 图像的非下采样小波特征，作为聚类数据集。

步骤 2: 对待分割 SAR 图像进行中值滤波简化处理，并用分水岭算法对图像进行过分割。

步骤 3: 计算块特征，首先，提取过分割所得到的每一块所对应的块特征，计算该块特征的平均值来取代块中原有的特征值。

步骤 4: 用 K 均值对待分割图像进行聚类，并把得到的聚类结果转化为初始种群 $Q(t)$。

步骤 5：将量子个体 $Q(t)$观测成为二进制个体 $p(t)$ 。

步骤 6：根据观测结果 $p(t)$ 计算个体亲合度函数 f_k ，保留当前群体中的最优个体，作为精英个体保留下来。

步骤 7：判断是否满足终止条件。如果满足，则输出分割结果；否则，进入步骤 8;

步骤 8：更新 $Q(t)$，对 $Q(t)$进行克隆算子操作，量子旋转门变异操作，量子全干扰交叉重组操作。

步骤 9：继续步骤 5。

2. 算子的设计

1) 纹理特征提取

在步骤 1 中，对原图像提取小波能量的纹理特征。选用离散小波两层变换的子带能量 f 作为图像的特征向量 $\{f_1, f_2, \cdots, f_{3n+1}\}$ ，其中， n 表示特征向量的维数，选用 $n=7$ 但不限于 7，该子带能量为

$$f = \frac{1}{MN}\sum_{i=1}^{M}\sum_{j=1}^{N}|x(i,j)| \tag{10-14}$$

式中，$M \times N$ 为子带大小；(i,j) 表示该子带系数的索引；$x(i,j)$ 表示该子带中第 i 行第 j 列的系数值。

2) 在步骤 2 中，对图像进行过分割主要包括计算形态梯度图像，计算浮点活动图像，将浮点活动图像输入分水岭算法产生过分割结果三个步骤。

3) 初始种群的生成

在步骤 4 中，将编码对象定位为聚类中心。首先对过分割图像进行 K 均值聚类，得到聚类结果的聚类中心，用量子比特编码生成初始种群 $Q(t)=\{q_1^t,q_2^t,\cdots,q_n^t\}$，$n$ 为种群的大小，其中 $q_j^t=\begin{Bmatrix}\alpha_{j1}^t & \alpha_{j2}^t & \cdots & \alpha_{jm}^t \\ \beta_{j1}^t & \beta_{j2}^t & \cdots & \beta_{jm}^t\end{Bmatrix}, j=1,2,\cdots,n$ 为种群中的一个个体。例如，K 均值把过分割图像聚为三类，提取的特征为 p 维，用一个 8 位的量子个体来表示一个聚类中心的一维特征，得到的隶属度矩阵为长度为 $3p$ 的串，将十进制表示的隶属度矩阵转化为二进制，得到长度为 $28p$ 的量子比特串作为 $\alpha_{ji}(i=1,2,\cdots,m)$，$\beta_{ji}$ 根据 $\beta_{ji}=\sqrt{1-(\alpha_{ji})^2}$ $(i=1,\cdots,m; j=1,2,\cdots,n)$ 得到，再根据种群的大小 n 克隆该个体，得到初始种群 $Q(t)$。

4) 观测算子

在步骤 5 中，通过观察 $Q(t)$ 的状态，产生一组普通解 $P(t)$，其中在第 t 代中 $P(t)=\{x_1^t,x_2^t,\cdots,x_n^t\}$，每个 $x_j^t(j=1,2,\cdots,n)$ 是长度为 m 的串 $(x_1x_2\cdots x_m)$，它是由量子比特幅度 $\left|\alpha_i^t\right|^2$ 或 $\left|\beta_i^t\right|^2$ $(i=1,2,\cdots,m)$ 得到的，如在二进制情况下，随机产生一个 [0,1] 的数，若它大于 $\left|\alpha_i^t\right|^2$，则取 1，否则取 0。

5) 精英保留策略

在步骤 6 中，加入了精英选择策略[5, 6]。通常的选择方法是高亲合度的个体被选择保留下的几率很大。采用精英选择策略可以保证某一代的最优解在整个进化过程中被毫发无损地保留下来。如果在某一代中，最优解的亲合度函数值优于当前最优解的亲合度函数值，那么当前最优解就被该最优解代替。应用这种方法可以防止最优解丢失，并且能够加快收敛速度。

6) 亲合度函数

计算每个观测后的二进制抗体 $p(t)$ 与聚类数据集的亲合度函数 f_k，使用的目标函数是 FCM 聚类的目标函数，抗体亲合度函数定义为

$$f_k = \frac{1}{1+J} \tag{10-15}$$

$$J(X,U,V)=\sum_{j=1}^{n}\sum_{i=1}^{c}\left(\mu_{ij}\right)^{m}d^{2}\left(x_{j},v_{i}\right) \tag{10-16}$$

式中，i 表示类别；j 表示样本点；μ_{ij} 表示一个像素点样本 j 属于各个类别 i 的隶属度；m 表示模糊指数；$d\left(x_j,v_i\right)$ 表示第 v_i 个聚类中心到第 x_j 个像素样本之间的欧几里得距离。

7) 停机条件

为了得到好的聚类结果，合适的停机条件是很必要的。遗传算法常常以设定最大迭代次数为停机条件。在本节算法中，以设定连续无改进次数为停机条件。例如，设定 $\varepsilon=10^{-5}$ 为停止阈值，$e=10$ 为连续无改变阈值。

$$e=\begin{cases}0, & \left|f_{\text{former}}-f_{\text{new}}\right|>\varepsilon\\ e+1, & \left|f_{\text{former}}-f_{\text{new}}\right|<\varepsilon\end{cases} \tag{10-17}$$

式中，f_{former} 为之前精英个体的亲合度值；f_{new} 为当前精英个体的亲合度值。如果当前个体与之前个体的亲合度值的改变量小于这个阈值就称为无改进，那么连续无改进次数就是 $e=1$，反之就是有改进，e 置零。连续 10 次无改进，算法停止。

10.2.3　仿真实验及其结果分析

1. 人工纹理图像分割的仿真结果

将本节算法应用于 3 幅人工纹理图像进行了测试。Image1 是一幅 256×256 的灰度图，取自 Brodatz 纹理图像库，它包含两类纹理特征，如图 10-10(a)所示，图 10-10(b)为 Image1 的理想分割结果。Image2 包含三类纹理特征，图 10-11(a)和图 10-11 (b)分别为 Image2 的原始图像和理想分割结果。Image3 包含四类纹理，图 10-12(a)和 10-12(b)分别为 Image3 的原始图像和理想分割结果。针对每一个测试问题分别进行 20 次独立实验，3 幅人工纹理图像分割结果的错误率统计结果如表 10-2 所示。错误率计算方法同表 10-1。本节算法基于先验知识–分水岭量子免疫克隆算法、QICW、W-GAC 和 W-KM 四种算法对 3 幅纹理图像的分割结果如图 10-10～图 10-12 所示。

初始种群规模 $N=20$，基于遗传算法的参数设置如下：种群规模 $N=20$，交叉概率 $p_{\text{c}}=0.75$，变异概率 $p_{\text{m}}=0.1$，四种算法的更新阈值 $\varepsilon=10^{-5}$，连续无改进次数 $e=10$，提取特征时取窗口大小为 7。

通过以上实验，可以看出基于先验知识–分水岭量子免疫克隆算法在人工纹理图像分割的测试中，在区域一致性和边缘保持性上，比 QICW 及其他两种算法得到的结果要好，并且在错误率方面也有了改进，这归功于 K 均值聚类所得到的先验知识和分水岭算法实现了分块处理，量子免疫克隆聚类算法更好的搜索到了聚类中心，从而大大提高了算法在 SAR 图像中的分割能力。

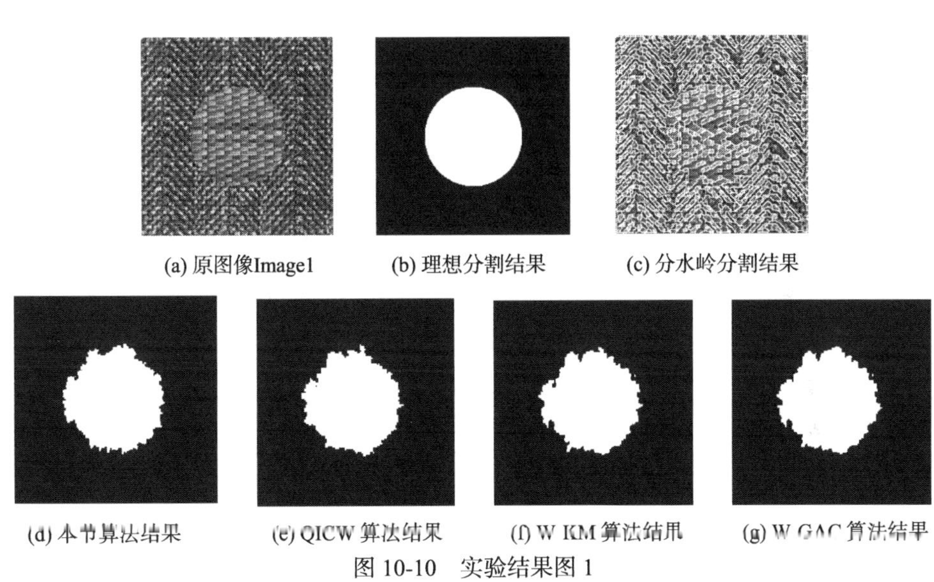
(a) 原图像Image1　(b) 理想分割结果　(c) 分水岭分割结果
(d) 本节算法结果　(e) QICW 算法结果　(f) W-KM 算法结果　(g) W-GAC 算法结果
图 10-10　实验结果图 1

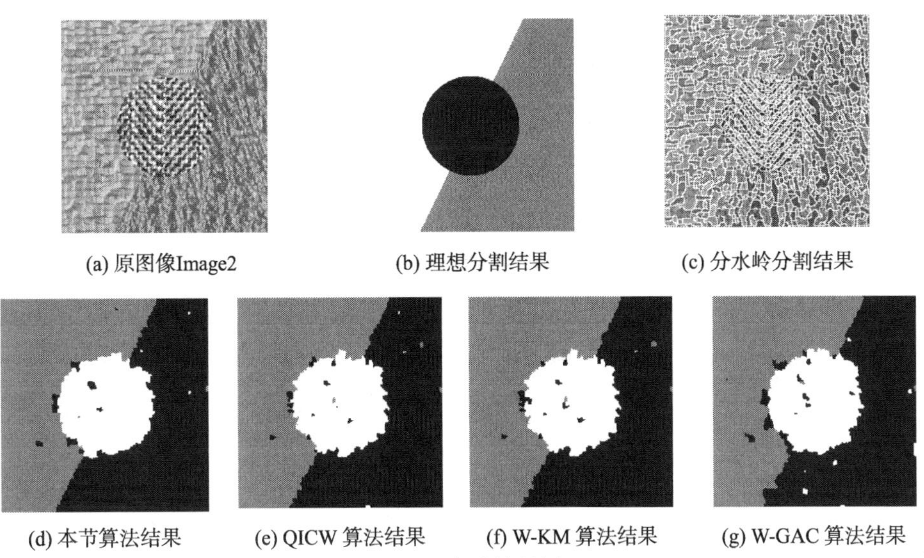
(a) 原图像Image2　(b) 理想分割结果　(c) 分水岭分割结果
(d) 本节算法结果　(e) QICW 算法结果　(f) W-KM 算法结果　(g) W-GAC 算法结果
图 10-11　实验结果图 2

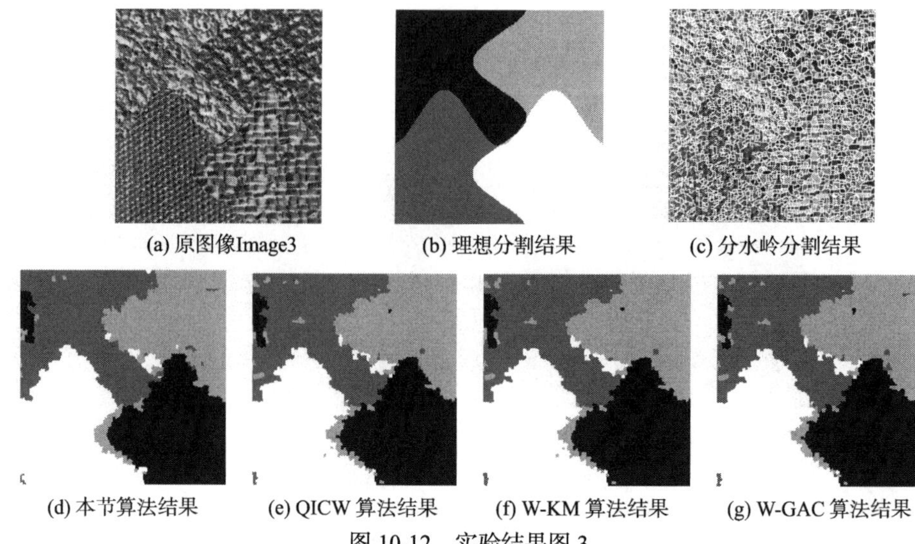

(a) 原图像Image3　(b) 理想分割结果　(c) 分水岭分割结果

(d) 本节算法结果　(e) QICW 算法结果　(f) W-KM 算法结果　(g) W-GAC 算法结果

图 10-12　实验结果图 3

表 10-2　四种算法对 3 幅人工纹理图像的分割对比结果

图像	错误率			
	QICW	W-GAC	W-KM	本节算法
Image1	**0.0221**	0.0294	0.0308	**0.0221**
Image2	0.0258	0.0364	0.0269	**0.0229**
Image3	0.0908	0.0924	0.0949	**0.0893**

2. SAR 图像分割的仿真结果

如图 10-13(a)所示，为一幅美国新墨西哥州中部里奥格兰德河的 Ku 波段 SAR 图像，图像大小为 256×256，具有三个区域，分别为河流、植被和庄稼。图 10-13(b)为图 10-13(a)采用分水岭算法后的初始分割图像。图 10-13(c)～(f)分别给出了本节算法、QICW、W-GAC 和 W-KM 四种方法对图 10-13(a)的分割结果。如图 10-14(a)所示，为一幅由空间雷达实验室拍摄的瑞士的一部分 3 视 X 波段 SAR 图像，图像大小为 256×256，具有三个区域，分别为河水域、山地和城市。图 10-14(b)为图 10-14(a)采用分水岭算法后的初始分割图像。图 10-14(c)～(f)分别给出了本节算法、QICW、W-GAC 和 W-KM 四种方法对图 10-14(a)的分割结果。图 10-15(a)是一幅 256×256 大小的 SAR 图像，图中具有三个区域，分别为机场跑道、草坪以及住宅区。图 10-15(b)为图 10-15(a)采用分水岭算法后的初始分割图像，图 10-15(c)～(f)分别给出了本节算法、QICW、W-GAC 和 W-KM 四种方法对图 10-15(a)的分割结果。图 10-16(a)是一幅 256×256 大小的 SAR 图像，图中具有两个区域，水域和码头。图 10-16(b)为图 10-16(a)采用分水岭算法后的初始分割图像，图 10-16(c)～(f)分别给出了本节算法、QICW、W-GAC 和 W-KM 四种方法对图 10-16(a)的分割结果。图 10-17(a)是一幅 256×256 大小的 SAR 图像，图中具有两个区域，植被和农田。图 10-17(b)为图 10-17(a)采用分水岭算法后的初始分割图像，图 10-17(c)～(f)分别给出了本节算法、QICW、W-GAC 和 W-KM 四种方法对图 10-17(a)的分割结果。图 10-18(a)是一幅 256×256 大小的 SAR 图像，图中具有四个区域，水域、植被、农田以及住宅区。图 10-18(b)为图 10-18(a)采用分水岭算法后的初始分割图像，图 10-18(c)～(f)分别给出了本节算法、QICW、W-GAC 和 W-KM 四种方法对图 10-18(a)的分割结果。

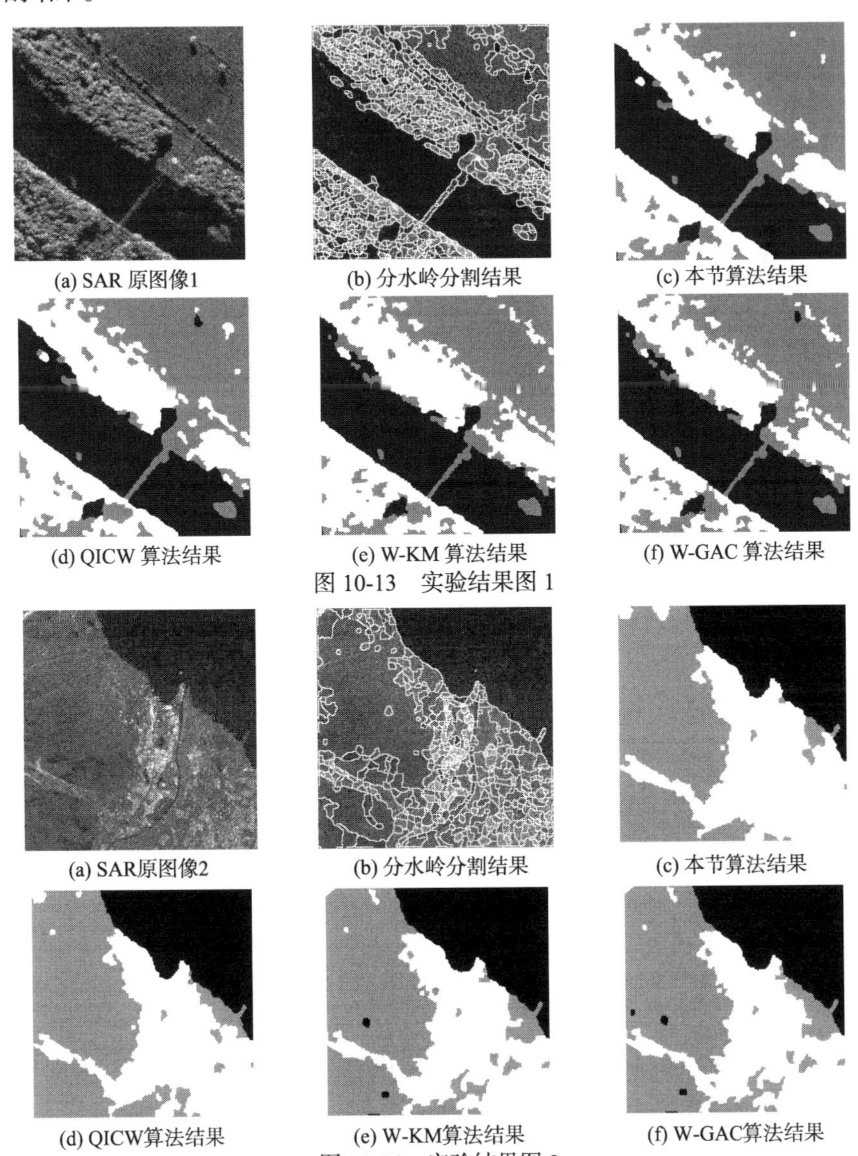

(a) SAR 原图像1　(b) 分水岭分割结果　(c) 本节算法结果

(d) QICW 算法结果　(e) W-KM 算法结果　(f) W-GAC 算法结果

图 10-13　实验结果图 1

(a) SAR原图像2　(b) 分水岭分割结果　(c) 本节算法结果

(d) QICW算法结果　(e) W-KM算法结果　(f) W-GAC算法结果

图 10-14　实验结果图 2

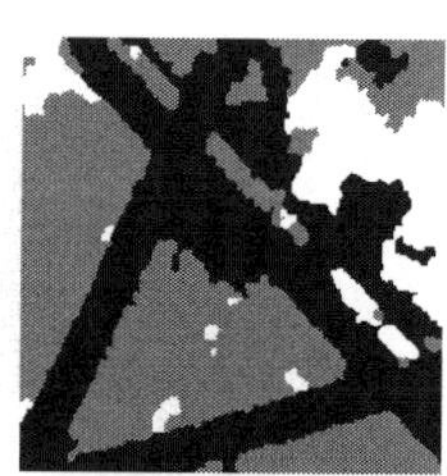

(a) SAR 原图像3　　(b) 分水岭分割结果　　(c) 本节算法结果

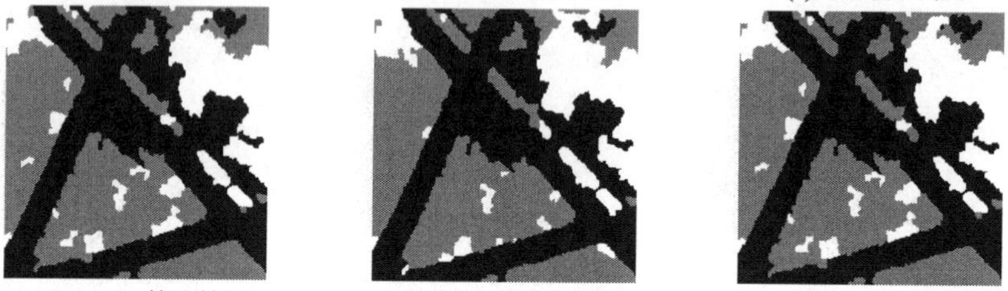

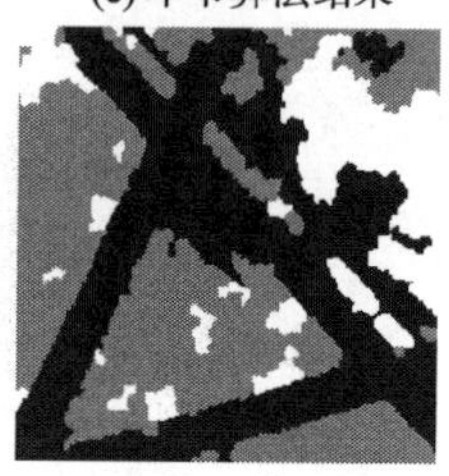

(d) QICW 算法结果　　(e) W-KM 算法结果　　(f) W-GAC 算法结果

图 10-15　实验结果图 3

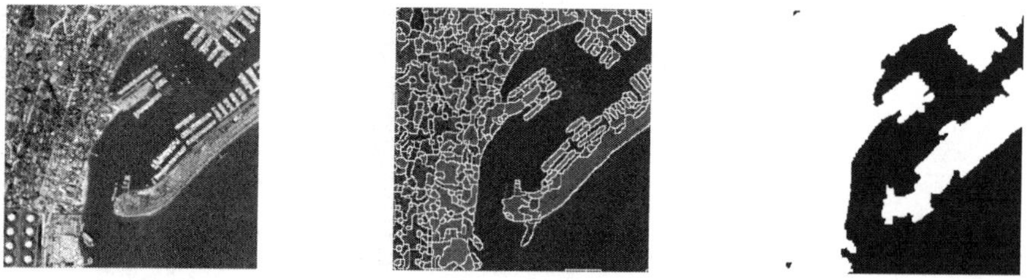

(a) SAR 原图像4　　(b) 分水岭分割结果　　(c) 本节算法结果

(d) QICW 算法结果　　(e) W-KM 算法结果　　(f) W-GAC 算法结果

图 10-16　实验结果图 4

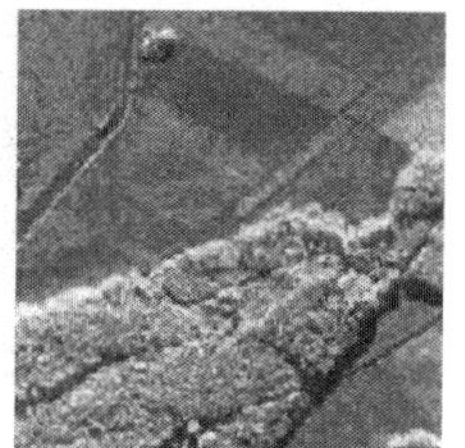

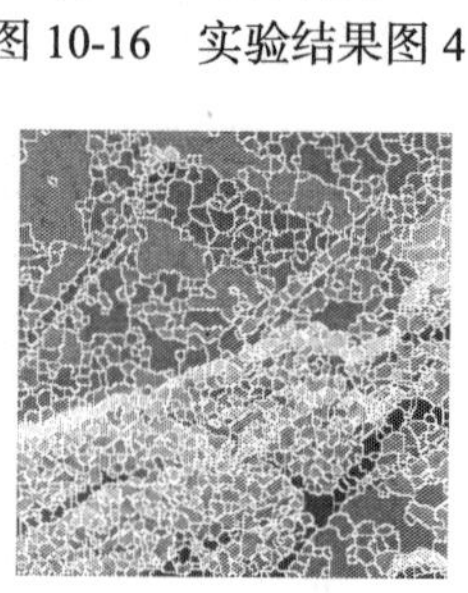

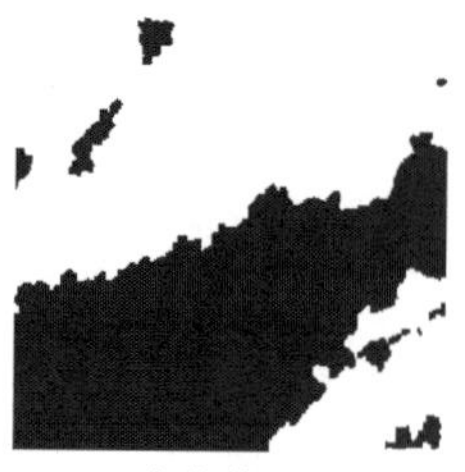

(a) SAR 原图像5　　(b) 分水岭分割结果　　(c) 本节算法结果

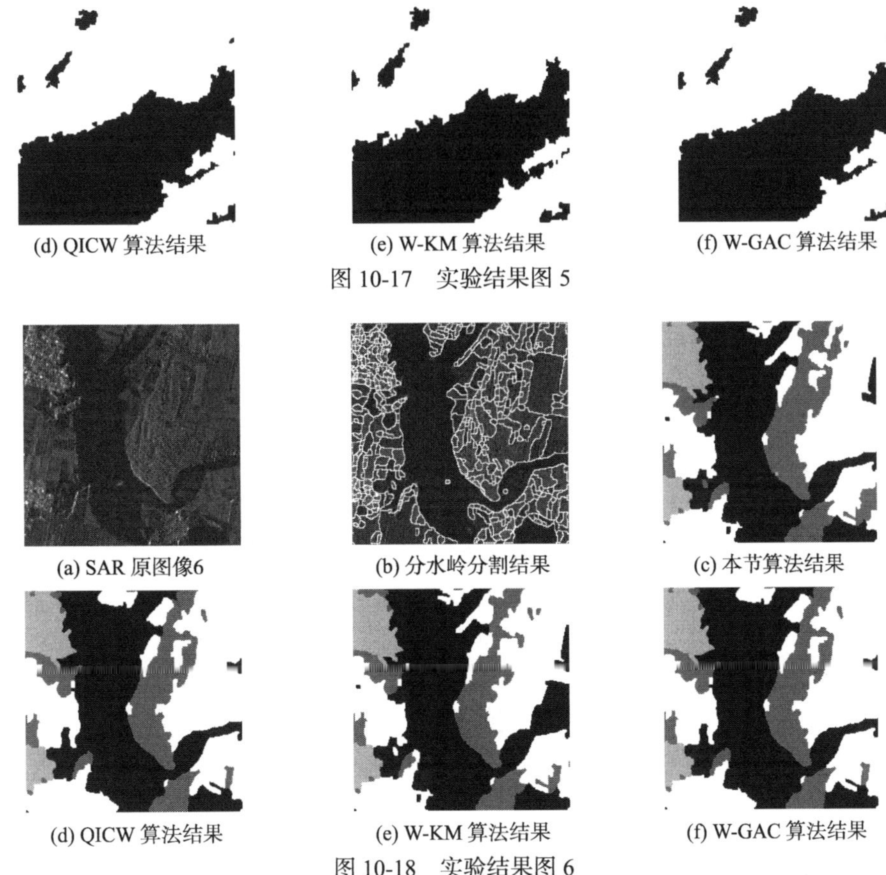
(d) QICW 算法结果　(e) W-KM 算法结果　(f) W-GAC 算法结果

图 10-17　实验结果图 5

(a) SAR 原图像6　(b) 分水岭分割结果　(c) 本节算法结果

(d) QICW 算法结果　(e) W-KM 算法结果　(f) W-GAC 算法结果

图 10-18　实验结果图 6

从图 10-13 对 SAR 图像的分割结果可以看出，四种方法都能对 Ku 波段 SAR 图像的河流区域进行很好地划分，在区分植被和庄稼时，W-KM 和 W-GAC 两种算法将沿河流植被错分，将庄稼区域过分割，在分割结果的区域一致性以及边缘保持能力方面不如本书算法和 QICW，且本节算法在边缘保持上比 QICW 效果更好，在庄稼区域的植被划分中更精确，目标更清晰。

图 10-14 是四种方法对 X 波段 SAR 图像的分割结果，从原图来看，四种方法都能对 SAR 图像的河流区域进行很好地划分，但很难把城市和山地完全分割开，在区分山地和城市时，W-KM 和 W-GAC 两种算法把城市错分的区域加大，本节算法和 QICW 相对于两种对比算法来说，在区域一致性和边缘保持性方面取得了不错的效果，改进的算法相对于原算法，边缘更平滑、精确。

图 10-15 是四种方法对 Ku 波段 SAR 图像的分割结果，图 10-16 和图 10-17 都是大小为 256×256 的 SAR 图像，从分割结果看，四种算法都能把主体部位分割开来，但是 QICW 和本节算法在边缘更平滑、准确，而且改进的算法在错分上有所

改进。

从图 10-18 对 SAR 图像的分割结果可以看出，四种方法都能对 Ku 波段 SAR 图像的河流区域进行很好地划分，在区分植被和住宅区时，W-KM 和 W-GAC 两种算法错分区域较大，住宅区域过分割，在分割结果的区域一致性以及边缘保持能力方面不如本书算法和 QICW，本节算法在左上角沿河流区域住宅区与植被的错分上，有较大的改进，且边缘更加精确、平滑。

10.3　基于量子免疫克隆聚类的 SAR 图像变化检测

10.3.1　变化检测的一般流程及方法

Lu 等[7]按照检测策略将现有的变化检测方法归结为七类：算术运算法、变换法、分类法、高级模型法、GIS 方法、视觉分析法和其他方法。其中，算术运算法中，应用比较广泛的是无监督的分割方法，通常又称聚类方法。聚类方法一般可以分为两类：层次聚类和划分聚类。划分聚类通过最小化特定准则将数据集划分到不同的类属中，因此这类方法可以看做是最优化问题，图像的变化检测问题也可以视为组合优化问题，因此，可以用划分聚类方法来处理图像的变化检测问题。但是利用已有的优化方法处理优化问题的时候往往耗时很长，并且在搜索过程中容易陷入局部最优，对于复杂图像的变化检测问题往往会存在边缘定位不够准确的缺点，这样势必会影响图像变化检测的区域一致性与边缘保持的性能。

针对上述不足，本节提出一种基于量子免疫克隆聚类算法的变化检测方法，用聚类来实现变化检测，把变化区域的检测问题看作组合优化问题，利用本节已提出的量子免疫克隆聚类算法计算搜索，使亲合度函数最大化的序列组合作为变化检测结果，进而得到最优结果。

1. 变化检测的一般流程

一个完整的遥感影像变化检测工作流程依次包含以下步骤：工程定义和描述、数据获取、数据预处理、变化检测、精度评估和产品输出[8]。

下面简要介绍其中几项关键任务。

(1) 几何配准。对于多时相遥感影像变化检测来说，由于受飞行器姿态不稳定、轨道变化、地形高度起伏变化、地形产生的阴影和传感器内部成像性能引起的影像线性和非线性畸变等因素的影响，使得不同时相获取的影像在同一坐标位置上对应的地物通常是不一致的。为了进行变化检测分析，就必须对这些影像做几何校正，使得不同时相的影像相互对齐，即同一坐标位置上对应的地物一致，从而具有可比性。几何校正分为绝对校正和相对校正，前者是从影像坐标转变为某种地图的投影坐标，即影像地理编码；而后者则是影像对影像之间的相互对齐，也称为影像配准。

(2) 辐射校正。一些变化检测要求进行辐射校正。使用遥感数据进行变化检测的前提是由感兴趣的目标变化引起的辐射值的改变，其要比由一些随机因素引起的辐射值变化大。这些随机因素包括大气条件、照射角和土壤湿度等，如果变化检测技术对这些因素比较敏感，就要考虑进行辐射校正。

(3) 变化检测。指选用合适的检测方法，从不同时相获取的遥感影像中提取变化信息，并加以分析，生成变化分布图和其他检测结果。这一过程的基本目标是找出研究区域在研究时间内发生的变化，并对其进行定性和定量的描述。在这一过程中，要尽量消除各种干扰因素造成的“伪变化”的影响，将真实的地表变化鉴别出来。

(4) 精度评估。变化检测的精度评估存在两个不同层次的概念。一个是变化的检出率，即变化是否发生及发生位置的检测精度，只关心变化和未变化两大类；另一个是检测的虚警率，即检测结果中“伪变化”的概率。在变化检测研究中，通常都没有进行精度评估，少数研究中进行了精度评估，但是这些精度评估方法是不同的。

2. 变化检测常用方法

遥感图像的变化检测一直是遥感应用的热点之一，随着遥感图像的采集和计算机技术的发展，国内外出现了很多针对该问题的分析方法和手段。

(1) 差值法。早期的变化检测技术是基于图像之间的差值，$D(x)=I_2(x)-I_1(x)$，其中 $I_i(x)$ 表示变化前后的两幅图像，此类方法仅仅定义变化判别阈值即可，即变化区域 $B(x)$ 为

$$B(x)=\begin{cases}1, & 若|D(x)|>\tau \\ 0, & 其他\end{cases} \tag{10-18}$$

一般，阈值 τ 都是根据经验选取的，该算法在全局阈值下，都是很简单的，差值法能够把所有变化的部分完全检测出来，但同时也带来了大量的噪音和虚警，底端背景尤为明显，如果采用强度均衡的预处理，则会出现对于大面积变化的区域可能因块选择不当而导致空心，如果把块放大在没有先验信息的情况下，则有可能因块过大而失去均衡的效果。在可以获得变化目标大小的先验信息的情况下，通过选择适当大于目标的窗口进行预处理，一般都可以得到较为满意的结果。

(2) 图像比值法。此方法被认为是辨识变化区域相对较快的手段，是将多时相遥感图像按波段进行逐像元的相除。显然，在图像中未发生变化的像元其比值应近似为 1；反之，比值将明显高于或低于 1。根据比值设定阈值，再确定变化范围。

(3) 分类后比较法(post classification comparison, PCC)。首先采用相同的分类

体系分别对不同时相的遥感影像进行独立分类，然后比较分类结果，从中提取变化信息。这是一种符合人们直观思维习惯、较为简单明晰的变化检测方法，也是最早出现的变化检测方法之一，早在 20 世纪 70 年代就被应用于 Landsat 卫星影像的变化检测，曾经一度被认为是最为可靠的变化检测技术，并用作定量评测其他变化检测方法效果的标准。直到今天，分类后比较法依然是一种重要的变化检测方法，在许多领域得到了广泛应用。分类后比较法具有以下优点：①可以回避所用多时相影像数据因获取环境条件不同和传感器不同所带来的辐射归一化问题们；②经单独分类后比较，可以直接获取变化的类型、数量和位置；③分类后比较法可以进行两个时相以上的遥感影像的变化检测分析，因为它是单独分类，进行比较分析时无时相数的限制。

(4) 内积分析法。在内积分析方法中，像素灰度值被看做是多光谱的向量，两个向量之间的区别通过两向量间夹角的余弦值表示。其本质是：如果两个向量彼此一致，内积就等于 1；如果两个不同时期的对应像素发生了改变，内积就会在 1 和–1 之间变动。生成一幅单波段图像记录内积，根据内积的不同值体现图像变化。

(5) 图像回归法。在图像回归变化检测方法中，时间 T_1 获得的图像中的像素应该可以表示为时间 T_2 获得的图像中的对应像素灰度值的一个线性函数，因此，可以使用最小均方误差估计来估计此线性函数。图像回归法可以用于处理不同时期图像的均值和方差存在差别的情况，所以不同的大气条件和太阳角的影响被减小了。

(6) 主分量分析法。主分量分析法对遥感信息压缩是一项有效的数据变换技术，可以用于多光谱或多维数据分析。主分量分析使用主分量变换，该变换可以从原始数据的协方差矩阵或相关矩阵的特征向量推出，变换后的第一个分量集中了该影像的主要信息，可以认为该分量是提取出来的变化信息。主分量分析应用于两个或更多时期的图像集。

除了上述介绍的主要方法外，还有多时相图像主成分变化法、植被指数差值法、K-T 变化法，一些基于假设检验和概率模型的方法，交叉相关分析法和 Chi Square 变换等方法。

10.3.2 算法设计与流程说明

针对已有优化方法的不足，提出一种基于量子免疫克隆聚类算法的变化检测方法，用聚类来实现变化检测，把变化区域的检测问题看作组合优化问题，利用量子免疫克隆聚类算法计算搜索，使亲合度函数最大化的序列组合作为变化检测结果，得到最优结果，从而获得的差异图像聚类分为“变化”和“未变化”两类，其算法的流程如图 10-19 所示。

输入两时相待变化检测图像
分别对两时相图像采用中值滤波
计算对数比差异影像图
设置初始化参数，利用K均值聚类生成初始量子抗体种群
将量子抗体进行观测操作,计算亲合度函数保留最优个体
将克隆后的量子抗体进行量子变异操作，得到新的量子抗体
将变异后的量子抗体进行量子重组操作
将重组后的量子抗体进行观测操作，并计算亲合度函数
对观测后抗体进行选择操作
是否满足停机条件
否
是
得到变化检测结果，输出图像

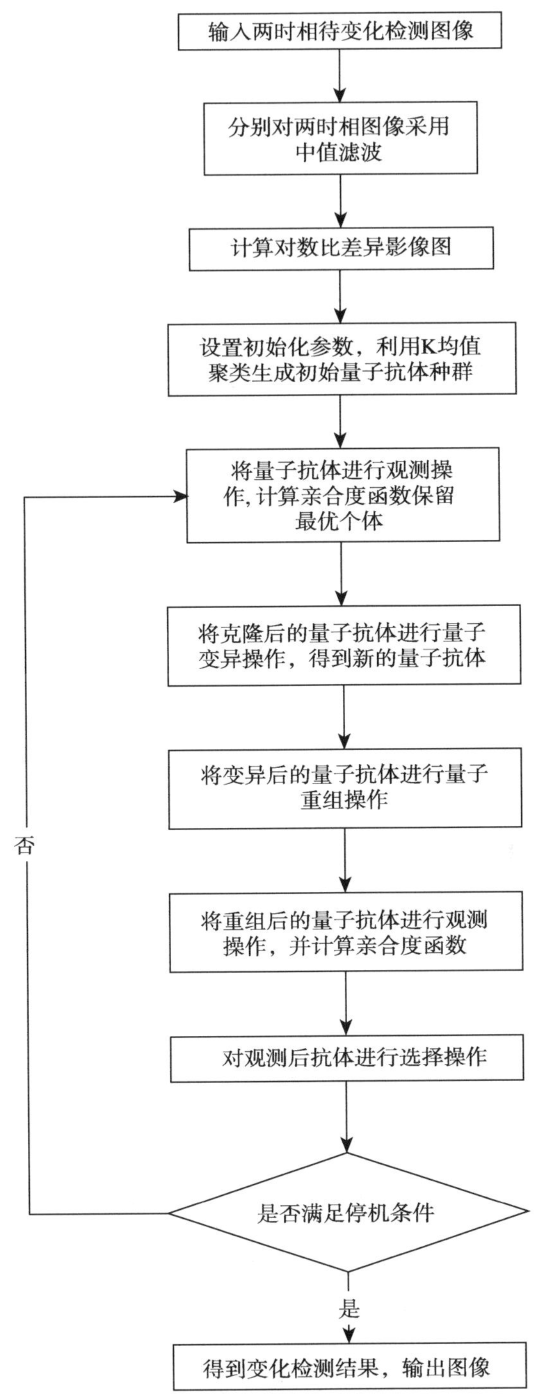

图 10-19　算法流程图

算法的具体步骤如下。

步骤 1：对待检测的两时相图像进行简化处理。这里选取形态学中最常用的工具之一——中值滤波器，窗口大小为 3×3，用该滤波器对输入的两时相图像进行滤波处理，得到滤波后的图像 I_1 和 I_2，滤波的目的是去掉小的噪声干扰以及对感知不重要的细节，对图像起到平滑作用，与经典的图像简化工具，如低通或中通滤波器相比，中值滤波器的优势在于简化图像而不造成图像模糊或改变图像轮廓。

步骤 2：对滤波后的图像 I_1 和 I_2，求对数比差异影像 I_3，并将得到的 I_3 的灰度值作为聚类数据集。该过程分为如下两个步骤：

步骤 a：按照式(10-19)求待变化检测两时相图像的对数比差异影像。

$$I_D = \left|\log_2(I_2+1)-\log_2(I_1+1)\right| \tag{10-19}$$

式中，$I_1=\left\{I_1(i,j),1\leqslant i\leqslant I,1\leqslant j\leqslant J\right\}$，$I_2=\left\{I_2(i,j),1\leqslant i\leqslant I,1\leqslant j\leqslant J\right\}$。

步骤 b：对差异影像进行归一化处理，得到对数比差异影像图。

$$I_3 = 255\times\left(I_D-I_{\min}\right)/\left(I_{\max}-I_{\min}\right) \tag{10-20}$$

式中，$I_{\max}=\max(I_D)$，表示 I_D 中最大灰度值；$I_{\min}=\min(I_D)$，表示 I_D 中最小灰度值。

步骤 3：设置初始化参数，利用 K 均值聚类生成初始量子抗体种群。

采用 K 均值对原始数据进行聚类，把得到的十进制的聚类结果转变成二进制，从而产生量子抗体种群。这部分修改主要针对量子比特的表示方法，虽然增加了个体表达的多样性，但是随机性也随之增加，为了利用已有图像的先验知识，并不增加额外的计算开销，所以采取 K 均值来产生聚类中心作为初始种群个体。

步骤 4：将初始量子抗体 $Q(t)$ 观测成为二进制抗体 $p(t)$。通过观察 $Q(t)$ 的状态，产生一组普通解 $P(t)$，其中在第 t 代中 $P(t)=\{x_1^t,x_2^t,\cdots,x_n^t\}$，每个 $x_j^t(j=1,2,\cdots,n)$ 是长度为 m 的串 $(x_1x_2\cdots x_m)$，它是由量子比特幅度 $\left|\alpha_i^t\right|^2$ 或 $\left|\beta_i^t\right|^2$ $(i=1,2,\cdots,m)$ 得到的。例如，在二进制情况下，随机产生一个 $[0,1]$ 的数，若它大于 $\left|\alpha_i^t\right|^2$，则取 1，否则取 0。

步骤 5：计算每个观测后的二进制抗体 $p(t)$ 与聚类数据集的亲合度函数 f_k，抗体亲合度函数定义为

$$f_k=\frac{1}{1+J} \tag{10-21}$$

$$J\left(X,U,V\right)=\sum_{j=1}^{n}\sum_{i=1}^{c}\left(\mu_{ij}\right)^m d^2\left(x_j,v_i\right) \tag{10-22}$$

式中，i 表示类别；j 表示样本点；μ_{ij} 表示一个像素点样本 j 属于各个类别 i 的隶

属度；m 表示模糊指数；$d\left(x_j,v_i\right)$ 表示第 v_i 个聚类中心到第 x_j 个像素样本之间的欧几里得距离。计算后根据函数值保留当前群体中的最优抗体 q_{best}。

步骤 6：将种群进行克隆算子操作，并将克隆后的量子抗体 $Q(t)$ 进行量子旋转门变异操作，得到新的量子种群 $Q_m(t)$。

步骤 7：将新的量子种群 $Q_m(t)$ 进行量子全干扰交叉重组操作，得到 $Q_c(t)$，并将其作为新的聚类中心。

步骤 8：将新的量子种群 $Q_c(t)$ 观测成为二进制抗体 $p_c(t)$，计算每个抗体与聚类数据集的亲合度函数值 f_c。

步骤 9：对 $p_c(t)$ 进行选择操作，得到子代抗体 $p(t+1)$，并采用精英选择策略。如果在某一代中的最优解的亲合度函数值优于当前最优解的亲合度函数值，那么当前最优解就被该最优解代替。

步骤 10：输出图像类属划分结果的条件判断。根据输出差异影像图变化检测结果时，最佳的抗体亲合度改变量至少连续迭代 n 次不变的原则，判断停机条件，如果第 t 代与 t+1 代最大亲合度值之差不大于阈值 $\varepsilon=10^{-5}$，则 n=n+1，否则，n 不变，如此反复迭代，直到满足 n 次不大于已设定的阈值 $\varepsilon=10^{-5}$，就将该抗体中亲合度最高的抗体对应的图像类属划分作为输出结果，否则返回步骤 4，循环执行步骤 4～步骤 10，直到满足输出类属划分结果的停机条件为止。

10.3.3　时间复杂度分析

设种群规模为 N，编码长度为 m，则算法每迭代一次的时间复杂性可计算得：量子变异操作的时间复杂度为 $O(N\times m)$；量子重组操作的时间复杂度为 $O(N\times m)$。因此总的时间复杂度最差为 $O(N\times m)+O(N\times m)$，根据符号 O 的运算规则并化简，那么本节算法每迭代一次的时间复杂度最差为 $O(N\times m)$。

10.3.4　仿真实验及其结果分析

为了验证本节算法的有效性，进行了相关实验，并与 K 均值和遗传算法所得到的变化检测结果进行比较分析。

1. 实验数据描述及实验参数设置

一组实验数据是渥太华地区水灾的 Radarsat SAR 图像，大小为 290×350，如图 10-20 所示。图 10-20(a)为 1997 年 5 月图像，图 10-20(b)为 1997 年 8 月图像，图 10-20(c)为变化参考图，其中变化目标数为 16049。由图 10-20(a)和(b)可知，地物信息可分为深水区、浅水区和陆地区三类。在该研究地区，由于夏季雨季来临，洪水引起地区变化。对比图 10-20(a)和(b)，主要的变化在于深水区到浅水区的变化，深水区到陆地区的变化和浅水区到陆地区的变化。

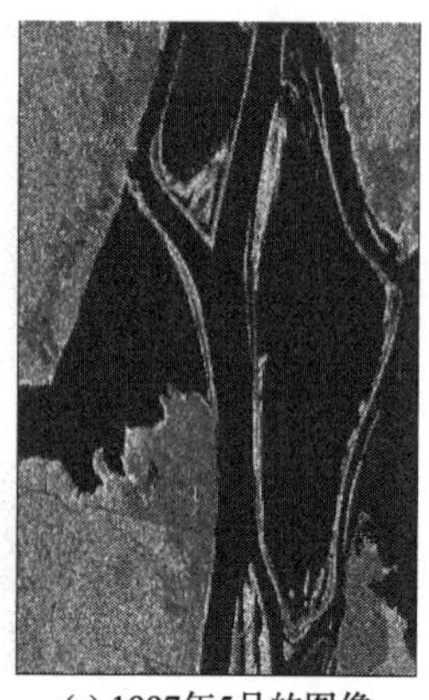
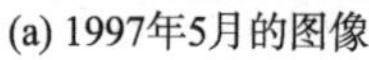
(a) 1997年5月的图像

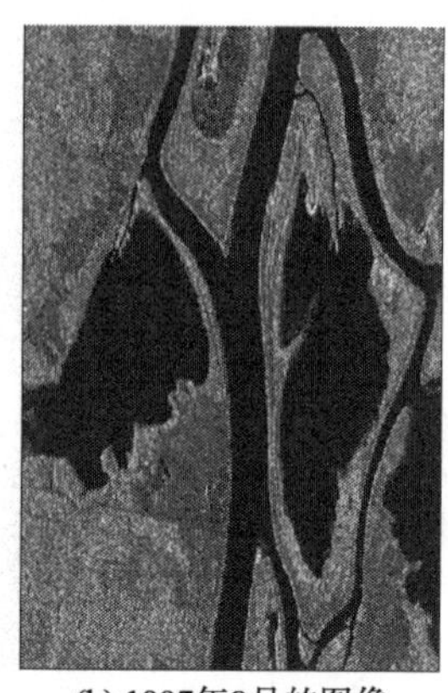
(b) 1997年8月的图像

(c) 变化参考图

图 10-20　渥太华地区的 Radarsat SAR 图像

另一组实验数据是伯尔尼城市水灾的 SAR 图像，大小为 301×301，如图 10-21 所示。图 10-21(a)和(b)分别为 1999 年 4 月和 1999 年 5 月的图像，图 10-21(c)为变化参考图，其中真实变化目标数为 1155。由原图 10-21(a)和(b)可知，地物可分五类：建筑物、农田、深水区、浅水区和河滩。对比图 10-21(a)和(b)，在 1999 年 5 月水灾引起的变化区域中，存在部分小面积的变化区域。

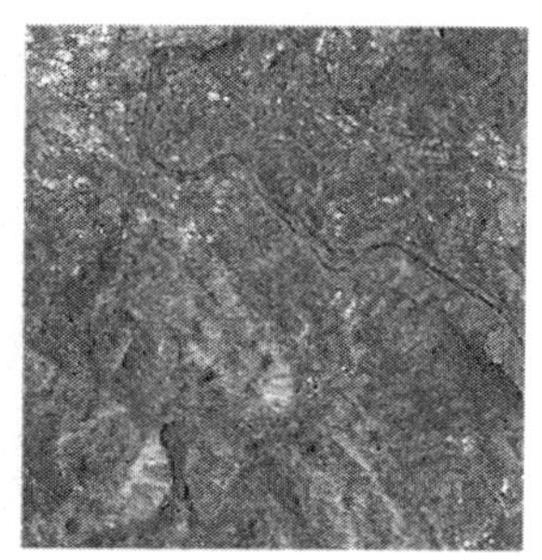
(a) 1999年4月的图像

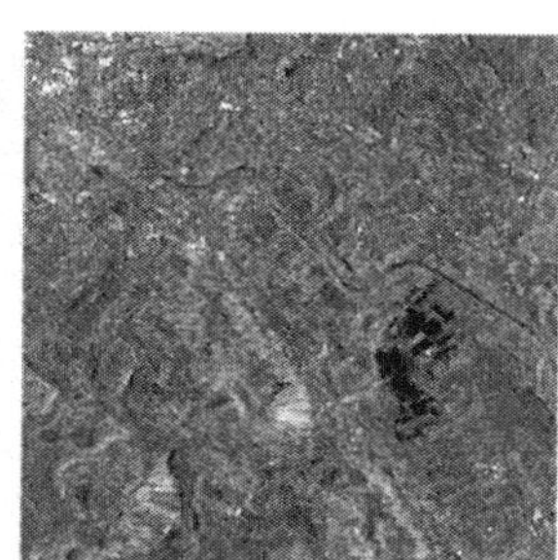
(b) 1999年5月的图像

(c) 变化参考图

图 10-21　伯尔尼城市水灾的 SAR 图像

该实验参数设置如下。

抗体规模 $N=20$，类别数 $k=2$，同时给定停机条件，该停机条件包括最大亲合度值改变量的阈值 $\varepsilon=10^{-5}$ 以及连续无法改进次数 $n=5$，交叉概率 $p_c=0.75$，变异概率 $p_m=0.1$。

2. 变化检测结果及分析

1) 渥太华地区变化检测结果及分析

变化检测结果如图 10-22 所示。图 10-22(a)是 K 均值检测结果，错误检测目标数相当大；图 10-22(b)是遗传算法检测结果，视觉效果比较差，错误检测数比较多；图 10-22(c)是本节算法的检测结果，从图 10-22(c)可以看出，本节算法的检测结果视觉效果比较好，有利于精确地定位真实变化信息的位置。

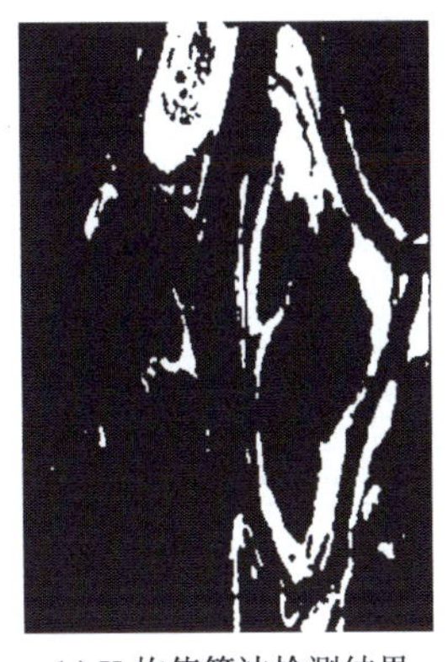

(a) K 均值算法检测结果

(b) 遗传算法检测结果

(c) 本节算法检测结果

图 10-22　不同方法对渥太华地区水灾检测结果

由表 10-3 可以看出：从错误检测目标数来看，K 均值算法达到 8138，遗传算法检测法的错误检测目标数为 9415，而本节算法的错误检测目标数为 6672，本节算法的结果能精确地检测真实变化信息，检测精度达到 93.16%(100%−6.84%)，明显优于遗传算法和 K 均值算法。

表 10-3　渥太华地区图像变化检测分析表

方法	对比内容			
	错检数	虚检数	错误检测目标数	错误检测率
本节算法	**4141**	**2531**	**6672**	**6.84%**
K 均值算法	5103	3035	8138	8.35%
遗传算法	5609	3806	9415	9.66%

2) 伯尔尼城市水灾变化检测结果及分析

变化检测结果如图 10-23 所示。图 10-23(a)是 K 均值算法检测结果，错误检测目标数最高；图 10-23(b)是遗传算法检测结果，视觉效果也比较差，错误检测数比较多；图 10-23(c)是本节算法的检测结果。

由表 10-4 可以看出：从错误检测目标数来看，K 均值算法达到 386，遗传算法检测法高达 454，而本节的错误检测数为 340，本节算法的结果能精确地检测真实变化信息，检测精度达到 99.46%(100%−0.54%)。本节算法明显优于遗传算法和 K 均值算法，比较有效地抑制了 K 均值受初始值影响导致稳定性差的现象，改进了遗传算法易陷入局部极值的缺点。

(a) K 均值算法检测结果

(b) 遗传算法检测结果

(c) 本节算法检测结果

图 10-23　不同方法对伯尔尼城市水灾变化检测结果

表 10-4　伯尔尼城市水灾图像变化检测分析表

方法	对比内容			
	错检数	虚检数	错误检测目标数	错误检测率
本节算法	**340**	**147**	**326**	**0.54%**
K 均值算法	386	209	595	0.66%
遗传算法	454	275	729	0.8%

10.4　结论与讨论

基于量子免疫克隆算法的全局寻优性，结合量子聚类和分水岭算法，提出了一种新的用于解决复杂遥感图像 SAR 图像的量子免疫克隆聚类算法。算法中引入分水岭算法对图像进行预处理，得到图像的过分割结果，在图像的边缘保持上得到了明显的改进；利用量子编码生成代表聚类中心的初始种群，使得算法在搜索最优聚类中心时具有高效的并行性，为防止盲目的搜索，利用当前最优个体的信息来控制变异方向，使种群以大概率向着优良模式进化来加速收敛。为防止种群陷入局部最优，用全干扰交叉实现种群的多样性。实验结果表明，与传统的 K 均值和遗传算法的聚类结果相比，无论从区域一致性和边缘保持性上,还是算法的鲁棒性上，QICW 都要优于其他聚类算法。接着研究发现量子聚类在聚类时，大多数情况需要对样本进行预处理，增加了算法的执行时间。K 均值聚类应用到图像分割中，具有直观、快速、易于实现的优点，是一种极为有效的方法。本书基于免疫克隆算法的全局寻优性，结合量子聚类和分水岭算法，用 K 均值聚类得到的结果为初始种群提供先验知识，提出了一种新的用于解决复杂遥感图像 SAR 图像的量子免疫克隆聚类算法。算法考虑到 SAR 图像的复杂性，引入分水岭算法对图像进行预处理，得到图像的过分割结果，在图像的边缘保持上得到了明显的改进。

然后利用 K 均值聚类对过分割结果进行初始聚类，用得到的聚类结果采用量子编码生成代表聚类中心的初始种群，使得算法在搜索最优聚类中心时具有高效的并行性。实验结果表明，与传统的 K 均值和遗传算法的聚类结果相比，无论从区域一致性和边缘保持性上，还是算法的鲁棒性上，QICW 都要优于其他聚类算法。最后将量子免疫克隆聚类算法用于实际问题 SAR 图像变化检测，把变化检测问题看成组合优化问题，从而能够有效地搜索到最优聚类中心，从而检测出变化目标或区域。实验结果表明，该方法在图像数据聚类过程中能快速且有效地搜索到最优聚类中心，防止在进化过程中陷入局部最优解，且变化检测精度高。

参考文献

[1] 张向荣. 基于选择性特征融合与集成学 SAR 图像分类与分割[D]. 西安: 西安电子科技大学博士学位论文, 2006.

[2] KERSTEN P R, LEE J S, AINSWORTH T L. Unsupervised classification of polarimetric synthetic aperture radar images using fuzzy clustering and EM clustering[J]. IEEE Transactions on Geoscience & Remote Sensing, 2005,43(3): 519-527.

[3] 马秀丽, 焦李成. 基于分水岭–谱聚类的 SAR 图像分割[J].红外与毫米波学报, 2008, 27(6): 452-456,

[4] HANSEN M W, HIGGINS W E. Watershed-driven relaxation labeling for image segmentation[C]//Image Processing. IEEE, 1994, 3: 460-464.

[5] PETRIDIS V, KAZARLIS S. Varying quality function in genetic algorithms and the cutting problem[C]//Proceedings of the First IEEE Conference on. IEEE, 1994, 1: 166-169.

[6] 杨旭东, 张彤, 张家余. 遗传算法应用于系统在线辨识研究[J]. 哈尔滨工业大学学报, 2000, 32(1): 102-104.

[7] LU D, MAUSEL P, BRONDÍZIO E, et al. Change detection techniques[J]. International Journal of Remote Sensing, 2004, 25(12): 2365-2401.

[8] LUNETTA R S, ELVIDGE C D. Remote sensing change detection, environmental monitoring methods and applications[J]. Ann Arbor Mi Ann Arbor, 1999.

第 11 章　量子粒子群医学图像分割

11.1　基于协同量子粒子群优化的医学图像分割

医学图像是医生对疾病诊断的重要依据，目前为止，医学图像成像和处理技术已经经历了一个多世纪的发展，医学图像的清晰度、分辨率和诊断技术有了明显的改进和提高，CT、MRI、超声等医学图像成像和照影技术相继问世。这些技术是利用人体内不同器官和组织对 X 射线，超声波和光线的散射、透射、反射和吸收的不同特性而发展起来的一类医学图像技术，为人体骨骼、内脏器官的疾病和损伤进行诊断、定位提供了有效的手段[1]，要更加有效的分析图像，必须能准确有效的处理图像，以便分析出更加有效的信息来帮助诊断疾病。

11.1.1　医学图像分割概述

使用计算机对医学影像设备采集到的影像进行处理与分析的技术就是医学影像处理与分析，医学影像处理与分析可以辅助医生进行更准确的疾病诊断。医学影像处理与分析技术主要的研究内容有：医学图像分割、医学图像配准、三维可视化、计算机辅助诊断以及远程医疗等。其中医学图像分割是其他处理技术的基本前提。医学图像分割是指从医学图像中提取感兴趣组织的边界或区域，把所提取的组织从其他组织中区分出来。

医学图像与其他图像有相同点又有不同点，因此要找到合适的分割医学图像的图像分割方法。图像分割是指将图像中具有特殊意义或者特别感兴趣的不同区域分开来，这些区域是不交叉的，每一个区域都有共同的特性并同其他区域有很明显的区别特性。利用图像分割的方法将感兴趣的目标物体从复杂的影像中分割提取出来，才能为进一步对各个子区域进行分析和识别，进而对图像进一步的理解与分析。

图像分割可用的特征包括：图像灰度、颜色、纹理、局部统计特征或频谱特征等，利用这些特征的差别可以区分图像中不同目标物体。据图像分割算法适用性的不同，图像分割方法主要分为区域生成法和边缘分割方法。

1. 基于区域的分割方法

基于区域的图像分割考虑了图像的空间信息，如图像灰度、纹理、颜色和像素统计特性等，进而将目标对象划分为同一区域的分割方法。

区域生长和分裂合并法是两种典型的串行区域技术。区域生长法的基本思想是：根据一定的相似性原则，将满足这一原则的像素合并起来构成区域，其关键点是生长种子和生长准则的选取；而分裂合并法恰恰相反，是从整个图像开始分裂，然后合并得到各个区域。文献[2]中，针对光照变化和阴影对图像分割的不利影响问题，提出了一种基于矢量量化和区域生长相结合的彩色图像分割新算法。

分水岭分割方法是一种基于拓扑理论的数学形态学的分割方法[3, 4]，基本思想是将图像看作测地学上的拓扑地貌，像素的灰度值表示该点的海拔，每一个局部极小值及其影响区域称为集水盆，而集水盆的边界则形成分水岭。分水岭的概念和形成可以通过模拟浸入过程来说明。该方法的主要缺陷是：对噪声极为敏感，易于产生过分割现象。

2. 基于边缘的分割方法

图像边缘是图像中强度突变位置的像素所构成的集合，通常包括目标的边界以及由遮挡等形成的阴影。基于边缘的图像分割算法的基本思想是：首先采用刻画强度变化的各种算子检测出边缘像素，再利用追踪方法把不连续的边缘连接起来，形成闭合的目标边界。传统的边缘检测方法主要采用图像梯度向量的幅值或二阶导数过零点信息作为边缘点的判断依据。

除了直接利用边缘检测算子提取图像边缘外，还有一些方法也相继被提出，如边缘松弛法、边界跟踪、图像滤波、多尺度变换和主动轮廓(active contour)等。文献[5]还提出了一种基于变分的图像分割算法，该算法以图像的边缘点为插值点，同时采用一种全局收敛的松弛算法，极小化能量函数产生的阈值曲面实现图像分割。

阈值分割是最常见的并行的直接检测区域的分割方法[6]，如果只需选取一个阈值称为单阈值分割，它将图像分为目标和背景两大类；如果选取多个阈值分割称为多阈值方法，图像将被分割为多个目标区域和背景；为区分目标，还需要对各个区域进行标记。阈值分割方法基于对灰度图像的一种假设：目标或背景内的相邻像素间的灰度值是相似的，但不同目标或背景的像素在灰度上有差异，反映在图像直方图上，不同目标和背景则对应不同的峰。选取的阈值应位于两个峰之间的谷，从而将各个峰分开。

阈值分割方法基于灰度图像的一种假设：目标或背景内的相邻像素间的灰度值是相似的，但不同目标或背景的像素在灰度上有差异，反映在图像直方图上，不同目标和背景则对应不同的峰。选取的阈值应位于两个谷处，从而能将各个峰分开。

阈值分割的缺点是不适用于多通道和特征值相差不大的图像，对于图像中不存在明显灰度差异或灰度值范围有较大重叠的图像分割问题难以得到准确的结果。另外，由于它仅仅考虑了图像的灰度信息而不考虑图像的空间信息，阈值分割对噪声和灰度不均匀很敏感。针对阈值分割方法的缺点，不少学者提出了许多改进方法，如基于过渡区的方法[7]、利用像素点空间位置信息的变化阈值法[8]、结合连通信息[9]的阈值方法。

对于多目标的图像来讲，如何选取合适的阈值基于阈值分割方法的困难所在。至今仍有不少学者针对该问题进行了深入的研究，提出了许多新方法。在近年来的自动选取阈值方法中，基于最大熵原则选择阈值是最重要的方法之一，由 Pun[10]首先提出。这种方法的目的在于将图像的灰度直方图分成两个或多个独立的类，使得各类熵的总值最大，从信息论角度来说就是使这样选择阈值获得的信息量最大。Kapur 等[11]进一步发展了这种方法，Sahoo 等[12]提出了用 Renyi 熵代替常规熵的最大熵原则。Yen 等[13]提出用最大相关性原则选择阈值，这种方法其实只是用他们定义的一个最大相关性原则取代了一般的最大熵原则。

阈值分割的优点是实现简单，对于不同类的物体灰度值或其他特征值相差很大时，它能很有效地对图像进行分割。阈值分割通常作为医学图像的预处理，然后应用其他一系列分割方法进行后处理。它也常被用于 CT 图像中皮肤、骨骼的分割。

为使图像分割取得更好的结果，将之前提到的多背景变量协同量子粒子群算法(CCQPSO)与阈值分割方法中的大津法相结合，进行医学图像分割。

11.1.2　基于改进的协同量子粒子群算法的医学图像分割

多阈值分割的关键就是如何求得合适的阈值，为了解决多阈值问题，按式(11-1)定义个体：

$$X_i=(t_{\_1},t_{\_2},\cdots,t_{\_M-1}) \tag{11-1}$$

其中，M 表示将图像分为 M 类；$t_{\_i}$ 表示第 i 个阈值；X_i 中的每一维要保证 $0\leqslant t_{\_1}\leqslant t_{\_i}\leqslant\cdots\leqslant t_{\_M-1}\leqslant L$，即这 $M-1$ 个参数就等于 $M-1$ 个阈值，种群的初始化按照公式(11-1)初始化，分割的医学图像为胃部医学 CT 图像，分别取自不同的拍摄时刻。

图像分割流程如图 11-1 所示。

分割的具体步骤如下。

步骤 1：读入医学图像，得到矩阵 I，并从矩阵中求得最小灰度值 l 和最大灰度值 L。

步骤 2：初始化种群。在最小灰度值 l 到最大灰度值 L 之间随机产生一个整数作为种群个体的第一维 ，在第一维 t_1 至最大灰度值 L 之间随机产生一个整数作为种群个体的第二维 t_2，依次类推完成所有种群个体的初始化，用于图像分割的个体维数为 2。

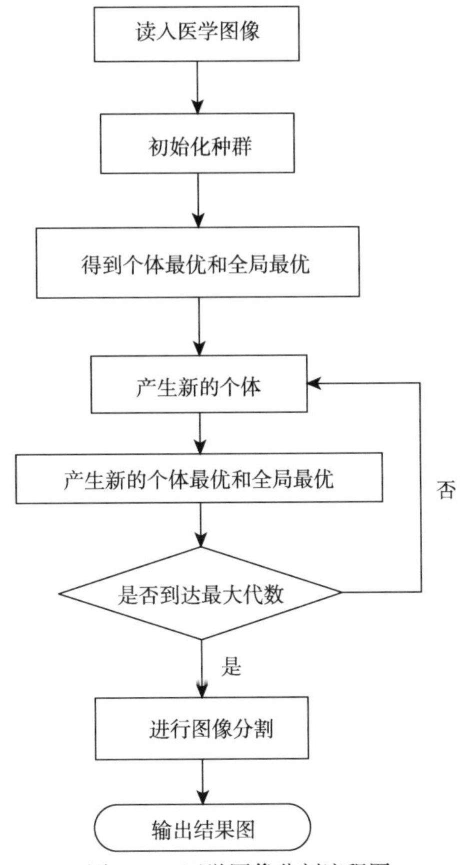

图 11-1　医学图像分割流程图

步骤 3：获得个体最优和全局最优。

首先，利用 OSTU 法得到医学图像的类间距方差，将类间距方差取相反数得到适应度函数，类间距方差由式(11-2)实现：

$$\sigma^2 = \omega_1 \times \omega_2 \times (\mu_1 - \mu_2)^2 + \omega_1 \times \omega_3 \times (\mu_1 - \mu_3)^2 + \omega_2 \times \omega_3 \times (\mu_2 - \mu_3)^2 \tag{11-2}$$

式中，σ^2 表示类间距方差；ω_i 表示第 i 类灰度值的概率；μ_i 表示第 i 类灰度值的平均值，$i = 1,2,3$ 。

然后，将种群个体代入到适应度函数得到种群个体的适应度函数值，并挑选种群个体中适应度值最小的个体得到个体最优。

最后，挑选个体最优中适应度值最小的个体得到全局最优。

步骤 4：产生新的个体。

首先，每一个个体最优通过波函数原理和蒙特卡罗多次观测得到 5 个个体，根据量子粒子群更新公式得到第一维，再根据量子粒子群更新公式得到的数值大于第一维的情况下将此数值作为第二维，否则将第一维加 1 得到第二维，以此类推产生各维分量。

量子粒子群更新公式如下：

$$m_{\text{best}}(t)=\left(\frac{1}{M}\sum_{i=1}^{M}p_{i1}(t),\ \frac{1}{M}\sum_{i=1}^{M}p_{i2}(t),\cdots,\frac{1}{M}\sum_{i=1}^{M}p_{id}(t)\right) \tag{11-3}$$

$$p_i(t+1)=\varphi * p_i(t)+(1-\varphi) * p_g(t) \tag{11-4}$$

$$X_{id}(t+1)=p_{id}(t+1)\pm\alpha\times\left|m_{\text{best}}-X_{id}(t)\right|\times\ln(1/\mu) \tag{11-5}$$

式中，m_{best} 为平均最好位置；M 为种群个体数目；p_{id} 为第 t 代第 i 个个体最优的第 d 维；$p_i(t+1)$ 为第 $t+1$ 代的第 i 个个体最优和全局最优之间的随机位置；p_i 为第 t 代第 i 个个体最优；$X_{id}(t+1)$ 为第 $t+1$ 代第 i 个新个体的第 d 维；$p_g(t)$ 为第 t 代的全局最优；$p_{id}(t+1)$ 为第 $t+1$ 代的第 i 个个体最优和全局最优之间随机位置的第 d 维；$X_{id}(t)$ 为第 t 代第 i 个新个体的第 d 维；t 为当前代数，$t=1,2,\cdots,G_{\max}$；$G_{\max}$ 为最大迭代次数；φ 和 μ 为 0～1 的随机数；α 为松弛因子，取为进化中从 1.0 到 0.5 线性递减。

步骤 5：根据适应度值越小越好的原则，从 x_measure_j 中挑选出最优个体作为 $X(t+1)$，将其设为背景变量 $L(t+1)$，并与其他四个个体的每一维进行协作，$i=1,2,\cdots,n$，协作是将 $X(t+1)$ 的每一维与其余四个个体对应的每一维进行交换，得到 $X'(t+1)$，此时用适应度来评价 $X'(t+1)$，若比 $X'(t+1)$ 好则代替 $X(t+1)$，即这一维信息代替原来的信息，否则不代替，最终得到 $p_{\text{best}_i}(t+1)$ 和 $g_{\text{best}}(t+1)$。

步骤 6：判断是否满足停止条件，如满足得到最终的 g_{best}，否则返回步骤 4，此处的停止条件为代数，最大迭代次数为 500。

步骤 7：以 g_{best} 的每一维的值为阈值，对读入的图像进行分割，最终得到分割后的图像，将全局最优个体的两维数据作为两个阈值，然后，以得到的两个阈值为临界点将图像矩阵中的数据用三个数据分为三类得到分割后的图像矩阵。

11.1.3　仿真实验及其结果分析

1. 实验条件

图像分割是指将图像中具有特殊意义或者特别感兴趣的不同区域分开来，这些区域是不交叉的，每一个区域都有共同的特性并同其他区域有很明显的区别特性。本节图像分割的目的是根据图像的灰度特征，将医学图像分为三类，使得器官边缘更容易识别。

为了测试基于改进协同量子粒子群算法的图像分割方法的性能，用基于改进协同量子粒子群算法(ICQPSO)的医学图像分割方法和基于协同量子粒子群算法(CQPSO)的医学图像分割方法分别对 4 幅胃部 CT 图进行了分割，用到的胃部 CT 图像来自北京肿瘤医院医学影像科，其中的图像代码是源图像代码的四位或后五位。

图像大小为 512×512，实验中，分割类别数为三类，种群数目为 20，松弛因子 Steps 在进化中从 1.0 到 0.5 线性递减。在算法 CQPSO 中，多次测量的次数设为 5，迭代次数为 100，独立运行次数为 10。实验所用电脑的 CPU 为 Intel Core2 Duo 2.33GHz，内存为 2GB，编程平台为 Matlab R2009a。

2. 实验结果及分析

从表 11-1 和表 11-2 可以看出，ICQPSO 算法在四幅图上类间方差都取得了比 CQPSO 更大的结果，并且多次运行的方差较小，说明算法比较稳定，从这些方面可以说明，CQPSO 算法在医学图像分割上取得了较好的分割结果。

将分割结果图分别展示出来，如图 11-2～图 11-5 所示。从图中可以看出 CQPSO 的分割方法能有效地将器官分割清楚，并且边缘处分割结果更好，图 11-2 和图 11-3 矩形框内标出的部分为心脏，但是由于光线的不同呈现不同的颜色，所以根据灰度不同将其分为两类，很明显可以看出 CQPSO 的分割结果与原图更接近，分割结果更好。同样图 11-4 和图 11-5 矩形框中圈出的部分也可以很清楚地看出 CQPSO 的分割结果更精确，因此，表明 CQPSO 算法在医学图像中可以获得更加准确的分割结果。

表 11-1　两种算法对胃部 CT 图 200.1 和 200.2 的分割结果数据

算法	200.1			200.2		
	阈值	类间方差	方差	阈值	类间方差	方差
CQPSO	39,193	5236.6340	4.0567E+01	59,165	5204.1790	5.7511E+01
ICQPSO	43,171	5251.2720	1.1972E+02	72,208	5224.1460	4.8833E+01

表 11-2　两种算法对胃部 CT 图 201.10 和 201.86 的分割结果数据

算法	201.10			201.86		
	阈值	类间方差	方差	阈值	类间方差	方差
CQPSO	44,138	3956.0970	2.5362E+01	45,119	4740.0140	2.4308E+01
ICQPSO	73,209	3963.1870	2.8674E+01	67,159	4730.3980	1.3452E+01

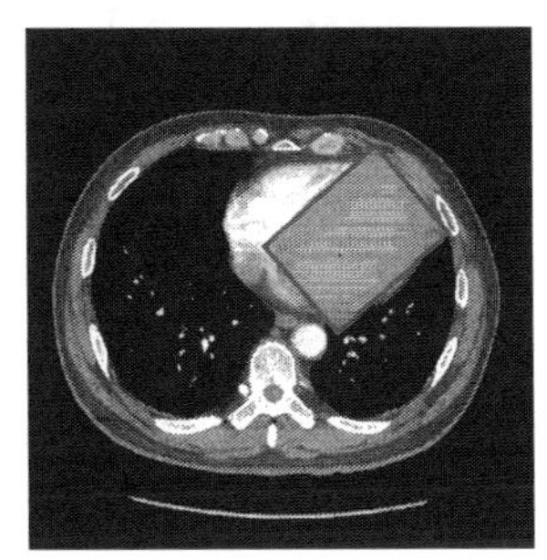
(a) 原图

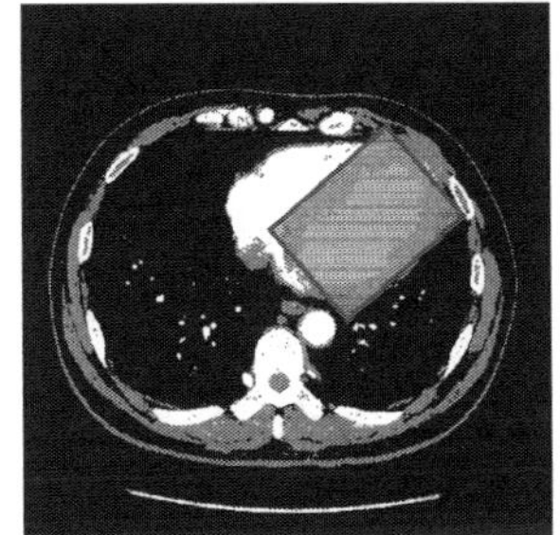
(b) CQPSO

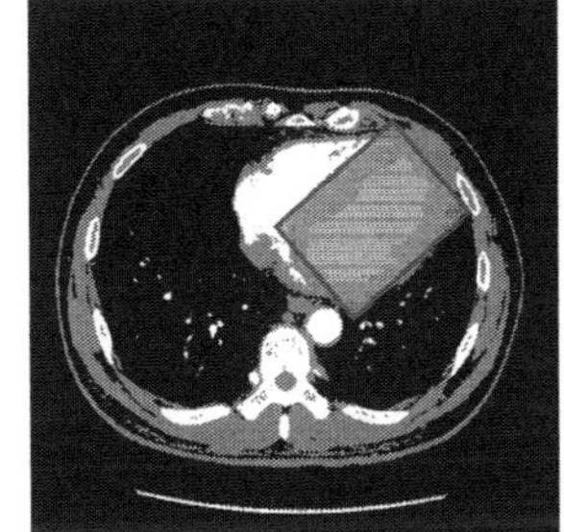
(c) ICQPSO

图 11-2　胃部 CT 图 200.1 分割结果图

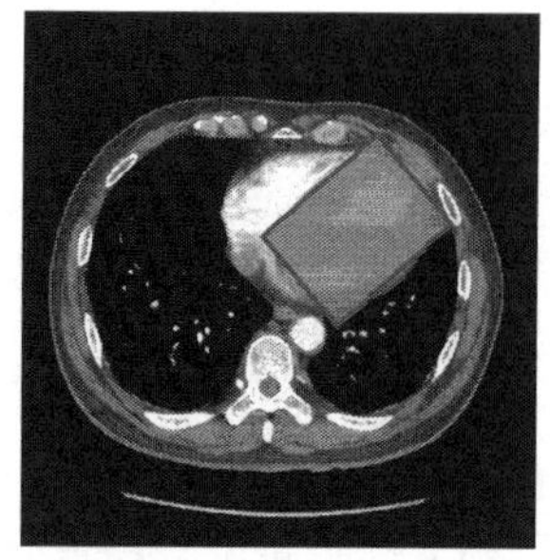
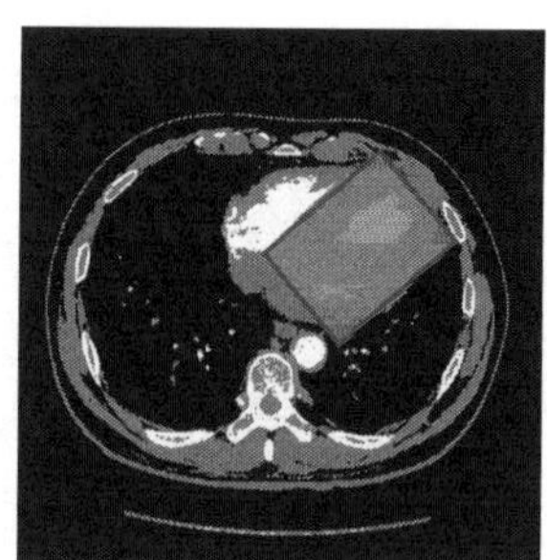
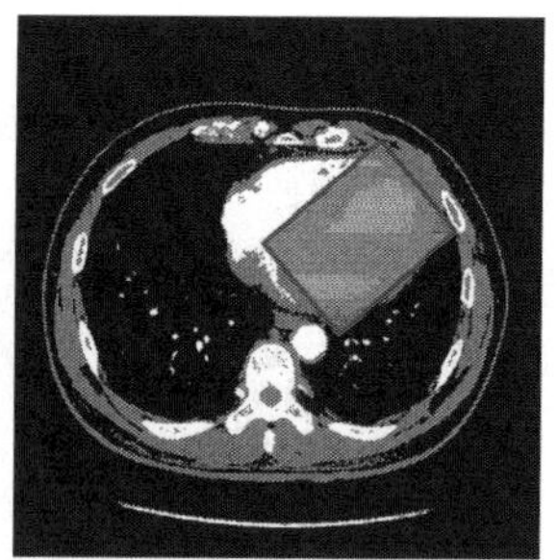

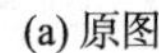
(a) 原图　(b) CQPSO　(c) ICQPSO

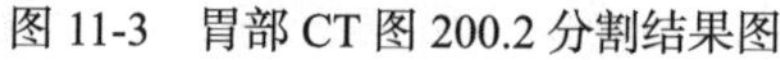
图 11-3　胃部 CT 图 200.2 分割结果图

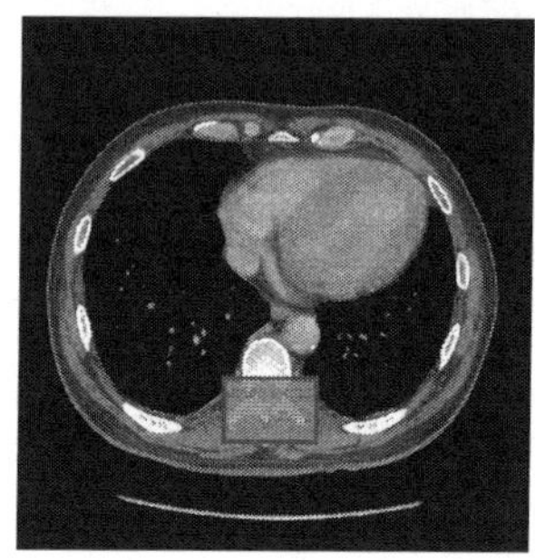
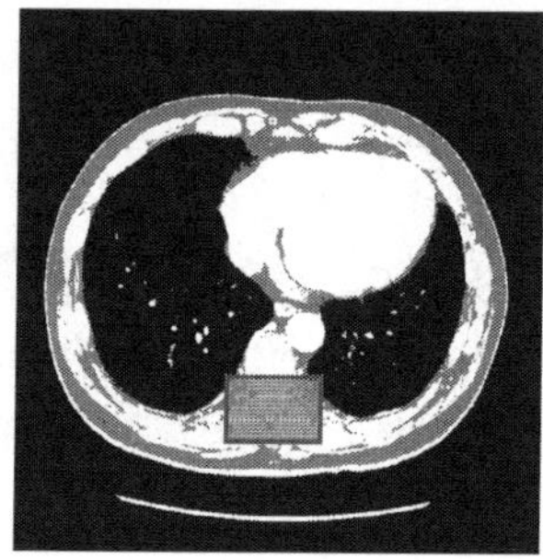
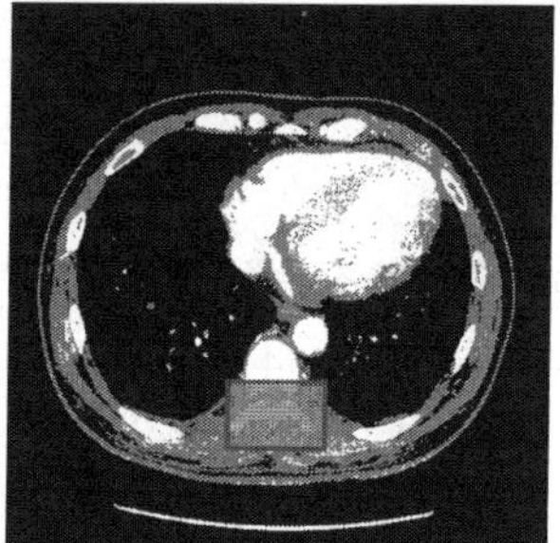

(a) 原图　(b) CQPSO　(c) ICQPSO

图 11-4　胃部 CT 图 201.10 分割结果图

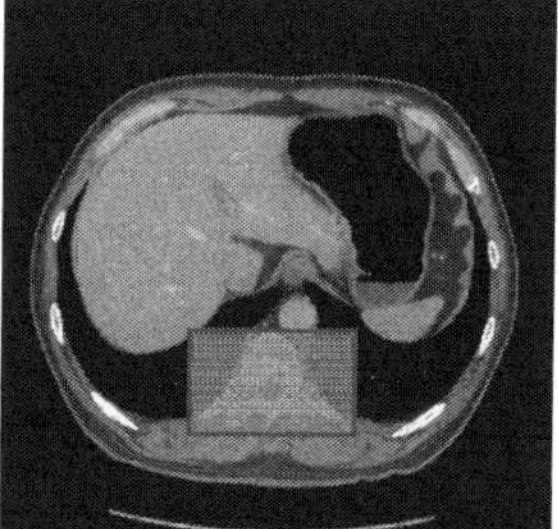
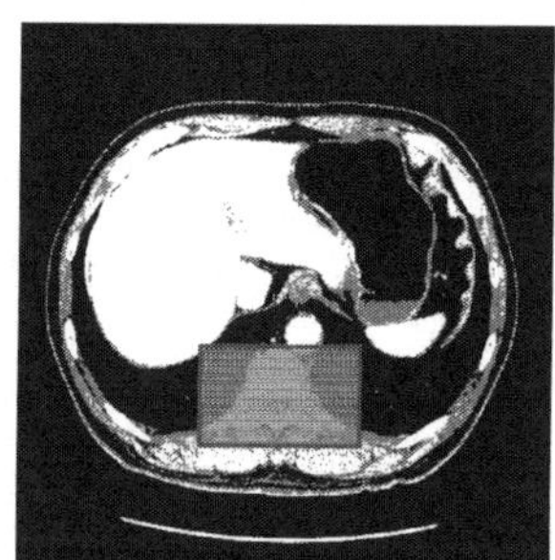
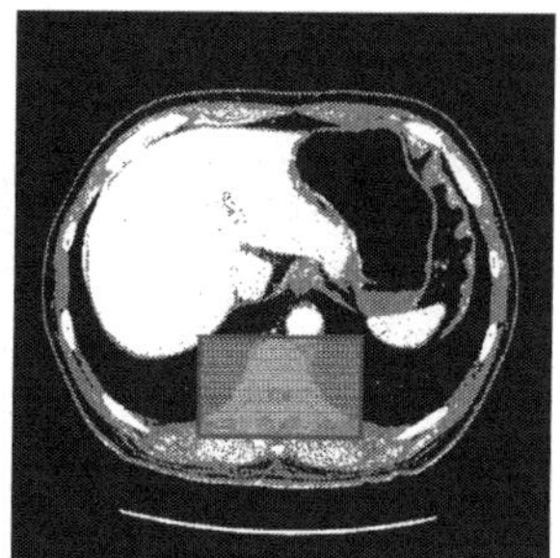

(a) 原图　(b) CQPSO　(c) ICQPSO

图 11-5　胃部 CT 图 201.86 分割结果图

11.2　基于多背景变量协同量子粒子群优化及医学图像分割

现有的改进的协同量子粒子群算法经过一系列的函数测试实验表明，全局搜索能力较现有的量子粒子群算法有所提高。基于此算法的医学图像分割方法也进一步说明了该算法的优势。但是从一些函数测试实验可以看出，对于一些函数性能提高不明显，并且对于个别维度的函数甚至比孙俊等人提出的协同量子粒子群算法(CQPSO)差，基于此，本节进一步改善算法，将背景变量随着进化而改变，进一步改善了算法性能。

11.2.1　背景变量概述

在孙俊等人提出的协同量子粒子群算法(CQPSO)[14]和其他的改进协同量子粒子群算法中，都提到了背景变量。这是在协作过程中为了公平的评价一个粒子的每一维分量的好坏而设置的一个变量，在 CQPSO 中，将每一代的全局最优值作为背景变量，在已有的改进协同量子粒子群算法(ICQPSO)中，将多次测量得到的多个个体中最优的个体作为背景变量。

背景变量的选取原则是，选择对进化有贡献的个体作为背景变量，然后将需要评价的分量替换背景变量相应的分量，在通过适应度函数来评价被替换分量的背景变量是否变好，这样就可以确定这一维分量是不是更接近全局最优，从而决定这一维分量是否保留。

所以背景变量必须实时更新为最优的个体，才能保证收敛速度，而在多次观测得到的多个个体之间进行协作时，一直以最初挑选的个体作为背景变量，这样就容易导致多次协作以后最优分量的流失。

11.2.2　多背景变量协同量子粒子群算法

1. 算法介绍

前文介绍了对于背景变量固定所带来的缺陷，本节提出了多背景变量协同量子粒子群(context cooperative quantum-behaved particle swarm optimization, CCQPSO)算法，为了公平的评价同一个粒子不同分量的好坏，在评价同一个粒子的分量时，固定当前的最优为背景变量。当一个粒子评价完成后，将新生成的个体作为评价下一个粒子分量的背景变量，算法流程如图 11-6 所示。仍以观测五次得到五个粒子为例进行介绍。假设本次迭代测量得到五个个体 $X_{l1}(x_{11},x_{12},\cdots,x_{1D})$ 、$X_{l2}(x_{21},x_{22},\cdots,x_{2D})$ 、$X_{l3}(x_{31},x_{32},\cdots,x_{3D})$ 、$X_{l4}(x_{41},x_{42},\cdots,x_{4D})$ 和 $X_{l5}(x_{51},x_{52},\cdots,x_{5D})$ ，五个个体中根据适应度值知道 $X_{l1}(x_{11},x_{12},\cdots,x_{1D})$ 为五个中的最优个体，首先选取 $X_{l1}(x_{11},x_{12},\cdots,x_{1D})$ 为背景变量，然后来评价 $X_{l2}(x_{21},x_{22},\cdots,x_{2D})$ 中的分量，即与 $X_{l2}(x_{21},x_{22},\cdots,x_{2D})$ 协作，假设协作完成后得到其中 $X_{l2}(x_{21},x_{22},\cdots,x_{2D})$ 有些分量是更接近全局最优的，那么此时生成一个新的个体 XL ，XL 是背景个体中的某些劣势分量替换成 $X_{l2}(x_{21},x_{22},\cdots,x_{2D})$ 个体中更有优势的分量得到的。那么此时将 XL 设为背景变量再与 $X_{l3}(x_{31},x_{32},\cdots,x_{3D})$ 协作，后面的个体依照此方法进行协作。

```
过程:
初始化种群: Xi
Pbest=Xi
Gbest=best Pbest
if    t<Gmax
     for each particle
          根据 QPSO 更新公式产生 5 个例子
          令 Xi=XL
          Xc=Xlj
          for each particle Xk
               f=f(Xc)
               for each dimension j
                   if f(Xc(j,Xkj))<f
                         Xij= Xkj
                   endif
                   Xc= XL
               end
               Xc= Xi
          end
          if f(Xi)<f(pbesti)
               pbesti=Xi
          endif
          if f(pbesti)<f(gbest)
               gbest=pbesti
          endif
     end
```

图 11-6　改进的协同量子粒子群算法

2. 实验条件及结果分析

为了测试多背景协同量子粒子群(CCQPSO)算法，首先需进行函数测试，测试的函数为基准函数。本节列举了多背景协同量子粒子群(CCQPSO)算法、带权值的量子粒子群(WQPSO)算法 [15]、孙俊等提出的协同量子粒子群(CQPSO)算法 [14]以及改进的协同量子粒子群(ICQPSO)算法的比较。

从表 11-3 和表 11-4 可以看出，多背景变量协同量子粒子群算法在基准函数都取得了最好的最优值，而且方差也很小，说明稳定性很好，大部分函数都能取得理论最小值，从图 11-7 可以看出，多背景变量协同量子粒子群算法收敛速度明显加快，算法性能提高。

表 11-3　WQPSO 和 CQPSO 测试基准函数结果比较

f	M	D	G_{max}	WQPSO		CQPSO	
				最小均值	标准差	最小均值	标准差
f_1	20	20	1500	2.4267E−38	5.8824E−38	4.946880E−317	0.0000E+00
		30	2000	6.9402E−32	1.2879E−31	0.0000E+00	0.0000E+00
		100	3000	4.2014E−11	4.0006E−11	2.4209E-218	0.0000E+00

续表

f	M	D	G_{max}	WQPSO		CQPSO	
				最小均值	标准差	最小均值	标准差
f_2	20	20	1500	4.4948E+01	5.8837E+01	3.7499E+01	4.8401E+01
		30	2000	7.6625E+01	1.0193E+02	5.5191E+01	6.4979E+01
		100	3000	2.4832E+02	1.9868E+02	8.4586E+01	4.2951E+01
f_3	20	20	1500	1.2945E+01	4.0725E+00	0.0000E+00	0.0000E+00
		30	2000	2.4259E+01	7.9174E+00	5.9698E–02	2.3869E–01
		100	3000	2.1121E+02	3.5535E+01	9.1352E+00	7.0400E+00
f_4	20	20	1500	2.4863E–02	2.3981E–02	4.2273E–02	4.3296E–02
		30	2000	9.0994E–03	1.2641E–02	6.1817E–02	6.9100E-02
		100	3000	4.4359E–03	9.0706E–03	4.4409E–18	2.1977E–17
f_5	20	20	1500	2.4224E–50	1.5425E–49	0.0000E+00	0.0000E+00
		30	2000	1.5686E–40	5.9721E–40	0.0000E+00	0.0000E+00
		100	3000	7.7518E–11	7.8925E–11	5.3694E-285	0.0000E+00

表 11-4　ICQPSO 和 CCQPSO 测试基准函数结果比较

f	M	D	G_{max}	ICQPSO		CCQPSO	
				最小均值	标准差	最小均值	标准差
f_1	20	20	1500	0.0000E+00	0.0000E+00	**0.0000E+00**	**0.0000E+00**
		30	2000	4.4466E–323	0.0000E+00	**0.0000E+00**	**0.0000E+00**
		100	3000	3.6129E–98	2.5448E–97	**0.0000E+00**	**0.0000E+00**
f_2	20	20	1500	2.9140E+01	5.6023E+01	**1.8557E+00**	**2.5443E+00**
		30	2000	2.9660E+01	4.6534E+01	**1.1051E+00**	**1.1660E+00**
		100	3000	1.4697E+02	9.3562E+01	**2.0581E+01**	**1.4751E+01**
f_3	20	20	1500	1.2198E+01	6.4537E+00	**5.9698E+00**	**3.9798E+00**
		30	2000	1.8049E+01	6.3279E+00	**1.1343E+01**	**3.8918E+00**
		100	3000	1.1293E+02	1.7379E+01	**4.7161E+01**	**6.5471E+00**
f_4	20	20	1500	1.9176E–02	1.6191E–02	**1.3727E–02**	**2.0671E–02**
		30	2000	1.0279E–02	1.5108E–02	**0.0000E+00**	**0.0000E+00**
		100	3000	2.6110E–03	5.1311E–03	**0.0000E+00**	**0.0000E+00**
f_5	20	20	1500	0.0000E+00	0.0000E+00	**0.0000E+00**	**0.0000E+00**
		30	2000	0.0000E+00	0.0000E+00	**0.0000E+00**	**0.0000E+00**
		100	3000	3.7938E–104	1.4349E–103	**0.0000E+00**	**0.0000E+00**

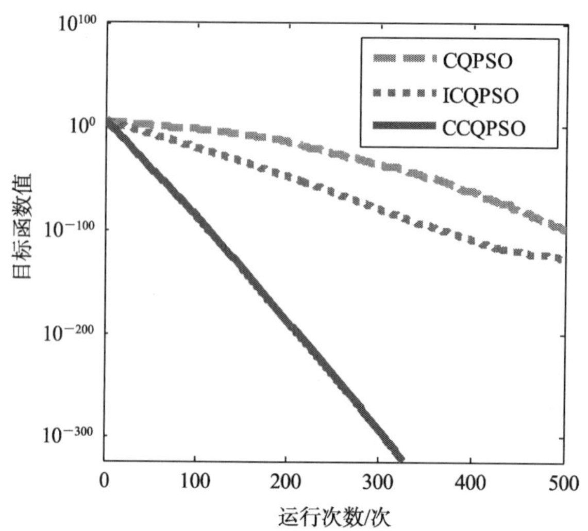

图 11-7 三种算法优化基准函数 Sphere 函数收敛速度比较

11.2.3 基于多背景协同量子粒子群算法的图像分割

为使图像分割取得更好的结果，将多背景变量协同量子粒子群 (CCQPSO) 算法与 OTSU 方法结合，进行医学图像分割。

1. 实验条件

图像分割是指将图像中具有特殊意义或者特别感兴趣的不同区域分开来，这些区域是不交叉的，每一个区域都有共同的特性并同其他区域有很明显的区别特性。本节图像分割的目的是根据图像的灰度特征，将医学图像分为三类，使得器官边缘更容易识别。

为了测试基于多背景变量协同量子粒子群 (CCQPSO) 算法的图像分割方法的性能，用 ICQPSO 算法和 CQPSO 算法分别对 4 幅胃部 CT 图进行了分割，图像大小为 512×512，实验中，分割类别数为三类，种群数目为 20，松弛因子在进化中从 1.0 到 0.5 线性递减。在 CQPSO 算法中，多次测量的次数设为 5，迭代次数为 100，独立运行次数为 10。

实验所用电脑的 CPU 为 Intel Core2 Duo 2.33GHz，内存为 2GB，编程平台为 Matlab R2009a。

2. 实验结果及分析

从表 11-5～表 11-7 可以看出，基于多背景变量协同量子粒子群 (CCQPSO) 算法的图像分割方法对于胃部 CT 图像的分割结果、类间方差都取得了更好的结果，根据大津法法则评价准则，类间方差越大分割结果越好，说明 CCQPSO 算法的图像分割方法对于胃部 CT 图像的分割结果有所提高，图 11-8～图 11-13 是胃部图像

200.1、200.2、201.10、201.86、200.14、201.29 所示的分割结果，结果显示 CCQPSO 算法的图像分割方法分割精度有一定提高，但是视觉上改进不大，分割方法有待改进，可以利用聚类分割方法尝试。

表 11-5　三种算法对胃部 CT 图 200.1 和 200.2 的分割结果数据

算法	200.1			200.2		
	阈值	类间方差	方差	阈值	类间方差	方差
CQPSO	39,193	5236.6340	4.0600E+01	59,165	5204.1790	5.7500E+01
ICQPSO	43,171	5251.2720	1.1972E+02	72,208	5224.1460	4.8833E+01
CCQPSO	62,176	5315.6780	0.0000E+00	62,176	5275.4370	9.5900E–13

表 11-6　三种算法对胃部 CT 图 201.10 和 201.86 的分割结果数据

算法	201.10			201.86		
	阈值	类间方差	方差	阈值	类间方差	方差
CQPSO	44,138	3956.0970	2.5400E+01	45,119	4740.0140	2.4300E+01
ICQPSO	73,209	3963.1870	2.8674E+01	67,159	4730.3980	1.3452E+01
CCQPSO	56,146	3990.3230	4.7900E–13	55,139	4765.4210	9.5900E–13

表 11-7　三种算法对胃部 CT 图 200.14 和 201.29 的分割结果数据

算法	200.14			201.29		
	阈值	类间方差	方差	阈值	类间方差	方差
CQPSO	58,176	4.5421E+03	6.7260E+01	68,201	3.9453E+03	6.2061E+01
ICQPSO	73,154	4.5453E+03	4.4676E+01	83,212	3.9497E+03	1.9377E+01
CCQPSO	62,172	4.5999E+03	9.5869E–13	67,182	3.9835E+03	9.5869E–13

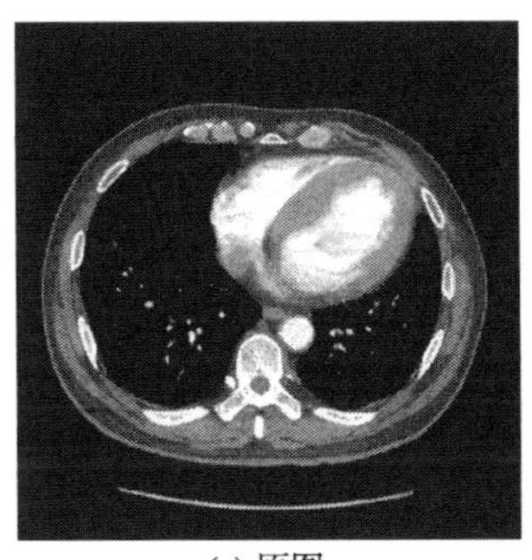
(a) 原图

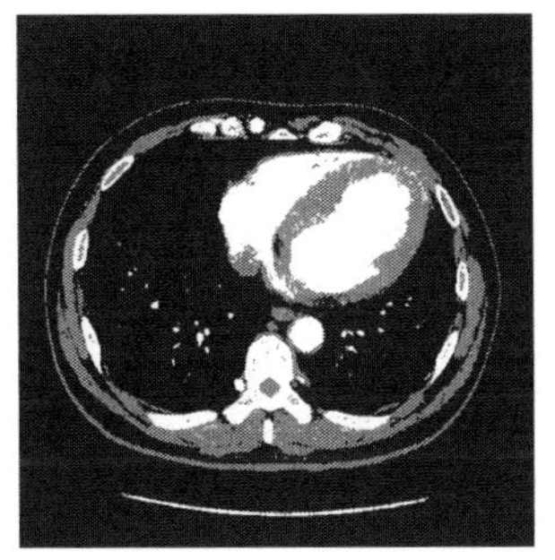
(b) CQPSO

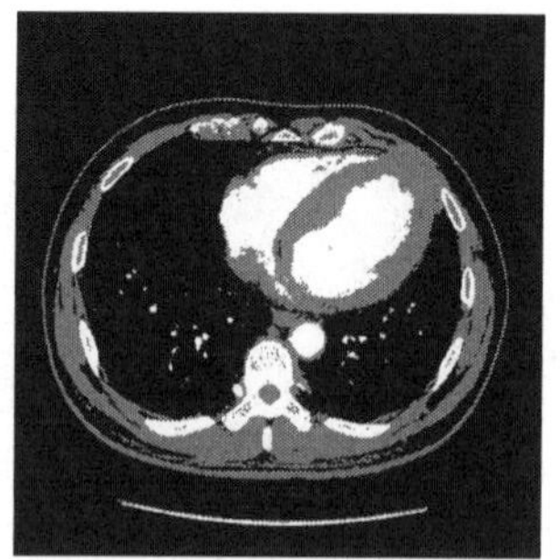
(c) ICQPSO

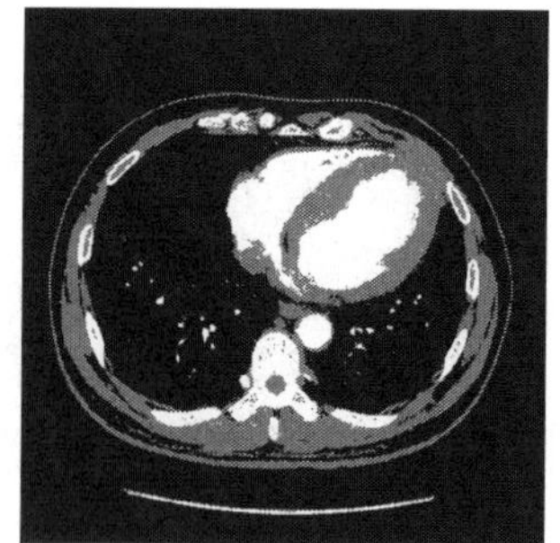
(d) CCQPSO

图 11-8　胃部 CT 图 200.1 分割结果图

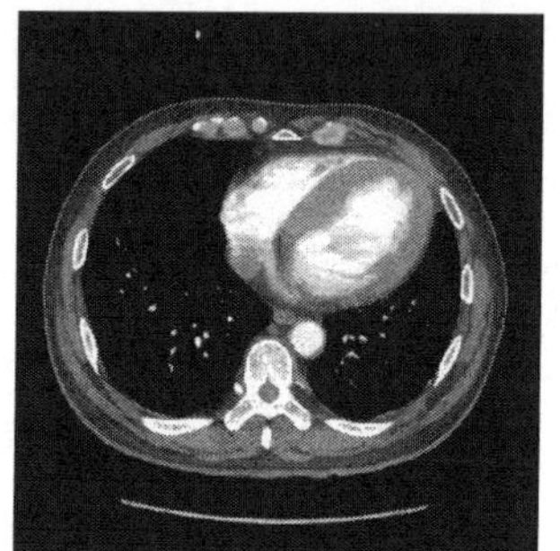
(a) 原图

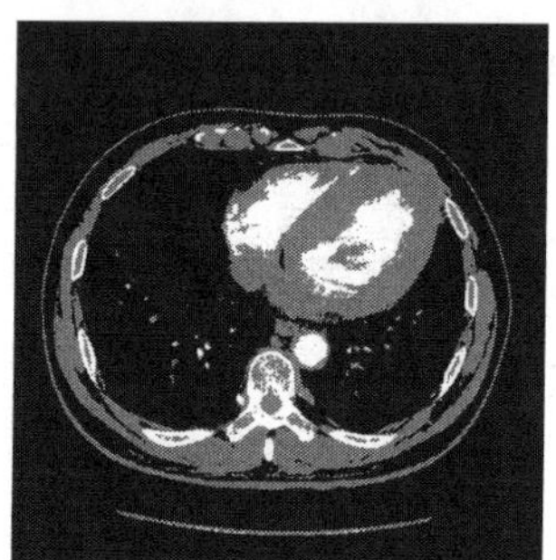
(b) CQPSO

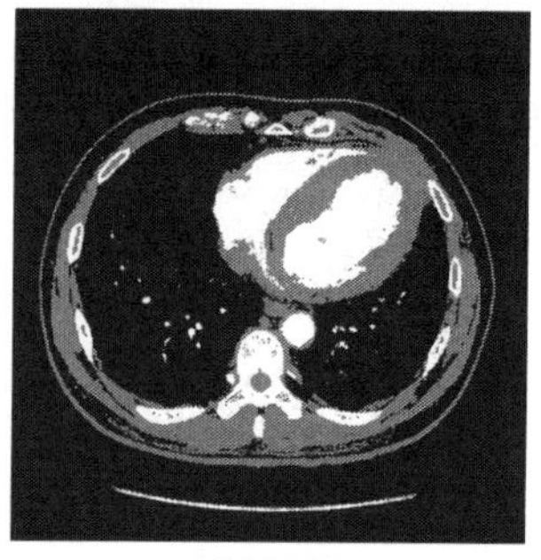
(c) ICQPSO

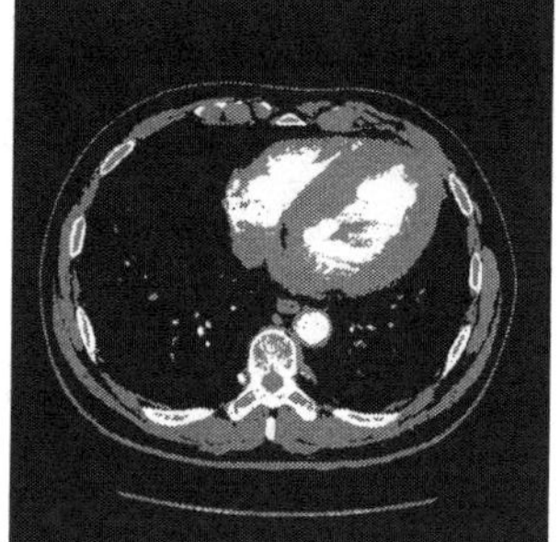
(d) CCQPSO

图 11-9　胃部 CT 图 200.2 分割结果图

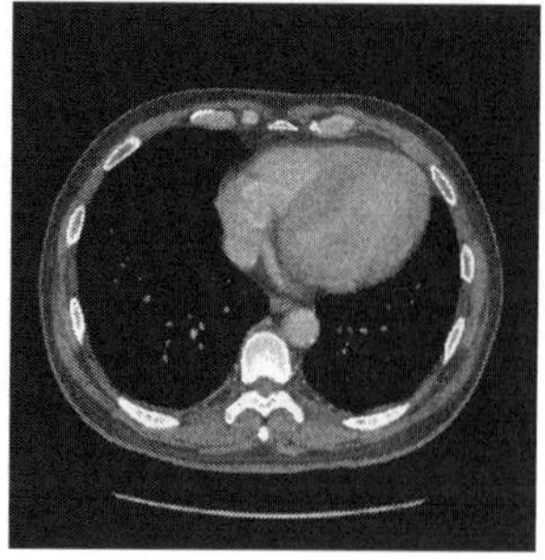
(a) 原图

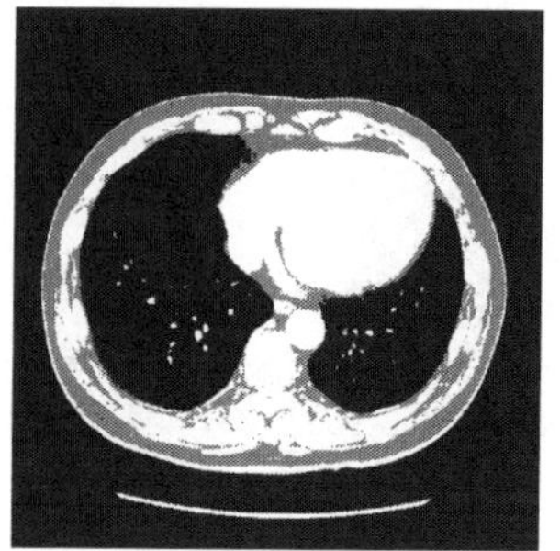
(b) CQPSO

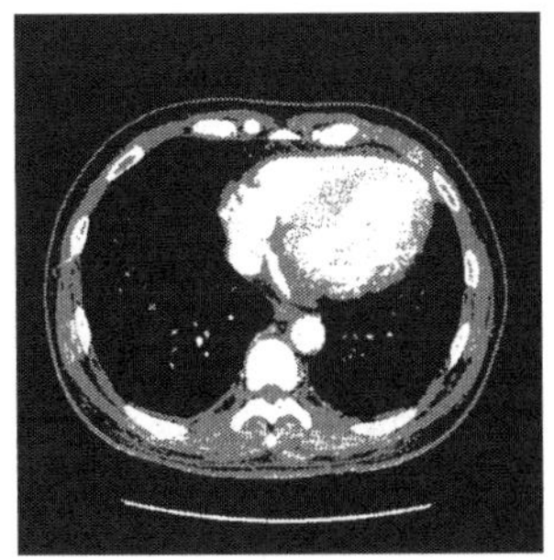
(c) ICQPSO

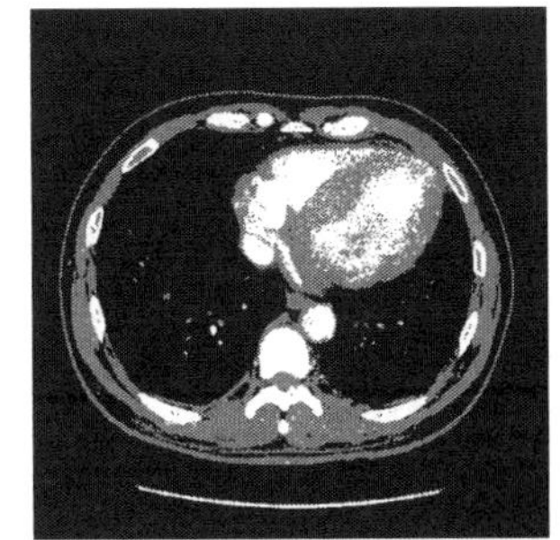
(d) CCQPSO

图 11-10　胃部 CT 图 201.10 分割结果图

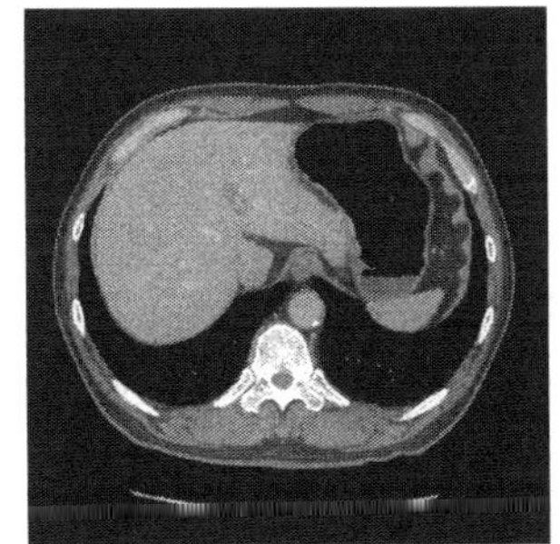
(a) 原图

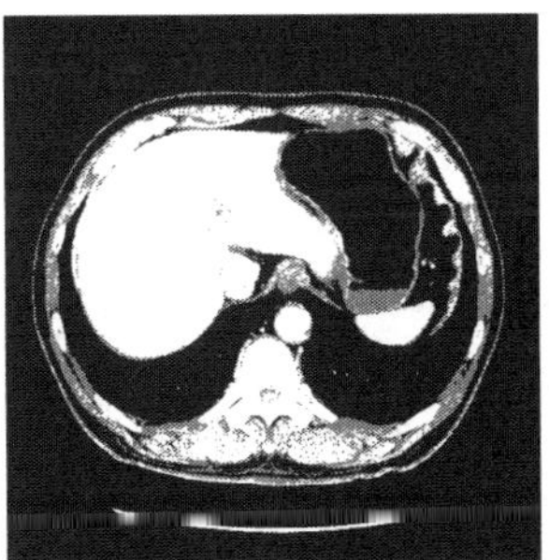
(b) CQPSO

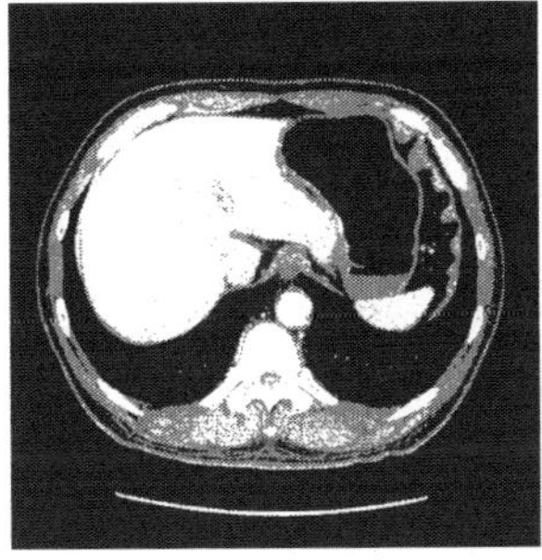
(c) ICQPSO

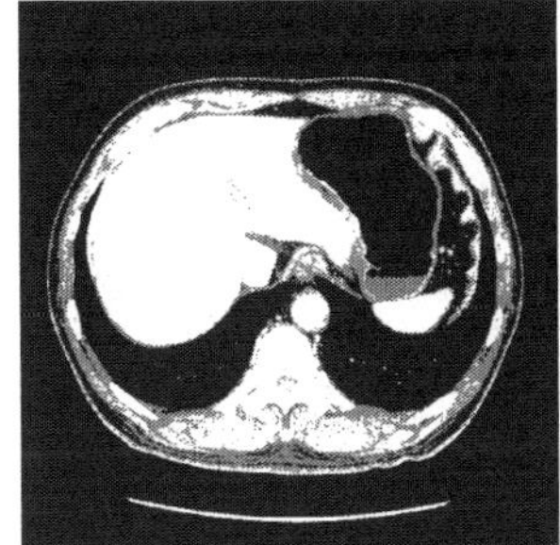
(d) CCQPSO

图 11-11　胃部 CT 图 201.86 分割结果图

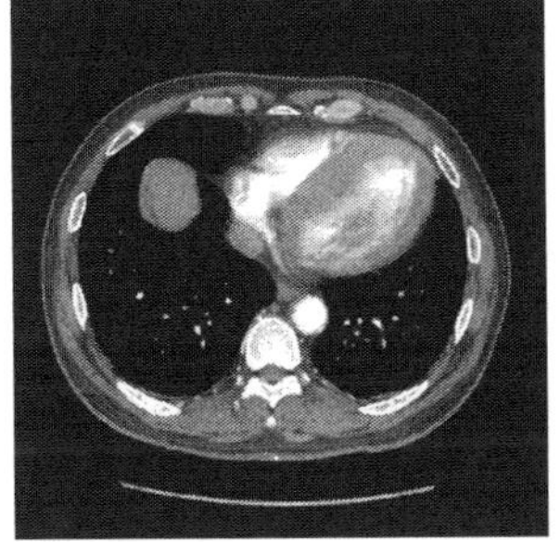
(a) 原图

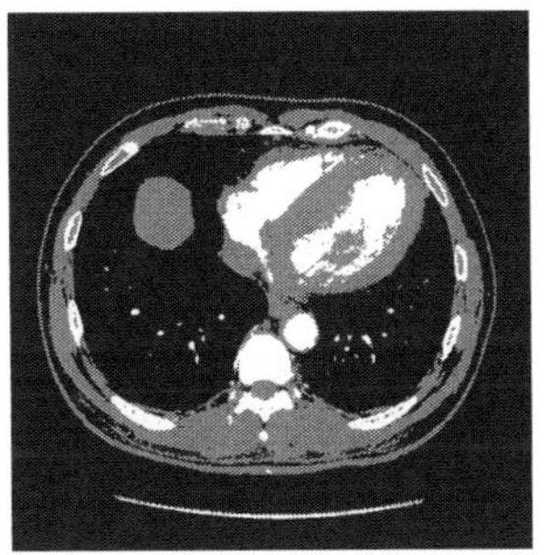
(b) CQPSO

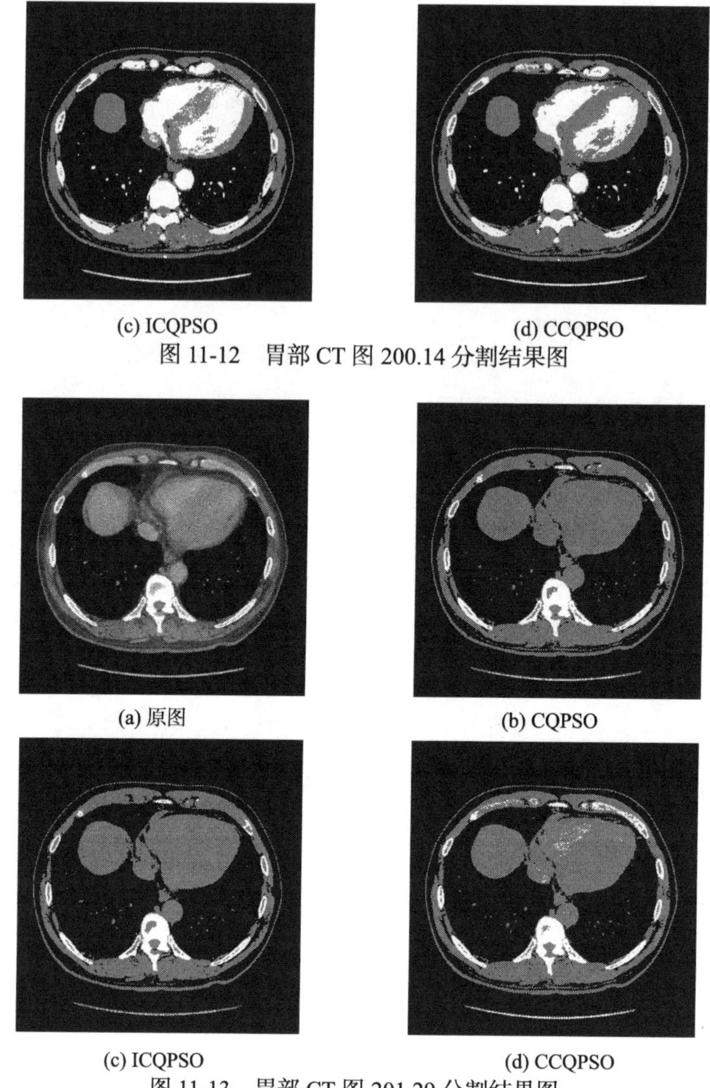

(c) ICQPSO　　(d) CCQPSO

图 11-12　胃部 CT 图 200.14 分割结果图

(a) 原图　　(b) CQPSO

(c) ICQPSO　　(d) CCQPSO

图 11-13　胃部 CT 图 201.29 分割结果图

11.3　动态变异与背景协同的量子粒子群算法

11.3.1　量子粒子群算法的理论背景

量子粒子群(QPSO)算法与 PSO 算法是两种不同的运行方式，其中，量子机制的 PSO 算法指种群中各个体在迭代搜索过程中，均满足量子特性的个体运行轨迹，但不是在 PSO 算法的基础上添加相关算子及因子，所以在理论基础上不会增加 PSO 算法的复杂度，就算法的复杂度而言，PSO 算法与 QPSO 算法的复杂度均处于相同的等级。

QPSO 在迭代查找后期和量子粒子群优化查找后期仍然存在早熟现象，迭代过程中种群的多样性大大减小。其原因是：种群中每个粒子都是通过学习自身的当前局部学习信息和全局学习信息进行下一步迭代搜索，而不关注自身信息是否有趋向局部最优的趋势。对 QPSO 算法，当搜索区域是由许多最优点构成的复杂区域时，个体在很大程度上会陷入局部最优位置，从而提早步入早熟状态。针对 QPSO 算法的缺陷，本节提出基于动态变异及背景协同的 QPSO，即 MCQPSO 算法。

1. PSO 算法

PSO 算法的主要思想来源于鸟群觅食搜索过程的启发。在种群里，各个粒子都有其单一的行为准则。例如，鸟群，鱼群，其群体建模都相对比较容易实现，但在人工智能里，个体行为却是十分复杂的模型结构。

学者们对鱼群和鸟群进行大量的相关学术探讨，有些学者关注到鸟群觅食过程中蕴含着美学，一个大鸟群在飞行过程中不断改变飞行方向、重新组队等，学者们认为，在种群中一定存在某种飞行规则从而保证种群中个体的协同及同步行为。在以前的算法建模探讨中，研究学者们的研究重点是群体中每个粒子之间是如何保持搜索到最优位置上的[16]。

PSO 算法是一种启发于鸟群觅食搜索过程的随机搜索迭代技术。PSO 算法也是来源于智能演化策略和人工进化的相关策略。鸟群运行的过程中，每个个体仅仅是追寻它的伙伴，鸟群其他个体均以中心微粒为迭代搜索标准，所以群体中每个个体的全局优化行为均是由单一相邻粒子间的相互协作而引起的。所以 PSO 算法就是从鸟群觅食模型启发而来，将个体自身及其他个体的经验同时作为飞行决策的依据。

利用 PSO 算法求解迭代复杂优化问题时，群体中每个个体所在位置信息均代表目标区域的一个潜在问题解。在迭代优化过程中，如果找到比当前更优秀的潜在解，此时利用这个更优解代替当前局部解，然后再用当前最优解继续搜索寻找下一代更优解，且每一次优化搜索过程均不是随机的。迭代搜索的具体过程为：在规定的初始化区间进行种群初始化，再确定部分最优与全局最优解，种群中每个个体根据当前局部最优值(p_{best})和全局最优值(g_{best})进行位置、速度信息的迭代更新。

在 PSO 算法中，一个种群的个体总数为 M，每个个体在 N 维空间飞行，且均被当作是一个无质量的个体，每个粒子均有速度信息和目标适应度值，每个个体通过学习所有粒子的历史迭代信息在 N 维空间进行飞行。所以，每个个体在搜索时依据自身已搜索到的局部最优值和种群的全局最优值来进行速度和位置信息的迭代更新。第 i 个个体在第 n 次迭代搜索中，速度信息表示为 $\overline{V}_i=(x_{i1},x_{i2},\cdots,x_{id})$ $(1\leqslant i\leqslant M)$，位置信息表示为 $\overline{X}_i=(x_{i1},x_{i2},\cdots,x_{iD})$　$(1\leqslant i\leqslant M)$，PSO 算法的速度和位置信息如式(11-6)和式(11-7)所示。

$$v_{id}(t+1)=v_{id}(t)+c_1\times r_{1d}(t)\times\left(p_{id}(t)-x_{id}(t)\right)+c_2\times r_{2d}(t)\times\left(pg_d(t)-x_{id}(t)\right) \tag{11-6}$$

$$x_{id}(t+1)=x_{id}(t)+v_{id}(t) \tag{11-7}$$

式中，i 指群体中的第 i 个粒子；t 指当前迭代数；d 表示群体中第 i 个个体的第 d 维信息；c_1 和 c_2 是加速系数，取值范围均为 0～2；$r_{1d}(t)$ 和 $r_{2d}(t)$ 是两个随机数取值，其取值均匀分布于 0 与 1。在更新迭代的过程中，粒子的速度需要有限制，从而防止飞出搜索区间，这个限制范围可以人为设定。

PSO 算法的基本描述如下：

步骤 1：初始化种群。随机初始化种群中 M 个个体的速度信息和位置信息，其中每个粒子速度的范围保持在 $[V_{\min},V_{\max}]$，粒子位置的范围保持在 $[X_{\min},X_{\max}]$，关于粒子 i 初始化最优位置：$p_i=x_i$，则初始化全局最优位置信息为

$$f\left(pg_{\text{best}}\right)=\min\left\{f\left(x_1\right),f\left(x_2\right),f\left(x_3\right),f\left(x_4\right)\right\} \tag{11-8}$$

步骤 2：求解适应度取值。根据目标优化函数求解每个个体对应的适应度取值，且将适应度值最佳的个体设置为 g_{best}。

步骤 3：进行更新速度和位置。依据式(11-6)和式(11-7)更新 PSO 算法中各个粒子的速度信息和位置信息。

步骤 4：更新局部最优粒子 p_{best}。把种群中各个粒子的当前适应度取值与先前迭代搜索到的 p_{best_i} 进行对比，若当前粒子对应的适应度值优于 p_{best_i} 值，就把当前个体适应度值更新为 p_{best_i}。

步骤 5：更新全局最优粒子 g_{best}。把种群中各个粒子对应的适应度值与 gbest 的值进行比较，若当前粒子对应的适应度取值优于 g_{best} 的值，就把当前个体的适应度值更新为 g_{best}。

步骤 6：重复执行操作步骤 2～步骤 5，直到满足迭代搜索的终止条件(一般迭代终止条件为迭代次数等于 PSO 算法最大的迭代次数)。

在 1988 年，Parsopoulos 等[17]对经典的 PSO 算法进行相应的修正，并提出了标准粒子群优化，则 SPSO 的速度信息和位置信息迭代公式如下：

$$v_{id}(t+1)=\omega\times v_{id}(t)+c_1\times r_{1d}(t)\times\left(p_{id}(t)-x_{id}(t)\right)+c_2\times r_{2d}(t)\times\left(pg_d(t)-x_{id}(t)\right) \tag{11-9}$$

$$x_{id}(t+1)=x_{id}(t)+v_{id}(t+1) \tag{11-10}$$

其中，ω 称为惯性权重系数，其作用为控制当代速度对下一代参数的相关影响，如果 ω 大则可以改善 PSO 算法的全局迭代优化能力[18]。在标准粒子群优化中，PSO 迭代到全局最优点的条件为：当 $\omega>1/2(c_1+c_2)-1$，$c_1+c_2>0$ 且 $\omega<1$ 时，此时必定收敛到最优点。目前权重系数的选取方法有很多，如模糊惯性权重，自适应权

重，线性递减权重[19]等。在现在的学术研究中，最常用的方法即权重线性递减策略。

$$\omega(t)=(\omega_{\text{int}}-\omega_{\text{end}})(T_{\max}-t)+\omega_{\text{end}} \tag{11-11}$$

2. QPSO 算法

1) 算法起源

PSO 在迭代优化中，每个粒子会依据种群的全局最优信息和个体最优信息进行速度和位置信息的更新。其中，全部信息表达了种群的社会信息，从而对种群起总导向作用；其次 PSO 中每个粒子最优信息表达了粒子自身的学习信息。个体最优信息和全局最优信息的有效结合体现了个体独创性和种群社会性的结合。但从另一方面讲，粒子群优化也有其缺点。例如，在迭代优化过程中，个体搜索过程中的速度是受到限制的。为了处理 PSO 的劣势，就出现了 QPSO 算法。它不仅克服了粒子群算法的许多缺点，而且能保留粒子群算法的许多优势，所以 QPSO 算法具有更大的应用实践价值。QPSO 算法加入量子空间的许多特征，所以在求解数据聚类、优化等问题时，QPSO 算法使这类问题均得到很好的结果。因为 QPSO 算法源于物理量子空间学，所以其优势有：寻优能力强、控制参数少、全局收敛性高。如今量子粒子群算法已经广泛应用于图像处理、复杂函数优化、控制问题、组合迭代问题和神经网络优化等领域。

量子粒子群优化有较强的全局迭代优化水平，相反的，当处理复杂类及维度较大等问题时，QPSO 与其他优化搜索算法都会出现早熟及种群多样性降低的劣势。因此，QPSO 算法有很大的改善空间。至今，QPSO 的进一步改进主要体现在以下几方面：第一，收缩因子的改进。在文献[14]中，提出收缩因子非线性变化思想，通过实验证明，非线性变化的收缩因子优于线性变化，非线性变化策略的收缩因子有利于提高 QPSO 的局部迭代优化能力和全局迭代优化能力。第二，把 QPSO 算法与其他智能迭代优化算法相融合。文献[20]中提出 QPSO 算法与调和理念相融合的思想。文献[21]中指出将 QPSO 算法与 GA 算法中的变异和选择思想相融合，从而改善了 QPSO 的收敛速度，且改善了 QPSO 迭代末期的早熟现象。第三，对 QPSO 迭代后期个体多样性的研究。在文献[22]中，把 QPSO 与模拟退火思想相融合，所以这些改进的 QPSO 有利于提高 QPSO 算法的全局优化能力，且能处理跳入部分最优位置的缺点。在文献[23]中，运用线性权重策略的思想来解决局部搜索与全局搜索之间的平衡性问题，且结合随机选择来改善迭代后期的种群多样性。

量子粒子群优化有很多优点及学术研究成果，相反的，它也有一系列的缺陷。首先，在 QPSO 迭代优化的末期，群体的多样性会急剧减少，且迭代收敛能力会变差。此外，量子粒子群算法的思想理念不是很完善，且大部分的算法学术成果只是基于实验现象表面，所以研究不够严格。最后，在 QPSO 中，虽然它的全局迭代优化能力很好，但是对于解决高维度查找问题及复杂问题时，QPSO 也易于过早进入收敛状态。

迄今为止，QPSO 算法的学术应用研究领域主要有以下几个。第一，在监控研究领域，有研究者将量子粒子群优化应用于机器人轨迹监控系统。第二，在计算机研究领域，可以将量子粒子群算法应用于数据挖掘、神经网络的相关优化、图像处理、图像学计算和任务调度。第三，可以将量子粒子群优化应用于电力调度的研究领域，或者各分配调度领域等。

2) 基本原理

在力学空间，种群中各粒子的飞行轨迹都是固定的。在经典物理力学空间，根据海森堡不确定性原理，对于种群中的每个个体来说，粒子运行的轨迹都是没有任何意义的。因此，将 PSO 算法和量子空间相融合后，PSO 算法将会在不同的优化空间进行查找运动，且工作方式也会大大不同。

经典力学空间与物理量子空间有一定的差异性，首次就是在个体的迭代查找规律和迭代状态描述上。在物理空间中，波函数描述为$\psi(X,t)$，种群中每个个体状态信息都用$\psi(X,t)$表示，$\psi(X,t)$是时间和坐标的复函数。其中，$\psi(X,t)$模的平方是种群中个体凭借某时刻出现在搜索区域某一点的概率密度函数Q，且$X=(x,y,z)$是三维空间中每个个体的位置向量信息，概率密度函数定义描述如下所示：

$$|\psi|^2 \mathrm{d}x\mathrm{d}y\mathrm{d}z = Q\mathrm{d}x\mathrm{d}y\mathrm{d}z \tag{11-12}$$

式中，Q指种群中个体的概率密度函数。

Q必须符合归一化条件

$$\int_{-\infty}^{+\infty} Q\mathrm{d}x\mathrm{d}y\mathrm{d}z = \int_{-\infty}^{+\infty} |\psi|^2 \mathrm{d}x\mathrm{d}y\mathrm{d}z = 1 \tag{11-13}$$

在量子搜索空间中，种群中个体的状态变化取决于薛定谔方程。

$$ih\frac{\partial}{\partial t}\psi(X,t) = \hat{H}\psi(X,t) \tag{11-14}$$

式中，h指普朗克常量；$\hat{H}$指汉密尔顿算子。

在海森堡原理中，汉密尔顿算子$\hat{H}$具有固定形式：

$$\hat{H} = V(X) + \frac{h^2}{2m}\nabla^2 \tag{11-15}$$

式中，$V(X)$指种群中各个体的电势能；m指每个个体的质量，有时可忽略不计。

假定 PSO 算法中每个个体都具备量子行为特性，且个体状态变化由$\psi(X,t)$来描述，在 PSO 算法中，种群中每个个体必定都存在以p_i为中心的吸引势。所以基于量子理论，在吸引势中建立δ势阱，且势能函数和汉密尔顿算子分别如下：

$$V(x)=-\gamma\delta(X-P_i)=-\gamma\delta(Y) \tag{11-16}$$

$$\hat{H}=-\frac{h^2}{2m}\frac{\mathrm{d}^2}{\mathrm{d}Y^2}-\gamma\delta(Y) \tag{11-17}$$

粒子的薛定谔方程如下：

$$\frac{2m}{h^2}\left[E+\gamma\delta(Y)\right]\psi+\frac{\mathrm{d}^2\psi}{\mathrm{d}Y^2}=0 \tag{11-18}$$

式中，E 指种群中每个个体的能量。

计算式(11-18)中的波函数得

$$\psi(Y)=\frac{1}{\sqrt{L}}\mathrm{e}^{\frac{|Y|}{L}} \tag{11-19}$$

$$L=\frac{h^2}{m\gamma} \tag{11-20}$$

概率分布函数如下：

$$F(Y)=1-\mathrm{e}^{-2\frac{|Y|}{L}} \tag{11-21}$$

粒子的概率密度函数为

$$Q(Y)=\frac{1}{L}\mathrm{e}^{-2\frac{|Y|}{L}} \tag{11-22}$$

为了求解群体中个体的精确位置信息，此时需要将个体从搜索空间过渡到解空间，即将个体从量子状态转化到经典解状态，这就是量子空间的坍缩原理。为了实现各个粒子的空间坍缩过程，应用蒙特卡罗(Monte Carlo)原理来模仿整个测量过程，从而得到粒子的位置信息。测量过程具体如下。

先定义 $s=\frac{1}{L}\mathrm{rand}(0,1)=\frac{1}{L}u$，再将 $\psi(X,t)$ 用 s 替换：

$$s=\frac{1}{L}\mathrm{e}^{-2\frac{|Y|}{L}} \tag{11-23}$$

最后求得位置公式

$$y=\pm\frac{L}{2}\ln\left(\frac{1}{u}\right) \tag{11-24}$$

测量后的位置迭代公式为

$$X_{id}=p_{id}\pm\frac{L}{2}\ln\left(\frac{1}{u}\right) \tag{11-25}$$

可以利用个体的当前最优位置和当前位置评价 L [24]：

$$L=2\times\alpha\times|p_{id}-X_{id}| \tag{11-26}$$

则 QPSO 算法的迭代查找公式为

$$X_{id}(t+1)=p_{id}\pm\alpha\times|p_{id}-X_{id}(t)|\times\ln(1/u) \tag{11-27}$$

式中，α 称之为收缩因子，取值是介于 0 和 1 之间的随机分布数。

3) 算法流程

步骤 1：种群参数的前期初始化。关于由 N 个个体组成的种群，分别产生各个个体的位置向量信息，且个体的位置向量信息均位于$[X_{\min}, X_{\max}]$范围内。

步骤 2：求解 p_{best} 与 g_{best}。运用目标函数求解各个个体的适应度取值，从而通过比较适应度值从而获得 p_{best} 与 g_{best}。

步骤 3：式(11-26)和式(11-27)进行种群中个体位置信息的迭代更新。

步骤 4：求解 QPSO 中粒子对应的目标适应度取值。

步骤 5：依据目标优化函数求解每一个个体对应的适应度取值，所以群体中微粒的局部最优位置 p_i 的对比更新方式为

$$p_i(t+1)=\begin{cases}X_i(t+1), \text{若} f\left(X_i(t+1)\right)<f\left(p_i(t)\right)\\ p_i(t), \text{若} f\left(X_i(t+1)\right)\geqslant f\left(p_i(t)\right)\end{cases} \tag{11-28}$$

步骤 6：计算 QPSO 对应群体当前的 p_g：

$$p_g(t+1)=\arg\min_{1\leqslant i\leqslant N}\left\{f\left[p_i(t+1)\right]\right\} \tag{11-29}$$

步骤 7：重复执行步骤 2～步骤 6，若达到迭代查找的终止条件，则迭代过程结束，若未达到迭代终止条件，则继续执行步骤 2。

4) QPSO 算法的改进算法

QPSO 是一种全局优化的智能搜索算法，且有较优的全局迭代能力，和 PSO 算法有两个共同点：迭代查找能力较强，查找优化过程的计算开销较低。但是在迭代查找的后期，QPSO 算法同样会出现早熟现象。另一方面，QPSO 算法主要是处理连续复杂问题，不能直接用于解决离散性优化问题。为了处理 QPSO 算法所存在的不足，许多改进的 QPSO 算法蜂拥而出，其思想分别介绍如下。

(1) 基于平均最优位置(m_{best})的 QPSO。对于量子粒子群优化，在迭代查找的末期，群体的多样性会急剧恶化。其原因为：种群中粒子在搜索迭代过程中是通过学习全局最优位置和个体最优位置的相关信息进行下一步的搜索，且不管个体当前位置是否陷入局部最优。在一个复杂的迭代搜索系统中，假如该复杂系统由许多局部最优点组成，则个体很容易陷入部分最优点。故而 m_{best} 的概念就出现了。

一种新的查找策略被 Sun 等提出[5]。

$$m_{\text{best}}=\sum_{i=1}^{M}p(t)_i/M=\left(\sum_{i=1}^{M}p_{i1}(t),\sum_{i=1}^{M}p_{i2}(t),\cdots,\sum_{i=1}^{M}p_{id}(t)\right) \tag{11-30}$$

$$L(t+1)=2\times\alpha\times\left|m_{\text{best}}-X(t)\right| \tag{11-31}$$

在式(11-30)和式(11-31)中，m_{best} 称为平均最优信息。所以 QPSO 的位置迭代公式可以重新描述为

$$X_{id}(t+1)=p_{id}\pm\alpha\times\left|m_{\mathrm{best}_i}-X_{id}(t)\right|\times\ln(1/u) \tag{11-32}$$

(2) 基于柯西分布模型的QPSO。柯西分布策略拥有较优随机概率分布的特点，且分布模型的查找形状是有一个很长的尾翼，根据这个特点，分布模型易得到一个离远点较远的随机分布数，且得到的随机数分布区域较宽广，将柯西分布与QPSO算法相结合后，有利于算法跳出局部最优解，所以一种基于柯西分布的QPSO算法被提出[26]。

先将随机数$u\sim u(0,1)$改为$u\sim C(0,1)$，采用标准的柯西分布模型$C(0,1)$，所以量子粒子群优化的位置更新描述如下：

$$X_{id}(t+1)=p_{id}(t)\pm\alpha\left|m_{\mathrm{best}}(t)-X_{id}(t)\right|\times\ln(1/C) \tag{11-33}$$

式中，$p_{id}=\dfrac{C_1\times p_{id}+C_2\times p_{gd}}{C_1+C_2}$　且$C_1\sim C(0,1)$，$C_2\sim C(0,1)$。

(3) 基于权系数的QPSO。引入m_{best}信息是为了计算位置更新公式中的L值。从L的公式定义可以看出，m_{best}是指种群中所有个体的平均最优，所以各个粒子对平均最优位置的影响是相同的。另一方面，m_{best}决定了种群中各个粒子的迭代搜索区间。在 QPSO 的种群里，每个个体的适应度取值是不相同的，所以每个个体对迭代优化搜索过程所起作用均不相同，所以种群中个体有相同的权重值是一个不实际的情况，所以为了解决这种情况，研究者们提出基于权重的量子粒子群算法[15]。算法的描述如下所示：

$$m_{\mathrm{best}}=\sum_{i=1}^{N}p_i(t)/N=\left(\sum_{i=1}^{N}m_{i1}p_{i1}(t),\sum_{i=1}^{N}m_{i2}p_{i2}(t),\cdots,\sum_{i=1}^{N}m_{in}p_{in}(t)\right) \tag{11-34}$$

在式(11-34)中，m_{in}指种群中粒子的权系数，它的取值介于(1.5,0.5)且线性递减。基于权系数的QPSO算法有利于种群中每个粒子在整个迭代查找区间进行迭代搜索。

11.3.2　背景协同的量子粒子群算法

在文献[27]中，提出了基于背景协同的 QPSO，即 CCQPSO 算法。CCQPSO算法的根本思路为：量子粒子群算法在迭代更新的过程中，是通过观测而得到新个体，在观测之前每个粒子处在一个未知状态，且以相应查找概率出现在优化区间的某一个位置，相当于给定一个概率去观测种群中的各个个体，然后就会得到个体的一个确定位置信息。在文献[27]中，首先会随机产生多个概率，再利用蒙特卡罗定理进行多次测量，从而得到多个个体，再筛选这多个粒子中适应度取值最好的，与种群最优个体进行比较，选择群体中的最优微粒为背景变量，然后评价其他个体的每一维分量信息，最后得到下一代个体，如此重复进行搜索。

改进的协同 QPSO 算法主要改进点为：在多次测量过程中产生多个个体和通

过协作产生新个体，其中，多次测量是根据迭代更新公式给定不同的随机数，且分别产生多个个体。观测的原则为：观测的次数越多，量子的不确定性利用的越充分，收敛速度也会越快，同时迭代优化时间是呈线性增长的，所以观测次数可以根据实际问题选择。

改进的协同 QPSO 基本流程如图 11-14 所示。

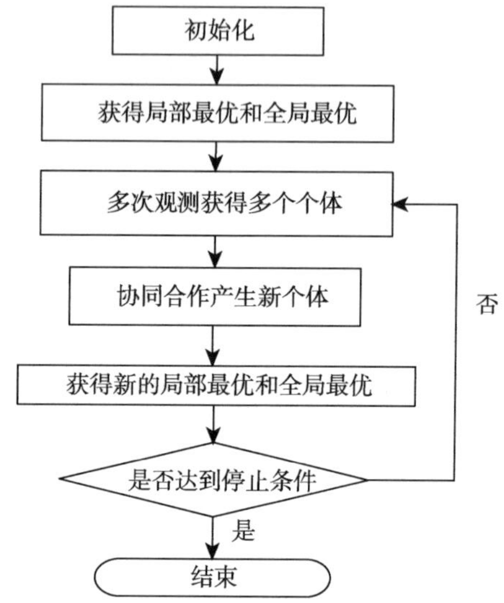

图 11-14　改进的协同 QPSO 基本流程图

CCQPSO 中粒子间的协同合作过程如图 11-15 所示。

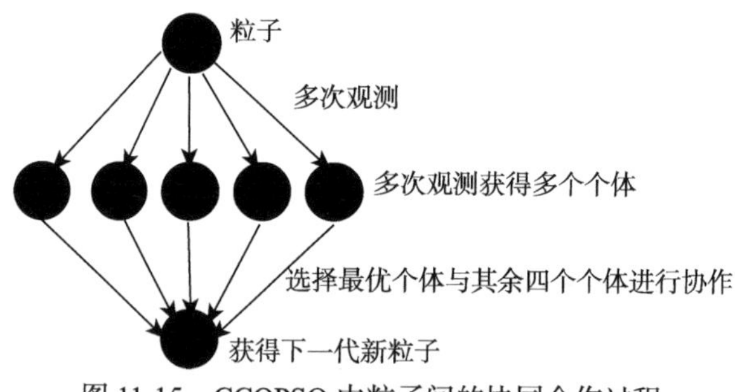

图 11-15　CCQPSO 中粒子间的协同合作过程

11.3.3　改进的背景协同量子粒子群算法

1. 算法的提出

在文献[27]中，为了证明 CCQPSO 的优势及性能，将 CCQPSO 应用于基准函数优化及医学 CT 图像分割。当作用在基准函数优化时，大部分函数可以接近全局最优，从而证明 CCQPSO 的迭代查找能力较好；当作用在医学图像分割上时，从分割数据上看，分割效果佳，但是从分割效果图看，分割效果不是很明显，为了克服这些劣势，本节提出基于改进的背景协同量子粒子群算法。

2. 算法的原理及框架描述

1) 柯西变异原理

在 QPSO 算法的迭代优化查找过程中，各个粒子的查找空间都是求解问题的整个可行解空间，但是量子粒子群优化与其他进化算法有一些共同点，在 QPSO 迭代后期，由于 QPSO 算法中的聚集状态，从而群体的多样性必定会恶化。一般在迭代搜索的末期，种群中粒子会汇集在一起，加上查找空间会受到相应的限制，所以算法在后期会趋向局部最优。所以，为了让算法在迭代后期可以跳出局部最优，给 CCQPSO[27]算法加入柯西变异的想法。

在进化算法中，为了理想的微调全局最优解的搜索区域，可以通过调整随机函数的步长及参数来实现。在量子粒子群算法中，全局最优粒子会吸引种群中其他粒子向它飞行，与此同时，也会吸引平均最优变量向其飞行。所以，通过对种群中粒子进行变异操作而迫使当前粒子离开当前位置，从而该粒子可以通过变异成为新的平均最优位置或新的全局最好位置，本节通过柯西分布策略对群体的每个粒子进行柯西变异。

针对柯西变异，定义柯西变异概率为 p_{m}，用 p_{m} 去引导全局最优位置 g_{best} 和平均最优位置 m_{best} 的变异，且 $p_{\mathrm{m}}=1/N$，其中 N 指总的种群数。柯西分布的公式如下：

$$x^{*}=x+\alpha\times m(x) \tag{11-35}$$

$$m(x)=b\times\frac{1}{\pi}\times\frac{1}{x^{2}+b^{2}} \tag{11-36}$$

式中，b=0.2；$m(x)$是柯西概率模型的随机变量，是变异后的取值。

2) 收缩因子α 的动态选择原理

收缩因子α的取值会直接决定算法的收敛速度和粒子迭代更新的收敛程度[28]。对收缩因子进行分析，根据数理统计得到，当α<0.2 时，随着收缩因子α的减少，目标函数的最优位置会获得一个快速的变大；当 0.1<α<0.3 时，收缩因子α不断减小，目标函数的最优位置会相应变大；当 0.8<α<1.2 时，收缩因子α 不断增加，目标函数的平均最优位置会相应增加。但收缩因子的设置策略不仅仅这么多，当α<1.2 时，会提高种群迭代末期的多样性；当α<1.4 时，目标查找函数的最优位置的改善会提高很多。故文献[29]得出一个结论，当收缩因子位于[0.3,0.8]时，目标函数的平均最优位置会连续变化。

当收缩因子位于区间[0.3,0.8]时，根据文献[29]提出的收缩因子α的动态设置公式如下：

$$\alpha = \frac{(\alpha_1 - \alpha_2) \times (N_{\max} - N)}{N_{\max}} \alpha_2 \tag{11-37}$$

式中，α_1和α_2是收缩因子α的初始取值和最终取值；N是QPSO的当前迭代次数；$N_{\max}$是QPSO的总迭代次数。

在文献[30]中，将QPSO算法与协同合作结合到一起，从而提出新算法CQPSO。在文献[27]中，在CQPSO算法的基础上，加入背景协同的概念，从而提出CCQPSO算法，且将CCQPSO算法应用于医学CT图像的分割。所以根据QPSO、CQPSO和CCQPSO算法的思路，在CCQPSO算法中加入柯西变异和动态选择收缩因子等策略。

通过在CCQPSO算法基础上运用上述两个新策略，提出新算法MCQPSO，且将MCQPSO应用于医学CT图像多阈值的分割。将实验数据结果与CQPSO, WQPSO算法互相对比，最后数据分析得知：MCQPSO的收敛及查找性能更好，且分割精度精确(图11-16)。

```
MCQPSO 算法的框架如下：
开始：
    初始化种群：粒子的位置信息及参数设置
    计算适应度值，获得 pbest 和 gbest
    while 终止条件不满足 do
计算平均最优位置 cn
利用公式(11-37)计算 α
生成一个取值位于 0～1 的分布 rand(1)
 if Pm < rand(1)
Do 利用(11-35)和(11-36)对 mbest 进行变异策略
End if
        for 每一个粒子 i
for 每一维信息 j
进行多次协同观测[27]
    通过使用式(11-31)和式(11-32)，去更新每一个微粒的位置信息，得出
pbest 和 gbest
利用式(11-37)计算 α
生成一个取值位于 0～1 的分布 rand(1)
 if Pm < rand(1)
Do 利用式(11-35)和式(11-36)对 gbest 进行柯西变异策略
end if
  end for
 end for
end while
```

图 11-16　MCQPSO 算法的伪代码步骤

11.3.4　函数仿真测试

1. 测试函数

为了验证 MCQPSO 算法的优势，将该算法应用到基准函数优化中，实验中使用的基准函数如表 11-8 所示。

表 11-8　基准函数

函数名	函数表达式	自变量区间	最大值
Rosenbrock 函数	$f_1(x)=\sum_{i=1}^{n}\left(100\left(x_{i+1}-x_i\right)^2+\left(x_i-1\right)^2\right)$	(15,30)	100
Rastrigrin 函数	$f_2(x)=\sum_{i=1}^{n}\left(x_i^2-10\cos\left(2\pi x_i\right)+10\right)$	(2.56,5.12)	10
Griewan 函数	$f_3(x)=\frac{1}{4000}\sum_{i=1}^{n}x_i^2-\prod_{i=1}^{n}\cos\left(\frac{x_i}{\sqrt{i}}\right)+1$	(−300,600)	600
Schaffers 函数	$f_4(x)=0.5+\frac{\left(\sin\sqrt{x_1^2+x_2^2}\right)^2-0.5}{\left(1+0.001\left(x_1^2+x_2^2\right)\right)^2}$	(−100,100)	100

实验测试函数包括表 11-8 的四个基准函数。其中基准函数均是最小值为 0 的最小化问题，表中包括基准函数的初始化区间和自变量的最大取值。

2. 算法参数及实验环境设置

为了直观的表示出基于动态变异及背景协同的 QPSO 算法的优势，将 MCQPSO 算法分别与基于权重的量子粒子群 (WQPSO)算法[29]和协同量子粒子群(CQPSO)算法[14]进行比较。

在实验中，三种算法(MCQPSO、WQPSO、CQPSO)的种群规模均为 20，且收缩因子均从 0.8 线性递减到 0.3，MCQPSO 算法的多次观测设置为 5 次。关于每个基准函数，均独立执行 50 次，计算在不同的变量维数和不同的迭代优化次数下，三种算法的方差和平均最优位置分别为多少，其中迭代次数分别为 1500,2000；粒子的维度分别为 20,30,。实验所用电脑的 CPU 为 Intel(R) Core(TM)2 Duo 2.20GHz，内存为 2GB，编程平台为 Matlab R2010a。

3. 实验结果及分析

表 11-9 和表 11-10 为 CQPSO，WQPSO，MCQPSO 三种算法的运行结果，表中分别记录了实验中的方差和平均适应度取值。

表 11-9　CQPSO 与 MCQPSO 算法的优化结果比较

f	D	G_{max}	CQPSO		MCQPSO	
			最小均值	标准差	最小均值	标准差
f_1	20	1500	3.2346E+01	4.0781E+01	**8.3047E+00**	**4.6609E+00**
	30	2000	5.2301E+01	6.1123E+01	**4.6067E+01**	**3.6231E+01**
f_2	20	1500	**1.9889E−02**	**1.4075E−01**	9.2247E+00	2.6486E+00
	30	2000	**5.9698E−02**	**2.3869E−01**	1.5066E+01	3.9235E+00
f_3	20	1500	4.3722E−02	4.2593E−02	**6.6691E−04**	**1.6661E−03**
	30	2000	6.7181E−02	6.0019E−02	**4.1556E−04**	**1.1658E−04**
f_4	20	1500	9.7238E−04	2.9441E−03	**1.9753E−04**	**1.3736E−03**
	30	2000	1.5547E−03	3.5980E−03	**2.5162E−06**	**3.7299E−06**

表 11-10　WQPSO 与 QPSO 算法的优化结果比较

f	D	G_{max}	WQPSO		QPSO	
			最小均值	标准差	最小均值	标准差
f_1	20	1500	4.3248E+01	5.4437E+01	8.0260E+01	1.3274E+02
	30	2000	7.3221E+01	1.1134E+02	2.8484E+02	2.4532E+02
f_2	20	1500	1.2908E+01	4.2705E+00	5.5697E+01	5.8903E+00
	30	2000	2.8443E+01	7.0917E+00	3.4537E+01	7.1238E+00
f_3	20	1500	2.4863E−02	2.3981E−02	1.6723E−02	1.9450E−02
	30	2000	9.4990E−03	1.1426E−02	4.7897E−03	7.8878E−03
f_4	20	1500	4.1916E−03	4.1916E−03	1.7944E−30	6.7456E−30
	30	2000	7.1898E−03	4.3050E−03	3.2347E−05	1.1694E−03

从表 11-9 和表 11-10 中可以分析得出，MCQPSO 算法得出的大部分方差和平均最优适应度值均优于 WQPSO、QPSO 和 CQPSO 算法，证明 MCQPSO 的全局迭代性能优于 WQPSO 和 CQPSO 算法。

11.3.5　医学图像分割仿真测试

目前为止，医学中图像的处理策略及成像方式经过了一个长时间的发展历程，医生对疾病诊断依据为医学图像处理。在社会技术发展的过程中，医学图像的不同分辨率、相关清晰度及图像的诊断策略得到了飞速发展。随后，超声影像技术、MRI 技术等医学图像处理方式相继提出。这些医学图像处理策略均是一类医学图像技术，是凭借人体内不同器官和组织对管线，超声波的反射、散射、投射的不同功能而出现的一类医学图像处理技术，为人体诊断提供了有效的判断[1]。为了有效地帮助诊断疾病，就必须有效地分析及处理图像。

1. 医学图像分割简述

对于医学中拍摄到的影像，其分析及处理是指对利用医学设备获取的影像信息进行相应的解析及处理的相关策略，医学影像分析及处理技术可以帮助医生更加准确的解析疾病的发展情况。对医学中相关影像分析及处理技术的主要探讨内容为：相关图像的配准策略、三维可视化方式、相关图像的阈值分割技术、运程策略及计算机的辅助诊断方式等，且医学上的图像分割策略是其他图像处理技术的前提要求。医学图像的分割可以理解为从图像中提取出需要的区域或边界，即把需要的组织从整体组织中提取出来，从而便于区分的过程。

图像处理的目的是为了找到合适的图像分割方法来处理相关的医学图像。图像分割策略是指将图像中感兴趣或有特点的区域部分提取出来，这些特殊部分是不相互交错的，且要提取的部分与其他部分会有明显的区别及某些相同特征。为了对图像中每一个区域进行相关的识别、分析和对图像进行相关的理解，唯一的方法就是将特征区域从目标区域中分割提取出来。

当运用图像分割策略时，可用的特征性分割依据有：纹理分割、局部统计分割、图像灰度等级分割和颜色等级分割等，从而可以利用这些特征加以区分目标图像中的每一部分信息。在图像分割处理策略的可用性方面，图像分割策略主要分为两大类型：边缘特征分割策略和区域特征分割策略。

(1) 边缘分割法。图像的边缘特性主要包括两方面：由遮挡和目标边界等形成的阴影，且图像边缘是由图像中突变位置的不同像素所组成的集合。传统边缘监测方法的判断依据为：采用二阶导数为零点时的相关信息或图片梯度向量的幅值特性。对于边缘图像分割算法的思想，先采用变化强度的各种算了监测图像中的边缘像素，再使用追踪策略把离散的边缘信息连接在一起，从而形成闭合式的目标边界区域。

提取图像边缘信息的策略有很多，如主动轮廓、多尺度变换、图像滤波、边界跟踪和边缘松弛方法等。文献[5]介绍了一种基于变分策略的图像分割策略，该策略采用全局收敛的松弛方法，从而产生的由最小值函数生成的阈值信息曲面来表示一种分割方法。

(2) 区域分割法。经典的串行区域技术包括分裂合并和区域生长法。对于分裂加合并策略，指从整个目标图像中开始分裂局部信息，再通过合并得到每个部分。在文献[2]中，主要研究针对阴影和光照变化对图像分割技术的影响。

分水岭策略的形成及相关原理是通过模拟浸入思想进行描述，分水岭分割方法是一种基于拓扑型原理的数学形态类的分割策略[4]，主要思想是将图像中每个像素点的灰度取值当做该点的海拔度信息，每一个影响点及部分最小值称之为集水盆区域，其分水岭由集水盆区域形成。分水岭策略也有其缺陷，即该策略容易产生部分分割现象，且对噪声相当敏感。

2. 图像阈值分割概述

阈值分割策略是将图像中感兴趣的目标区域信息提取出来，且目标部分与其他部分的背景在灰度取值上有较大差异[31]，把待分割图像看做是目标部分和背景部分的相关融合，该融合部分的每一处都具有不同的灰度级特点，此时需要选择一个最优阈值，用以区分图像中的各个像素点取值是隶属于目标信息区域部分，还是背景信息区域部分，从而产生了广泛使用的单阈值分割策略。

阈值分割策略有许多特点。对于待分割图像中各个目标灰度取值的信息及相关特征相差很大时，阈值分割策略可以很好的分离目标区域和其余区域。在医学的相关图像研究中，阈值图像分割策略时常作为各种图像的前期处理操作，后期再采用其他图像处理方法进行后续图像操作。该策略常常被使用到各种 CT 图中的骨骼类型或皮肤类型。

图像阈值分割策略也有其缺陷。首先该方法不适于特征性基本相同及多通道的图像，若图像中各个灰度取值相差不大，且在灰度取值有较大重叠的情况下，均不适合用阈值分割策略。当该策略对各图像的灰度信息不匀称和噪声特性均十分敏感时，该策略就会适用。在近年的发展过程中，针对阈值分割法的缺陷，研究者提出许多阈值分割类的改进策略，如基于空间像素点位置信息的阈值变化策略[8]和基于图像过渡区的相关[7]分割方法。

本书有关图像分割的相关应用中，主要采用的分割技术为多阈值分割策略，当单阈值分割策略与多阈值分割策略之间进行比较时，多阈值分割策略对图像的分割结果更加精确。为了更好的处理多阈值问题，按如下公式定义种群中的个体：

$$X_i=\left(x_1,x_2,\cdots,x_{M-1}\right) \tag{11-38}$$

其中，M 指将待分割图像分割为 M 类，X_i 中第 i 个粒子的每一维都要保证满足 $0\leqslant x_1\leqslant x_i\leqslant\cdots\leqslant x_{M-1}\leqslant L$，且 x_i 指第 i 个粒子的第 i 个阈值。所以种群初始化时均按照公式(11-38)进行。

脑部医学图像分割流程如图 11-17 所示。

图像分割的具体步骤如下：

步骤 1：读入图片，程序获取每个 CT 图的灰度值矩阵数据，且从数据矩阵里求解最大灰度信息取值 L 和最小灰度信息取值 l。

步骤 2：种群前期初始化。群体中各个微粒均满足初始化标准：在最小灰度信息值 l 和最大灰度信息值 L 之间随机产生第一个数设置为粒子第一维的信息 x_1，在第一维信息 x_1 到最大灰度值 L 之间随机产生一个数作为粒子的第二维信息 x_2，以此类推下去，从而完成 MCQPSO 算法前期的初始化。种群中各个粒子的维数信息均设置为四维。

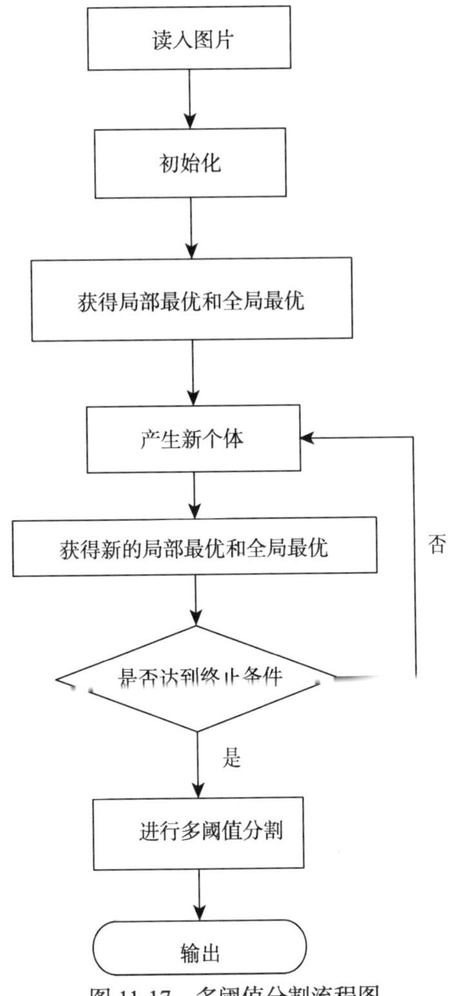

图 11-17　多阈值分割流程图

步骤 3：计算得到 p_{best} 和 g_{best}。先利用 OSTU 法则得到图像的类间距方法，其适应度函数为类间距方法的相反数，则类间距方差的实现公式为

$$\sigma^2 = w_1 \times w_3 \times (\mu_1 - \mu_3)^2 + w_1 \times w_2 \times (\mu_1 - \mu_2)^2 + w_2 \times w_3 \times (\mu_2 - \mu_3)^2 + w_2 \times w_3 \times (\mu_2 - \mu_3)^2 + w_1 \times w_4 \times (\mu_1 - \mu_4)^2 + w_2 \times w_4 \times (\mu_2 - \mu_4)^2 + w_3 \times w_4 \times (\mu_3 - \mu_4)^2 \tag{11-39}$$

式中，w_i 指个体的第 i 类灰度值的概率；μ_i 指微粒的第 i 类灰度值的平均值信息；σ^2 指类间距方差，且 $i = 1,2,3,4$。

将 MCQPSO 中的每个粒子代入上述函数中从而得到每个粒子的适应度取值，此时依据适应度取值挑选局部 p_{best} 和 g_{best}。

步骤 4：获得新个体。根据蒙特卡罗和波函数原理对每个粒子进行多次观测得到五个个体，再根据阈值分割的原理和量子粒子群的更新公式进行种群中粒子的初始化。QPSO 的迭代优化公式为

$$m_{\text{best}}(t)=\left(\frac{1}{M}\sum_{i=1}^{M}p_{i1}(t),\frac{1}{M}\sum_{i=1}^{M}p_{i2}(t),\cdots,\frac{1}{M}\sum_{i=1}^{M}p_{id}(t)\right) \tag{11-40}$$

$$p_i(t+1)=\varphi\times p_i(t)+(1-\varphi)\times p_g(t) \tag{11-41}$$

$$X_{id}(t+1)=p_{id}(t+1)\pm\alpha\times\left|m_{\text{best}}-X_{id}(t)\right|\times\ln(1/\mu) \tag{11-42}$$

在式(11-40)～式(11-42)中，M 指群体中粒子总数；m_{best} 指平均最优位置；p_{id} 指在第 t 代种群中第 i 个最优个体的第 d 维信息；$p_i(t+1)$ 指第 $t+1$ 代种群中第 i 个局部最优微粒和全局最优微粒之间的随机最优位置信息；p_i 为第 t 代的第 i 个局部最优个体；$p_g(t)$ 指第 t 代的全局最优；t 为算法当前的迭代次数；$X_{id}(t)$ 指算法第 t 代种群中第 i 个微粒的第 d 维信息，$t=1,2,\cdots,G_{\max}$，$G_{\max}$ 为迭代总次数；φ 和 μ 为 0 和 1 之间的随机数取值；收缩因子 α 取为从 0.3 到 0.8 线性递减。

步骤 5：从 measure_j 中根据适应度值越小越好的原则进行最优个体的挑选，且将挑选出的最优个体为背景变量，并将背景变量与其他个体进行每一维信息的协同合作。

步骤 6：是否达到迭代条件。

步骤 7：以 g_{best} 的每一维信息取值作为待分割图像阈值，且对读入的脑部 CT 图进行阈值分割，最后得到分割后的相关数据。

3. 实验参数及环境设置

在本节中，图像分割目的是根据图像的灰度特性将待分割图像分割四类，从而获得图像中感兴趣的目标区域。为了证明 MCQPSO 的性能，分别用基于动态变异和背景协同的 QPSO 算法(MCQPSO)、基于权重的 QPSO 算法(WQPSO)、孙俊等提出的改进协同 QPSO 算法(CQPSO)作用于 4 幅脑部 CT 图进行多阈值分割，且用到的脑部图片均来自于北京肿瘤医院的医学影像科。

实验中的 4 幅脑部 CT 图的大小均为 512×512。阈值分割的类别为四类，种群总数为 20，收缩因子取值在 0.3～0.8。在 MCQPSO 算法中，进化查找次数等于 100，独立迭代运行次数为 10，多次协同合作测量的次数为 5。实验所用电脑的 CPU 为 Intel(R) Core(TM)2 Duo 2.20GHz，内存为 2GB，编程平台为 Matlab R2010a。

4. 实验结果及分析

脑部 CT 的分割效果图如图 11-18～图 11-21 所示。其中，(a)是原始 CT 图，(b)是 MCQPSO 的分割效果图，(c)是 CQPSO 的分割效果图，(d)是 WQPSO 的分割

效果图。在分割效果图中，分割部分均用方框标记出来。

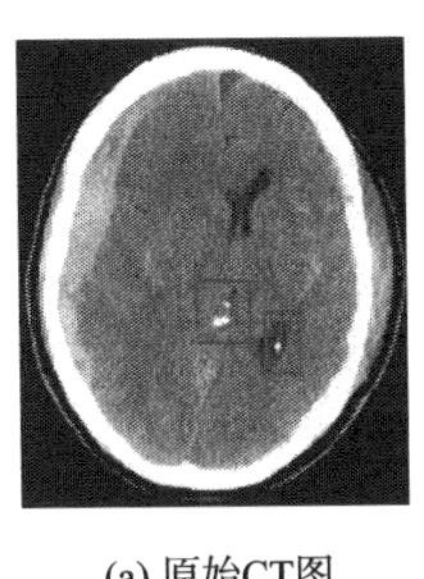
(a) 原始CT图

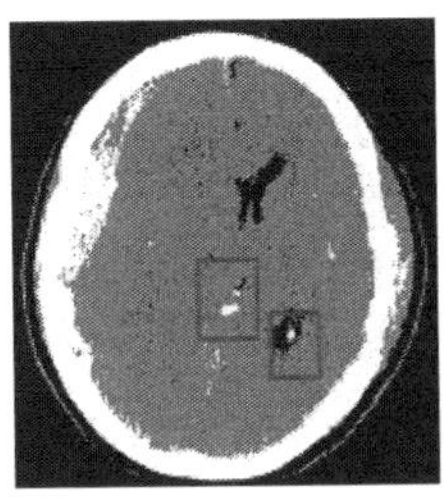
(b) MCQPSO

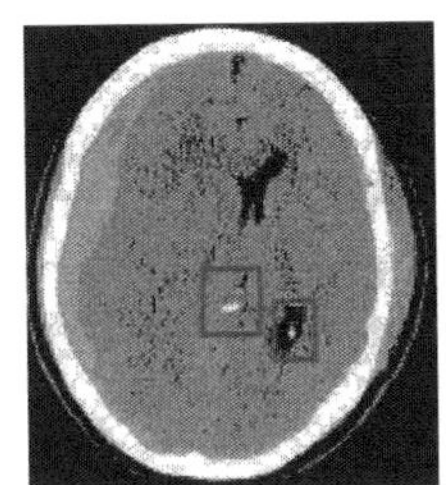
(c) CQPSO

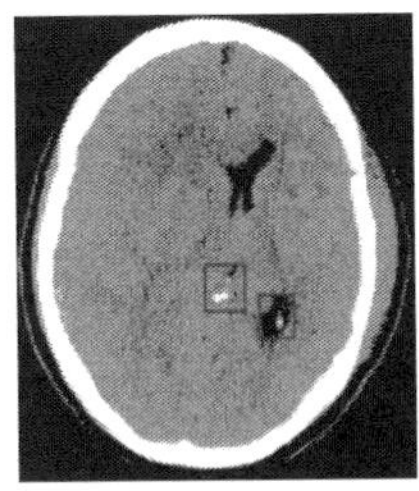
(d) WQPSO

图 11-18　脑部图“CT 872”的分割结果

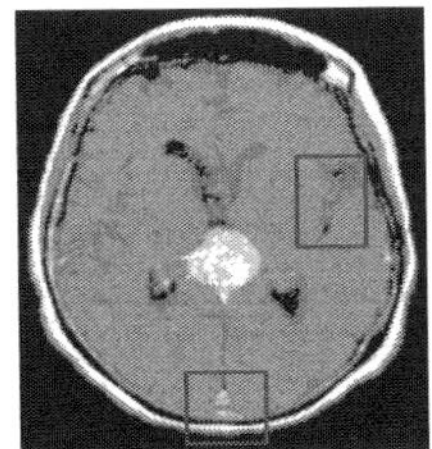
(a) 原始CT图

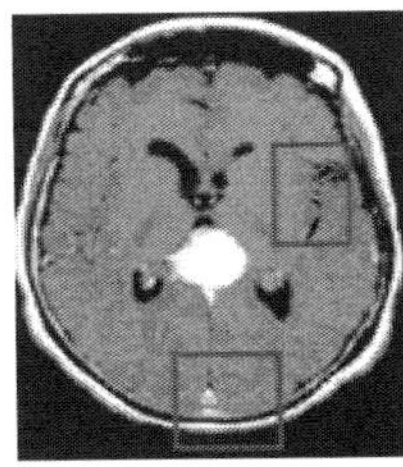
(b) MCQPSO

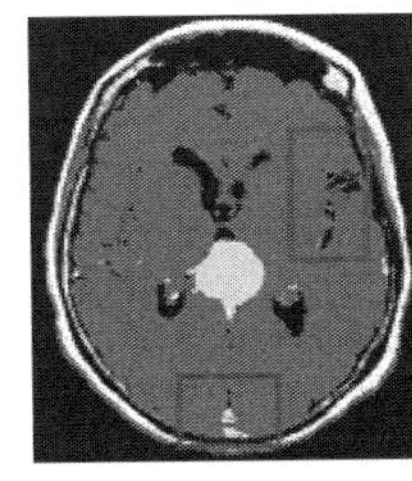
(c) CQPSO

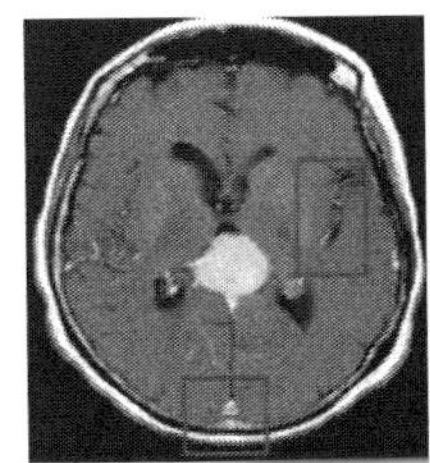
(d) WQPSO

图 11-19　脑部图“CT 291”的分割结果

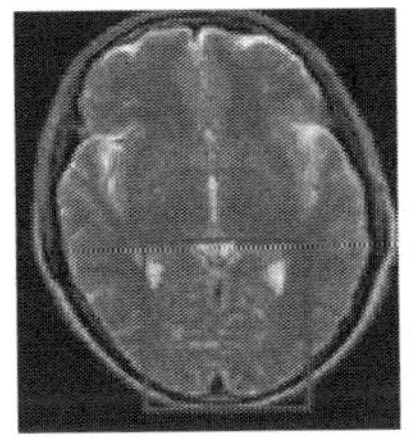
(a) 原始CT图

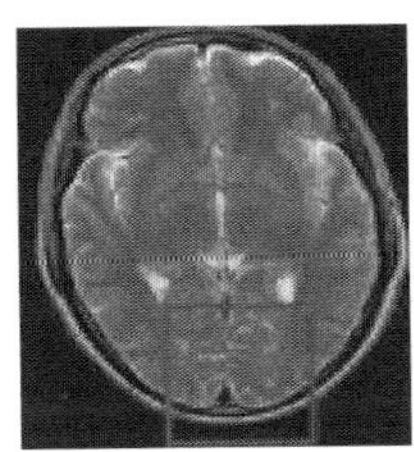
(b) MCQPSO

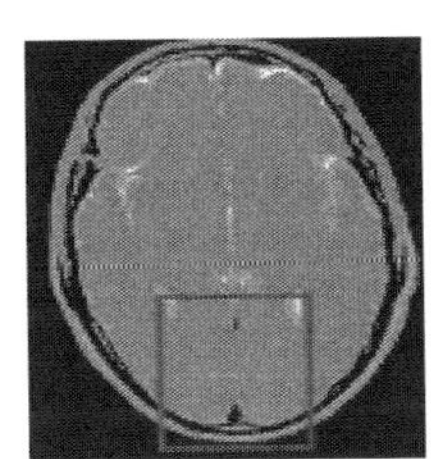
(c) CQPSO

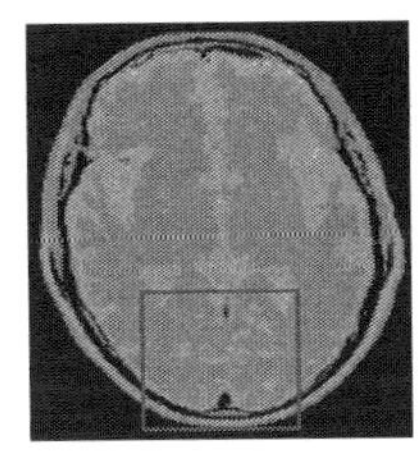
(d) WQPSO

图 11-20　脑部图“CT 772”的分割结果

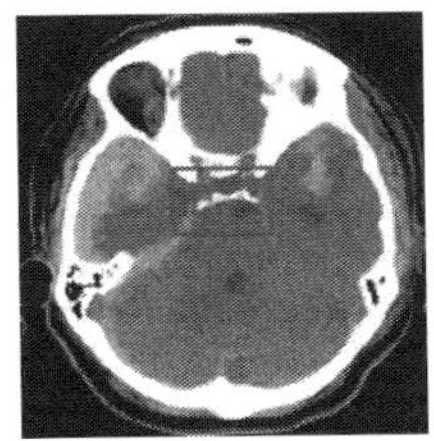
(a) 原始CT图

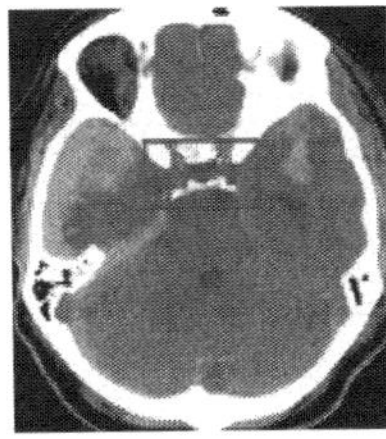
(b) MCQPSO

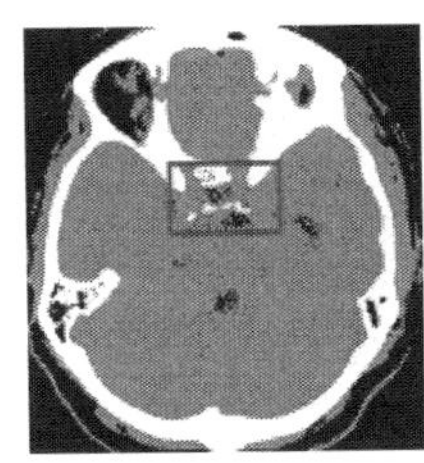
(c) CQPSO

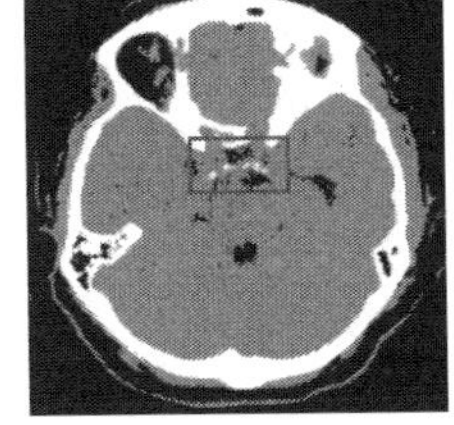
(d) WQPSO

图 11-21　脑部图“CT 869”的分割结果

图 11-18～图 11-21 是分别利用 MCQPSO、WQPSO 和 CQPSO 算法得到的图像分割结果，从图像的分割效果图能够看出，MCQPSO 算法的性能优于 CQPSO 算法和 WQPSO 算法，对算法的进一步性能研究如表 11-11～表 11-14 所示。

表 11-11　脑部图“CT 872”的分割数据

算法	872		
	阈值	类间方差	方差
MCQPSO	65,158,254,255	**5.9056E+03**	**9.5869E−13**
CQPSO	69,153,252,255	5.7486E+03	5.1822E+01
WQPSO	65,95,211,235	5.6886E+03	4.3671E+01

表 11-12　脑部图“CT 291”的分割数据

算法	291		
	阈值	类间方差	方差
MCQPSO	55,160,254,255	**3.6583E+03**	**8.2239E−13**
CQPSO	56,107,152,200	3.5973E+03	1.6412E+01
WQPSO	21,92,173,222	3.5824E+03	3.6303E+01

表 11-13　脑部图“CT 772”的分割数据

算法	772		
	阈值	类间方差	方差
MCQPSO	44,195,135,175	**2.0305E+03**	**3.6167E−03**
CQPSO	40,142,209,229	2.0029E+03	1.3284E+01
WQPSO	35,110,227,242	2.0019E+03	1.4518E+01

表 11-14　脑部图“CT 869”的分割数据

算法	869		
	阈值	类间方差	方差
MCQPSO	64,164,254,255	**6.0269E+03**	**7.3768E−13**
CQPSO	63,201,216,229	5.8405E+03	4.4589E+01
WQPSO	67,187,240,245	5.7871E+03	5.0316E+01

表 11-11～表 11-14 中黑体代表 MCQPSO 算法优于其他两种对比算法。以表 11-14 为例，MCQPSO 算法得出的类间方差为 6.026954E+03，然而 WQPSO 算法和 CQPSO 算法得到的类间方差分别为 5.840594E+03 和 5.787145E+03。从类间方差的分割数据可以明显得出，MCQPSO 得到的类间方差数据大于其他两种对比算法的类间方差数据，与此同时，对于方差，MCQPSO 算法得到的方差小于其他

两种对比算法的方差，根据 OSTU 原理的评价标准，分割后的类间方差数据越大，CT 图像分割结果就越准确。从而说明提出的 MCQPSO 算法是稳定的。

11.4　结论与讨论

本章此部分以量子粒子群优化为基础，针对函数优化，医学图像分割，给出了几种改进方法，实验表明该方法参数少，易实现，为量子智能计算在数字式计算机上得以充分实现提供了新的思路。目前量子计算处于火热飞速发展的阶段，但其硬件实现的诸多瓶颈问题，使得量子计算的应用受到很大的限制，量子粒子群算法解决了传统量子进化受到编码进制的限制，大大增强了应用的范围。

参 考 文 献

[1] 计玉芳. 医学图像分割算法的研究与应用[D]. 无锡：江南大学硕士学位论文, 2009.

[2] 范静辉, 吴建华, 刘晔. 基于矢量量化和区域生长的彩色图像分割新算法[J]. 中国图象图形学报, 2005, 10(9): 1079-1081.

[3] VINCENT L, SOILLE P. Watersheds in digital spaces: an efficient algorithm based on immersion simulations [J]. IEEE Transactions on Pattern Analysis and Machine Intelligent, 1991, 13 (6): 583-598.

[4] 杨家红, 刘杰. 结合分水岭与自动种子区域生长的彩色图像分割算法[J]. 中国图象图形学报, 2010, 1(13): 63-68.

[5] 张永平, 郑南宁. 基于变分的图像分割算法[J]. 中国科学 E, 2002, 32(1): 133-144.

[6] SAHOO P K, SOLTANI S, WONG A K C, et al. A survey of thresholding techniques[J]. Computer Vision Graphics & Image Processing, 1988, 41(2): 233-260.

[7] ZHANG Y J, GERBRANDS J J. Transition region determination based thresholding[J]. Pattern Recognition Letters, 1991, 12(1): 13-23.

[8] NAKAGAWA Y, ROSENFELD A. Some experiments on variable thresholding[J]. Pattern Recognition, 1979, 11(3): 191-204.

[9] LEE C, HUH S, KETTER T A, et al. Unsupervised connectivity-based thresholding segmentation of midsagittal brain MR images[J]. Computers in Biology & Medicine, 1998, 28(3): 309-338.

[10] PUN T. A new method for gray-level picture thresholding using the entropy of the histogram[J]. Signal Processing, 1980, 2(3): 233-237.

[11] KAPUR J N, SAHOO P K, WONG A K C. A new method for gray-level picture thresholding using the entropy of the histogram[J]. Computer Vision, Graphics and Image Processing, 1985, 29(3): 273-285.

[12] SAHOO P, WILKINS C, YEAGER J. Threshold selection using Renyi's entropy[J]. Pattern Recognition, 1997, 30(1): 71-84.

[13] YEN J C, CHANG F J, CHANG S. A new criterion for automatic multilevel thresholding[J]. IEEE Transactions on Image Processing A Publication of the IEEE Signal Processing Society, 1995, 4(3): 370-378.

[14] GAO H, XU W, SUN J, et al. Multilevel thresholding for image segmentation through an Improved quantum-behaved particle swarm algorithm[J]. IEEE Transactions on Instrumentation & Measurement, 2010, 59(4): 934-946.

[15] XI M, SUN J, XU W. An improved quantum-behaved particle swarm optimization algorithm

with weighted mean best position[J]. Applied Mathematics & Computation, 2008, 205(2): 751-759.

[16] REYNOLDS W. Herds and schools: a distributed behavioural model[J]. Computer Graphics, 1987: 25-34.

[17] PARSOPOULOS K E, PLAGIANAKOS V P, MAGOULAS G D, et al. Improving the Particle Swarm Optimizer by Function "Stretching"[M]//Advances in Convex Analysis and Global Optimization. New York: Springer US, 2001: 445-457.

[18] 张丽平. 粒子群优化算法的理论及实践[D]. 杭州: 浙江大学博士学位论文, 2005.

[19] SHI Y, EBERHART R C. Fuzzy adaptive particle swarm optimization[C]// Evolutionary Computation. IEEE, 2001: 101-106.

[20] LU K, FANG K, XIE G. A hybrid quantum-behaved particle swarm optimization algorithm for clustering analysis[C]//Fuzzy Systems and Knowledge Discovery. FSKD '08, 2008: 21-25.

[21] GONG S, GONG X, BI X. Feature selection method for network intrusion based on GQPSO attribute reduction[C]// Multimedia Technology (ICMT). IEEE, 2011: 6365-6368.

[22] LIU J, SUN J, XU W. Improving quantum-behaved particle swarm optimization by simulated annealing[J]. Lecture Notes in Computer Science, 2006, 4115: 130-136.

[23] LIN H, MAOLONG X, YANGHUA Z. An improved quantum-behaved particle swarm optimization with random selection of the optimal individual[C]//Proceedings of the 2010 WASE International Conference on Information Engineering-Volume 04. IEEE Computer Society, 2010: 189-193.

[24] ZHU H D, ZHAO X H, ZHONG Y. Feature selection method combined optimized document frequency with improved RBF network[J]. Lecture Notes in Computer Science, 2009, 5678: 796-803.

[25] SUN J, XU W, FENG B. A global search strategy of quantum-behaved particle swarm optimization[C]//Cybernetics and Intelligent Systems. IEEE, 2004: 111-116.

[26] 许少华, 王皓, 王颖, 等. 一种改进的量子粒子群优化算法及其应用[J]. 计算机工程与应用, 2011: 20, 34-37.

[27] LI Y, JIAO L, SHANG R, et al. Dynamic-context cooperative quantum-behaved particle swarm optimization based on multilevel thresholding applied to medical image segmentation[J]. Information Sciences, 2015, 294: 408-422.

[28] JIANG M, LUO Y P, YANG S Y. Stochastic convergence analysis and parameter selection of the standard particle swarm optimization algorithm[J]. Information Processing Letters, 2007, 102(1): 8-16.

[29] MAO-LONG X I, SUN J, YONG W U. Quantum-behaved particle swarm optimization with binary encoding[J]. Control & Decision, 2010, 25(1): 376-385.

[30] LI Y, XIANG R, JIAO L, et al. An improved cooperative quantum-behaved particle swarm optimization[J]. Soft Computing, 2012, 16(6): 1061-1069.

[31] RATON B, SOLTANI S, WONG A K C, et al. A survey of thresholding techniques: Computer Vision[C]// Volume Graphics. 1999.

第 12 章　量子聚类社区检测

12.1　基于量子聚类的社团检测

12.1.1　社团检测方法的研究及发展

在现实世界中，许多复杂的系统都可以抽象表示为复杂网络。社交网络、协作网络和生物网络等都是典型的复杂网络，可以说，人们正生活在一个充斥着各种各样复杂网络的海洋里。网络中的节点均代表一个对象，连接两个节点的边则代表着这些对象之间的某种特定关系。在对复杂网络物理意义和数学性质的研究中发现，许多真实的网络都具有一个共同特性——社团结构性，即网络是由若干个社团构成，社团内部的节点间的连接紧密，社团间节点的连接相对稀疏。例如，在万维网中，属于同一社团划分内的网站讨论的是相类似话题，不同的社团讨论的话题类型相对差距较大，而万维网就是由这些社团共同组成的。

复杂网络的社团结构的发现有利于更好地理解网络结构和分析网络特性。本节提出了一种新的基于量子聚类的社团检测(QCCD)方法。首先，应用结构相似度的方法度量网络中节点之间连接关系的强弱，并提取其谱特征将社团检测问题转化为一个数据聚类的问题，然后应用量子聚类的方法，在特征空间完成聚类，同时发现对应网络空间的社团。在量子聚类过程中，引入节点的邻接信息，不仅能够提高算法的局部分析能力，同时降低了算法的时间复杂度。在计算机生成网络和真实世界网络的实验表明，该算法具有很好的社团检测能力。

一个复杂网络是由许多节点和连接两个节点的边组成，其中节点代表实际系统中不同的个体，边则表示个体之间的相互作用。图作为描述网络的一种统计工具被广泛使用。在实际应用中，根据网络特性的不同，可以构建出不同类型的图。若给定图的每条边均规定方向，那么得到的图为有向图(directed graph)，其边也称为有向边，反之则为无向图(undirected graph)。如果给每条边都赋予相应的权值，那么该图就称为加权图(weighted graph)，反之则称为无权图(unweighted graph)。

虽然在节点、结构以及其他因素上具有非常大的复杂性，给复杂网络的研究带来一定的难度，但研究者还是发现复杂网络所具有的若干特性，包括小世界性质、无标度性质、聚集性(网络传递性)以及社团结构特性等。小世界性质指小世界网络具有较大的聚类系数(clustering coefficient)和较小的特征路径长度(characteristic path length)。无标度性质指的是网络中节点度的分布是右偏斜的，具有幂率函数或指数函数形式。聚集性(clustering)或网络传递性(network transitivity)是指若两个节点均与另一个节点相邻，那么这两个节点仍相邻的概率较大。社团结构特性作为复杂网络中一个非常重要的特性，对反映和理解整个网络的结构和功能都有着非常重要的作用。具体地说，在社团结构指特性研究中，复杂网络是由若干个社团构成的，处于社团内部的节点之间的连接相对较为紧密，社团间的节点的连接相对较为稀疏。即如果社团内部的某些成员具有相同的特征，那么各成员之间的联系也会具有较为相似的特点，因此社团结构的检测也具有非常重要的现实意义。近年来，社团检测有着非常广泛的实际应用，如恐怖组织识别、蛋白质功能预测、网络挖掘和链路预测等[1]。

1. *社团检测方法举例*

复杂网络社团结构的研究已经有很长的历史，目前被广泛研究的算法大致可归类为基于图论的方法、基于层次聚类的方法、基于优化的方法和基于启发式的方法等。具体的某种算法可能不单单属于上面提到的某一类，它极有可能融合了好几种设计思想在其中，因此无法对社团检测方法进行严格意义上的划分。从某种角度来看，本章将其分为全局性方法和局部性方法两类。在全局性方法中，经典的方法有基于图分割的方法，如 Kernighan-Lin(KL)算法[2]；基于层次的划分方法，如基于边介数度量的分裂(GN)算法[3]和基于相似性度量的凝聚(CNM)算法[4]等；谱算法将特征分解的思想应用到社团检测中去，如最经典的谱平分法[5]、基于矩阵 L 的特征向量的启发式算法。基于模块度的算法是在社团检测中最常使用的算法。Newman 等[6]给出了模块度的定义，并将其作为衡量复杂网络划分质量的标准，通过优化模块度值获得网络社团的划分，代表性的算法有 Newman 提出的结合贪婪思想的快速社团检测算法，Blondel 等[7]提出的一种基于层次聚类的时间复杂度接近 $O(m)$ 的快速模块度优化方法 BGLL 等。基于启发式搜索的社团检测算法中，Wu 等[8]提出了一种基于电路系统理论的快速启发式社团检测算法等。此外，还有 Rosvall 等[9]提出的基于信息论和压缩编码的社团检测算法，Palla 等[10]提出的可发现重叠社团的算法。

研究者们也提出了一些基于局部信息的社团检测方法。Clauset[11]定义了局部模块度(local modularity)评价指标。LWP 方法给出了基于弱社团(weak community)概念的新的模块度指标[12]。比较有代表性的有：Clauset[11]提出了一种通过对社团局部扩张并最优化局部模块度来发现社团的方法，同时给出了局部模块度(local modularity)评价指标。Bagrow 等[13]提出的一种从特定起始节点开始探测社团结构的局部方法。Xu 等[14]提出的一种拥有接近线性时间复杂度并可以处理大规模网络的基于密度的在线网络聚类方法。复杂网络社团结构的另一个重要特征是其内在的层次结构性[15, 16]。在这种情况下，社团结构主要依赖于被探测的网络的规模。例如，Lancichinetti 等[15]提出了一种基于适当性度量函数且能够发现重叠社团发现的层次方法，该方法主要是对初始节点和分辨率参数进行随机化，来生成多个社团，展示网络的层次。

2. 利用谱算法的社团检测

本书重点介绍利用谱算法的社团检测，其在社团检测中的应用非常广泛。从广义上说，任何用到特征值分解的算法都可以称为谱算法。它将研究的重点放在社团结构与复杂网络的谱特征之间的关系上。谱算法一般流程为：构建一个矩阵(如相似度矩阵)描述复杂网络中点与点之间的关系；将该矩阵进行特征分解，并选择一个或多个特征向量描述原始网络，在特征向量上完成社团结构的发现。因此，可以说，利用谱算法的社团检测应重点关注一下两个方面：①如何构建矩阵描述节点之间的连接关系；②选择什么样的方式进行社团的检测。

谱平分算法(spectral bisection method，SBM)[5]是其中一个最为经典的算法。对于一个复杂网络，构建它的拉普拉斯(Laplace)矩阵。Laplace 矩阵所有的行与列的和都为零，它总有一个为零的特征值，且其对应的特征向量中的元素全为一。特征向量中的元素与社团中的节点一一对应。理论证明，不为零的特征值所对应的特征向量，其元素对应着同一社团的，是近似相等的。谱平分法取第一非平凡特征向量作分析，所有正元素对应的节点属于同一社团，而所有负元素对应的节点则属于另一社团。当网络确实恰有两个社团存在时，谱二分法可以得到较好的效果。

在基于传统 Laplace 矩阵的谱平分算法的基础上，Capocci 等[17]提出了一种基于规范 Laplace 矩阵的谱平分算法。与传统谱平分算法比较，该算法对结构不是十分明显的网络，也能取得较好的效果，对于社团结构非常明显的社团结构划分，效果更佳。

通常情况下社团内部的连接紧密而社团间的连接稀疏，在这个基础上，Newman 等[18]给出了社团模块度的定义，用来衡量复杂网络划分的质量。此外，他们结合谱分析的思想，提出了一种基于模块度矩阵的谱平分算法，时间复杂度为 $N^2\log_2(N)$，其中 N 为网络中节点的个数。该算法在每次二分完成时采用一种类似于 KL 算法的方法对二分结果进行后处理以获得更高的模块度值。目前，这种算法已经被扩展到了有向网络[19]和加权网络[20]的社团结构分析中，分别构建了有向模块度矩阵和加权模块度矩阵。

然而模块度存在分辨率局限问题(resolution limit problem)[21]，可伸缩性较差，因此无法识别出网络中的小社团。为解决这个问题，Fu [22]提出了用模块度密度矩阵代替模块度矩阵的社团检测方法。此外，还有各式各样的矩阵形式与谱算法相结合，如无权网络中基于共邻矩阵的方法、加权网络中基于共邻矩阵的方法、有向网络上的关联矩阵方法等。

谱平分法根据第一非平凡特征向量的正负对网络社团进行划分，划分为最终的两个社团。实验证明，当网络近似有两个社团组成时，此方法的划分效果好。然而，实际上大部分的网络并不满足网络仅包含两个社团这样的假设条件，因此谱平分法的优点就不能得到充分体现，甚至无法应用。从理论上，可以设定阈值参数，迭代使用谱平分法得到社团的分类，或者通过谱平分法的循环使用得到网络不同层次的社团，但在实际操作中非常困难，得到的社团检测精度也较低。因此，第一非平凡特征向量所包含的信息量不能反映社团的真实面貌，不足以作为社团划分的标准。

社团检测可以看做是一个聚类问题，从聚类的思想出发，使用多个特征向量构建聚类的初始数据，进而实现社团检测的任务。例如，文献[22]中，Fu 在社团划分阶段，使用前 k 个特征向量组成聚类的输入矩阵，并用 K 均值法进行聚类。这种算法必须预先设定聚类的个数，即社团划分的个数，而在多数情况下，类别数是不可知的。其次，在特征空间中，社团的映射结构是复杂的，不可能完全符合球状或者椭球状分布，因此，采用传统的聚类方式，获得的聚类的精度低，不能完全发现社团的结构。Niu 等[23]提出使用量子聚类方式解决以上两个问题。具体来说，该基于量子机制的社团检测方法，根据最小割准则，构建规范矩阵(normal matrix)，并在此基础上提取谱信息，进一步使用量子聚类的方式完成社团检测的任务。

12.1.2　基于量子聚类算法的社团检测

1. 结构相似度

通常，一个具体的网络可以抽象的用一个由点集 V 和边集 E 组成的图 $\left[G=\left(V,E\right)\right]$ 表示。ω_{ij} 表示连接节点 i 和节点 j 的边的权重。如果 G 为无权图，所有边的权重默认为 1。社团检测方法的目的是找到密集链接的子图。令节点的邻接矩阵用 A 表示，如果节点 i 存在一条边连接节点 j，那么 $A_{ij}=\omega_{ij}$，否则 $A_{ij}=0$。本书结合节点局部结构和网络连通性设置节点结构相似性，衡量任意两个点之间的局部连接关系的强弱。

定义 $\Gamma\left(i\right)$ 为节点 i 及其公共边的邻接节点构成的集合，则节点 i 和节点 j 的连接紧密程度可以表示为

$$M_{ij}=\left|\Gamma\left(i\right)\cap\Gamma\left(j\right)\right|=\sum_{u\in\Gamma\left(i\right)\cap\Gamma\left(j\right)}\left(\omega_{iu}\cdot\omega_{ju}\right) \tag{12-1}$$

根据式(12-1)，可以计算出任意两点的连接紧实度。然而，这个指标却不能区分两个节点是否有边相连，这可能导致社团检测不准确。因此，用一个约束来修正这个指标，即：当节点 i 和 j 之间若无边相连，则重新赋值 $M_{ij}=0$。本节用矩阵运算的形式给出 M 的表达式：

$$M=\left(A^2+2A+I\right).*\left(A+I\right) \tag{12-2}$$

式中，M 为共邻矩阵。为了定义和有效度量任意一对节点的相似度，本节引入结构相似度，定义为

$$s_{ij}=\frac{M_{ij}}{\sqrt{\left|\Gamma(i)\right|\cdot\left|\Gamma(j)\right|}}=\frac{M_{ij}}{\sqrt{\sum\limits_{u\in\Gamma(i)}\omega_{iu}^2}\cdot\sqrt{\sum\limits_{u\in\Gamma(j)}\omega_{ju}^2}} \tag{12-3}$$

结构相似度函数是在余弦相似度的基础上扩展而来，其返回值在区间[0,1]。当两个节点之间没有边相连时，其结构相似度为 0。共有邻居越多，其结构相似性越大。当两个节点拥有的邻居是相同的时候，这两个节点被认为是等效的，它们之间的结构相似度为 1。结构相似度矩阵可写为

$$S=D^{-1/2}MD^{-1/2} \tag{12-4}$$

式中，s_{ij} 为矩阵 S 中的元素；D 为对角矩阵，其元素 $D_{ii}=M_{ii}$。对于一个有 N 个节点的网络，$S\in\mathrm{R}^{N\times N}$ 显然是一个对称矩阵，且 $s_{ii}=1$。如图 12-1 所示，用一个简单的网络说明相邻节点之间的结构相似性。

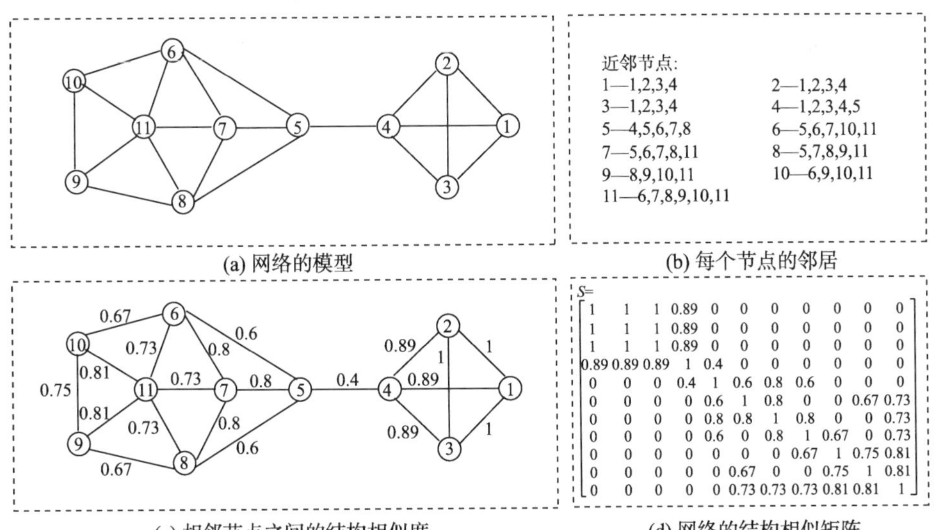

(a) 网络的模型　(b) 每个节点的邻居

(c) 相邻节点之间的结构相似度　(d) 网络的结构相似矩阵

图 12-1　节点之间的结构相似性

结构相似度矩阵可以分解为 $S = Q\Lambda Q^T$ ，其中 Λ 为由特征值 $\lambda_1, \lambda_2, \cdots, \lambda_N$ ($\lambda_1 \geqslant \lambda_2 \geqslant \cdots \geqslant \lambda_N$)组成的对角矩阵，$Q$ 为对应的特征向量 $q_1, q_2, \cdots, q_N$ 作为列向量构成的矩阵。利用主成分分析方法(PCA)得到变换数据为

$$\Phi_l = \Lambda_l^{\frac{1}{2}} Q_l^T \tag{12-5}$$

式中，Λ_l 为一个包含前 l 个对应的特征值的对角矩阵；Q_l 为一个以前 l 个对应特征向量为列的矩阵；Φ_l 为一个 $(N \times l)$ 的主成分矩阵，将其作为输入数据用于下一步的量子聚类，其每一行都对应着原始数据集中的一个点。主成分个数 l 通过熵的差分方法得到，具体来说，对特征值进行降序排列，$\lambda_{(l)} - \lambda_{(l+1)} = \max\left(\lambda_{(i)} - \lambda_{(i+1)}\right)$，$i = 1, 2, \cdots, N-1$ 。

2. 引入邻接信息的量子聚类

在 QC 算法中，Φ_l 作为输入矩阵，其每一行都对应着原始网络的一个节点。一般来说，距离远的两个节点相似度低，距离近的节点之间的相似度高。但是，在大多数情况下，特征分解导致数据点呈现一种特殊的流形结构分布，即节点的空间分布不同于简单的簇状分布。而 QC 算法对类的分布形状没有要求，这使得 QC 算法看起来是一个合适的聚类选择。量子理论认为粒子间的相互作用驱使它们向低势能的位置移动，最终粒子运动到的最终位置就是聚类的中心点附近。因此，QC 算法在数据空间中聚类和在复杂网络中检测社团都是可行的。本节进行社团检测仅需要知道节点之间的邻接信息。

以图 12-1 中的网络为例，在图 12-2 中给出量子聚类前后节点的分布。图 12-2(a)为前两个主成分的特征空间映射。数据集合(节点集合){1,2,3,4}和{6,7,8,9,10,11}可以很明显地看出分属两个不同的类，然而，对于节点 5 却不能确定它该属于哪一类。在 QC 中，通过多次梯度下降迭代，节点 5 逐步向第二个聚类中心点方向移动，并最终被归为第二类。图 12-2(b)所示的是 20 次梯度下降迭代后的每个节点的位置。

在本节中，节点 p 与其邻接节点的集合用 $\Gamma(p)$ 表示。可以假设，某个节点的波函数仅受与其相连的节点的影响。基于这个假设，节点 p 的波函数重写为

$$\psi(p) = \sum_{p_i \in \Gamma(p)} \mathrm{e}^{-(p-p_i)^2/2\sigma^2} \tag{12-6}$$

用式(12-7)代替带有 Parzen 窗的高斯核函数估计波函数(即样本点的概率分布)，即

$$\psi(p) = \sum_{i=1}^{N} \mathrm{e}^{-\|p-p_i\|^2/2\sigma^2} \tag{12-7}$$

在本节中，只需要考虑节点的邻接节点，从基于邻接信息的高斯模型中估计

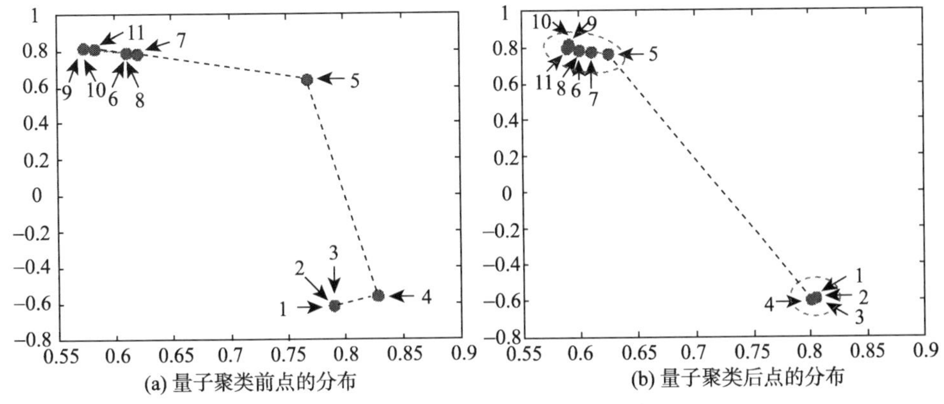

(a) 量子聚类前点的分布

(b) 量子聚类后点的分布

图 12-2　量子聚类前后节点的分布

波函数。势能函数重写为

$$V\left(p\right)=E+\frac{\left(\sigma^2/2\right)\nabla^2\psi}{\psi}=E-\frac{d}{2}+\frac{1}{2\sigma^2\psi}\sum_{p_i\in\Gamma(p)}\left\|p-p_i\right\|^2\exp\left[-\frac{\left\|p-p_i\right\|^2}{2\sigma^2}\right] \quad (12\text{-}8)$$

邻接矩阵是一个稀疏矩阵，其中很大一部分元素为零。对于一个 N 个节点的网络，在改进的量子聚类中，每次迭代的时间复杂度降低为 $O\left(2L+N\right)$，其中，L 是网络总的边数，且 $2L+N<<N^2$。对于大型网络，本节只考虑节点及其邻接信息，而不考虑其他节点的干扰，这会大大降低算法运行时间，同时，邻接信息的引入还有助于量子聚类算法性能的提高。

3. 算法描述

在本节中，提出的算法是引入邻接信息的量子聚类应用于复杂网络的社团检测(QCCD)。与谱聚类方法框架相似，首先提取原始网络的特征信息，将复杂网络中社团检测的问题转化为一个数据空间的聚类问题。数据空间的每行向量与网络中的节点一一对应。结合量子聚类方法，对具有特殊分布结构的数据进行聚类。同时引入每个节点的邻接信息，此操作不仅能够提高聚类的正确率，即社团检测的准确度，还能够降低算法的时间复杂度。QCCD 算法的流程如图 12-3 所示。

12.1.3　仿真实验及其结果分析

在本节中，在计算机生成网络和真实世界网络上验证该方法的有效性。设置了三个对比算法，首先是 Niu 算法[23]，它结合了量子聚类和基于标准割准则的谱方法，用于复杂网络社团的检测；Fu 算法[22]是一个用 K 均值法优化模块密度，进而发现社团的方法；Newman 算法[18]是一个基于模块度矩阵的谱平分方法。

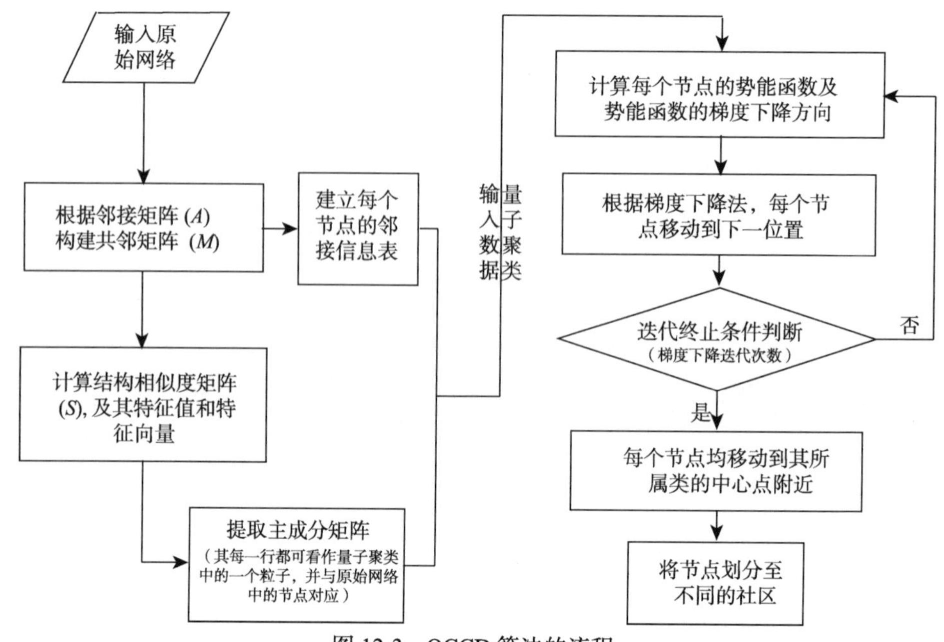

图 12-3　QCCD 算法的流程

QCCD 中参数的设置如下：高斯核参数 σ 设置为 0.5(试探法，0.5 时在大部分网络中都取得较好的效果)，梯度下降迭代次数 Steps 设置为 20。所有的实验均在 Matlab 环境中模拟，电脑环境为 Intel Core 2 Duo 2.33 GHz CPU 及 2.00GB 内存。

为了评价社团划分结果，引入评价指标，其中最广泛使用的是归一化互信息 (normalized mutual information, NMI)[24]，除此之外，还从聚类的角度，引入了另外一个评价函数 Jaccard Score (JS)。

NMI 用于衡量算法检测到的划分结果与真实网络划分之间的相似程度，定义如下：对于给定一个网络的两种划分 S_1 和 S_2，S_1 和 S_2 的 NMI 定义为

$$\mathrm{NMI}\left(S_1,S_2\right)=\frac{-2\sum_{i=1}^{c_{S_1}}\sum_{j=1}^{c_{S_2}}C_{ij}\log\left(C_{ij}N/C_{i\cdot}C_{\cdot j}\right)}{\sum_{i=1}^{c_{S_1}}C_{i\cdot}\log\left(C_{i\cdot}/N\right)+\sum_{j=1}^{c_{S_2}}C_{\cdot j}\log\left(C_{\cdot j}/N\right)} \tag{12-9}$$

式中，C 为混淆矩阵(confusion matrix)，其元素 C_{ij} 为既属于划分 S_1 社团 i 又属于划分 S_2 社团 j 的节点个数；$c_{S_1}\left(c_{S_2}\right)$ 是划分 $S_1\left(S_2\right)$ 中的社团个数，$C_{i\cdot}\left(C_{\cdot j}\right)$ 是 C 中第 i 行(j 列)元素之和；N 是网络中的节点个数。如果 $S_1=S_2$，则 $\mathrm{NMI}\left(S_1,S_2\right)=1$，如果 S_1 和 S_2 完全不同，则 $\mathrm{NMI}\left(S_1,S_2\right)=0$，NMI 越接近于 1 表示两个划分越相似。

1. 计算机生成网络

本节使用经典 Girvan-Newman(GN)基准网络[3]来测试所提算法的可行性和有

效性。该生成网络包含 128 个节点，每个节点的平均度为 16，可以平均分为 4 个社团。混合参数μ定义为: $\mu = z_{\text{out}}/(z_{\text{in}} + z_{\text{out}})$，其中$z_{\text{in}}$为节点与自身社团内的节点相连接的边的数目，$z_{\text{out}}$为节点与其它社团内的节点相连接的边的数目。若$\mu < 0.5$，说明社团内部节点之间的连接概率比社团与其他社团节点之间的连接概率大，随着μ的增大，节点与其他社团的连接变得频繁，社团的结构性变弱，直至完全不能分辨。在本节的实验中，μ从 0 到 0.5，每种类型的网络都产生 6 个复杂网络，对四种对比算法在检测这些网络社团结构的能力进行测试，使用 NMI 作为衡量标准。

图 12-4 给出了混合参数μ取不同的值 (从 0 到 0.5)时，四种算法得到的平均 NMI 值曲线图。图中结果表明，QCCD 算法要比其他三种对比算法更加精确。Niu 算法和 Fu 算法的 NMI 结果非常相似，略好于 Newman 算法，但比 QCCD 算法的性能差。当$u \geqslant 0.25$时，Fu 算法和 Newman 算法不再能完全检测出网络的真实社团划分(NMI 为 1)，而当$u \geqslant 0.375$时，QCCD 算法和 Niu 算法才开始出现检测错误。随着混合参数μ的增大，社团结构也变得越来越模糊，使得这些算法更难检测到真实社团，但总体来说 QCCD 算法在这四种算法中性能最好。为了进一步验证其有效性，本节在接下来的实验中重点对比了 QCCD 算法和在 GN 网络中取得次优效果的 Niu 算法。值得一提的是，QCCD 算法和 Niu 算法都是基于量子聚类的算法，这反映了量子聚类机制在社团检测中是有效的，并能够取得很好的性能。

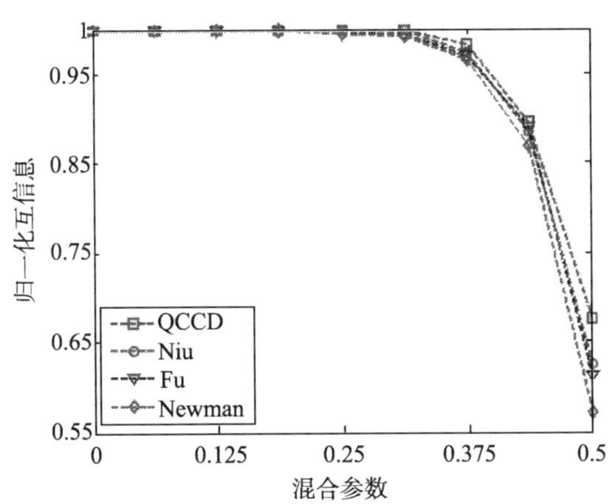

图 12-4　对于μ从 0 到 0.5，四种算法得到的平均 NMI 的变化曲线图

Lancichinetti-Fortunato-Radicchi (LFR)基准网络[25]是一种被广泛用于复杂网络社团检测领域的计算机生成网络。与 GN 基准网络相比，LFR 基准网络允许用户设定生成网络的节点数目、边数目、社团数目和混合参数更具有现实网络属性。节点的度和社团尺寸均服从幂律分布，其参数分别为γ和β。令节点的个数为N，

节点平均度为$\langle k\rangle$。实验中的参数设置如下：$\gamma=2$，$\beta=1$，$N=1000$，$\langle k\rangle=20$，节点最大度$k_{\max}=50$，且社团最大规模$C_{\max}=50$，社团最小规模$C_{\min}=10$。QCCD-1 算法和 QCCD-2 算法来确定 QCCD 算法中每一操作对最终检测结果的贡献。其中，QCCD-1 算法是将结构相似度与引入邻接信息的 QC 算法相结合的算法，而 QCCD-2 算法是结合了结构相似度和传统 QC 算法的算法。图 12-5 给出了混合参数取 0 到 0.7，NMI 值取每个混合参数下 6 个不同的网络运行得到的平均值。

QCCD-2 算法和 Niu 算法在社团检测阶段均采用了传统的量子聚类算法，他们主要的区别在于 QCCD-2 算法从结构相似度矩阵中提取谱特征，而 Niu 算法则是利用的 Normal 矩阵。在图 12-5 中，QCCD-2 算法与 Niu 算法相比，获得了更高的 NMI 值，社团检测能力明显比 Niu 算法好。结果表明当混合参数大于 0.6 时，Niu 算法已经完全不能发现社团的结构，而 QCCD-2 算法在$u=0.7$时，NMI 值仍大于 0.6。此外，为了检测邻接信息对算法效果的影响，本节对 QCCD-1 算法和 QCCD-2 算法进行了对比。图 12-5 中曲线表明，当u小于或等于 0.5 时，QCCD-1 算法和 QCCD-2 算法均能获得正确的社团检测结果(NMI=1)。当$u>0.5$，QCCD-1 算法比 QCCD-2 算法拥有更好的检测性能，QCCD-1 算法直到$u=0.7$，NMI 值都保持在 0.83 以上。这表明，邻接信息的引入有助于社团检测准确性的提高。

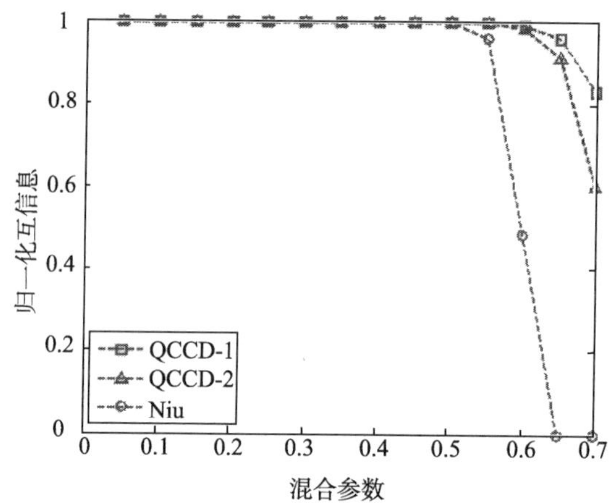

图 12-5　对于μ从 0 到 0.7，QCCD-1 算法、QCCD-2 算法和 Niu 算法的平均 NMI 变化曲线图

图 12-6 给出了以上三种对比算法运行时间随着网络规模增大的变化曲线。混合参数为[0,1]之间的随机数，其他参数均与图 12-5 的设置相同，运行时间为 10 个网络的平均值。

从图 12-6 中可以看出，三种算法的运行时间均随着网络规模的增大而增大。QCCD-2 算法和 Niu 算法时间复杂度相同，因此在曲线上的变化具有一致性。

QCCD-1 算法的运行效率远远高于其他两种算法，这表明邻接信息的引入对社团检测方法效率的提高具有很大作用。对于一个 1000 个节点的网络，QCCD-1 算法的平均运行时间为 11.5s，QCCD-2 算法和 Niu 算法分别为 25.9s 和 37.7s。一个 5000 个节点的网络，这三种算法的平均运行时间分别为 1397s、8122s 和 8200s，可以说，网路规模越大，引入邻接信息所节省的时间越多。

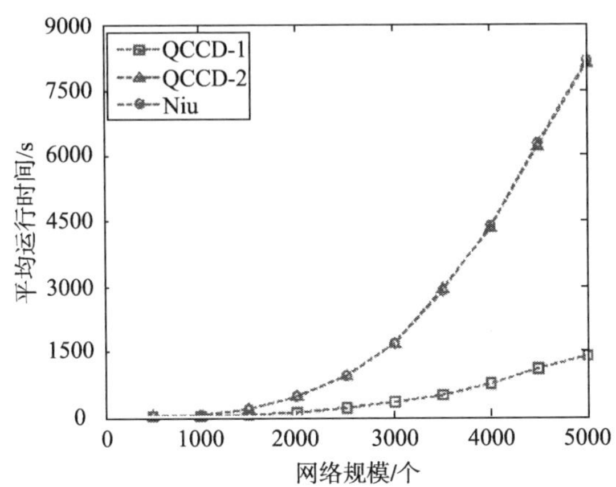

图 12-6　网络规模从 500 到 5000，QCCD-1 算法、QCCD-2 算法和 Niu 算法的平均运行时间变化曲线图

2. 真实世界网络

在本节中，将 QCCD 算法在六个真实世界网络上进行测试，分别为空手道俱乐部网络、美国大学足球网络、海豚社会网络、杂志引文网络、Santa Fe Institute 合作网络和科学家网络。这些网络的描述如下(括号内的为网络代称)。

空手道俱乐部(Karate)网络[26]：该网络由 Zachary 利用两年时间，观察一个空手道俱乐部获得的。该俱乐部原有成员 34 个，后在俱乐部进行整改，俱乐部的教练和管理者之间发生了意见分歧，进而分裂为两个社团。在本节中用到的是无权值的版本。

美国大学足球(Football)网络：该网络是 2000 年美国大学足球联赛的竞赛网络[3]。网络中的每个节点都代表一个独立的球队，若球队与球队之间有比赛则用边相连。网络包含 115 个节点和 613 条边，共分为 12 个组，同组球队之间的比赛更为频繁。

海豚社会(Dolphins)网络[27]：该网络是对新西兰道尔福峡湾的 62 只海豚的行为进行长时间的观察得到的，若两只海豚经常接触，则用边相连接进行表示，此网络共有边 159 条，可以被分为两大社团。

杂志引文(Journal)网络[28]：该网络是在 4 个不同的领域(物理、化学、生物学和社会学)中各选择出 10 个影响因子较高的杂志。每个节点都代表一个杂志，如果在 2004 年，一本杂志中的至少一篇文节引用了其他杂志的一篇文节，那么它们之间有边相连。该网络共有 40 个节点，189 条边。

Santa Fe Institute 合作(SFI)网络：该网络描述的是在 1999 年至 2000 年居住在圣菲研究所的科学家以及他们的合作关系[3]。如果科学家在同一时期合作了一篇或多篇文节，那么他们之间与有边相连。网络包含 118 个节点和 200 条边。

科学家(Science)网络：此网络是一个从事网络理论和实验的科学家之间的合作关系网络，由 Newman 绘制[3]。本节用到的版本包括 1589 位科学家以及 2742 条关系。

由于 SFI 和 Science 网络没有理论的标准结果，因此无法得到 NMI 和 JS(在表 12-1 中，用*表示)。本节引入了另一个由 Newman 和 Girven 提出评价社团划分质量的函数——模块度 Q[29]，目前已被大多数研究者广泛接受。

表 12-1　QCCD 算法在真实网络中取得的结果

网络	节点	边	NMI	JS	Errors	NC	Q
Karate	34	78	1	1	0	2	0.371
Football	115	613	0.934	0.864	6	12	0.593
Dolphins	62	159	0.889	0.945	1	2	0.379
Journal	40	189	1	1	0	4	0.478
SFI	118	200	*	*	*	7	0.739
Science	1589	2742	*	*	*	273	0.831

表 12-1 给出了 QCCD 算法在真实世界网络中取得的结果。其中 NMI、JS 和 Q 之前均有介绍，Errors 表示被错误划分的节点的个数，NC 为划分后的网络社团的个数。

在表 12-1 中，对于 Karate 网络和 Journal 网络，能够得到正确的划分结果(NMI=1)。对于 Football 网络和 Dolphins 网络，本节能够得到正确的社团个数，分别有 6 个和 1 个节点发生错误划分。由于 SFI 网络和 Science 网络没有标准正确结果，仅能够得到 NC 和 Q 的值。例如，对于 SFI 网络，该算法得到 7 个社团，且 Q=0.739。

在图 12-7 中，(a-1)和(a-2)代表 Karate 网络，(b-1)和(b-2)表示 Football 网络，(c-1)和(c-2)表示 Dolphins 网络，(d-1)和(d-2)表示 Journal 网络。其中，图 12-7(#-1)代表的是原始网络的二维主成分映射，通过量子聚类 20 次迭代之后的最终数据分布如图 12-7(#-2)所示。在图中，用不同的颜色表示真实的网络划分，圆圈表示算法实际检测到的网络划分。由于 Football 网络中存在的社团个数较多，以二维图形式展现的结果不是很清晰，但是对于其他三个网络，社团的结构可以很明显地看出。图 12-7(c-2)表示 Dolphins 网络中有一个节点的检测出现了错误。经过构建原始网络的结构相似性矩阵并进行主成分的映射，展示了节点之间的潜在结构，如图 12-7 所示。将网络中的节点看做是量子空间中的粒子，通过量子聚类过程，每个节点按照其势能下降方向运动，使同属一个社团的节点最终运动到同一片区域。量子聚类进一步扩大了不同社团之间的差异，并提高社团内节点的紧实度。

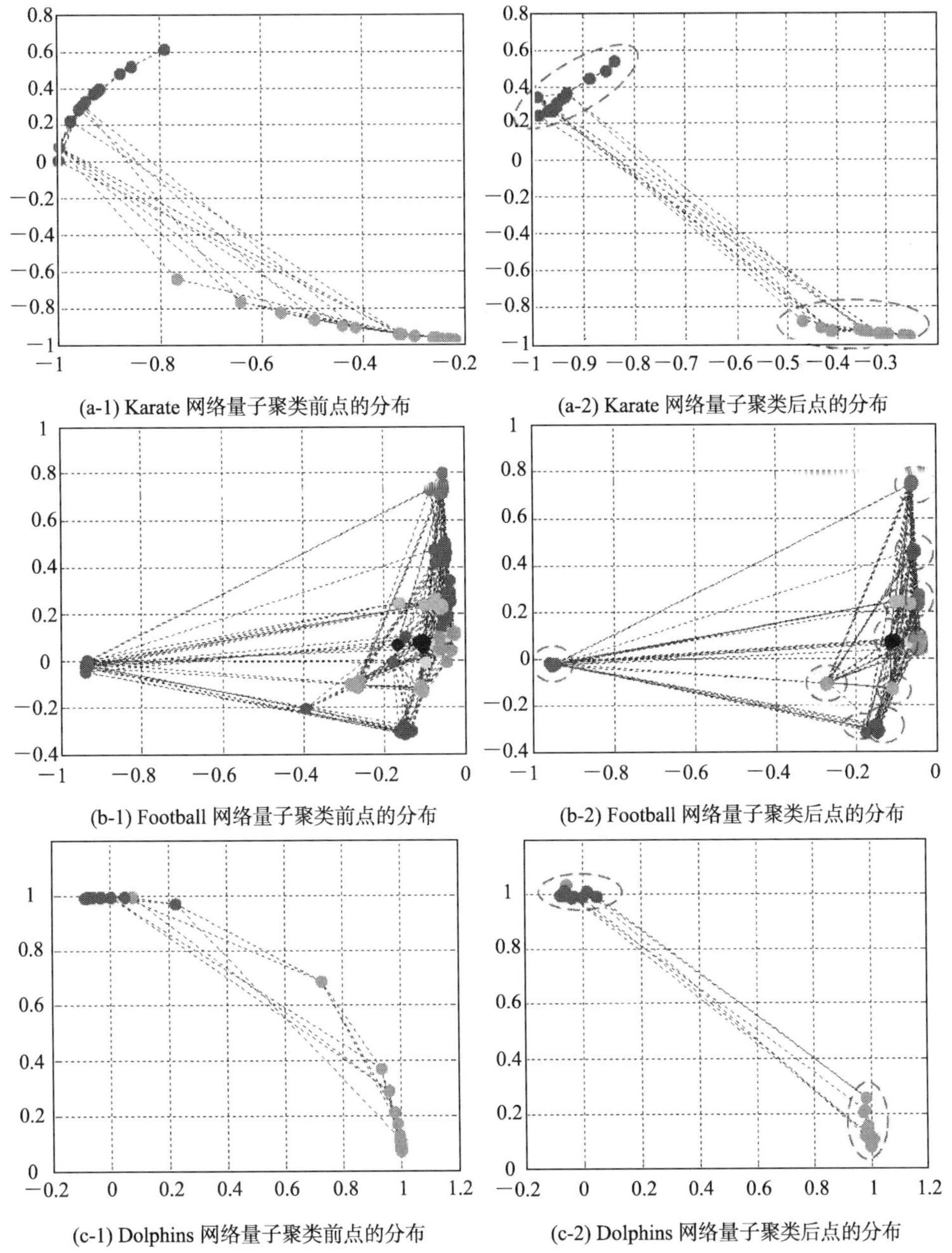

(a-1) Karate 网络量子聚类前点的分布　(a-2) Karate 网络量子聚类后点的分布

(b-1) Football 网络量子聚类前点的分布　(b-2) Football 网络量子聚类后点的分布

(c-1) Dolphins 网络量子聚类前点的分布　(c-2) Dolphins 网络量子聚类后点的分布

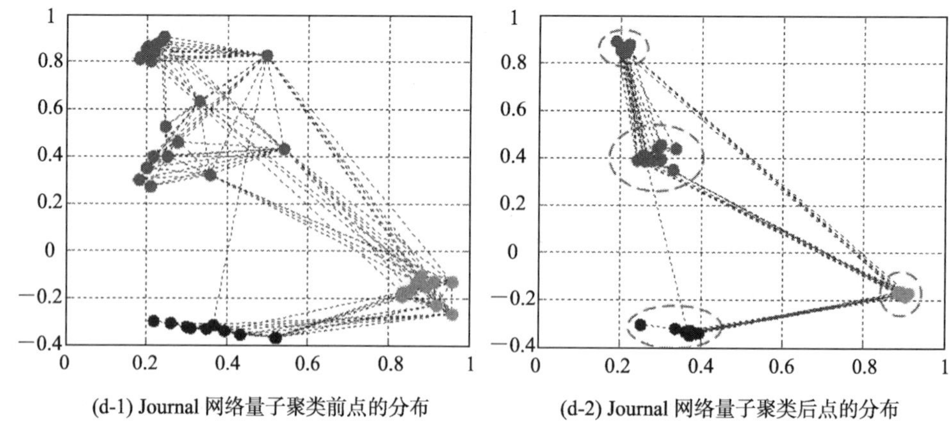

(d-1) Journal 网络量子聚类前点的分布　　(d-2) Journal 网络量子聚类后点的分布

图 12-7　量子聚类前后节点的分布

表 12-2 给出了 QCCD 算法与其他三种算法在四个真实世界网络(Karate、Football、Dolphins 和 Journal)的结果比较。Newman 算法集中于追求给定网络模块度函数 Q 的最大化。然而，最大化 Q 值并不代表能获得最优的社团检测将结果。Fu 等在此基础上提出改进，利用 K 均值优化模块度密度。这两种算法均可视为对不同目标函数的优化算法。QCCD 和 Niu 均是在量子聚类算法的基础上提出的，社团的发现完全取决于样本自身的潜在信息。表 12-2 给出的结果表明，相较于 Fu 和 Newman，这两个基于量子聚类的算法具有更好的社团检测能力。比较 QCCD 和 Niu，两种算法在 Dolphins 网络上取得相同的检测结果。此外，QCCD 在 Karate 网络和 Journal 网络上均获得了正确的划分结果，而 Niu 均有错误节点划分。对于

表 12-2　四种算法在真实世界网络上的比较

算法	参数	Karate	Football	Dolphins	Journal
QCCD	NC	2	12	2	4
	JS	**1**	0.864	**0.945**	**1**
	NMI	**1**	0.934	**0.889**	**1**
Niu	NC	2	15	2	4
	JS	0.893	**0.881**	**0.945**	0.910
	NMI	0.837	**0.938**	**0.889**	0.940
Fu	NC	3	11	5	4
	JS	0.810	0.776	0.383	**1**
	NMI	0.826	0.903	0.526	**1**
Newman	NC	4	8	4	4
	JS	0.562	0.582	0.470	**1**
	NMI	0.687	0.853	0.579	**1**

Football 网络，Niu 算法取得的 JS 和 NMI 值均高于 QCCD，但是它将网络多划分出了 3 个社团，与真实社团划分差别较大。QCCD 获得了 12 个社团，与真实社团划分基本一致，仅有个别节点的类别标签出现错误。

12.2　基于量子聚类的大规模社团检测

12.2.1　基于量子聚类算法的大规模社团检测

随着科技的飞速发展，现代社会网络的规模也随之不断扩大，一个网络中的节点个数有可能达到几十万甚至几百万，连接边数也可以达到千万或者上亿甚至更多，此时一些传统社团检测算法显然不再适合如此大规模的网络。在 12.1 节中提出的算法也因此遇到瓶颈。究其原因，网络所对应的相似度矩阵的存储在空间上的开销一般是 $O\left(N^2\right)$，随着网络节点个数的增加，算法对内存的要求就变得难以承受。矩阵特征分解的复杂度为 $O\left(N^3\right)$，这样的大复杂度对大规模数据来说是无法承受的，基于特征分解的谱聚类方法也因此受到很大的限制。近年来，许多研究者在这方面做了大量的努力，希望能够解决这一瓶颈问题。

基于上述问题，本节提出几点改进策略以适应算法能够在大规模网络中进行社团检测。一是，基于网络层次划分的方法，将原始大规模网络划分成若干个较小的网络，在子网络中进行社团检测，进一步降低其时间复杂度；二是，用 Nyström 方法逼近结构相似度矩阵的特征向量。为了验证算法的有效性，本节用计算机生成 LFR 网络，分别设置为 10000、100000 节点。实验表明该策略极大增强了算法的处理能力，能够处理的网络规模更大了，且运行时间在可以接受的范围内。

1. 网络粗划分

大规模的复杂网络具有一些特殊的性质，如小世界特性、无标度性和社团结构特性等。这些性质在帮助认识复杂网络的同时也有助于更高效的发现其中的社团结构。

一般，现实世界中的网络大都具有层次结构，即对于一个网络，既可以划分为若干个较大规模的社团，也可以进一步细划分为更多较小规模的社团，而较小规模的社团通常还会包含更小规模的社团，如图 12-8 所示。该网络有两种社团划分方式，一种是划分成 4 个大社团，每个社团有 64 个节点，每个节点的社团内部连接度为 13；另一种方式是划分成 16 个较小的社团，每个社团都由 16 个节点组成。每个大社团都可以看做是 4 个小社团组成的，大社团内，小社团之间的连接度为 4。此外，每个节点以随机形式与其他节点相连，度为 1。这种层次结构对于网络的架构和演化具有重要意义。

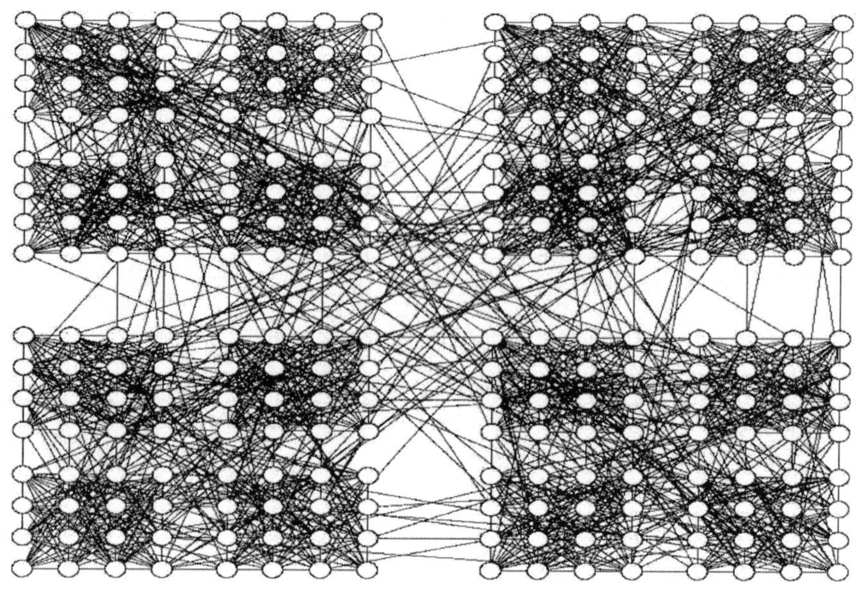

图 12-8　H13-4 网络层次结构

为了解决大规模社团检测的任务，本节将利用这一网络社团的层次特性，采用非常快速的基于阈值的分裂方式，将网络粗划分为较大型的子网络，这样每个子网络均包含多个小型社团。这个操作降低了计算机一次性处理数据的规模，有助于提高后续算法的执行效率。完成这一操作后，分别在每个子网络中检测社团的存在，最后将这些社团合并，就完成整个网络的社团检测任务。

相似度表示了网络中任意两个邻接节点的局部连接密度，在本节仍采用 12.1 节中提到的结构相似度。本节定义社团中的某些节点为核节点，对于一个节点 u，其结构相似度大于阈值 ε ($\varepsilon \in [0,1]$)的邻接节点构成 u 的 ε 邻接集合为

$$\Gamma_{\varepsilon}(u)=\left\{v \in \Gamma(u) \mid s_{uv} \geqslant \varepsilon\right\} \tag{12-10}$$

当 $\left|\Gamma_{\varepsilon}(u)\right| / |\Gamma(u)| > \xi$，即节点 u 的 ε 邻居数目至少为 u 的总邻居的数目的 ξ 倍，则 u 是一个核节点。若一个节点为核节点，那么它可以将与其相连的相似度大于 ε 的节点纳入该点所属的社团中去，而非核节点只能被核节点纳入，而不能由该节点出发合并其他节点。在网络社团的粗划分过程中，一个节点有可能分属多个不同的社团。为处理这种情况，本节将这些社团合并，在后续的量子聚类社团检测中进行社团的细划分。如图 12-9 所示，当设置 $\varepsilon = 0.7$，$\xi = 0.5$，节点 4 和 6 为核节点。节点 4 的邻接节点中，大于阈值 ε 的节点 3,5,6,7 节点与核节点 4 属于同一社团。对于核节点 6 的邻接节点，节点 1,2,3,4,5 同核节点 6 所属的社团。综合起来，节点 1～7 被划归为同一大的社团。

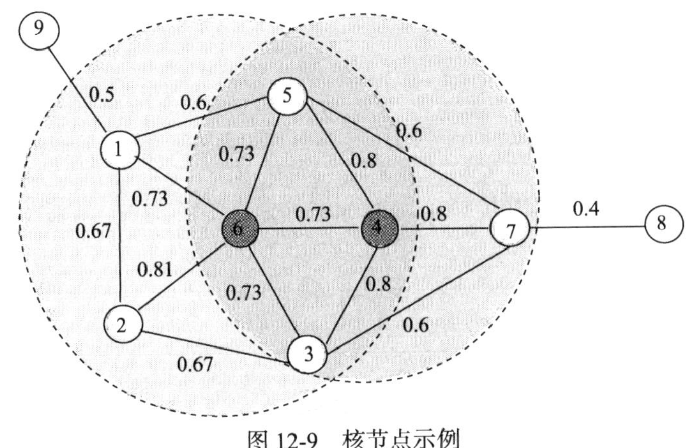

图 12-9 核节点示例

在核节点以及社团层次划分的操作中，ε 和 ξ 为可变变量。根据设置参数的不同，社团划分呈现不同的结果。理论上，当 $\varepsilon=1$，每个节点都是一个小的社团；当 $\varepsilon=0$，整个网络为一个大的社团。同样，参数 ξ 的取值范围为[0,1]。当 $\xi=1$，网络中所有的节点都不是核节点，这显然不是所想要的，通过实验，既能保证核节点和非核节点同时存在，又能够快速实现网络社团的粗划分，ξ 在[0.01,0.3]中取值。

通过以上操作，部分节点可能仍未有类标标号。如图 12-10 所示，与节点 1 的邻接节点 2,3,4,5,6 都不是核节点，都不能将节点 1 纳入它们所属的社团。本节以结构相似度大小计算该节点可能属于的社团的可能性，达到修正网络粗划分的目的。如节点 1 与 2,3 的结构相似度分别为 0.1 和 0.125，那么 1 属于社团 Clust1 的可能性为 0.1+0.125。同样节点 1 属于 Clust2 的可能性为 0.5+0.24，属于 Clust3 的可能性为 0.08。综上，节点 1 属于 Clust2 的可能性大，那么将其划归为 Clust2 中。

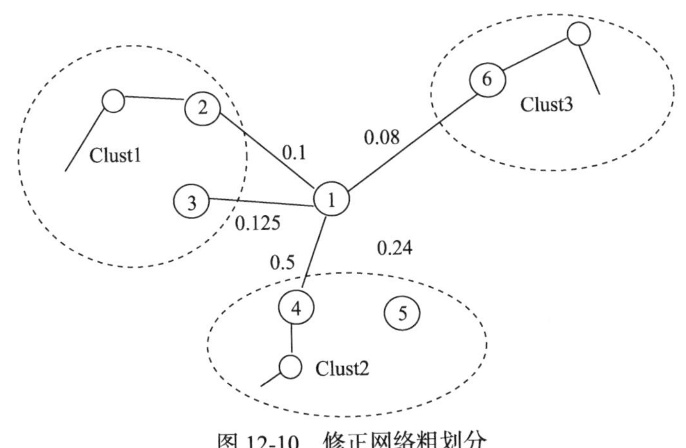

图 12-10 修正网络粗划分

对于图 12-8 中内嵌层次社团结构的基准网络，设置 $\xi = 0.1$，参数 $\varepsilon = 0.65$ 时，社团划分结果如图 12-11(a)，算法可以检测出 4 个大社团；$\varepsilon = 0.25$ 时，社团划分结果如图 12-11(b)所示，网络被划分成 16 个小社团。

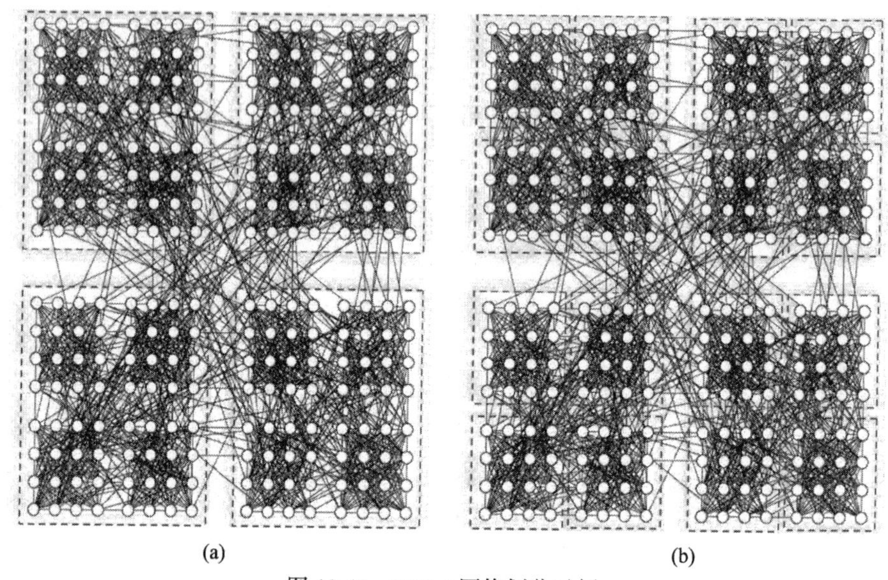

图 12-11　H13-4 网络划分示例

引入核节点的概念，通过阈值快速进行网络的粗划分，不需要设置很精确的参数，通过实验，一般 ε 在[0.15,0.3]取值，由于设置的阈值很低，网络粗划分能达到很好的效果，即能够生成若干大的子网络中含若干小的社团。对于分属不同子网络的节点，相似度低于阈值 ε，本节可以粗略地认为不同子网络之间没有边相连。这对相似度矩阵的改变就是：分属不同子网络的节点的相似度为 0。将节点按照子网络标号进行重新排列，得到估计相似度矩阵为

$$\hat{S} = \begin{bmatrix} S^{(1)} & \hat{0} & \cdots & \hat{0} \\ \hat{0} & S^{(2)} & \cdots & \hat{0} \\ \vdots & \vdots & & \vdots \\ \hat{0} & \hat{0} & \cdots & S^{(t)} \end{bmatrix} \tag{12-11}$$

由此，可以将一个大规模的相似度矩阵拆分为若干小的子相似度矩阵块的组合，在后续量子聚类中只需逐个输入进行操作即可。

2. Nyström 方法

Nyström 方法最初应用于核机器学习领域[30]，其目的是仅利用少量的抽样点实现对全部数据特征向量的逼近，在连续空间和离散空间均可使用。这完全符合在

解决大规模数据特征分解的需要，有了特征向量估计，聚类算法才得以进行。在本节中设定一个网络规模阈值，当子网络的规模大于这个阈值时，采用 Nyström 方法进行特征向量逼近。

假定数据集 $X=\{x_1,x_2,\cdots,x_N\}$，抽取的样本数目为 n，抽样点集合 $Z=\{z_1,z_2,\cdots,z_n\}$。则由 Nyström 方法，有

$$\frac{1}{n}\sum_{j=1}^{n}W\left(x,z_j\right)\hat{q}\left(z_j\right)=\lambda\hat{q}\left(x\right) \tag{12-12}$$

式中，$\hat{q}(x)$ 表示真实 $q(x)$ 值得一个近似值。对于任意的 x，上式都能成立。由于式中包含过多的未知变量，如 $W\left(x,z_j\right)$，$\hat{q}(x)$ 和 λ，所以，不能对其直接计算。如果 x 为被抽样的数据，也就是说 $x\in Z$，那么可以得到 λ 的近似值，进而估计出对应的 $q(x)$ 值，即

$$\frac{1}{n}\sum_{j=1}^{n}W\left(z_i,z_j\right)\hat{q}\left(z_j\right)=\lambda\hat{q}\left(z_i\right),\quad \forall i\in\{1,\cdots,n\} \tag{12-13}$$

式(12-13)的矩阵表示形式：$A\hat{Q}=N\hat{Q}\Lambda$，其中，$A_{ij}=W\left(z_i,z_j\right)$，而 $Q=[q_1,q_2,\cdots,q_n]$ 即为 A 的特征向量，$\lambda_1,\lambda_2,\cdots,\lambda_n$ 为相应的特征值。通过求解式(12-13)，可以得到未抽样点的特征向量。

上述过程通过矩阵的形式可以表示为：定义 A 为抽样点间的相似度矩阵，B 为所有抽样点与非抽样点之间的相似度矩阵，C 为非样本点集合的相似度矩阵，即，原始相似度矩阵矩阵包含整个数据集中任何两个点之间的相似度，表示为

$$W=\begin{bmatrix} A & B \\ B^{\mathrm{T}} & C \end{bmatrix} \tag{12-14}$$

式中，A 可以特征分解为 $U\Lambda U^{\mathrm{T}}$，且 $B\in\mathrm{R}^{n\times(N-n)}$。由此，采用 Nyström 方法进行推导计算得出未抽样点的特征向量，具体表示为 $B^{\mathrm{T}}\Lambda U^{-1}$。对于全部数据，特征向量估计为

$$\bar{U}=\begin{bmatrix} U \\ B^{\mathrm{T}}U\Lambda^{-1} \end{bmatrix} \tag{12-15}$$

Nyström 方法计算出特征向量后，逼近的误差可以利用恢复相似度矩阵的方法计算出来。令 $\hat{W}$ 为经过逼近而获得近似的相似度矩阵，定义为

$$\begin{aligned}\hat{W}&=\bar{U}\Lambda\bar{U}^{\mathrm{T}}\\&=\begin{bmatrix} U \\ B^{\mathrm{T}}U\Lambda^{-1} \end{bmatrix}\Lambda\begin{bmatrix} U^{\mathrm{T}} & \Lambda^{-1}U^{\mathrm{T}}B \end{bmatrix}\end{aligned}$$

$$=\begin{bmatrix} U\Lambda U^{\mathrm{T}} & B \\ B^{\mathrm{T}} & B^{\mathrm{T}}A^{-1}B \end{bmatrix}$$

$$=\begin{bmatrix} A & B \\ B^{\mathrm{T}} & B^{\mathrm{T}}A^{-1}B \end{bmatrix} \tag{12-16}$$

与真实的相似度矩阵 W 相比，逼近的相似度矩阵 $\hat{W}$ 只有矩阵右下角的块 $B^{\mathrm{T}}A^{-1}B$ 是不同的，其他的部分都与真实的相同，其估计误差为 $\left\|C-B^{\mathrm{T}}A^{-1}B\right\|_F$。抽样点与未抽样点之间的相似度是利用抽样点与未抽样点的相似度近似得到。由于特征逼近的过程并没有利用未抽样点之间的相似度，因此使用 Nyström 方法逼近特征向量，与传统的特征分解法相比，有效地降低了时间和空间上的开销。

3. 算法描述

为了改善 12.1 节提出的基于量子聚类的社团检测方法在大规模网络上的适用性。本节实施以下两种措施：通过网络的粗划分降低了输入数据矩阵的规模；引入 Nyström 方法，逼近结构相似度矩阵的特征向量，降低计算复杂度。再结合量子聚类之后，具体的算法流程如下。

步骤 1：提取网络中的核节点，并根据阈值划分方式将大规模网络划分成若干个子网络，同时构建子网络的结构相似度矩阵 $S^{(1)},S^{(2)},\cdots,S^{(t)}$。

步骤 2：对 $S^{(1)},S^{(2)},\cdots,S^{(t)}$ 依次进行如步骤 3～步骤 7 操作，包括其中任意一个 $S^{(i)}$。

步骤 3：对于规模大于 3000 节点的子网络，利用 Nyström 方法逼近 $S^{(i)}$ 的前 l 特征向量，计算其主成分矩阵 $\Phi_l^{(i)}\in R^{N\times l}$，其每一行都可看作量子聚类中的一个粒子，并与原始网络中的节点相对应。

步骤 4：将 $\Phi_l^{(i)}$ 作为量子聚类的输入数据，计算波函数 ψ，势能函数 V 及其梯度下降方向 ∇V，同时提取每个粒子 p 的邻接信息。

步骤 5：利用梯度下降方法不断迭代寻找量子势能的最小值，直到达到设定的最大迭代次数。最终特征空间中的每个点都会聚缩在其所在的聚类中心的位置附近。

步骤 6：根据每个粒子点距离聚类中心的远近划分不同的社团标号。

步骤 7：整合子网络 $S^{(1)},S^{(2)},\cdots,S^{(t)}$ 检测到的社团，最终完成整个网络的社团检测任务。

12.2.2 仿真实验及其结果分析

为了测试算法的可行性，本节首先在中小规模的复杂网络上进行社团的检测。

然后将其应用于规模为 10000 和 100000 的网络中，并与基于密度的社团发现算法(SCAN)[14]和基于网络骨架树的社团发现算法(gSkeletonClu)[31]进行比较。

SCAN 算法和 gSkeletonClu 算法都能够快速处理大规模复杂网络，并完成社团结构的检测任务。SCAN 算法利用基于密度的聚类原理，将 DBSCAN[32]思想用于网络聚类。它需要用户自定义输入相似度阈值ε和最小社团节点个数两个参数。其时间复杂度接近$O(m)$，效率非常高，且聚类质量较好，可以发现网络中任意大小和形状的高密度社团。在 SCAN 基于密度的社团检测方法的基础上，结合图论的思想，Huang 等[31]提出 gSkeletonClu 算法，构建网络的核连通生成树，以基于相似度的模块度Q_s为最优化目标，采用凝聚的方式对最小生成树进行社团划分。本节提出 Improved_QCCD 算法，以适应大规模复杂网络检测任务。在粗划分阶段，同样采取相似度阈值判别，具有快速实现社团检测的能力。

在子网络社团检测 QCCD 部分采用的实验参数设置同 12.1 节：高斯核参数σ设置为 0.5，梯度下降迭代次数 Steps 设置为 20。Nyström 方法中样本点的选取采用随机方法选择其中 10%的网络节点。网络粗划分中参数$\varepsilon=0.2$，$\xi=0.01$。所有的实验均在 Matlab 环境中模拟，电脑环境为 Intel Core 2 Duo 2.33 GHz CPU 及 2.00GB 内存。

对于中小规模的复杂网络，用到的计算机生成网络仍是在 12.1 节中介绍的 LFR 基准网络。对上一节中 1000 个节点的网络，算法的对比如图 12-12 所示。

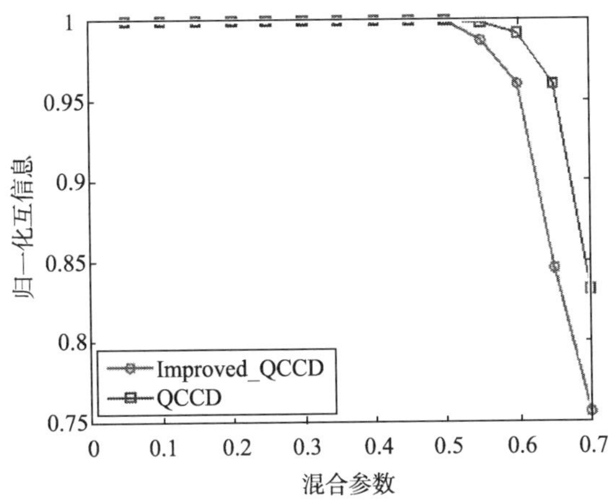

图 12-12　QCCD 算法、Improved_QCCD 算法的平均 NMI 的变化曲线

从图 12-12 中可以看出，在$\mu<0.5$时，Improved_QCCD 算法和 QCCD 算法在测试网络上都获得了 NMI=1 的实验结果，这说明这两种算法进行社团检测的结果与网络实际的内在社团结构完全一致。当μ在 0.55～0.7 时，改进后的社团检测方

法没有原始的方法取得的 NMI 值高。为了探究其原因，在图 12-13 中给出社团在粗划分阶段被错误划归的节点数目(Errors)随着混合参数 μ 增长的变化曲线。由于网络节点数目较少，加上设定的网络规模阈值的关系，在本节中没有用到 Nyström 方法逼近特征向量的方法。也就是说 Improved_QCCD 算法与 QCCD 算法相比，只多了前期预处理的步骤，即社团粗划分。从图中可以看出，在 $\mu \leqslant 0.5$ 时，没有节点出现错误划分。当 μ 分别为 0.55、0.6、0.65 和 0.7 时，错误节点数目分别为 12、8、100 和 198。也就是说直到 $\mu = 0.7$，错误节点数目百分比会达到 20%左右。当子网络划分确定后，执行基于量子的社团检测方法均是在子网络下进行的，即分属于两个不同的子网络中的节点是不可能被划归为同一个社团的。所以粗划分的效果会对后续的社团检测精度产生直接的影响。这就是 Improved_QCCD 算法的社团检测效果相对于原算法有所降低的原因。

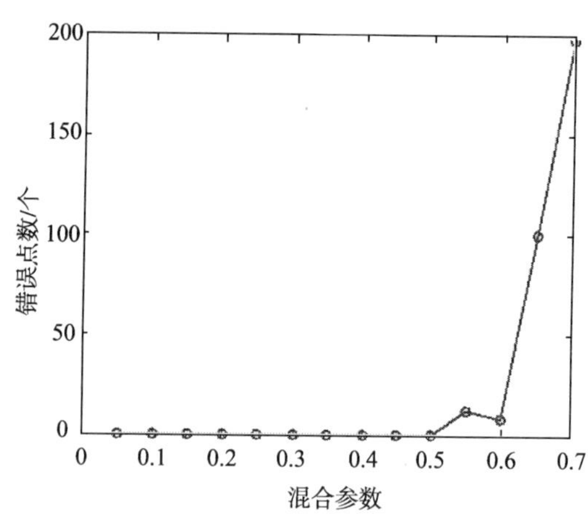

图 12-13　Improved_QCCD 算法 1000 个节点的网络在粗划分阶段错误节点个数

为了测试算法的运行效率，同时为方便对比 QCCD 算法，本节采用 LFR 测试网络[25]。两种对比算法的平均运行时间，如图 12-14 所示。可以看出，改进后的算法在运行时间上远远小于 QCCD 算法。对于 10 个具有 5000 个节点的网络，Improved_QCCD 算法的平均运行时间为 22.8s，其中运行时间最长的也只有 57.1s。而相较于 QCCD 算法在处理 5000 规模网络所需要的 1397s，算法在运行效率上大大提高。综合以上两个实验，本节可以得出结论：社团的粗划分是一把双刃剑，一方面粗划分的结果不可逆转，直接影响社团检测的精度；另一方面，它能够降低单次处理的网络的规模，降低计算复杂度，提高运行效率。

对于大规模的社团网络，本节采用两类社团大小不同的 LFR 网络，其中 S 类网络设定的社团规模相对较小，B 类网络表示社团规模相对较大。具体设置见表 12-3。

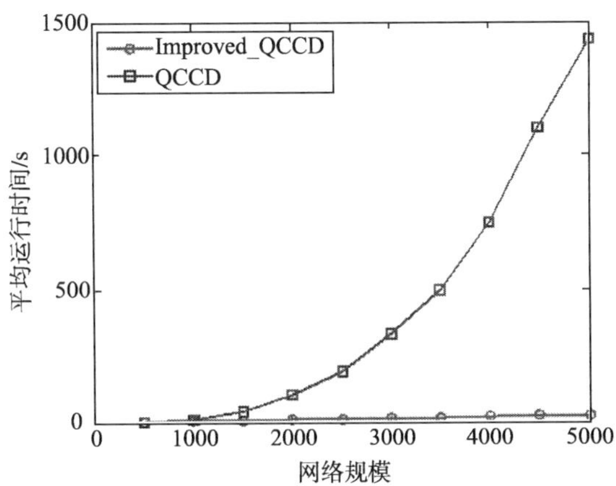

图 12-14　网络规模从 500 到 5000，Improved_QCCD 算法与 QCCD 算法的平均运行时间变化曲线

表 12-3　LFR 基准网络设置

网格	N	$\langle k\rangle$	k_{max}	C_{min}	C_{max}	γ	β
10000S	10000	20	50	10	50	2	1
10000B	10000	20	50	20	100	2	1
100000S	100000	40	100	50	100	2	1
100000B	100000	40	100	100	200	2	1

图 12-15 展示了 Improved_QCCD 算法在网络粗划分阶段的运行时间和发生错误分类的节点数目随着混合参数 μ 的增长的变化曲线。

从图 12-15(a)和(b)中可以看出，在 μ 从 0.1 到 0.5 范围内，算法粗划分阶段的运行时间基本是略有增加，但变化不大。网络规模为 10000 时，运行时间在 6.5s 以下；规模为 100000 时，运行时间大多集中在 150～200s。当 $\mu > 0.5$ 时，算法运行时间随之增长的幅度略有提升。在 $\mu = 0.7$ 时，对于 10000 个节点的两种类型的

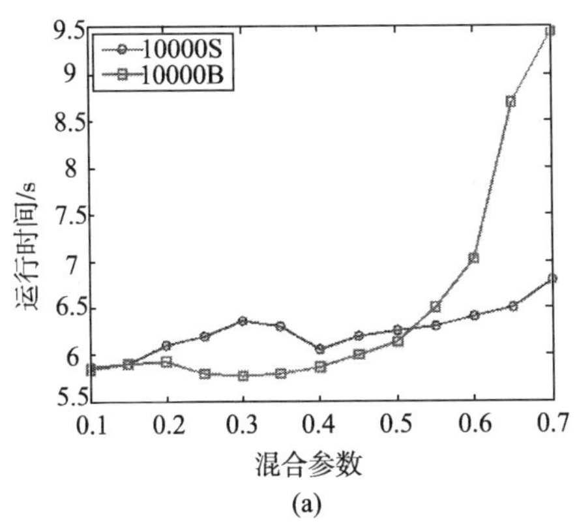

(a)

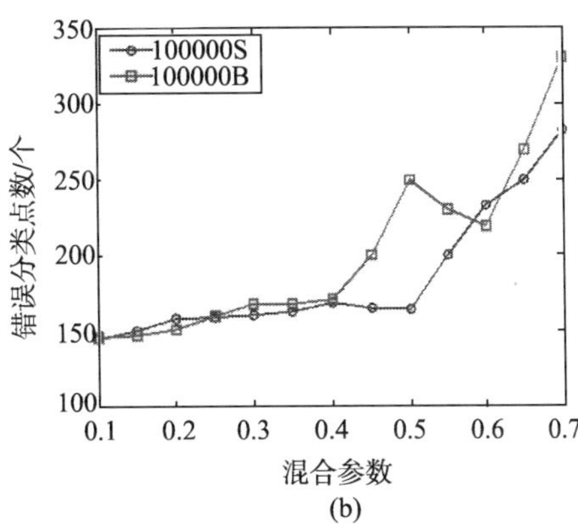

(b)

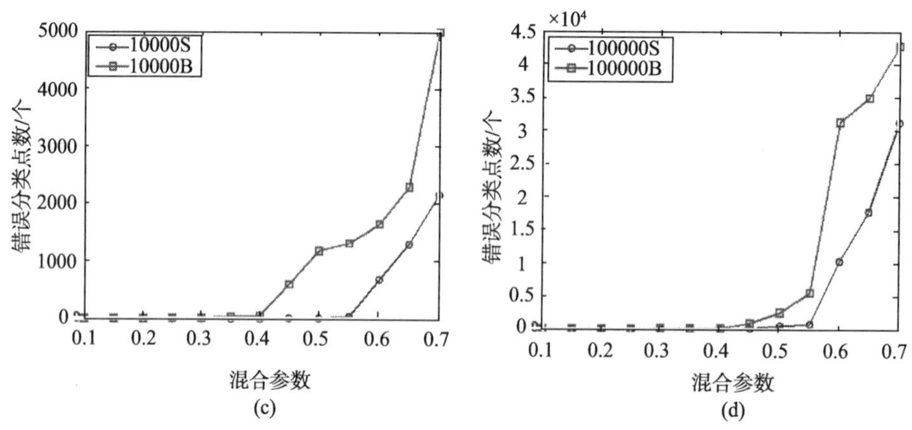

图 12-15　算法在网络粗划分阶段运行时间及错误节点个数

网络，粗划分运行时间分别为 6.8s 和 9.5s；网络规模为 100000 时，运行时间分别为 282s 和 331s。随着混合参数 μ 的增加，网络的社团结构越来越模糊。对于利用结构相似度阈值进行的网络粗划分，实验证明划分的子网络的个数也越来越多，尤其是当 μ 超过 0.5 时，划分的子网络的个数急剧增加，这是导致网络粗划分时间变长的主要原因。

就算法整体运行时间而言，10000S 网络的时间平均为 56.4s，10000B 网络平均运行时间约为 58.5s。100000S 网络平均时间为 380.2s，100000B 网络时间为 411.8s。对比 12.1 节中的算法运行时间随网络节点个数增加而变化的曲线，Improved_QCCD 算法处理 10000 个节点的 LFR 网络所需的时间与 QCCD 算法处理 1500 个节点的时间相当，即在相同的时间要求下，Improved_QCCD 能够处理的网络的规模比 QCCD 大的多。QCCD 算法仅能够处理一个具有 3000 至 4000 节点的 LFR 网络，在相同的时间范围内，Improved_QCCD 算法能够处理具有 100000 个节点的 LFR 网络。可以说，Improved_QCCD 较之于 QCCD，算法的处理能力大大增强，能够处理原算法所不能够处理的更大规模的网络，且算法的社团检测效率大大提高，运行速度更快。

图 12-15 的(c)和(d)给出了四种 LFR 网络下发生错误节点的数目。对于 10000S 网络，当 $\mu<0.5$ 时，网络粗划分没有出现被错误划分的节点；而对于 10000B 网络，在 $\mu>0.4$ 时，粗划分开始有错误出现，直至 $\mu=0.7$，网络中有 4986 个节点出现划分失误，这直接影响着最终社团检测的效果(在图 12-16 中也显示，在 $\mu>0.5$ 时，NMI 值下降的速度非常快)。对于 100000 个节点的网络，错误节点个数变化趋势与 10000 个节点的情况大致相同。在相同的混合参数 μ 下，B 类网络发生错误的节点个数比 S 类网络的错误节点个数要多，这同样反应在最终效果上(图 12-16 表示，当网络节点相同，S 类网络的社团检测效果一般比具有相同节点个数的 B 类

网络的效果好)。

由于 12.1 节中提到的对比算法随着网络规模的增加会变得难以实现。本节将此算法与两种能够快速处理大规模复杂网络的社团检测方法(SCAN 算法和 gSkeletonClu 算法)进行比较，实验结果如图 12-16 所示。

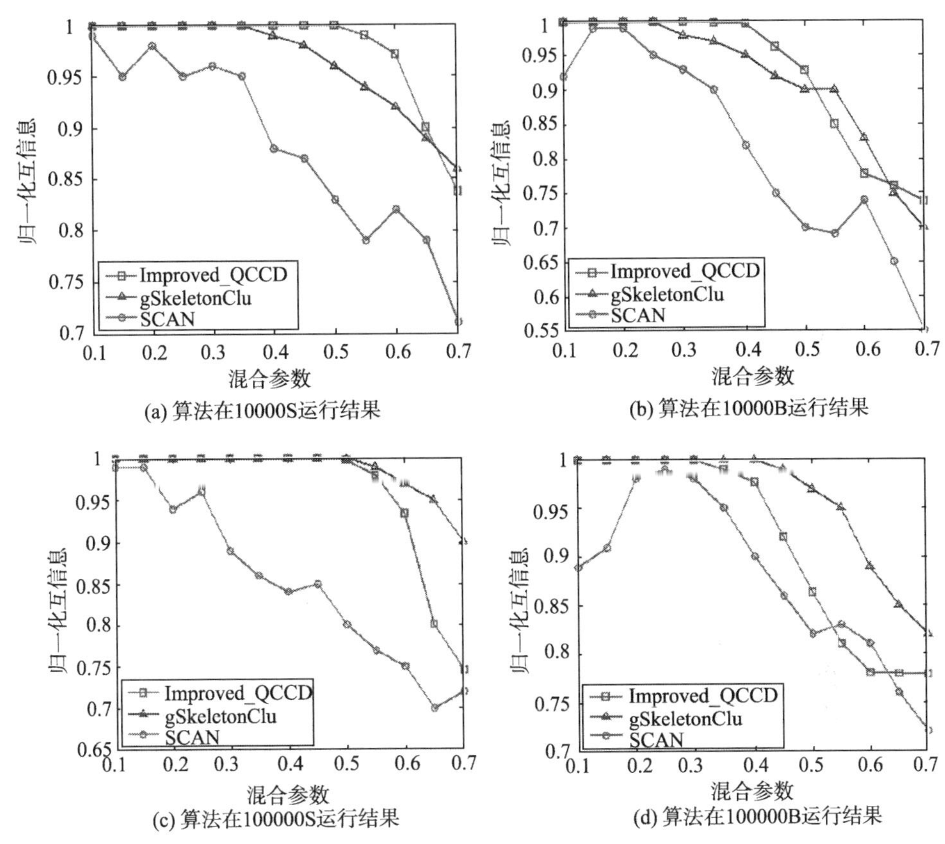

图 12-16　算法在大规模网络上的 NMI 对比结果

如图 12-16，对于 10000S 和 100000S 的网络，在 $\mu \leqslant 0.5$ 时，本节都取得了 NMI=1 的结果；对于 10000B 和 100000B 的网络，混合参数 μ 分别在 0.4 和 0.3 以下时，本节获得的 NMI 值为 1。但算法的准确性随着混合参数 μ 的增加而逐渐降低。这是由于随着 μ 的增大，复杂网络的社团结构越来越模糊，结构性减弱。而用结构相似度并设定阈值的方法划分子网络，子网络的个数也会随着混结合参数的增大而增多，尤其当 μ 超过 0.5 时，某些 LFR 划分出的子网络个数甚至超过实际社团总数。实验证明，当随着 μ 的增大，网络粗划分效果越来越差，它偏向于更小的社团。如一个 $\mu = 0.6$ 的 10000S 的 LFR 网络，其社团总数为 404，执行

Improved_QCCD 算法后检测的社团划分个数为 691。同时 LFR 基准网络在生成时并没有考虑网络的多级层次结构，用层次划分的方法存在着一定的偏差。

在实验中，SCAN 算法取得的结果低于此算法，且结果在某些时候并不合理，如图 12-16 (a)，算法在 $\mu=0.6$ 时获得的 NMI 值好于 $\mu=0.55$ 时的 NMI 值。这是由于 SCAN 算法对于参数 ε 较为敏感，且初始节点、划分顺序不同，生成的结果差别较大。在本节中，网络规模为 10000 时，本节算法能够取得较好的结果。但从结果上来看，在网络规模为 100000 时，尤其对于混合参数较大，社团结构较为模糊的网络，Improved_QCCD 算法获得的结果没有 gSkeletonClu 算法的结果好。gSkeletonClu 算法融合了基于图论的最小生成树算法和基于密度的算法，是一种侧重于局部搜索的算法。而本节提出的算法是一种综合全局的算法，在底层小社团的检测中效果不如 gSkeletonClu 算法有优势。

12.3 结论与讨论

本章首先提出了一种新的基于量子聚类的社团检测方法。算法中提出利用结构相似度矩阵量化节点之间的相似度，度量其连接关系的强弱，并利用特征分解方法，将原始网络映射到特征空间，使社团检测问题转化为一个数据聚类的问题，接着应用量子聚类的方法，完成在特征空间的聚类，同时发现对应网络空间的社团。在量子聚类过程中，引入节点的邻接信息，不仅能够提高算法的局部分析能力，同时降低了算法的时间复杂度。在人工生成网络和真实网络的实验中表明，该算法具有很好的社团检测能力。最后为增强量子聚类算法解决大规模社团检测的能力，对基于量子聚类的社团检测算法提出改进策略。首先通过使用层次划分方法，将原始大规模网络划分成若干个较小的子网络，并构建子网络的相似度矩阵，大大降低了单次要处理的矩阵的规模。其次，为了进一步降低算法执行代价，在量子聚类特征分解过程中，采用 Nyström 方法逼近结构相似度矩阵的特征向量，进一步提高算法的运行效率。通过仿真实验对算法进行测试，结果表明能够取得相对较好的检测效果，且复杂网络处理能力较原来的算法大大提高。

参考文献

[1] FORTUNATO S. Community detection in graphs[J]. Physics Reports, 2010, 486(3-5): 75-174.
[2] KERNIGHAN B W, LIN S. An efficient heuristic procedure for partitioning graphs[J]. Bell Labs Technical Journal, 1970, 49(2): 291-307.
[3] GIRVAN M, NEWMAN M E J. Community structure in social and biological networks[J]. Proceedings of the National Academy of Sciences of the United States of America, 2002, 99(12): 7821.
[4] CLAUSET A, NEWMAN M E, Moore C. Finding community structure in very large networks[J]. Physical Review E, 2005, 70(6 Pt 2): 264-277.
[5] POTHEN A, SIMON H D, LIOU K P. Partitioning sparse matrices with eigenvectors of

graphs[J]. Siam Journal on Matrix Analysis & Applications, 1990, 11(3): 430-452.
[6] NE WMAN M E J. Modularity and community structure in networks[J]. PNAS, 2006, 103(23): 8577-8582.
[7] BLONDEL V D, GUILLAUME J L, LAMBIOTTE R, et al. Fast unfolding of communities in large networks[J]. Journal of Statistical Mechanics Theory & Experiment, 2008, 2008(10): 155-168.
[8] WU F, HUBERMAN B A. Finding communities in linear time: a physics approach[J]. The European Physical Journal B, 2004, 38(2): 331-338.
[9] ROSVALL M, BERGSTROM C T. Maps of random walks on complex networks reveal community structure[J]. Proceedings of the National Academy of Sciences, 2008, 105(4): 1118-1123.
[10] PALLA G, DERNYI I, FARKAS I. Uncovering the overlapping community structure of complex networks in nature and society[J]. Nature, 2005, 435: 814-818.
[11] CLAUSET A. Finding local community structure in networks[J]. Physical Review E Statistical Nonlinear & Soft Matter Physics, 2005, 72(2): 254-271.
[12] LUO F, WANG J Z, PROMISLOW E. Exploring local community structures in large networks [J]. Web Intelligence & Agent Systems, 2008, 6(4): 387-400.
[13] BAGROW J P, BOLLT E M. A local method for detecting communities[J]. Physical Review E Statistical Nonlinear & Soft Matter Physics, 2005, 72(2): 72-046108.
[14] XU X, YURUK N, FENG Z, et al. SCAN: a structural clustering algorithm for networks[C]//ACM SIGKDD International Conference on Knowledge Discovery and Data Mining. ACM, 2007: 824-833.
[15] LANCICHINETTI A, FORTUNATO S, KERTÉSZ J. Detecting the overlapping and hierarchical community structure of complex networks[J]. New Journal of Physics, 2009, 11(3): 19-44.
[16] HUANG J, SUN H, HAN J, et al. Density-based shrinkage for revealing hierarchical and overlapping community structure in networks[J]. Physica A Statistical Mechanics & Its Applications, 2011, 390(11): 2160-2171.
[17] CAPOCCI A, SERVEDIO V D P, CALDARELLI G, et al. Detecting communities in large networks[J]. Physica A Statistical Mechanics & Its Applications, 2005, 352(2-4): 669-676.
[18] NEWMAN M E. Finding community structure in networks using the eigenvectors of matrices[J]. Physical Review E Statistical Nonlinear & Soft Matter Physics, 2006, 74(3 Pt 2): 92-100.
[19] LEICHT E A, NEWMAN M E J. Community structure in directed networks[J]. Physical Review Letters, 2008, 100(11): 2339-2340.
[20] CUI A, CHEN D, FU Y. Community detection based on weighted networks[C]//IFIP International Conference on Network and Parallel Computing. NPC, 2008, 273-280.
[21] FORTUNATO S, BARTHELEMY M, Resolution limit in community detection[J]. PNAS, 2007, 104(1): 36-41.
[22] FU L D. Spectral approach of identifying communities in complex networks[J]. Computer Engineering, 2011, 37(1): 31-33.
[23] NIU Y Q, HU B Q, ZHANG W, et al. Detecting the community structure in complex networks based on quantum mechanics[J]. Physica A Statistical Mechanics & Its Applications, 2008, 387(24): 6215-6224.
[24] DANON L, DÍAZGUILERA A, DUCH J, et al. Comparing community structure identification[J]. Journal of Statistical Mechanics Theory & Experiment, 2005, (9): 09008.
[25] LANCICHINETTI A, FORTUNATO S, RADICCHI F. Benchmark graphs for testing community detection algorithms[J]. Physical Review E Statistical Nonlinear & Soft Matter Physics, 2008, 78(4 Pt 2): 561-570.
[26] ZACHARY W W. An information flow model for conflict and fission in small groups1[J]. Journal of Anthropological Research, 1977, 33(4): 473.
[27] LUSSEAU D, SCHNEIDER K, BOISSEAU O J, et al. The bottlenose dolphin community of Doubtful Sound features a large proportion of long-lasting associations[J]. Behavioral Ecology & Sociobiology, 2003, 54(4): 396-405.
[28] ROSVALL M, BERGSTROM C T. An information-theoretic framework for resolving community

structure in complex networks[J]. Proceedings of the National Academy of Sciences of the United States of America, 2007, 104(18): 7327-31.

[29] NEWMAN M E, GIRVAN M. Finding and evaluating community structure in networks[J]. Physical Review E Statistical Nonlinear & Soft Matter Physics, 2004, 69(2): 026113.

[30] NYSTRÖM E J. Über Die Praktische Auflösung von Integralgleichungen mit Anwendungen auf Randwertaufgaben[J]. Acta Mathematica, 1930, 54(1): 185-204.

[31] HUANG J, SUN H, SONG Q, et al. Revealing density-based clustering structure from the core-connected tree of a network[J]. IEEE Transactions on Knowledge & Data Engineering, 2013, 25(8): 1876-1889.

[32] ESTER M, KRIEGEL H P, SANDER J, et al. A density-based algorithm for discovering clusters in large spatial databases with noise[C]//International Conference Knowledge Discovery and Data Mining, 1996, 226-231.